普通高等教育"十一五"国家级规

国家级一流本科课程建设成果教材

石油和化工行业"十四五"规划教材

精细有机合成

（第四版）

冯亚青　王世荣　张　宝　主编

Organic Synthesis of Fine Chemicals

化学工业出版社

·北京·

内 容 简 介

《精细有机合成》(第四版)以单元反应为体系,在综述精细有机合成的理论和新技术的基础上分章讨论有关单元反应的理论、影响因素和生产工艺,并有若干典型生产实例。主要单元反应包括:卤化、磺化和硫酸化、硝化和亚硝化、还原、氧化、重氮化和重氮盐的反应、氨基化、烃化、酰化、水解、缩合和环合。每章末附有若干习题、参考文献。

《精细有机合成》(第四版)可作为普通高等学校化工、化学、药学及相关专业教材,也可供从事有机合成的科研和技术人员参考。

图书在版编目(CIP)数据

精细有机合成 / 冯亚青,王世荣,张宝主编.
4版. -- 北京 :化学工业出版社,2025.5. --(普通高等教育"十一五"国家级规划教材)(石油和化工行业"十四五"规划教材)(国家级一流本科课程建设成果教材). -- ISBN 978-7-122-48030-9

Ⅰ. TQ202

中国国家版本馆 CIP 数据核字第 2025SW2713 号

责任编辑:徐雅妮 孙凤英 　　　　装帧设计:关 飞
责任校对:李 爽

出版发行:化学工业出版社
　　　　　(北京市东城区青年湖南街 13 号 邮政编码 100011)
印　　装:高教社(天津)印务有限公司
787mm×1092mm　1/16　印张 20　字数 508 千字
2025 年 6 月北京第 4 版第 1 次印刷

购书咨询:010-64518888 　　　　售后服务:010-64518899
网　　址:http://www.cip.com.cn
凡购买本书,如有缺损质量问题,本社销售中心负责调换。

定　　价:59.00 元 　　　　　　　版权所有　违者必究

目前全球精细化工行业已经进入了一个新的发展阶段，其发展速度大大快于整体化学工业的发展。为适应新时代、新技术、新产品的需求，对精细化工行业人才培养内容和模式的改革势在必行。天津大学的"精细有机合成化学及工艺学"课程作为国家级一流本科课程，相应的课程教材需要更新再版。

《精细有机合成化学与工艺学》第一版于 2002 年 1 月出版，为面向 21 世纪课程教材，第二版于 2006 年 8 月出版，为普通高等教育"十一五"国家级规划教材，分别于 2004 年、2006 年两次荣获中国石油和化学工业优秀教材一等奖。第三版更名为《精细有机合成》于 2018 年 5 月出版，2020 年获中国石油和化学工业优秀教材一等奖、2021 年被评为天津市高校课程思政优秀教材，为精细化工类畅销教材。本教材以单元反应为体系，在综述精细有机合成的理论和新技术的基础上，分章讨论有关单元反应的理论、影响因素和生产工艺，并选取了若干典型生产实例。

《精细有机合成》（第四版）教材在第三版教材的基础上，增加了近几年发展的新技术和重要产品案例，酌情加入了新工科和思政教育的内容。本次修订邀请了企业专家参与各章节内容的讨论，使得典型精细化工产品的实例更能反映当前精细化工产品的现状。各单元反应章节增加了发展趋势；各章增加了最新参考文献，删除了工业上已淘汰的内容；增加了便于检验学生知识学习及分析和解决复杂问题能力的习题。

具体修订内容为：第 1 章绪论，增加了精细化工的发展趋势。第 2 章精细有机合成基础，增加了微反应技术。第 3 章卤化，芳环上的取代卤化部分增加了反应的影响因素和工艺条件的选择。第 4 章磺化和硫酸化，补充和修改了新的工艺实例。第 5 章硝化和亚硝化，增加了微反应技术，补充和修改了实例。第 6 章还原，压缩删减了化学还原剂中硫化碱、锌粉、铁粉还原等部分内容；增加了硼氢化物等复氢还原剂及转移氢化反应的内容。第 7 章氧化，压缩了化学氧化法中氧化锰、硝酸氧化等内容，增加了均相氧化的内容。第 8 章重氮化和重氮盐的反应，增加了微反应技术生产实例。第 9 章氨基化，增加了 C—H 催化胺化反应。第 10 章烃化，大幅压缩删减了与第 9 章重复的内容，增加了醇的催化胺化、苯酚的甲醇甲基化等案例。第 11 章酰化，压缩了芳磺酰氯、酰胺的 N-酰化，增加了羧酸酯的 N-酰化内容；压缩了酯化的内容，增加了酯交换的内容。第 12 章水解，压缩了落后的碱熔工艺，增加了新工艺实例。第 13 章缩合，删除了含亚甲基活泼氢化合物与卤烷的C-烷化反应。第 14 章环合，增加了部分香豆素衍生物合成及三聚氰酰氯应用实例。

《精细有机合成》（第四版）由冯亚青、王世荣和张宝主编。第 1、2、8 章由冯亚青修订，第 3、4 章由王世荣修订，第 5、9 章由闫喜龙修订，第 6、7 章由宋健修订，第 10、11 章由陈立功、王博威修订，第 12～14 章由张宝修订。我们还邀请了企业专家参与修订和审阅，他们是：天津康时科技有限公司尤旭东，浙江龙盛集团股份有限公司何旭斌，中海油天津化工研究院张竞成、张利杰，蓬莱新光颜料化工有限公司徐珍香，山东世纪阳光科技有限公司梁传刚，绍兴兴欣新材料股份有限公司刘帅，南京帕隆材料科技有限公司王文喜，安徽广信农化股份有限公司董传明。全书由冯亚青统稿。

由于精细化工发展很快，新技术不断涌现，限于编者水平，书中定有疏漏和不妥之处，诚恳欢迎读者批评指正，愿与读者共同不断完善本书。

编　者
2025 年 3 月

目录

第3章 卤化 / 44

第4章 磺化和硫酸化 / 77

第 8 章　重氮化和重氮盐的反应 / 167

第 9 章　氨基化 / 185

第 10 章　烃化 / 202

第 11 章 酰化 / 230

第 12 章 水解 / 264

第1章

绪　论

1.1　精细化工和精细化学品的定义

精细化工即精细化学工业，是生产精细化学品的工业。

关于精细化学品的定义，国际上有三种说法。

中国对精细化工产品的定义：以基础化学原料、化学制品或天然物质等为原料，经由化学、物理或生物技术的精密细致加工，制成的具有明确化学结构、特定配方组成或专用功能效果的化学制品（含专用化学品）。

欧美各国则按照美国克林教授的分类来定义。先将化学品分为两大类：具有固定熔点或沸点，能以分子式或结构式表示其结构的称为无差别化学品；不具备上述条件的称为差别化学品。然后再进一步分类和释义如下。

① **通用化学品**　指大量生产的无差别化学品，例如无机物中的酸、碱、盐，以及有机物中的甲醇、乙醇、乙醛、丙酮、乙酸、氯苯、硝基苯、苯胺和苯酚等。

② **准通用化学品**　指较大量生产的差别化学品，例如塑料、合成纤维、合成橡胶等。

③ **精细化学品**　指小量生产的无差别化学品，例如原料医药、原料农药、原料染料等。

④ **专用化学品**　指小量生产的差别化学品，例如医药制剂、农药制剂、商品染料等。

日本对精细化学品的定义是具有高附加价值、技术密集型、设备投资少、多品种、小批量生产的化学品。即把克林教授定义的精细化学品和专用化学品统称为精细化学品。

1.2　精细化学品的分类

关于精细化学品的分类，每个国家根据自身的生产体制而略有不同。

2024 年 8 月 16 日由中国化工情报信息协会颁布的《精细化工产品分类》将精细化工产

品共分为 37 个大类，它们是：①农药；②医药；③染料；④精细化工中间体；⑤涂料；⑥颜料；⑦电子化学品；⑧文化用信息化学品；⑨营养化学品；⑩食品添加剂；⑪饲料添加剂；⑫塑料添加剂；⑬橡胶助剂；⑭环境保护专用药剂；⑮造纸化学品；⑯选矿化学品；⑰皮革化学品；⑱纺织印染助剂；⑲电池化学品；⑳专用建筑化学品；㉑印刷油墨；㉒日化原料；㉓香料香精；㉔催化剂；㉕表面活性剂；㉖胶黏剂；㉗润滑剂添加剂和合成润滑油基础油；㉘工业清洗剂；㉙兽药；㉚医用信息化学品；㉛卫生材料及医药用品；㉜高分子合成用添加剂；㉝吸附剂；㉞酶制剂；㉟油田化学品；㊱化学试剂；㊲其他（以上未列明的精细化工产品，如肥料助剂、机械冶金助剂、稀土等）。每一大门类下又分为若干中类，例如，农药按照产品的成分和用途分为 4 个中类：原药；制剂；助剂；其他农药。每一中类下又分若干小类。

欧美将专用化学品按其使用性能分为三大类：①准商用（通用）化学品；②多功能、多用途化学品；③最终用途化学品或直接上市化学品。每一大类又分为许多小类。经济合作与发展组织（OECD）将专用化学品细分为 47 类。日本《化学工业统计月报》和《工业统计表》，1993 年将精细化学品分为 32 个门类。

1.3 精细化工的特点

精细化工的主要特点如下。

① 除了化学合成反应、前处理和后处理以外，还常常涉及剂型制备和商品化（标准化）才得到最终商品。

② 生产规模小，生产流程大多为间歇操作的液相反应，常采用多品种综合生产流程或单元反应流程。

③ 固定投资少、资金产出率高。例如，大化工如化肥的利润每吨只有百元，而精细化学品如医药原料药利润每吨可达几十万乃至上百万元。

④ 产品质量要求高，知识密集度高；产品更新换代快、寿命短；研究、开发难度大，费用高。

⑤ 在生产工艺、技术和配方等方面都有很大改进余地，生产稳定期短，需要不断地进行技术改进。配方和加工方面的技术秘密和专利，造成市场上的垄断性和排他性。

⑥ 商品性强，市场竞争激烈，因此市场调查和预测非常重要。在产品推销上，应用技术和技术服务非常重要。

上述特点，仅从众所周知的成品药、化妆品等精细化学品就可以看出。

1.4 精细化工在国民经济中的作用

精细化工是国民经济中不可缺少的组成部分，其主要作用有以下几个方面。

① 直接用作最终产品或它们的主要成分，如医药、染料、香料、味精、糖精等。

② 增加或赋予各种材料以特征，如塑料工业所用的增塑剂、稳定剂等各种助剂，可使塑料具有各种良好的性能；又如人造脏器、血液透析膜等。

③ 精细化工为生物技术、信息技术、新材料、新能源技术、环保等高新技术的发展提

供了保证。

④ 丰富人民生活。人民生活的衣、食、住、行等都需要添加精细化学品来发挥其特定功能。

⑤ 渗入其他行业，促进技术进步、更新换代。如黏合剂的开发使外科缝合手术和制鞋业改观。

⑥ 高经济效益。精细化工产品附加值高。精细化工提高了化学工业的加工深度，提高了大型石油公司、大型化工公司的经济效益，提高了国家的化学工业整体经济效益，增强了国家的经济实力。

精细化工率是反映一个国家化工水平的重要指标。

精细化工率（精细化工产值率）＝（精细化工产品总值/化工产品总值）×100%

美国、欧盟和日本等地的精细化工率已达到60%～70%。我国的精细化工率是40%～50%。2021年中国精细化工市场规模约为5.5万亿元。

当今，精细化工已成为世界化学工业发展的战略重点之一，也是化学工业激烈竞争的焦点之一。我国精细化工关系国计民生，只能立足于国内，不能依赖国外。为提高国家硬实力和国际竞争力，随着新一轮产业转型升级和新旧动能转换，提高我国精细化工水平是国策。

我国是制造大国，同时还要成为制造强国。作为化工者我们不能满足于作初级产品的出口大国。如果说初级产品附加值是1，那么最后的功能产品的附加值就是10、是100。精细化工就是把化工产品升级为高附加值的功能性产品。

1.5　精细有机合成的原料资源

精细有机合成的原料资源是煤、石油、天然气和动植物。

（1）煤

煤的主要成分是碳，其次是氢，此外还有氧、硫和氮等其他元素，它们以结构复杂的芳环、杂环或脂环的化合物存在。煤通过高温干馏、气化或生电石提供化工原料。

① 煤的高温干馏　煤在隔绝空气下，在900～1100℃进行干馏（炼焦）时，生成焦炭、煤焦油、粗苯和煤气。

高温炼焦的煤焦油其主要成分是芳烃和杂环化合物，有400余种。煤焦油经过进一步加工分离可得到萘、1-甲基萘、2-甲基萘、蒽、菲、芴、苊、芘、苯酚、甲酚、二甲酚、氧芴、吡啶、甲基吡啶、喹啉和咔唑等化工原料。

粗苯经分离可得到苯、甲苯和二甲苯。

② 煤的气化　煤在高温、常压或加压条件下与水蒸气、空气或两者的混合物反应，可得到水煤气、半水煤气或空气煤气。煤气的主要成分是氢、一氧化碳和甲烷等，它们都是重要的化工原料。作为化工原料的煤气又称合成气，但现在合成气的生产主要以含氢较高的石油加工馏分或天然气为原料。

（2）石油

石油中含有几万种碳氢化合物，另外还含有一些含硫和含氮、含氧化合物。中国石油的主要成分是烷烃、环烷烃和少量芳烃。石油加工的第一步是用常压和减压精馏分割成直馏汽油、煤油、轻柴油、重柴油和润滑油等馏分，或分割成催化裂化原料油、催化重整原料油等馏分供二次加工之用。提供化工原料的石油加工过程主要是催化重整和热裂解。

① **催化重整** 催化重整是将沸程为 60～165℃ 的轻汽油馏分或石脑油馏分在 480～510℃、2.0～3.0MPa 氢压和含铂催化剂的存在下使原料油中的一部分环烷烃和烷烃转化为芳烃的过程。重整汽油可作为高辛烷值汽油，也可经分离得到苯、甲苯和二甲苯。

② **烃类热裂解** 乙烷、石脑油、直馏汽油、轻柴油、减压柴油等基本原料在 750～800℃ 进行热裂解时，发生 C—C 键断裂、脱氢、缩合、聚合等反应，其主要目的是制取乙烯，同时可得到丙烯、丁二烯以及苯、甲苯和二甲苯等化工原料。

③ **芳烃转化** 在石油芳烃中，苯、对二甲苯和邻二甲苯的需要量很大，而甲苯、间二甲苯和 C_9 芳烃的需要量少，可通过甲苯脱烷基制苯、甲苯歧化异构化和烷基转移等工艺得到更多的苯和对二甲苯、邻二甲苯。

萘的需要量很大，焦油萘已远不能满足需要。沸程在 210～295℃ 的重质芳烃馏分中含有质量分数 35%～55% 的各种甲基萘和烷基萘，将这些烷基萘进行脱烷基化可得到石油萘。

（3）天然气

天然气的主要成分是甲烷，油型天然气含 C_2 以上烃约 5%（体积分数，下同），煤型天然气含 C_2 以上烃 20%～25%，生物天然气含甲烷 97% 以上。天然气中的甲烷是重要的化工原料，C_2 以上烃的混合物可用作燃料、热裂解或生产芳烃的原料。天然气可芳构化产生轻质芳烃，也可转化成水煤气。

（4）动植物

含糖或淀粉的农副产品经水解可以得到各种单糖，例如葡萄糖、果糖、甘露蜜糖、木糖、半乳糖等。如果用适当的微生物酶进行发酵，可分别得到乙醇、丙酮/丁醇、丁酸、乳酸、葡萄糖酸和乙酸等。

从含油的动植物可以得到各种动物油和植物油。它们也是有用的化工原料。天然油脂经水解可以得到高碳脂肪酸和甘油。

另外，从某些动植物还可以提取药物、香料、食品添加剂以及制备它们的中间体。

1.6 精细化工的发展趋势

近年来，精细化工产品领域的生产技术和新产品开发都取得了较大的进展。像医药保健品、电子化学品、特种聚合物、复合材料等精细化工产品的发展十分迅速，使得世界精细化工的增长速度大大快于整个化学工业的发展。其发展趋势是：

（1）创新驱动助力高端化发展

精细化工作为技术密集型产业的发展十分依赖科技创新，创新水平和创新能力是行业发展和竞争力的关键。世界各国都将创新摆在精细化工产业发展的首位。加强技术创新，调整和优化精细化工产品结构，重点开发高性能化、专用化、复合化、绿色化产品，已成为当前世界精细化工发展的重要特征，也是今后世界精细化工发展的重点方向。

（2）加大绿色清洁工艺和新技术

精细化工要大力创新绿色技术，推进清洁生产，做好源头预防、过程控制、综合治理，加大绿色清洁工艺和新技术的创新及推广应用，一是节约能源、减轻工业污染；二是采用绿色化技术包括无污染催化剂的绿色催化技术，环保的电化学合成技术，生产过程不产生废水、废气、废渣的计算机分子技术；三是将精细化工产品与可再生资源有效结合起来，提高精细化工的可再生性，全面提升精细化工企业和行业绿色发展的水平。

1.7 本书的内容体系

精细有机化学品及其中间体虽然品种繁多，但是从分子结构看，它们大多是在脂链、脂环、芳环或杂环上有一个或几个取代基的衍生物，而且其合成路线所涉及的单元反应只有十几个，考虑到同一单元反应有许多共同的规律，本书将以单元反应为体系，分章讨论有关单元反应的理论基础和工艺学基础。

当制备分子中含有多个取代基的有机中间体或精细有机化学品时，合成路线的选择非常重要，本书结合具体产品讨论其合成路线的选择。本书是在大学无机化学、有机化学、分析化学和物理化学等课程的基础上编写的化工类专业课教材，在阐述生产流程时，有时借用通用化学品的制备为例。本书每章末均附有一定数量的习题，供读者练习提高。

本书在每章末列有大量的参考文献，以便于教师备课和学生学习。

习　题

1-1　什么是精细化工？精细化工的特点是什么？

1-2　什么是精细化学品？请列举你所熟悉的五类主要的精细化学品。

1-3　什么是精细化工率？

1-4　精细化学品的原料来源主要有哪些？

1-5　精细化工的发展趋势是什么？

参 考 文 献

[1]　唐培堃，冯亚青，王世荣. 精细有机合成工艺学. 简明版. 北京：化学工业出版社，2011.
[2]　陈立功，冯亚青. 精细化工工艺学. 北京：科学出版社，2018.
[3]　化工百科全书编辑委员会. 化工百科全书：第8卷：817-837；第14卷：735-742. 北京：化学工业出版社，1994.
[4]　中经视野. 中国精细化工品行业市场前景分析预测报告. 北京：2023.
[5]　张颢. 精细化工行业清洁生产与可再生材料利用. 石化技术，2018，25（9）：27.
[6]　中国化工情报信息协会. 精细化工产品　分类：T/CC IIA 0004—2024 [S].

第2章

精细有机合成基础

·本章学习要求·

掌握的内容：精细有机合成的反应原理和历程；芳香族亲电取代反应历程、芳香族亲电取代反应定位规律；相转移催化原理。

熟悉的内容：化学反应器；间歇反应器和连续反应器，气固相接触催化反应器；精细有机合成中的溶剂效应；溶剂的分类、专一性溶剂化作用对有机反应的影响；气固相接触催化。

了解的内容：均相配位催化、杂多酸催化、分子筛催化、固体超强酸催化、不对称合成催化、电解有机合成、光有机合成、生物催化、微反应技术、离子液体的概念、原理、应用。

本章在大学有机化学和物理化学课程的基础上，综合叙述在学习精细有机合成各单元反应时所需的、共同的理论和工艺学基础知识，以利于各单元反应的分述。此外，还扼要叙述了正在开发中的精细有机合成新技术。

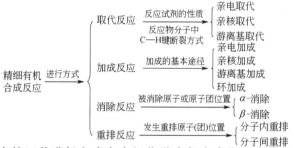

精细有机合成反应的四种进行方式在有机化学中都有介绍。本章重点介绍芳香族亲电取代反应的理论。

2.1 芳香族亲电取代反应

2.1.1 反应历程

实验证明，芳环上的氢被取代基所取代的反应，绝大多数是按照经过 σ 配合物的两步历程进行的，以苯为例，可简单表示如下。

第一步 $\qquad$ $(2-1)$

第二步 $\qquad$ $(2-2)$

第一步是 σ 配合物的生成。当亲电试剂 E^+ 进攻苯环时，首先与苯环上离域的、闭合共轭的 π 电子体系相作用，形成 π 配合物，接着 π 配合物中的 E^+ 从苯环上的闭合 π 电子体系获得两个电子，同时，与苯环上的某一个碳原子形成 σ 键，并生成 σ 配合物。

第二步是产物的生成。即 σ 配合物脱落一个 H^+ 而生成取代产物。

苯进行亲电取代时的能量变化如图 2-1 所示。

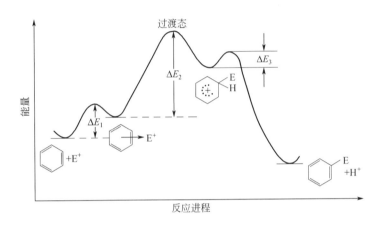

图 2-1 苯亲电取代的能量变化图

在形成 π 配合物时，并没有形成新键，所以活化能 ΔE_1 很小，π 配合物的形成速率和解离速率都很快，它们对反应速率和产物都没有大的影响。因此不把它当作一个独立的反应步骤。在 σ 配合物中，苯环的闭合共轭体系被破坏，因此生成 σ 配合物的活化能 ΔE_2 比较大，σ 配合物是一个能量比苯高的不稳定的活泼中间体。为了使自己稳定，它或者快速地脱落 E^+ 变为起始反应物苯（即 $k_2 \ll k_1$），而没有发生正反应；或者快速脱落 H^+ 而变为产物（即 $k_2 \gg k_1$，k_{-1}），即发生了亲电取代反应。而且生成产物的活化能 ΔE_3 一般小于活化能 ΔE_2，即整个反应过程中 σ 配合物的生成是反应的控制步骤。

2.1.2 苯环上已有取代基时的定位规律

实验证明，在进行亲电取代反应时，可以把苯环上已有取代基 Z 按其定位效应大致分为两类。

第一类定位基，亦称邻、对位定位基，可使苯环活化（卤原子例外），并使新的取代基主要进入其邻位和对位，属于这类取代基的主要有：$-O^-$、$-N(CH_3)_2$、$-NH_2$、$-OH$、$-OCH_3$、$-NHCOCH_3$、$-OCOCH_3$、$-F$、$-Cl$、$-Br$、$-I$、$-C_6H_5$、$-CH_3$、$-C_2H_5$、$-CH_2COOH$、$-CH_2F$ 等。

第二类定位基，亦称间位定位基，可使苯环钝化，并使新进入的取代基主要进入其间位（大于 40%），属于这类取代基的主要有：$-\overset{+}{N}(CH_3)_3$、$-CF_3$、$-NO_2$、$-CN$、$-SO_3H$、$-COOH$、$-CHO$、$-COOCH_3$、$-COCH_3$、$-CONH_2$、$-\overset{+}{N}H_3$、$-CCl_3$ 等。

上述两类取代基的次序是按它们的定位能力由强到弱排列的。表 2-1 列出了苯的单取代物在特定条件下进行一硝化时的异构体生成比例和相对于苯的反应速率常数 $k_{相对}$。从表 2-1 还可以看出，硝化剂、溶剂、温度和添加剂等因素都会影响异构体的生成比例。

表 2-1　苯的单取代物在一硝化时的异构产物比例和相对反应速率常数

已有取代基	反　应　条　件	异构产物生成比例/%			相对于苯的反应速率常数 $k_{相对}$
		邻位	间位	对位	
H					1
—OH	$AcONO_2；Ac_2O，25℃，HNO_2$	66.0	—	33.0	—
	$AcONO_2；Ac_2O，25℃，H_2NCONH_2$	40.0	—	60.0	—
—OCH₃	$HNO_3；H_2SO_4(1:1)，45℃$	40.0	—	60.0	约 $2×10^5$
	$AcONO_2；Ac_2O，10℃$	71.0	(0.5)	28.0	
—NHCOCH₃	$HNO_3；H_2SO_4(1:1)，20℃$	19.4	2.1	78.5	很快
	$AcONO_2；Ac_2O，20℃$	67.8	2.5	29.7	
—CH₃	$AcONO_2；0℃$	61.4	1.6	37.0	27.0
—C₂H₅	$AcONO_2；0℃$	45.9	3.3	50.8	22.8±1.9
—CH(CH₃)₂	$AcONO_2；0℃$	28.0	4.5	67.5	17.7±0.7
—C(CH₃)₃	$AcONO_2；0℃$	10.0	6.8	83.2	15.1±0.8
—CH₂OCH₃	$AcONO_2；25℃$	51.3	6.8	41.9	6.48
—CH₂COOC₂H₅	$AcONO_2；25℃$	54.3	13.1	32.6	3.86
—CH₂Cl	$AcONO_2；25℃$	33.6	13.9	52.5	0.711
—CH₂CN	$AcONO_2；25℃$	24.4	20.1	55.5	0.345
—CH₂F	$AcONO_2；Ac_2O，约 25℃$	28.3	17.3	54.4	—
—F	$HNO_3；67.5\%H_2SO_4，25℃$	13.0	0.6	86.0	0.117
—Cl	$HNO_3；67.5\%H_2SO_4，25℃$	35.0	0.94	64.0	0.064
—Br	$HNO_3；67.5\%H_2SO_4，25℃$	43.0	0.9	56.0	0.060
—I	$HNO_3；67.5\%H_2SO_4，25℃$	44.7	1.3	54.0	0.125
—CHCl₂	$AcONO_2；Ac_2O，20\sim30℃$	23.3	33.8	42.9	0.302
—CH₂NO₂	$HNO_3；Ac_2O，25℃$	22.5	54.7	22.8	0.112
—CCl₃	$AcONO_2；Ac_2O，20\sim30℃$	6.8	64.5	28.7	—
—COONH₂	$HNO_3；15℃$	27.0	69.6	<3.0	—
—COOC₂H₅	$AcONO_2；Ac_2O，18℃$	24.0	72.0	4.0	$3.67×10^{-3}$
—COCH₃	$HNO_3；98.1\%H_2SO_4，25℃$	19.5	78.5	0\sim2.0	
—CHO	$HNO_3(d1.55)；-8\sim10℃$	(19.0)	72.0	(9.0)	
	$HNO_3；7.3\%SO_3·H_2SO_4，-8\sim10℃$		90.8		
—COOH	$HNO_3；0℃$	18.5	80.2	1.3	$<10^{-3}$
—CN	$HNO_3；0℃$	17.0	81.0	<2.0	
—SO₃H	$HNO_3；H_2SO_4$	—	约 60.0	—	
—SO₂C₂H₅	$HNO_3；Ac_2O，25℃$	8.1	88.6	3.3	$3.51×10^{-3}$
—⁺NH₃	$HNO_3；82\%H_2SO_4$	5.0	36.0	59.0	$93×10^{-8}$
	$HNO_3；98\%H_2SO_4$	1.0	61.5	37.5	
—⁺NH₂CH₃	$HNO_3；98\%H_2SO_4$	—	(70)	30.0	$15.2×10^{-8}$
—⁺NH(CH₃)₂	$HNO_3；98\%H_2SO_4$	—	78.0	22.0	约 $5.3×10^{-8}$
—⁺N(CH₃)₃	$HNO_3；98.7\%H_2SO_4$	1.0	88.5	10.5	$1.75×10^{-8}$
—NO₂	$HNO_3；H_2SO_4，0℃$	4.71	93.9	1.39	$5.8×10^{-8}$
	$HNO_3；H_2SO_4，90℃$	8\sim9.0	约 90.0	1\sim2.0	—
—CF₃	$HNO_3；H_2SO_4，0℃$	6.0	91.0	3.0	$6.7×10^{-5}$

注：1. $AcONO_2$ 表示 CH_3COONO_2。

2. 括号内数据摘自不同文献。

2.1.3 苯环的取代定位规律

(1) 已有取代基的电子效应

关于电子效应的理论解释，在大学有机化学教材中已有详细叙述，本章将各种取代基归纳为以下三类。

① **取代基 Z 只具有供电诱导效应** 例如各种烷基，取代基的供电诱导效应＋I 使苯环活化，而且是邻、对位定位。其中甲基还具有供电超共轭效应＋$T_{超}$，所以甲基的活化作用比其他烷基大，见表 2-1 中的相对反应速率常数 $k_{相对}$。

② **取代基中同苯环相连的原子具有未共用电子对** 例如—$\ddot{O}^-$、—$\ddot{N}R_2$、—$\ddot{N}HR$、—$\ddot{N}H_2$、—$\ddot{O}H$、—$\ddot{O}R$、—$\ddot{N}HCOR$、—$\ddot{O}COR$、—$\ddot{F}$、—$\ddot{C}l$、—$\ddot{B}r$、—$\ddot{I}$ 等，它们的未共用电子对和苯环形成供电共轭效应＋T，所以它们都是邻、对位定位基。除了—$\ddot{O}^-$ 以外，上述取代基还具有吸电的诱导效应－I，这会影响取代基的活化作用。对于氨基和羟基，其 $|+T|>|-I|$，所以它们都使苯环活化，对于卤原子，其 $|+T|<|-I|$，所以都使苯环钝化。

③ **取代基具有吸电诱导效应－I，而且和苯环相连的原子没有未共用电子对** 例如—$\overset{+}{N}R_3$、—NO_2、—CF_3、—CN、—SO_3H、—CHO、—COR、—$COOH$、—$COOR$、—$CONH_2$、—CCl_3 和—$\overset{+}{N}H_3$ 等，它们都使苯环钝化，而且是间位定位基。

在—$\overset{+}{N}R_3$ 中，与苯环相连的氮原子上带有正电荷，使苯环强烈钝化，而且是很强的间位定位基（见表 2-1）。

从表 2-1 中还可以看出—$\overset{+}{N}H_3$ 有些特殊性，苯胺在 98％硫酸中硝化时，生成 62％间位异构体。但苯胺在 82％硫酸中硝化，则只生成 36％间位异构体。这可能是因为在 82％硫酸中，苯胺并未完全质子化为 C_6H_5—$\overset{+}{N}H_3$，仍有一部分苯胺处于游离状态的 C_6H_5—NH_2，而—NH_2 是使苯环活化的邻、对位定位基的缘故。

$$\text{（NH}_2\text{）} + H^+ \Longleftrightarrow \text{（}^+\text{NH}_3\text{）} \tag{2-3}$$

—SO_3H 是强酸性的，必须考虑它的离子化，—SO_3^- 似乎应该是邻、对位定位基，但苯磺酸在硝化时，生成约 60％的间位异构体（见表 2-1），即—SO_3H 是弱的间位定位基。这可以解释如下：与苯环相连的硫原子是偶极的正端，它的吸电作用超过了离苯环较远的带负电荷的氧原子的供电作用，因此—SO_3H 使苯环钝化，而且是弱的间位定位基。

$$Ar—S—O^- \Longleftrightarrow Ar—S^{2+}—O^- \tag{2-4}$$

综上所述，可以把各种取代基的定位作用归纳如表 2-2 所示。

表 2-2 定位取代基的分类和定位作用

类　型	电子机理	举　例	定位作用	活化作用
＋I,＋T	Ar←Z	—O^-	邻对位	活化
＋I,＋$T_{超}$	Ar←Z	—CH_3	邻对位	活化
＋I,＋T	Ar←Z	—C_2H_5,—$CH(CH_3)_2$,—$C(CH_3)_3$	邻对位	活化

类　型	电子机理	举　例	定位作用	活化作用
$\lvert+I\rvert<\lvert-T\rvert$	Ar⟵Z	$-SO_3^-$	间位	钝化
$\lvert-I\rvert<\lvert+T\rvert$	Ar→Z̈	$-OH$，$-OCH_3$，$-NH_2$，$-N(CH_3)_2$，$-NHCOCH_3$	邻对位	活化
$\lvert-I\rvert>\lvert+T\rvert$	Ar→Z̈	$-F$，$-Cl$，$-Br$，$-I$	邻对位	稍钝化
$-I_弱$	Ar→Z	$-CH_2Cl$，$-CH_2CN$	邻对位	活化或钝化
$-I_强$	Ar→Z	$-\overset{+}{N}(CH_3)_3$，$-CF_3$，$-CCl_3$，$-CH_2NO_2$	间位	钝化
$-I$，$-T$	Ar⟶Z	$-NO_2$，$-CN$，$-COOH$，$-CHO$	间位	钝化

注：Z—取代基。

（2）已有取代基的空间效应

苯环上已有取代基的空间效应是多方面的，这里只介绍空间位阻作用。从表 2-1 可以看出，单烷基苯在一硝化时，随着烷基体积的增大，邻位异构产物的生成比例减少。

应该指出，这种空间位阻的解释，只有在已有取代基的电子效应相差不大时才能成立，如果已有取代基的电子效应相差较大时，则电子效应的差别起主要作用。从表 2-1 可以看出，4 种卤代苯在一硝化时，随着卤原子所占空间的增大，邻/对比不是减少了，而是增加了，这可以用 4 种卤原子的诱导效应来解释。4 种卤原子的电负性是 $F\gg Cl>Br>I$（分别是 4.0、3.2、3.0 和 2.7）。其吸电子效应的次序是$-I_F>-I_{Cl}>-I_{Br}>-I_I$，吸电诱导效应$-I$ 对距离较近的邻位的影响比距离较远的对位大一些，因此邻位异构产物的生成比例是氟苯<氯苯<溴苯<碘苯。

（3）亲电试剂的电子效应

亲电试剂 E^+ 的活泼性对定位作用也有重要影响。表 2-3 列出了甲苯在不同亲电取代反应中异构产物比例和甲苯相对于苯的反应速率常数比 k_T/k_B。

表 2-3　甲苯在亲电取代反应中的异构产物比例和相对反应速率常数

反应类型	反应条件	k_T/k_B	异构产物比例/%		
			邻位	间位	对位
卤化	$Cl_2(CH_3CN,25℃)$	1650	37.6	—	62.4
	$Cl_2(CH_3COOH,25℃)$	340	59.8	0.5	39.7
	$HClO,HClO_4(H_2O,25℃)$	60	74.6	2.2	23.2
C-酰化	$C_6H_5COCl(AlCl_3,C_2H_4Cl_2,25℃)$	117	9.3	1.4	89.3
	$CH_3COCl(AlCl_3,C_2H_4Cl_2,25℃)$	128	1.1	1.3	97.6
磺化	$H_2SO_4\text{-}H_2O(25℃)$	31.0	36	4.5	59
硝化	$HNO_3(CH_3COOH\text{-}H_2O,45℃)$	24.5	56.5	3.5	40.0
	$HNO_3(CH_3NO_2,25℃)$	21	61.7	1.9	36.4
C-烷化（短时间）	$CH_3Br(GaBr_3,C_6H_5CH_3,25℃)$	5.70	55.7	9.9	34.4
	$C_2H_5Br(GaBr_3,C_6H_5CH_3,25℃)$	2.47	38.4	21.0	40.6
	$CH(CH_3)_2Br(GaBr_3,C_6H_5CH_3,25℃)$	1.82	26.2	26.2	47.2
	$C(CH_3)_3Br(GaBr_3,C_6H_5CH_3,25℃)$	1.62	0	32.1	67.9

k_T/k_B 实际上是将等摩尔比的甲苯和苯的混合物用不足量的试剂进行某一亲电取代反应时，甲苯和苯的转化率之比。当 E^+ 极活泼时（即亲电能力极强时），E^+ 每次与甲苯分子或苯分子碰撞几乎都能发生反应，即 E^+ 进攻甲苯或进攻苯几乎没有选择性，因此 $k_T/k_B\approx$

$5/6 \approx 0.833$。同理，E^+进攻甲苯环上不同位置的选择性也很差，结果生成了较多的间位异构产物。例如，甲苯的 C-烷化就接近这种情况，这也说明 $\overset{+}{C}H_3$、$\overset{+}{C}H_2CH_3$、$\overset{+}{C}H(CH_3)_2$ 和 $\overset{+}{C}(CH_3)_3$ 等烷基正离子都是非常活泼的亲电质点。反之，当 E^+ 极不活泼时，它进攻甲苯和进攻苯的选择性很好，这时 k_T/k_B 主要取决于甲基的活化作用，因此 k_T/k_B 很大。同理，这时 E^+ 进攻甲苯上各不同位置的选择性也较好，几乎不生成间位异构产物。例如甲苯在非质子传递溶剂乙腈中的氯化就接近这种情况，这也说明分子态氯在没有 Lewis 酸催化剂的存在下是很弱的亲电质点。

硝化时 k_T/k_B 不太大，而且生成 1.9%～3.5% 间硝基甲苯，这说明硝化质点（NO_2^+ 等）具有中等活性。

从表 2-3 中的氯化反应还可以看出 k_T/k_B 和异构产物比例还与反应条件有关。在乙腈或乙酸介质中，对氯分子的极化作用很弱，所以只生成 0.5% 的间位异构产物。在水介质中，氯分子、HClO 或 $HClO_4$ 强烈极化，并生成 Cl^+，Cl^+ 具有中等活性，选择性差，k_T/k_B 小，所以生成了 2.2% 间位异构产物。

$$Cl_2 + H_2O \rightleftharpoons HClO + H^+ + Cl^- \tag{2-5}$$

$$HClO + H^+ \rightleftharpoons H_2O + Cl^+ \tag{2-6}$$

（4）亲电试剂的空间效应

由表 2-3 还可以看出，甲苯在乙腈中氯化时，氯化剂是分子态氯，它甚至与乙腈配位，体积大，所以邻位异构产物的生成比例只有 37.6%；而在水介质中氯化时，氯化剂主要是 Cl^+，体积小，所以邻位异构体的生成比例增加到 74.6%。

（5）新取代基的空间效应

新取代基 E 的空间效应也会影响邻位异构产物的生成比例。例如表 2-3 中甲苯 C-烷化时，随着烷基体积的增大，邻位异构产物的生成比例随之减少。在叔丁基化时，几乎不生成邻位异构产物，这可能是因为迅速异构化的缘故。又如在 25℃ 甲苯在乙酸中氯化时，邻位异构产物的生成比例是 59.8%，而溴化时则下降为 32.9%。

（6）反应的可逆性

对于不可逆的亲电取代反应，电子效应对定位起主要作用，但是对于可逆的亲电取代反应，则空间效应对定位起主要作用。例如甲苯在无水三氯化铝存在下用丙烯进行异丙基化时，在 0℃ 是不可逆反应，各异构产物的生成比例主要取决于各异构的 σ 配合物的相对稳定性，在 σ 配合物中异丙基和甲基不在同一平面上，空间位阻比较小，结果还是生成了 34% 的邻异丙基甲苯。

但是在 110℃ 进行异丙基化时，它变成可逆反应，各异构产物的生成比例主要取决于各异构产物之间的平衡关系。在烷基化产物中异丙基和甲基处于同一平面上，其中邻位体由于空间位阻大，稳定性差，它将通过质子化-脱异丙基和再异丙基化而转变为稳定性较高的间位体，而间位体一经生成就不易再质子化-脱异丙基，所以在可逆烷基化时，间异丙基甲苯将成为主要产物。另外，如表 2-3 所示，甲苯在 25℃进行叔丁基化时几乎没有邻位异构产物，这不只是因为空间效应，而且与反应的可逆性有关。

（7）反应条件的影响

① **温度** 前面已经提到，温度升高可以使不可逆的 C-烷化反应和磺化反应转变为可逆反应。另外，温度对于不可逆的亲电取代反应的异构产物的生成比例也有一定影响，一般说来，升高温度使 E^+ 进攻苯环上不同位置的选择性变差，副产物增加。

② **催化剂** 催化剂可以因改变亲电试剂的电子效应、空间效应以及改变反应历程等方面来影响异构取代产物的生成比例，这将在以后结合具体亲电取代反应叙述。

③ **介质** 介质的酸碱度、溶剂的类型（质子传递型、非质子传递型、电子对受体、电子对给体等）都会影响异构取代产物的生成比例，这也将在以后结合具体亲电取代反应叙述。

2.1.4 苯环上已有两个取代基时的定位规律

当苯环上已有两个取代基，需要引入第三个取代基时，新取代基进入苯环的位置主要取决于已有取代基的类型、它们的相对位置和定位能力的相对强弱。一般可分为两个已有取代基的定位作用一致和不一致两种情况。

（1）两个已有取代基的定位作用一致

两个已有取代基的定位作用一致，这时仍可按前述定位规律来决定新取代基进入苯环的位置。

① 两个取代基属于同一类型（都属于第一类或都属于第二类）并处于间位时，其定位作用是一致的。例如：

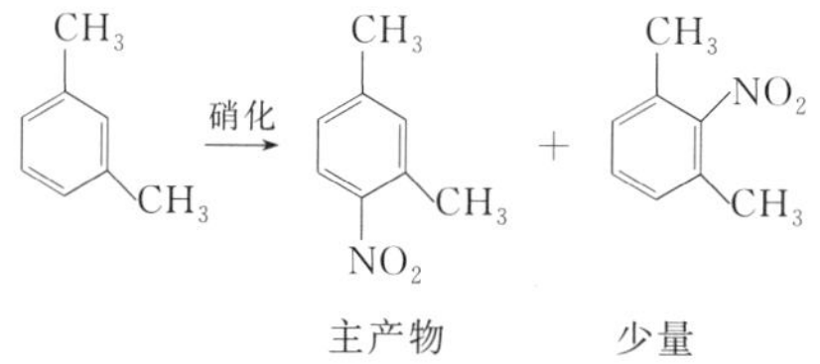

$$(2-7)$$

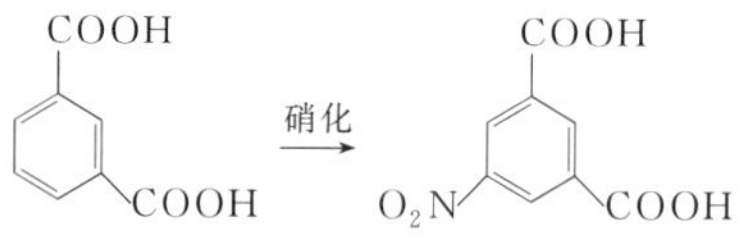

主产物　　　少量

$$(2-8)$$

由式（2-7）可以看出，新取代基很少进入两个处于间位的取代基之间的位置，这显然是空间效应的结果。

② 两个取代基属于不同类型，并处于邻位或对位时，其定位作用也是一致的。例如：

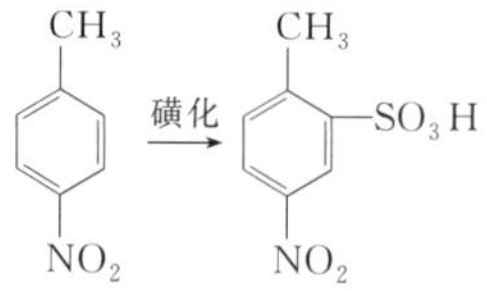

$$(2-9)$$

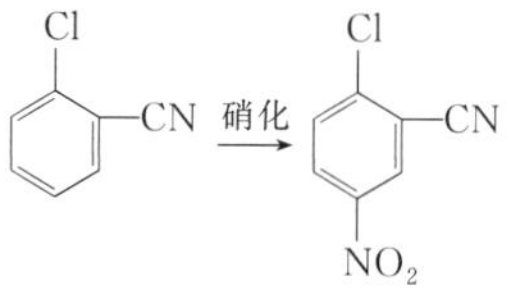

$$(2-10)$$

(2) 两个已有取代基的定位作用不一致

两个已有取代基的定位作用不一致，这时新取代基进入苯环的位置将取决于已有取代基的相对定位能力，通常第一类取代基的定位能力比第二类取代基强得多，同类取代基定位能力的强弱与 2.1.2 中两类定位基的排列次序是一致的。

① 两个取代基属于不同类型，并处于间位时，其定位作用就是不一致的，这时新取代基主要进入第一类取代基的邻、对位。例如：

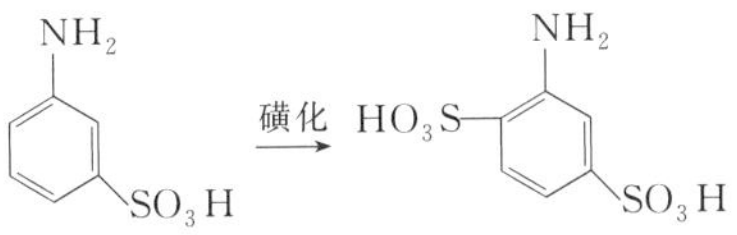

$$\text{磺化} \qquad (2\text{-}11)$$

② 两个取代基属于同一类型，并处于邻、对位时，其定位作用也是不一致的，这时新取代基进入的位置取决于定位能力较强的取代基。例如：

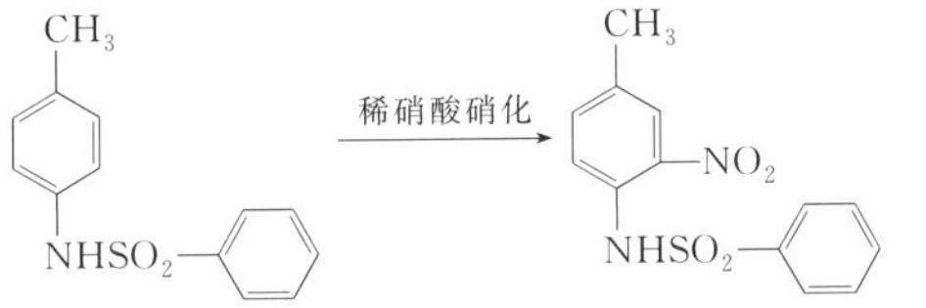

$$\text{稀硝酸硝化} \qquad (2\text{-}12)$$

如果两个取代基的定位能力相差不大，则得到多种异构产物的混合物。例如：

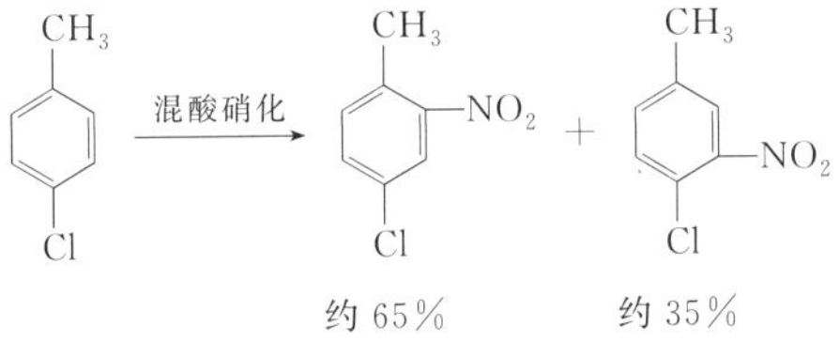

$$\text{混酸硝化} \qquad (2\text{-}13)$$

约 65%   约 35%

2.1.5 萘环的取代定位规律

(1) α 位和 β 位的活泼性

当亲电试剂 E^+ 进攻萘环时可以生成 α 位和 β 位两种芳正离子，它们都可以看作是五个共振结构杂化的结果。

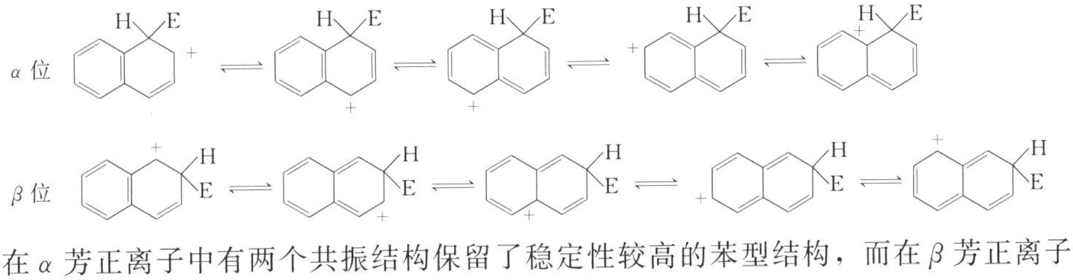

α 位

β 位

在 α 芳正离子中有两个共振结构保留了稳定性较高的苯型结构，而在 β 芳正离子中只有一个共振结构保留了稳定性较高的苯型结构，所以 α 芳正离子比 β 芳正离子较稳定，即 α 位比 β 位活泼，E^+ 优先进攻 α 位。另外，α 和 β 芳正离子都可以把正电荷分散到更广的范围，增加它们的稳定性，所以萘的 α 位和 β 位都比苯活泼。

萘在某些一取代反应中各异构产物的生成比例如下：

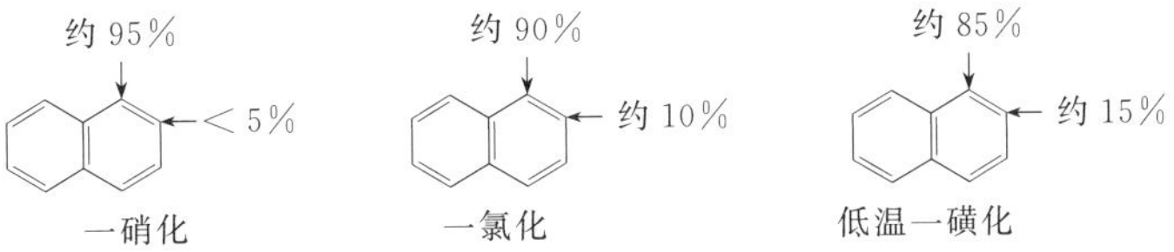

约 95%   < 5%   约 90%   约 10%   约 85%   约 15%

一硝化   一氯化   低温一磺化

（2）萘环上已有一个取代基时的定位规律

萘环上已有一个取代基，再引入第二个取代基时，新取代基进入萘环的位置不仅与已有取代基的类型和位置有关，而且还与反应试剂的类型和反应条件有关。

① 已有取代基是第一类的，则新取代基进入已有取代基的同环。

如果已有取代基在 α 位，则新取代基进入它的邻位或对位，并且常常以其中的一个位置为主，例如：

$$\text{萘-1-NH}_2 + Ar{-}N{\equiv}N^+ \cdot Cl^- \xrightarrow{\text{偶合}} \text{产物} + HCl \qquad (2\text{-}14)$$

如果已有取代基在 β 位，则新取代基主要进入同环的 α 位，生成 1,2-异构体，例如：

$$\text{萘-2-OH} \xrightarrow{\text{亚硝化}} \text{产物} \qquad (2\text{-}15)$$

② 已有取代基是第二类的，则新取代基进入没有取代基的另一个苯环，并且主要是 α 位，例如：

$$\text{萘-1-SO}_3H \xrightarrow{\text{硝化}} \text{产物} \qquad (2\text{-}16)$$

萘在多磺化和多 C-烷化时新取代基进入的位置与反应条件有关。

2.1.6 蒽醌环的取代定位规律

近代物理方法证明，蒽醌分子中的两个边环是等同的，每一个边环可以看作是在邻位有两个第二类取代基（羰基）的苯环。因此蒽醌环的亲电取代反应比苯环和萘环要困难得多。

蒽醌环 α 位的定域能比 β 位略低一些，因此蒽醌在一硝化和一氯化时主要生成 α 异构产物。

蒽醌在用发烟硫酸磺化时，如果有汞盐存在，磺基主要进入 α 位，如果没有汞盐，则磺基主要进入 β 位。

$$\text{1-SO}_3H\text{-蒽醌} \xleftarrow[\text{HgSO}_4\text{ 催化}]{\text{磺化}} \text{蒽醌} \xrightarrow[\text{无汞}]{\text{磺化}} \text{2-SO}_3H\text{-蒽醌} \qquad (2\text{-}17)$$

由于蒽醌环的两个边环是隔离的，在一个边环上引入磺基或硝基后，对于另一边环的钝化作用不大，所以蒽醌在一磺化或一硝化时常常同时生成一定数量的二取代物。

蒽醌环上已有一个取代基，再引入第二个取代基时，其定位规律与萘环的定位规律基本相同，这里就不一一举例了。

上述是精细有机合成的理论基础，精细化学品的合成除了理论上合理，能够工业化的关键还有工艺。精细有机合成工艺学基础包括：对具体产品选择和确定技术上和经济上最合理的合成路线和工艺路线；对单元反应确定最佳工艺条件、合成技术和完成反应的方法。具体包括化学反应的计量学、化学反应器、精细有机合成中的溶剂效应、各类催化技术等。

本章工艺学基础重点介绍化学反应器、精细有机合成中的溶剂效应、催化技术中的气-

固相接触催化、相转移催化，同时对于均相配位催化、杂多酸催化，以及精细有机合成中的其他新技术做概括介绍。

2.2 化学反应器

化学反应器在结构上和材料上必须满足以下基本要求。

① 对反应物系，特别是非均相的气-液相、气-固相、液-液相、液-固相、气-固-液三相反应物系，提供良好的传质条件，便于控制反应物系的浓度分布，以利于目的反应的顺利进行。

② 对反应物系，特别是强烈放热或强烈吸热的反应物系，提供良好的传热条件，以利于热效应的移除和供给，便于反应物系的温度控制。

③ 在反应的温度、压力和介质的条件下，具有良好的机械强度和耐腐蚀性能等。

④ 能适应反应器的操作方式（间歇操作或连续操作）。

本书只扼要介绍操作方式和各种反应物料体系所用反应器的基本结构。

2.2.1 间歇操作和连续操作

在反应器中实现化学反应可以有两种操作方式，即间歇操作和连续操作。

① **间歇操作** 是将各种原料按一定顺序和速度加到反应器中，并在一定的温度和压力下经过一定的时间完成特定的反应，然后将生成物料从反应器中放出。因为原料是分批加到反应器中的，所以又称分批操作。间歇操作时，反应物料的组成随时间而改变。

② **连续操作** 是将各种反应原料按一定的比例和恒定的速度连续不断地加入反应器中，并且从反应器中以恒定速度连续不断地排出反应产物。在正常操作下，在反应器中的某一特定部位，反应物料的组成、温度和压力原则上是恒定的。

连续操作比间歇操作有许多优点。

第一，连续操作比较容易实现高度自动控制，产品质量稳定，而间歇操作的程序控制则相当困难，而且费用昂贵，因此间歇操作比连续操作需要较多的劳动，而且反应的效果常常受人的因素影响。

第二，连续操作可缩短反应时间，而间歇操作除了反应时间以外，还需要有加料、调整反应的温度和压力、放料和准备下一批投料等辅助操作时间。因此，对于生产规模大、反应时间短的化学过程都尽可能采用连续操作，特别是气相反应和气-固相接触催化反应则必须采用连续操作。

第三，连续操作容易实现节能，例如从反应器中连续移出的反应热以及热的反应产物连续冷却时由热交换器移出的热量可以用来预热冷的原料，或者把热量传递给水以产生水蒸气。而要把间歇操作与节能系统相结合，一般是很难实现的。

间歇操作也有它独特的优点。

第一，连续操作的技术开发要比间歇操作困难得多。节能和节省劳动力一般是与生产规模成正比的，对于小规模生产来说，开发一个连续操作常常是不值得的。

第二，间歇操作的开工和停工比连续操作容易，间歇操作的设备在生产量的大小上有较多的伸缩余地，更换产品也有灵活性；而连续操作的设备通常只能生产单一产品。因此，对于多品种、产量不大的精细化工产品，间歇操作仍有相当广泛的应用。

2.2.2 间歇操作反应器

液-液相和液-固相间歇操作的反应器基本上与实验室的仪器相似，所不同的是体积大，制造材料和传热方式不同。这种间歇操作反应器可以是敞口的反应槽（相当于烧杯），也可以是带回流冷凝器的反应锅（相当于四口瓶），或者是耐压的高压釜。

最常用的传热方式是在锅体外安装夹套或在锅内安装蛇形盘管。冷却一般用冷却水或冷冻盐水，在个别情况下也可以向反应器中直接加入碎冰。加热一般用水蒸气可加热到 140～180℃，如用发电厂等副产的高压水蒸气最高加热温度可达 240℃。如需较高温度（160～260℃），可向夹套中通入耐高温导热油，或者用电加热。在个别情况下，也可直接向反应器中通入水蒸气进行加热。

锅式反应器通常装有搅拌器，以利于传质和传热，最常用的搅拌器如图 2-2 所示。

对于某些非常黏稠物料的液-固相间歇反应，需要采用特殊的搅拌器，或改用卧式球磨机式间歇反应器（固相罐）。例如芳伯胺的烘焙磺化。

对于气-液相和气-固-液三相间歇反应，例如某些通氯气的氯化反应、通氢气的氢化反应以及通空气的氧化反应等，通常采用带气体鼓泡管的锅式反应器，锅内可以安装搅拌器，也可以不安装搅拌器。另外也可以采用鼓泡塔式反应器。

对于气-固相间歇反应则需要采用特殊结构的反应器。例如粉状 2-萘酚钠与二氧化碳反应制 2-羟基萘-3-甲酸所用的反应器。锅内装有 3～5 层固定的水平切削挡板，挡板和搅拌器的水平桨叶之间的间隙要做得很窄，两者之间的作用就像剪刀一样，能完成既是搅拌又是粉碎的任务，使酚钠盐在脱水过程和羧化过程中保持蓬松的粉末状态。许多溶剂烘焙磺化过程也需要采用类似的切削装置。

对于间歇操作的非均相催化氢化反应，当采用带鼓泡管的搅拌锅式反应器或鼓泡塔式反应器时，需要将从液面上逸出的未反应的氢气用氢气泵再循环鼓泡。为了避免氢气循环又提出了液相喷射环流反应器，如图 2-3 所示。

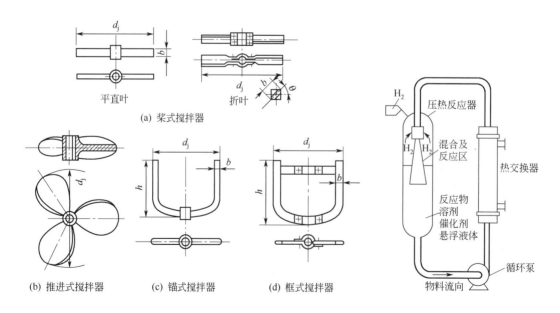

图 2-2 常用搅拌器形式　　　　图 2-3 液相喷射环流反应器

2.2.3　液相连续反应器

在液相连续反应器中，有两种极限的流动模型，即理想混合型和理想置换型。

(1) 理想混合型反应器

装有搅拌器和传热装置的单锅连续反应器，如图 2-4(a) 所示，接近于理想混合型反应器。反应原料连续地加入锅中，在搅拌下停留一定时间，同时反应产物也连续地从锅中流出。

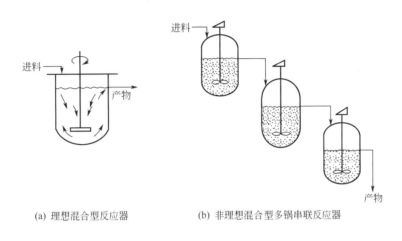

(a) 理想混合型反应器　　　　　　(b) 非理想混合型多锅串联反应器

图 2-4　混合型反应器

理想混合型反应器的特点：在强烈搅拌下产生了混合作用，即新加入的原料和已存留在锅中的物料在瞬间混合均匀（亦称反向混合），所以锅内各处的物料的组成和温度都相同，并且接近于出口处流出的物料的组成和温度。

搅拌锅式连续反应器的主要优点是，强烈的搅拌有利于非均相反应原料之间的传质，可加快反应速率。另外，也有利于强烈的放热反应的传热，可加大反应锅的生产能力。但是单锅连续操作也有很多缺点。第一，锅内物料的组成接近于流出物料的组成，即锅中反应原料的浓度相当低，从而显著影响反应速率。第二，流出的反应产物中势必残留有一定数量的未反应原料，从而影响产品的收率。第三，锅内已经生成的反应产物的浓度相当高，容易进一步发生连串反应，生成较多的副产物。例如，苯用混酸一硝化时，如果采用单锅连续操作，不仅设备生产能力低，反应产物中含有较多未反应的苯和硝酸，而且产品硝基苯中还含有质量分数高达 2%～4% 的二硝基苯，影响产品的质量。因此，单锅连续操作在工业上很少采用。

为了克服上述缺点，一般都采用多锅串联连续操作，如图 2-4(b) 所示，反应物料连续地加入第一个反应锅中，反应物料连续地流经第二和第三个反应锅，反应产物从最后一个反应锅流出。其特点是，在几个反应锅之间没有返混作用，因此具有以下优点：反应速率相当快，可大大提高设备的生产能力；每个反应锅可以控制不同的反应温度；在最后一个反应锅中反应原料的浓度已经变得很低，可以大大减少反应产物中剩余未反应物的含量，有利于降低原料消耗定额，在某些情况下还可大大减少连串反应副产物的生成量。例如，用多锅串联法进行苯的一硝化时，产品硝基苯中二硝基苯副产物的生成量可降低到 0.1% 以下，有利于提高产品的质量。为了避免反应原料以"短路"的方式从各反应锅流出，可以在反应锅内安装导流筒，或是将传热蛇管作成导流筒的形式，如图 2-5（a）所示；另外，也可以把反应器做成 U 形循环管的形式，如图 2-5（b）所示。

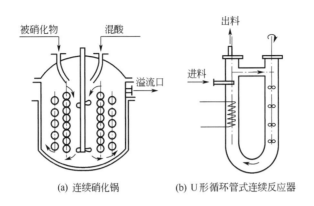

(a) 连续硝化锅   (b) U 形循环管式连续反应器

图 2-5　连续反应器

（2）理想置换型反应器

连续反应器接近理想置换型反应器。反应原料从管子的入口处进入，在管内向前流动，经过一定时间后，从管子的出口处流出，如图 2-6(a) 所示。在理想情况下反应物没有返混作用。因为物料在管内平行向前移动，好像一个活塞在汽缸内朝一个方向移动，所以又称"活塞流"或"理想排挤"。

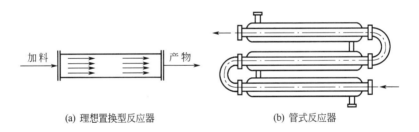

(a) 理想置换型反应器   (b) 管式反应器

图 2-6　理想置换型反应器与管式反应器

理想置换型反应器的特点如下：在高度湍流情况下，在垂直于物料流向的任何一个截面上，所有的物系参数都相同，即在任何一个截面的各点上物料的组成、温度、压力、流速和停留时间都相同。另一方面，在沿着管子长度的不同点上，所有物系参数则各不相同。例如，在管子的进口端，原料的浓度非常高，反应速率相当快，热效应非常大；而在出口处，原料的浓度已变得非常低，反应速率很慢，热效应也很小。所以沿管长上各点的温度也各不相同。这种反应器与锅式串联反应器相比，优点是反应速率比较快，可缩短反应时间，反应产物中未反应物少，可降低消耗定额，提高产品质量，主要适用于热效应不太大，对反应温度不太敏感以及高压操作的化学过程。

但是，对于热效应很大，对温度比较敏感，而且需要良好传质的化学过程以及会有固体物料在管内沉积堵管的化学过程，都不宜采用管式连续反应器。但对于某些反应可以采用锅式-管式或泵式-管式串联的方法。

对于**液-液非均相反应**，为了使反应原料充分接触，以利于传质，物料在管内必须呈高速湍流状态，为此管径不宜太大。对于高压反应或小批量生产，可采用单管式反应器，如图 2-6（b）。当压力不太高而且生产能力大时可采用列管式反应器或在单管内装有强化传质的构件，见苯的绝热连续一硝化。

2.2.4 气-液相连续反应器

一般采用鼓泡塔式反应器，气态原料总是从塔的底部输入，反应后的尾气从塔的顶部排出（见图 2-7）。液态原料既可以从塔的底部输入，从塔的上部流出（并流法），也可以从塔的上部输入，从塔的底部流出（逆流法）。因为反应物在塔中有一定的返混作用，为了减少其不利影响，并且加强气-液之间的传质作用，可在塔内装有填料、筛板、泡罩板或各种挡板等内部构件。为了控制反应温度，可采用内部热交换器或外循环式热交换器。为了避免塔身太高而增加通入气体的压头，可采用多塔串联的方式，从每个塔的底部通入反应气体。

当气-液相反应的速率相当快，放热量相当大时，可在沸腾温度下反应或采用列管式并流反应器。在用三氧化硫-空气混合物作磺化剂时还采用膜式反应器（如图 2-8）。

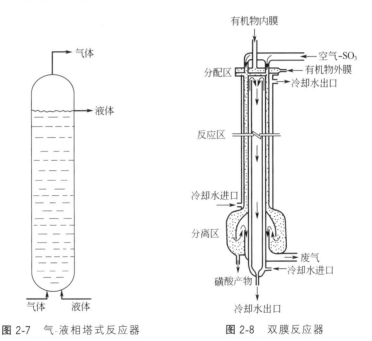

图 2-7　气-液相塔式反应器　　　图 2-8　双膜反应器

当液体物料相当黏稠或热效应很大时，则需要采用多锅串联喷射环流反应器，例如甲苯用三氧化硫-空气混合物磺化。

2.2.5 气-固相接触催化连续反应器

气-固相接触催化反应是将反应原料的气态混合物在一定的温度、压力下通过固体催化剂的表面而完成的。这类反应都采用连续操作的方式。反应器结构设计的主要问题是传热和催化剂的装卸。这类反应器的结构主要有三种类型，即绝热固定床反应器、列管式固定床反应器和流化床反应器。

(1) 绝热固定床反应器

单层绝热固定床反应器的结构非常简单，如图 2-9 所示，它是一个没有传热装置、只装有固体催化剂的容器。反应原料从容器的一端输入，经过催化剂层反应产物从容器的另一端输出。这类反应器的主要优点是设备结构简单，造价低，催化剂装卸方便。但是，在这类反应器中，反应物料和催化剂的温度是变化的。对于放热反应，从进口到出口温度逐渐升高。对于吸热反应，从进口到出口温度逐渐降低。而且反应过程的热效应越大，进出口的温度相差越大。由于这个特点，使得单层绝热固定床反应器只适用于过程热效应不太大、反应产物比较稳定、对反应温度不太敏感、反应气体混合物中含有大量惰性气体（例如水蒸气或空气中的氮）、一次通过反应器时转化率不太高的过程，例如甲醇的氧化脱氢制甲醛。另外，单层绝热反应器的催化剂层不宜太厚，以免进口和出口的温度差太大。因此只适用于反应物停留时间短的过程。

当反应的热效应较大时，为了改善反应的温度条件，并提高转化率，常常采用多层绝热固定床反应器，如图 2-10 所示。为了调整反应温度，可根据反应过程的特点，在两层催化剂之间，利用热交换器，对中间反应物进行冷却或加热。图 2-10 是 CO-水蒸气变换反应装置，采用的是双层式绝热固定床。例如甲醇的氧化脱氢制甲醛也采用多层固定床反应器。

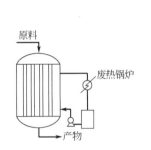

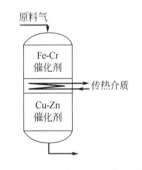

图 2-9　单层绝热固定床反应器　　图 2-10　多层绝热固定床反应器　　图 2-11　列管式固定床反应器

(2) 列管式固定床反应器

列管式固定床反应器的结构类型很多，最简单的结构类似于单程立式列管式热交换器，如图 2-11 所示。催化剂填装在管内，热载体在管外进行冷却或加热。对于放热反应，可以用熔盐或其他热载体将热量移出，热的热载体经废热锅炉降温后再返回列管式反应器，废热锅炉吸收热量后可产生 0.6～2.0MPa 的蒸汽。对于吸热反应，根据所要求的温度，可以用液态或蒸汽态的热载体进行加热。

管子的内径一般为 25～45mm。管径粗，列管数少、设备造价低，但管径太粗，管内催化剂的轴向温度梯度大，反应温度不均匀。管径太细，列管数多，设备造价高，另外还给催化剂的均匀填装带来麻烦。

催化剂的粒径一般约为 5mm，每根管子内催化剂的填装量和对于气流的阻力都必须基本上相同，以保证反应气体均匀地通过每根催化剂管，使每根催化剂管的反应效果基本相同。因此催化剂的填装和更换都比较麻烦。

列管式反应器属于理想置换型反应器。列管式固定床反应器主要用于热效应大、对温度比较敏感、要求转化率高、选择性好、必须使用粒状催化剂（特别是表面型催化剂）、催化剂使用寿命长、不需要经常更换催化剂的化学过程。它的应用很广。

列管式固定床反应器的主要缺点：反应器结构复杂、加工制造不方便、造价高，特别是大型反应器，需要几万根管子。但是，对于邻二甲苯的氧化制邻苯二甲酸酐，现在已能制造直径 6m、列管束 21600 根的大型氧化器,每台氧化器可生产苯酐 3.6 万吨/年。

(3) 流化床反应器

流化床反应器的基本结构如图 2-12 所示。它的主要部件是壳体、气体分布板、热交换器和催化剂回收装置。有时为了减少反向混合并改善流态化质量,还在催化剂床层内附加挡板或挡网等内部构件。

流态化的基本原理:当气体经过分布板,以适当速度均匀地通过粉状催化剂床层时,催化剂的颗粒被吹动,漂浮在气体中做不规则的激烈运动,整个床层类似沸腾的液体,所以又称"沸腾床"。

流化床反应器的主要优点:反应气体和催化剂充分混合,传热效果好,床层温度均匀,可控制在 1~3℃ 的温度范围内;催化剂可使用多孔性载体,催化剂表面积大、利用率高,催化剂的装载和更换方便,反应器造价低。

流化床的缺点:由于反混作用,对于某些反应的转化率和选择性不如固定床,必须使用细粉状催化剂,这样催化剂容易磨损流失,不能使用低比表面积的催化剂载体。为了减少反混作用还可以采用双层流化床。

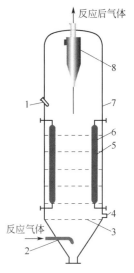

图 2-12 流化床反应器
1—加催化剂口;2—预分布器;
3—分布板;4—卸催化剂口;
5—内部构件;6—热交换器;
7—壳体;8—旋风分离器

2.2.6 气-液-固三相连续反应器

这类反应器又可以分为固定床和悬浮床两大类。

(1) 固定床反应器

最简单的三相固定床连续反应器的实例是在铁催化剂存在下,苯(沸腾状态)一氯化制一氯苯时所用的反应器。它是一个装有废铁管催化剂、没有传热装置的塔式绝热反应器,热量由氯化液的沸腾汽化移出。

使用最多的三相固定床连续反应器是液相非均相催化氢化时所用的反应器,为了移出热效应,控制反应温度,一般要采用多层床反应器。在每一个床层放有颗粒状催化剂,在每两个床层之间,可以装有内部热交换器移出反应热,也可以在每两个床层之间通入冷的氢气来吸收反应热。液态反应物可以从塔的上部淋下〔又称淋液型反应器,见图 2-13(a)〕,经过催化剂表面,然后从塔底流出,氢气可以自上向下流动,也可以自下向上流动。淋液型的优点是有利于氢气与催化剂表面的接触。缺点是需要在每两层催化剂之间通入大量的氢气来移除反应热;催化剂的死角有可能过热而"烧毁",失去活性。另一种方式是液态反应物从塔的底部流入,从塔的上部流出,这时催化剂浸没在液态反应物中,氢气必须从塔底鼓泡通入〔又称鼓泡型反应器,见图 2-13(b)〕。鼓泡型的缺点是需要较高的氢气压力,增加液相中的氢含量,以利于在催化剂表面的三相反应。鼓泡型的优点是可以在每两层催化剂之间安装内部热交换器来移出反应热,催化剂浸没在液态反应物中,没有热点,不会"烧毁"失活。

固定床反应器的优点:从反应器流出的反应液中不含催化剂,不涉及催化剂的回收循环使用问题;缺点是颗粒状催化剂的表面利用率低,不适于使用粉状催化剂。

(2) 悬浮床反应器

悬浮床反应器的基本结构如图 2-13(c)所示。粉状催化剂悬浮在液态反应物中从塔底进

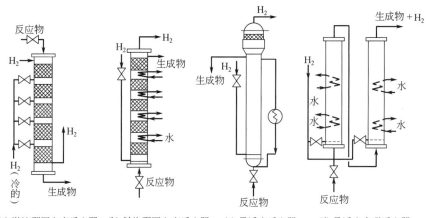

(a) 淋液型固定床反应器 (b) 鼓泡型固定床反应器 (c) 悬浮床反应器 (d) 悬浮床串联反应器

图 2-13 气-液-固三相连续反应器

入，以湍流方式经过塔体，从塔的上侧流出，氢气也从塔底鼓泡通入，从塔顶逸出，并循环回塔的底部。它的优点是可以使用粉状催化剂，可充分利用催化剂的表面；缺点是属于"反向混合型"反应器，为了使反应完全，要使用两塔或多塔串联操作，见图 2-13(d)。另外，从反应器流出的反应液中含有粉状催化剂，需要分离、回收循环使用。

为了克服悬浮床的缺点，又提出了悬浮床-固定床串联操作，从悬浮床上侧流出的反应液分离掉粉状催化剂后，进入淋液型固定床反应器，由于反应液中未氢化的原料已很少，反应的热效应小，催化剂不会过热"烧毁"失活，又因固定床反应器无反向混合现象，有利于反应完全。

微反应器是一种微型化的连续流动的管道式反应器，在精细化学品的制备中发挥出巨大的优势。

2.3 精细有机合成中的溶剂效应

许多有机化学反应是在溶剂存在下进行的。溶剂的作用不只是使反应物溶解，更重要的是溶剂分子可以与反应物分子发生各种相互作用。如果选择合适的溶剂就可以使主反应明显加速，并且能有效地抑制副反应。另外，溶剂还影响反应历程、反应方向和立体化学。因此，有必要对溶剂效应的基本知识作扼要介绍。

2.3.1 溶剂的分类

溶剂的分类方法很多，①按照化学结构分类：可以分为有机溶剂和无机溶剂两大类。②按照偶极矩和介电常数分类：分为介电常数大于 15～20 或偶极矩大于 2.5D 的溶剂为极性溶剂，介电常数小于 15～20 或偶极矩小于 2.5D 的溶剂为非极性溶剂。③按 Lewis 酸碱理论分类：分为电子对受体（EPA）和电子对给体（EPD）溶剂。④按氢键给体或受体的作用分类：分为质子传递性溶剂和非质子传递性溶剂。应该指出：溶剂极性的这种分类是人为的，应灵活理解。各类常用溶剂的主要物理性质列于表 2-4。

表 2-4　各类常用溶剂的主要物理性质（按介电常数和结构排列）

溶剂类型		溶剂名称	介电常数 ε	偶极矩 μ/D[①]	沸点 /℃	在水中溶解度（质量分数,20℃)/%	水在溶剂中溶解度（质量分数,20℃)/%
质子传递性溶剂	极性	水	78.39	1.84	100		
		甲酸	58.5	1.82	100.56	混溶	
		甲醇	31.2	1.66	64.51	混溶	
		乙醇	25.7	1.68	78.32	混溶	
		正丁醇	17.1	1.68	117.7	7.8	20.0
		乙二醇	38.66	2.20	197.85	混溶	
		乙二醇单甲醚	16.93	2.04	124.6	混溶	
		乙二醇单乙醚	(13.5)[②]	2.08	135.6	混溶	
	非极性	乙酸	6.15	1.68	118.1	混溶	
		3-甲基-1-丁醇	14.7	1.82	130.8	2.4	9.7
		乙二醇单丁醚	9.30	2.08	170.2	混溶	
非质子传递极性溶剂		二甲基亚砜	48.9	4.3	189.0	混溶	
		环丁砜	43.3	4.81	287.3	混溶	
		乙腈	37.5	3.44	81.6	混溶	
		N,N-二甲基甲酰胺	36.71	3.86	153.0	混溶	
		硝基苯	34.82	4.21	210.9	0.19	0.24
		N-甲基吡咯烷酮	32.0	4.09	204	混溶	
		乙酐	20.70	2.82	140.0	混溶	
		丙酮	20.70	2.69	56.12	混溶	
非质子传递非极性溶剂		正己烷	1.89	0.08	68.7	0.014	0.011
		环己烷	2.055	0	80.7	<0.01	0.01
		苯	2.283	0	80.10	0.050	0.057
		甲苯	2.24	0.37	110.625	0.045	0.045
		氯苯	5.65	1.54	131.687	约0.05	0.04
		邻二氯苯	6.83	2.27	180.48	0.0134	约0
		二氯甲烷	9.1	1.14	39.75	2.0	0.17
		四氯化碳	2.238	0	76.75	0.08	0.013
		1,2-二氯乙烷	10.45	1.86	83.483	0.869	0.16
		三氯乙烯	3.409	0.9	87.19	0.107	0.022
		1,2-二氯丙烷	8.925	1.85	96.37	0.26	0.06
		二乙醚	4.197	1.12	34.6	6.896	1.264
		乙二醇二甲醚	5.50	1.79	85.2	混溶	
		苯甲醚	4.33	1.20	153.75	不溶	—
		二苯醚	1.05	1.16	258.3	不溶	—
		二氧六环	2.209	0.45	101.32	混溶	
		四氢呋喃	7.58	1.71	66	混溶	
		乙酸乙酯	6.02	1.88	77.114	8.08	2.94
		吡啶	12.3	2.23	115.3	混溶	
		二硫化碳	2.641	0.06	46.225	0.29	<0.01

① 偶极矩的旧单位为 D（德拜），按法定计量单位换算：$1D=3.336\times10^{-30}C\cdot m$。

② 括号内数据表示摘自不同文献。

2.3.2　"相似相溶"原则

"相似相溶"原则是溶解作用的最古老的经验。总的来说，一个溶质易溶于化学结构相似的溶剂，而不易溶于化学结构完全不同的溶剂。极性溶质易溶于极性溶剂，非极性溶质易溶于非极性溶剂。

溶剂极性的本质——溶剂化作用：每一个被溶解的分子或离子被一层或几层溶剂分子或松或紧地包围的现象，叫做溶剂化作用，它包括溶剂与溶质之间所有专一性和非专一性相互作用的总和。

2.3.3　电子对受体(EPA)溶剂和电子对给体(EPD)溶剂

极性溶剂又可以分为电子对受体溶剂和电子对给体溶剂两大类。

① **电子对受体**　具有一个缺电子部位或酸性部位。最重要的电子对受体基团是羟基、氨基、羧基或未取代的酰氨基，它们都是氢键给体。例如，水、醇、酚和羧酸等。此类质子传递性溶剂可以通过氢键使电子对给体性的溶质分子或负离子溶剂化。

② **电子对给体**　具有一个富电子部位或碱性部位。最重要的电子对给体是水、醇、酚、醚、羧酸和二取代酰胺等化合物中的氧原子以及胺类和杂环化合物中的氮原子。上述氧原子和氮原子都具有未共用电子对，又是氢键受体。

原则上，大多数溶剂都是两性的。例如，水既具有电子对受体性质（形成氢键），又具有电子对给体性质（利用氧原子）。但是，许多溶剂只突出一种性质，亦称专一性溶剂化。例如，N,N-二甲基甲酰胺、二甲基亚砜、环丁砜、N-甲基吡咯烷酮以及乙腈和吡啶等溶剂对无机盐有一定的溶解度，并能使无机盐中的正离子 M^+ 溶剂化；然而，负离子则不易溶剂化而成为活泼的"裸"负离子。

$$
\underset{}{CH_3-\overset{O}{\overset{\|}{C}}-N(CH_3)_2} \xrightarrow{\text{互变异构}} \underset{\text{(位阻大)}}{CH_3-\overset{O^-}{\overset{(位阻小)}{\underset{}{C}}=\overset{+}{N}(CH_3)_2}} \underset{-M^+}{\overset{+M^+}{\rightleftharpoons}} \underset{\text{正离子 } M^+ \text{ 的溶剂化}}{CH_3-\overset{OM}{\overset{|}{C}}=\overset{+}{N}(CH_3)_2} \tag{2-18}
$$

因此，许多负离子的亲核置换反应都是在上述电子对给体溶剂中进行的。

2.3.4　溶剂极性对反应速率的影响

(1) Houghes-Ingold 规则

Houghes-Ingold 用过渡态理论来处理溶剂对反应速率的影响。经常遇到的反应，由起始反应物之间相互作用所生成的过渡态大都是偶极型活化配合物，它们在电荷分布上比相应的起始反应物常常有明显的差别，并由此总结出以下三条规则。

① 对于从起始反应物变为活化配合物时电荷密度增加的反应，溶剂极性增加，有利于配合物的形成，使反应速率加快。

② 对于从起始反应物变为活化配合物时电荷密度减小的反应，溶剂极性增加，不利于配合物的形成，使反应速率减慢。

③ 对于从起始反应物变为活化配合物时电荷密度变化不大的反应，溶剂极性的改变对反应速率影响不大。

上述规则虽然有一定的局限性，但对于许多偶极型过渡态反应（例如亲电取代、亲核取代、β 消除、不饱和体系的亲电加成等），还是可以用上述规则预测其溶剂效应，并得到许多实验数据的支持。

(2) 溶剂对亲电取代反应的影响

溶剂对亲电取代反应的影响从下例可以看出。例如，苯绕蒽酮在不同溶剂中用等摩尔比的溴分子在 50℃ 下反应 5h，由苯绕蒽酮生成 3-溴苯绕蒽酮，其转化率如表 2-5所示。

表 2-5　苯绕蒽酮在不同溶剂中一溴化的转化率

溶　剂	二氧六环	氯苯	1,1,2,2-四氯乙烷	1,2-二氯乙烷	乙酐	N,N-二甲基甲酰胺	硝基苯
转化率/%	0	1.37	3.31	8.37	15.32	17.56	28.67
偶极矩 μ/D	0.45	1.54	1.71	1.86	2.82	3.86	4.21
介电常数 ε	2.21	5.65	8.00	10.45	20.7	36.71	34.82

对表 2-5 可以解释如下，在活化过程中产生了异号电荷的分离，所以随溶剂极性的增加，苯绕蒽酮的转化率明显增加，即溴化反应速率明显加快。

$$(2\text{-}19)$$

另外，也可能是溴分子与有机溶剂不同程度地形成了配合物，配合物越稳定，溴分子越不活泼，苯绕蒽酮的转化率越低。例如，二氧六环可以和溴分子生成稳定的配合物，所以在二氧六环中溴分子几乎不与苯绕蒽酮反应。硝基苯比氯苯等较难与溴分子形成 π 配合物，因此在硝基苯中苯绕蒽酮的转化率要高得多。

上述实验可以解释：苯绕蒽酮在水介质中一溴化制 3-溴苯绕蒽酮时，如果加入少量氯苯等非极性溶剂可以有效地抑制二溴化副反应，在苯绕蒽酮的二溴化制 3,9-二溴苯绕蒽酮时，如果加入少量硝基苯则可以使二溴化反应更完全。

(3) 溶剂对亲核取代反应的影响

不同类型亲核取代反应的预测溶剂效应如表 2-6 所示。

对于最常见的表 2-6 中（d）型亲核取代反应的实验数据，可以举出放射性标记碘负离子 $\overset{*}{I}{}^{-}$ 与碘甲烷之间的碘交换反应，反应数据见表 2-7。

$$\overset{*}{I}{}^{-} + CH_3I \xrightarrow[25℃]{k_2} \left[\overset{*}{I}{}^{\delta^-}\cdots CH_3\cdots I^{\delta^-}\right] \longrightarrow \overset{*}{I}{-}CH_3 + I^- \tag{2-20}$$

表 2-6　亲核取代反应速率的预测溶剂效应

反应类型	起始反应物	活化配合物	活化过程的电荷变化	溶剂极性的增加对反应速率的影响
(a)　S_N1	$R{-}X$	$R^{\delta^+}\cdots X^{\delta^-}$	异号电荷的分离	明显加快
(b)　S_N1	$R{-}X^+$	$R^{\delta^+}\cdots X^{\delta^+}$	电荷分散	略微减慢
(c)　S_N2	$Y+R{-}X$	$Y^{\delta^+}\cdots R\cdots X^{\delta^-}$	异号电荷的分离	明显加快
(d)　S_N2	$Y^-+R{-}X$	$Y^{\delta^-}\cdots R\cdots X^{\delta^-}$	电荷分散	略微减慢
(e)　S_N2	$Y+R{-}X^+$	$Y^{\delta^+}\cdots R\cdots X^{\delta^+}$	电荷分散	略微减慢
(f)　S_N2	$Y+R{-}X^-$	$Y^{\delta^-}\cdots R\cdots X^{\delta^-}$	电荷减少	明显减慢

注：表中"明显"和"略微"来源于电荷分散效应必然显著低于电荷增加或电荷减少效应的理论，因而只具有相对意义。

表 2-7　表 2-6 中（d）型亲核取代反应实验数据

溶　剂	CH_3COCH_3	C_2H_5OH	$(CH_2OH)_2$	CH_3OH	H_2O
k_2（相对）	13000	44	17	16	1
ε	20.75	25.7	38.66	31.2	78.39
μ/D	2.69	1.68	2.20	1.66	1.84

在上述反应中，在活化过程中产生电荷分散作用，因此，在质子传递性溶剂中，随溶剂介电常数的增加，反应速率略微减慢（乙二醇例外）。但是在非质子传递极性溶剂中则反应速率相当快。

上述数据说明了 Houghes-Ingold 规则有一定的局限性。这是因为上述规则只考虑了溶剂的极性，而没有考虑溶剂的质子传递性和非质子传递性以及电子对受体性和电子对给体性等因素对反应速率的影响。

对上例可以解释如下：I^- 负离子较易被质子传递性溶剂（氢键给体，电子对受体）专一性溶剂化，使 I^- 变得很不活泼，从而降低了（d）型亲核取代反应的速率，而且氢键缔合作用越强，反应速率越慢。乙二醇虽然极性强，但是它有两个氢键给体，所以（d）型反应在乙二醇中的相对反应速率与在甲醇中很接近。

由以上数据可以推测，对于具体的（d）型亲核取代反应，如果在水介质中反应速率太慢时，可以改用氢键缔合作用较弱的甲醇或乙醇作反应介质，或者用具有电子对受体作用的丙酮（非质子传递极性溶剂）作反应介质，上述溶剂的优点是价格较低，缺点是沸点低，反应温度不能高。如果具体的（d）型反应在上述溶剂中反应速率仍很慢，可以改用 N,N-二甲基甲酰胺、二甲基亚砜或环丁砜等非质子传递强极性溶剂。它们的优点是具有强的电子对给体性，能使无机盐中的正离子专一性溶剂化，从而使负离子成为高活性"裸"负离子，有利于（d）型亲核取代反应的进行。这类溶剂的缺点是价格贵、难精制、难脱水、不易长期保存在无水状态，有时少量的水会对反应产生干扰，反应后溶剂回收套用较难、有毒和操作不便。因此，对于（d）型亲核取代反应，又出现了相转移催化法。

总之，无论是亲电反应还是亲核反应，溶剂的作用使得进攻质点变为"裸露"时，对反应有利。

2.3.5　有机反应中溶剂的使用和选择

在有机化学反应中溶剂的使用和选择，除了考虑溶剂对主反应的速率、反应历程、反应方向和立体化学的影响以外，还必须考虑以下因素。

① 溶剂对反应物和反应产物不发生化学反应，不降低催化剂的活性。溶剂本身在反应条件下和后处理条件下是稳定的。

② 溶剂对反应物有较好的溶解性，或者使反应物在溶剂中能良好分散。

③ 溶剂容易从反应体系中回收，损失少，不影响产品质量。

④ 溶剂应尽可能不需要太高的技术安全措施。

⑤ 溶剂的毒性小、使用安全、含溶剂的废水容易治理。

⑥ 溶剂的价格便宜、供应方便、经济合理。

2.4　气-固相接触催化

气-固相接触催化反应是将气态反应物在一定的温度、压力下连续地通过固体催化剂的表面而完成的。这种反应方式可应用于许多单元反应，其具体应用将在以后结合各单元反应叙述。这里只介绍基础知识。

固体催化剂通常是由主要催化活性物质、助催化剂和载体所组成。有时为了便于制成所需要的形状或改善催化剂的机械强度或孔隙结构，在制备催化剂时还加入成型剂或造孔物质。固体催化剂按粒度可以分为颗粒状和粉末状两种类型。颗粒状催化剂用于固定床反应器。粉末状催化剂用于流化床反应器。

固体催化剂按照表面积又可以分为高比表面型和低比表面型两类。催化剂的表面包括外表面和孔隙中的内表面两部分。每克催化剂的总表面积叫做比表面，单位是 m^2/g。

固体催化剂的密度（g/mL）用视密度表示。它是把一定质量的催化剂放在量筒中，直接观测其体积而算得的。

关于固体催化剂的作用，虽然已经提出许多催化理论，但是还没有一个理论能全面地、完善地解释所有各种接触催化反应的机理。最常用的理论是活性中心理论、活化配合物学说和多位（活化配合物）学说等。这些学说的要点是催化剂的表面只有一小部分特定的部位能起催化作用，这些部位叫做活性中心。反应物分子的特定基团在活性中心发生化学吸附，形成活化配合物。然后活化配合物再与另一个或另一种未被吸附的反应物分子相作用，生成目的产物。或者是两种反应物分子分别吸附在两个相邻的不同的活性中心，分别生成活化配合物，然后两者相互作用而生成目的产物。由于活性中心的特殊性，一种优良的催化剂可以只对某一个具体反应具有良好催化作用，即对目的反应具有良好的选择性。催化剂的选择性与催化剂的组成、制法和反应条件等因素有关。

2.4.1 催化剂的活性和寿命

(1) 催化剂的活性

工业上催化剂的活性通常用单位体积（或单位质量）催化剂在指定反应条件下，单位时间内所得到的目的产物的质量来表示，单位是 kg/[L(催化剂)·h] 或 kg/[kg(催化剂)·h] 或 g/[g(催化剂)·h]。上述表示方法又称作催化剂的负荷。

对于某些催化反应，工业催化剂的活性还采用在指定的气体时空速率下，反应物的转化率或目的产物的收率来表示。所谓气体的时空速率（GHSV）指的是在一定的视体积催化剂上，每小时所通过反应气体的体积，单位是 h^{-1}。这里气体的体积指标准状态下的体积。

(2) 催化剂的寿命

催化剂寿命指的是催化剂在工业反应器中使用的总时间。催化剂在使用过程中，由于温度、压力、气氛、毒物的影响以及焦油或积碳的生成等因素，都会或多或少地使催化剂发生某些物理的或化学的变化。例如熔结、粉化以及结晶结构或比表面的变化等，这些都会影响催化剂的活性中心，从而影响催化剂的活性和选择性。工业催化剂的寿命与反应类型、催化剂的组成和制法等因素有关。有些催化剂的寿命可长达数年，有的催化剂的寿命只有几小时。

催化剂使用一定时间后，因活性下降，需要活化再生，这个使用时间称作催化剂的活化周期。

流化床反应器所用的粉状催化剂，因为有气体夹带损失，需要定期补充新催化剂。这时催化剂的消耗量用每生产 1t 产品所消耗的催化剂的质量（kg 或 g）表示。

2.4.2 催化剂的组成

(1) 催化活性物质

催化活性物质指的是对目的反应具有良好催化活性的成分。对于具体反应，其催化活性物质是通过大量实验筛选出来的。通常是单一成分或两至三种成分。例如，对于许多较强的氧化反应,其催化剂的活性组分都是五氧化二钒。

(2) 助催化剂

助催化剂是本身没有催化活性或催化活性很小,但是能提高催化活性物质的活性、选择性或稳定性的成分。在工业催化剂中通常都含有适量的助催化剂。助催化剂主要是在高温下稳定的各种金属氧化物、非金属氧化物、金属盐或金属元素。

一种催化活性物质常常能催化多种单元反应(例如三氧化二铝可以催化脱氢、裂解、脱水等反应),但是加入不同的助催化剂则可以突出催化活性物质对某一特定反应的催化作用。

工业催化剂大都是多组分的,要区别每一组分的单独作用是困难的。所观察到的催化性能常常是这些组分之间相互作用所表现的总效应。尽管许多单元反应的催化活性物质是熟知的,但是要制得性能良好的催化剂,必须筛选适当的助催化剂。助催化剂常常是多组分的,而且各组分的含量也各不相同。催化剂的专利很多,它们都与助催化剂有关。

(3) 载体

载体是催化活性物质和助催化剂的支持体、黏结体或分散体。由于使用载体,在催化剂中催化活性物质和助催化剂的含量可以很低。例如,在铂重整催化剂中,铂的质量分数只有 $0.1\%\sim1.0\%$。当催化活性物质(例如铂、氧化钍)或助催化剂(例如氧化钍、氧化钼)的价格很贵,或它们本身不能制成机械性能良好的催化剂时,必须使用载体。如果催化活性物质(例如三氧化二铝)和助催化剂(例如氧化锌)本身价格不贵,又可以制成高比表面的固体时,也可以不另用载体。

载体的机械作用是增加催化活性物质的比表面,抑制微晶增长,使催化剂具有足够的孔隙度、力学性能(硬度、耐磨性、耐压强度等)、热稳定性、比热容和热导率等,从而延长催化剂的寿命。另外,有些载体(例如三氧化二铝)还常常与催化活性物质发生某种化学作用,改变了催化活性物质的化学组成和结构,从而改善了催化剂的活性和选择性。因此,在制备催化剂时,载体的选择也是很重要的。

载体按照其比表面可以分为高比表面型(多孔型)和低比表面型(表面型)两类。高比表面载体(例如硅胶 SiO_2、硅铝胶 $SiO_2\text{-}Al_2O_3$ 和 Al_2O_3 等)有相当多的微孔,有很大的内表面,反应主要在内表面上进行。许多工业催化过程,为了提高催化剂的负荷,在制备催化剂时,要选用微孔平均直径小于 20nm、比表面大于 $50m^2/g$ 的高比表面载体。低比表面载体只有很少一些平均孔径大于 20nm 的粗孔,或者是几乎没有微孔的小颗粒,例如带釉瓷球、瓷片、刚玉、碳化硅、浮石和硅藻土等。当在反应条件下,催化剂的活性很高、目的产物在微孔的内表面上容易进一步反应生成副产物、使催化剂的选择性下降时,常常要用微孔极少的低比表面载体。

2.4.3 催化剂的毒物、中毒和再生

催化剂因微量外来物质的影响,使其活性和选择性下降的现象称作催化剂的中毒。这些微量外来物质称作催化剂的毒物。

(1) 催化剂的毒物

在工业生产中,催化剂的毒物通常来自反应原料。有时毒物也可能是在催化剂制备过程中混入的,或者是来自其他污染源。微量毒物就能引起催化剂活性显著下降,因此,对于具体反应,哪些是催化剂的毒物?如何防止催化剂中毒?如何筛选不易中毒的催化剂?如何恢复已中毒的催化剂的活性?都是研制新催化剂时必须注意的问题。

(2) 催化剂的中毒

一般认为中毒是由于毒物与催化活性中心发生了某种作用，因而破坏或遮盖了活性中心所造成。毒物在活性中心吸附较弱或化合较弱，可以用简单的方法使催化剂恢复活性的中毒现象称作"可逆中毒"或"暂时中毒"。毒物与活性中心结合很强，不能用一般方法将毒物除去的中毒现象称作"不可逆中毒"或"永久中毒"。催化剂暂时中毒，可设法再生。催化剂永久中毒后，就需要更换新催化剂。

(3) 催化剂中毒的预防和再生

为了避免催化剂中毒，一种新型催化剂在投入生产使用前，都应指出哪些是催化剂的毒物，以及这些毒物在反应原料中的最高允许含量。当原料中有害物质的含量超过规定时，必须对原料进行精制，或换用合格的原料。

催化剂暂时中毒时，可设法再生。再生的方法通常是将空气、水蒸气或氢气在一定温度下通过催化剂除去催化剂上的积碳、焦油物或硫化物等毒物。当催化剂活性下降很慢，使用较长时间后才需要进行再生时，再生操作可以就在反应器中进行。当催化剂活化周期短，需要频繁活化时，对于固定床反应器，就需要同时使用多台反应器，并且使其中的一台反应器轮换进行催化剂的再生。对于流化床反应器，则需要配上一个流化床再生器，与流化床反应器同时操作，进行催化剂的连续再生、循环。

2.4.4　催化剂的制备

一种优良的催化剂应具备以下性能：①活性高、选择性好、对过热和毒物稳定、使用寿命长、容易再生；②机械强度和导热性好；③具有合适的宏观结构（例如比表面积、孔隙度、孔径分布、颗粒度、视密度）和微晶结构等，上述宏观结构既要提供足够的比表面，又要能使反应物和产物在反应过程中顺利扩散；④制备简便、价格便宜；⑤不易中毒，中毒后易再生。在制备催化剂时，常常要经过一系列化学的、物理的和机械的专门处理。应该指出，一种催化剂尽管化学组分和含量完全相同，但是只要在处理细节上稍有差异，就可能因催化剂的微观结构的不同，而导致在催化性能上有很大差异，甚至不符合使用要求。

催化剂的制备方法主要有以下几种。

(1) 干混热分解法

干混热分解法是将容易热分解的金属盐类（例如硝酸盐、碳酸盐、甲酸盐、乙酸盐或草酸盐等）进行焙烧热分解，制得金属氧化物催化剂。例如天然气脱硫用的氧化锌催化剂就是由碳酸锌热分解而得。如果将几种金属盐类按比例混合，再加热熔融、焙烧热分解就可以制得多组分金属氧化物催化剂。但此法应用较少。

(2) 共沉淀法

共沉淀法是向可溶性金属盐类的水溶液中加入碱性沉淀剂，生成含有催化活性成分、助催化剂成分和载体成分的共沉淀物，然后经过滤、水洗、干燥、挤压成型、焙烧热分解、活化而制得所需要的催化剂。它是最常用的制备方法之一。例如，以三氧化二铝为载体或活性组分的许多催化剂常用此法制备。

(3) 浸渍法

浸渍法是向可溶性金属盐水溶液中加入多孔性载体，当浸渍达到平衡后，除去多余的溶液，再经干燥、焙烧热分解、活化，制得所需要的催化剂。它也是最常用的制备方法之一，以硅胶或三氧化二铝为载体的各种催化剂大都用此法制备。

（4）涂布法

涂布法是将含有催化活性物质、助催化剂和增稠剂（例如淀粉）的水浆状液涂覆到低比表面载体上，经干燥、焙烧热分解、活化，制得所需要的催化剂。例如，由邻二甲苯的氧化制邻苯二甲酸酐所用的 $V_2O_5\text{-}TiO_2$/瓷球低比表面催化剂就是用这种方法制得的。

（5）还原法

用前述方法制得的催化剂，其主要成分大都是金属氧化物或金属盐。为了制备含有金属元素催化活性物质的催化剂，可以把用共沉淀法或浸渍法制得的催化剂放在氢化（还原）反应器中，先在一定条件下通入氢气将金属氧化物还原为金属元素，然后进行反应物的氢化还原反应。

2.5 相转移催化

当两种反应物分别处于不同的相中，彼此不能互相靠拢，反应就很难进行，甚至不能进行。当加入少量的所谓"相转移催化剂"（PTC），使两种反应物转移到同一相中，使反应能顺利进行时，这种反应就称作"相转移催化"反应。

相转移催化主要用于液-液两相体系，有时也可用于液-固两相体系和液-固-液三相体系。但这些相转移催化反应的基本原理则是相同的。

2.5.1 相转移催化的基本原理

以亲核试剂二元盐 M^+Y^- 与有机反应物 R-X 的液-液非均相亲核取代反应为例，如果 M^+Y^- 只溶于水相，而不溶于有机相；R-X 只溶于有机相而不溶于水相。这时，M^+Y^- 和 R-X 两者不溶、不易相互靠拢并发生化学反应。在上述体系中加入季铵盐 Q^+X^- 作为 PTC 时，它的相转移催化作用如图 2-14 所示。

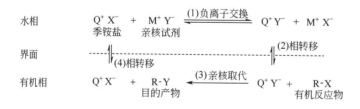

图 2-14　相转移催化原理示意图

因为季铵正离子 Q^+ 具有亲油性，所以季铵盐 Q^+X^- 既能溶于水，又能溶于有机溶剂。当水相中的亲核试剂 M^+Y^- 与 Q^+X^- 接触时，可以发生 Y^- 和 X^- 的负离子交换作用，生成 Q^+Y^- 离子对，然后这个离子对可以从水相转移到有机相，然后 Q^+Y^- 在有机相中与 R-X 发生亲核取代反应，生成目的产物 R-Y，同时生成离子对 Q^+X^-，然后 Q^+X^- 从有机相转移到水相，再与 M^+Y^- 进行负离子交换，从而完成了相转移的催化循环。

在上述催化循环中，季铵正离子 Q^+ 并不消耗，只是起着转移亲核负离子 Y^- 的作用。因此，1mol 有机反应物只需要使用 $0.005\sim0.100$mol 的季铵盐。

当有机反应物或目的产物在反应温度下是液态时，一般不需要使用另外的有机溶剂。但如果有机反应物和目的产物在反应温度下都是固态时，就需要使用非水溶性的非质子传递性有机溶剂。在选择溶剂时，要考虑以下因素：

① 溶剂不与亲核试剂、有机反应物和目的产物发生化学反应。

② 溶剂在水中溶解度很小，对于亲核负离子 Y^- 或离子对 Q^+Y^- 要有较好的提取能力。

③ 溶剂对有机反应物或目的产物要有一定的溶解度。

可以考虑的溶剂有二氯甲烷、氯仿、石油醚（低碳烷烃混合物）、苯、甲苯、氯苯、苯甲醚和乙酸乙酯等。应该指出：低碳氯代烷类溶剂容易与亲核试剂发生反应，乙酸乙酯容易水解，而甲苯等对于结构复杂的芳香族化合物溶解性差，必要时应选用醚类等其他溶剂。

为了使 Q^+Y^- 离子对在有机相中保持较高的浓度，溶剂的用量应尽可能少，并不要求使固态反应物完全溶解，只要能使有机反应物和目的产物部分溶解，处于良好的分散润湿状态，有利于固态表面的不断更新即可。

水的存在会使 Y^- 发生氢键缔合作用，不利于 Y^- 进入有机相。另外，有水时在常压下反应温度一般不超过 100℃。对于较难进行的亲核取代反应，可以在无水状态下进行液-固相转移催化，所选用的溶剂可以是 N,N-二甲基甲酰胺、二甲基亚砜或环丁砜等非质子传递强极性溶剂（见表 2-4）。

2.5.2 相转移催化剂

具有工业使用价值的相转移催化剂必须具备以下条件：①用量少、效率高，自身不易发生不可逆的反应而消耗掉，或者在过程中失去转移特定离子的能力；②制备不太困难、价格合适；③毒性小，可用于多种反应。

大多数相转移催化反应要求将负离子转移到有机相，最常用的相转移催化剂是季铵盐 Q^+X^-。为了使 Q^+ 既具有较好的亲油性，又具有较好的亲水性，Q^+ 中的四个烷基的总碳原子数一般以 12～25 为宜。为了提高亲核试剂 Y^- 的反应活性，离子对在有机相中应该容易分开，即 Q^+ 与 Y^- 之间的中心距离应该尽可能大一些。因此，四个烷基最好是相同的，例如四丁基铵正离子。季铵盐 Q^+X^- 中的负离子 X^- 通常是 Cl^-。因为季铵盐酸盐的制备最容易，价格最低。但是当 Y^- 是 F^- 或 OH^- 时，它比 Cl^- 更难被提取到有机相，就需要使用季铵的酸性硫酸盐 $Q^+HSO_4^-$。因为 HSO_4^- 在碱性水介质中将转变成很难提取的 SO_4^{2-}，从而使 F^- 或 OH^- 容易与 Q^+ 形成离子对。但是季铵的酸性硫酸盐的制备比较复杂，价格较贵，很少使用。

目前，最常有的季铵盐有：$C_6H_5CH_2N^+(C_2H_5)_3 \cdot Cl^-$ 苄基三乙基氯化铵（BTEAC），TEBAC Makosza 催化剂；$(C_8H_{17})_3N^+(CH_3) \cdot Cl^-$ 三辛基甲基氯化铵（TOMAC），Starks 催化剂，Aliquat 336；$(C_4H_9)_4N^+ \cdot HSO_4^-$ 四丁基硫酸氢铵（TBAB），Brandstrom 催化剂。

此外，季鏻盐、季钟盐、季锑盐、季铋盐和季锍盐等鎓盐也可以用作相转移催化剂，但制备困难、价格昂贵，目前只用于实验室研究。

有时也可以用叔胺（例如吡啶和三丁胺等）作相转移催化剂，这是因为它们在反应条件下可生成季铵盐。

另一类负离子相转移催化剂是聚醚，其中主要是链状聚乙二醇、它的单烷基醚（开链聚醚）和环状冠醚。这类催化剂的特点是能与正离子配合形成（伪）有机正离子。例如

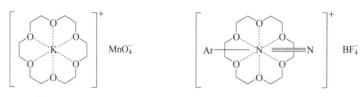

18-冠醚-6的(伪)有机正离子   18-冠醚-6的有机正离子

链状聚乙二醇醚 600 RO$-$(CH$_2$CH$_2$O)$_n$R，R＝H，CH$_3$，分子量 400～600。

这类相转移催化剂不仅可以将水相中的离子对转移到有机相，而且可以在无水状态或者在微量水存在下将固态的离子对转移到有机相。

开链聚醚价廉、易得、耐热性好、使用方便，是一类有发展前途的相转移催化剂。但开链聚醚分子量大，使用量大。

冠醚的催化效果非常好，但制备困难、价格贵，只有在高温相转移反应中季铵盐不稳定时，才考虑使用冠醚。

新型的相转移催化剂还有聚乙二醇季铵盐、聚乙二醇季膦盐和杯芳烃。

Cl$^-$·R$-$N$^+$$-$(CH$_2CH_2$O)$_nCH_3$
(CH$_2$CH$_2$O)$_n$CH$_3$
(CH$_2$CH$_2$O)$_n$CH$_3$

R＝烷基
聚乙二醇季铵盐

P$^+$(NR$_2$)$_4$·X$^-$，R＝烷基
聚乙二醇季膦盐

杯[6]芳烃
X＝H，C(CH$_3$)$_3$，SO$_3$H

2.5.3　液-固-液三相相转移催化

考虑到相转移催化剂价格贵、难回收，又发展了固体相转移催化剂。它是将季铵盐、季膦盐、开链聚醚或冠醚化学结合到固态的高聚物上如聚苯乙烯微球或无机载体上而生成的既不溶于水又不溶于一般有机溶剂的固态相转移催化剂，例如季铵型负离子交换树脂。Y$^-$从水相转移到固态催化剂上，然后与有机相中的 R-X 发生亲核取代反应。此方法称作液-固-液三相相转移催化。此方法的优点是：操作简便；反应后催化剂可定量回收。另外，此方法所需费用和能耗都比较低，适合于自动化连续生产。20 世纪 60 年代已成功地用于氰醇、氰乙基化和安息香缩合等反应，已引起工业界的极大兴趣。另外，这种催化剂还可用于氨基酸立体异构体的分离。手性冠醚聚合物催化剂可用于手性合成。

2.5.4　相转移催化的应用

相转移催化最初用于亲核取代反应，例如引入—CN 和—F 的亲核取代、二氯卡宾的生成、O-烃化、O-酰化、N-烃化、N-酰化、C-烃化、S-烃化、S-酰化等。后来又发展到用于氧化、过氧化、还原、亲电取代（例如偶合）等多种类型的反应。在农药、香料、医药等精细化学品的制备过程中得到广泛应用。

2.6　精细有机合成中的其他技术

精细有机合成的方法和技术很多，本节择选主要的技术按照基本概念、分类、作用机理和应用实例作一简单介绍。详细内容可参考有关书籍和文献。

2.6.1 均相配位催化

均相配位催化指的是用过渡金属的可溶性配合物作催化剂，在液相对有机反应进行催化的方法。均相配位催化剂是由特定的过渡金属原子与特定的配位体相配位而成。这类配位体主要有一氧化碳、胺类、膦类、较大的卤素负离子或 CN^- 负离子等。例如，加氢所用的催化剂主要有氯化三苯基膦配铑 $Rh^I Cl[P(C_6H_5)_3]_3$ 和氰基钴负离子 $Co(CN)_6^{3-}$ 等。

在均相配位催化反应的历程中，所发生的单元反应都是配位化学和金属有机化学中的一些基本反应。将这些基本反应适当组合，就可以得到目的产物，并重新生成催化剂。主要的基本反应有：①配位与解配；②插入和消除；③氧化和还原；④氧化加成和还原消除。

均相配位催化的优点：①催化剂选择性好；②催化剂活性高；③催化体系的预见性好。均相配位催化的局限性：①催化剂回收难；②大多数均相配位催化剂在 250℃ 以上是不稳定的，因此反应温度不能过高；③均相配位催化一般在酸性介质中进行，常常要求反应器使用特种的耐腐蚀材料。为了解决均相配位催化剂的回收问题，又开发了将配位催化剂载体化的研究，并且已用于工业生产。

均相配位催化在有机合成中已取得相当多的研究成果。但是由于此法的局限性，已经工业化的有机化工产品只有二十几个，世界总产量每年只有几千万吨。其中重要的有：①双键的加氢；②丁二烯与氰化氢的加成制己二腈；③烯烃的齐聚和共聚；④烯烃的氧化；⑤用 CO 或 $CO+H_2$ 的羰基合成。

均相配位催化制备精细化学品的研究很多，例如顺酐均相配位催化加氢制琥珀酸酐、顺酐均相配位催化制 γ-丁内酯、苯与烯烃的烷基化、烯烃氢甲酰化用铑-膦均相配位催化剂制备正构醛和异构醛、N-杂环卡宾配合物均相催化偶联反应、钯配合物均相催化氧化羰基化合成碳酸二苯酯等，为工业化应用提供基础。

2.6.2 杂多酸及催化

杂多酸是由两个以上无机含氧酸缩合而成的多元酸。例如，由磷酸负离子和钨酸负离子在酸性条件下相作用，可以生成磷钨杂多酸。

$$PO_4^{3-} + 12WO_4^{2-} + 27H^+ \longrightarrow H_3[PW_{12}O_{40}] + 12H_2O \qquad (2\text{-}21)$$

杂多酸负离子可以用以下通式来表示

$$[X_x M_m O_y]^q \quad (x \leqslant m)$$

式中，X 是杂原子；M 是配原子。常见的杂原子是高价氧化态的 P^{5+} 和 Si^{4+} 等。常见的配原子是高价氧化态的 Mo^{6+} 和 W^{6+} 等。q 是负电荷数。

杂多酸负离子可以和质子形成杂多酸，也可以和 H^+、金属正离子、NH_4^+ 或有机碱正离子等抗衡正离子形成杂多酸的酸性盐、正盐、有机盐或混合盐。

杂多化合物的类型很多，它们的名称很复杂，通常用分子式来表示。例如：$[PMo_{12}O_{40}]^{3-}$ 12-钼磷酸负离子；$H_4[SiW_{12}O_{40}]$ 12-钨硅酸；$Na_5[PW_{10}V_2O_{40}]$ 10-钨-2-钒磷酸钠。杂多酸简称 HPA。为了简便，可以把抗衡正离子和负离子的电荷数省略，甚至把氧原子也省略，例如 $H_5[PW_{10}V_2O_{40}]$ 可以简写成：$PW_{10}V_2O_{40}$ 或 $PW_{10}V_2$。

杂多化合物的晶体结构类型很多，在催化剂中最常见的结构是 1∶12 系列 A 型的所谓 Keggin 结构（图 2-15）。

杂多酸的主要性质：①溶解性，杂多酸易溶于水和低碳醇、低碳醚等含氧有机溶剂；②热稳定性，杂多化合物的热分解是一个复杂的多步过程；③酸性，杂多酸在水溶液中可以完全离解，是很强的质子酸；④氧化还原性，许多杂多酸负离子是很强的氧化剂，杂多酸负离子中含有 V^{5+} 配原子是必要的。

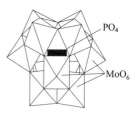

图 2-15　杂多酸的
Keggin 结构

杂多酸催化剂的优点：①催化剂活性高、选择性好、产品质量好；②催化剂用量少，并且可以部分回收，重复使用；③工艺流程简单，不需要高温、高压设备；④不腐蚀设备，环境污染轻微；⑤催化剂制备容易，原料价廉。

可用于精细有机合成的反应有：

① **酸催化**　采用杂多酸法来合成双酚类化合物，综合了氯化氢法和硫酸法各自的优势，缩短了反应时间（只需硫酸法的 1/3），并且杂多酸可以循环再利用。杂多酸法还表现出较高的稳定性和催化活性。

② **催化氧化**　杂多酸催化氧化制备精细化学品的研究很多，例如苯催化氧化制备苯酚、苯甲醇液相氧化制苯甲醛、2-甲基萘催化氧化制备甲萘醌、顺丁烯二酸酐催化氧化制备 2,3-二羟基丁二酸（酒石酸）、2-氯吡啶催化氧化制备 2-巯基吡啶与 2-氯吡啶-N-氧化物等，为工业化应用提供基础。

2.6.3　分子筛催化

分子筛是一类具有很多均匀微孔的非计量化合物，其微孔孔道的直径与物质分子的直径属于同一数量级，它们能把小于孔道直径的分子吸附在孔道的空腔内，而把大于孔道直径的分子拒之于孔外，这种能够筛分分子的物质叫作分子筛。

分子筛的骨架元素（硅或铝或磷）也可以由 B、Ga、Fe、Cr、Ge、Ti、V、Mn、Co、Zn、Be 和 Cu 等取代，其孔道和空腔的大小也可以达到 2nm 以上，因此分子筛按骨架元素组成可分为硅铝类分子筛、磷铝类分子筛和骨架杂原子分子筛；按孔道大小划分，孔道尺寸小于 2nm、2～50nm 和大于 50nm 的分子筛分别称为微孔、介孔和大孔分子筛。

最早发现的分子筛是天然沸石分子筛，亦称硅铝酸盐分子筛，它的化学式一般用 $M_{2/n} \cdot [Al_2O_3 \cdot xSiO_2] \cdot yH_2O$ 表示，式中，M 是金属正离子，n 是它的价态，方括号中是负离子骨架，x 是硅铝比，y 是饱和水分子数。

后来又出现了多种类型的合成分子筛，文献报道的分子筛已有数百种之多，但国际上还没有统一的命名。

硅铝酸盐分子筛负离子的骨架由 SiO_4^- 和 AlO_4^- 的四面体通过共用氧原子连接而成。按结构不同又分 A 型、X 型、Y 型、丝光型和 ZSM 型等。

气体行业常用的分子筛型号有方钠型，如 A 型：钾 A（3A）、钠 A（4A）、钙 A（5A）；八面型，如 X 型：钙 X（10X）、钠 X（13X），如 Y 型：钠 Y、钙 Y；丝光型，如 M 型：高硅型沸石，如 ZSM-5 等。典型分子筛结构如图 2-16 所示。

　　　　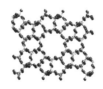

(a) A型分子筛笼形　　　　(b) Y型分子筛　　　　(c) ZSM-5分子筛

图 2-16　分子筛结构

分子筛具有离子交换性能、均一的分子大小的孔道、酸催化活性，并有良好的热稳定性和水热稳定性，可制成对许多反应有高活性、高选择性的催化剂。

催化活性主要来源于它的微孔的表面酸性、正离子（特别是碳鎓正离子）的交换性、孔道尺寸对于底物分子的择形选择性吸附和反应产物的脱吸附性等。应用最广的有 X 型、Y 型、丝光沸石、ZSM-5 等类型的分子筛。工业上用量最大的是分子筛裂化催化剂。

为了调变分子筛催化剂对具体反应的催化活性和选择性，常常对分子筛进行改性，改性的主要方法是调变分子筛的微孔尺寸和表面酸碱性，调变的主要方法有：离子交换法、骨架元素的同晶取代法和骨架脱铝/铝化法等。要制得孔径均匀、尺寸合适、性能良好的分子筛，需要精细的制备工艺，而工艺细节常常是保密的，例如 TS-1 分子筛催化剂的催化性能好但价格很贵。

早期的分子筛催化剂主要应用于石油和化工等领域，近年来，在精细化工、环保、生物工程、食品工业、电子、医药等许多领域得到广泛的应用。在精细化工中常用的分子筛催化有芳烃烷基化、脂肪醇的胺化、烯烃的水合、异构化和重排、氧化、缩合、醚化等。如长链烯烃与苯的烷基化制备直链烷基苯；用 TS-1 催化剂 H_2O_2 氧化环己烷生产环己酮和环己醇；环己烯氧化合成己二酸；α-甲基苯乙烯的超大孔分子筛气相双聚生成 2,4-二苯基-4-甲基-1-戊烯等。分子筛催化剂的发展方向为成本低廉、生产可控、结构可调、环境友好、智能制造。

2.6.4 固体超强酸催化

超强酸指的是酸强度比 100% 硫酸更强的酸。100% 硫酸的 Hammett 酸度函数 H_0 是 -11.93，固体超强酸分为两类，一类含卤素、氟磺酸树脂成氟化物固载化物；另一类不含卤素，它由吸附在金属氧化物或氢氧化物表面的硫酸根，经高温燃烧制备，用 SO_4^{2-}/M_nO_m 表示（有时写作 M_xO_y），是金属氧化物，例如 ZrO_2、TiO_2、SnO_2、Fe_2O_3、ZrO_2-TiO_2 等。

在 SO_4^{2-}/M_nO_m 超强酸中，SO_4^{2-}/TiO_2 的 $H_0 \leqslant -14.57$，SO_4^{2-}/ZrO_2 的 H_0 是 -16.04，SO_4^{2-}/ZrO_2 的酸强度比 100% 硫酸的酸强度高 10^4 倍。因此这类超强酸引起了人们极大的兴趣。

SO_4^{2-}/M_nO_m 超强酸的制备方法一般是将有关金属盐的水溶液与氨水反应，析出金属氢氧化物 $M(OH)_n$ 沉淀，然后经过滤、洗涤、干燥后，放入含有 H_2SO_4 或 $(NH_4)_2SO_4$ 的水溶液中浸渍，再经干燥、煅烧而得。利用制备条件的不同，或加入不同的添加剂，可以调变这类催化剂的性能。

固体酸克服了液体酸的缺点，具有容易与液相反应体系分离、不腐蚀设备、后处理简单、环境污染小、选择性高等特点，可在较高温度范围内使用，扩大了热力学上可进行酸催化反应的应用范围。固体酸催化剂较其他酸类催化剂相比具有以下优势：酸强度极高、催化活性高、耐水和耐碱性极强、单程催化寿命长、重复使用性好。

固体超强酸广泛应用于酯化、酯交换、醚化、烷烃裂解、烷烃异构化、烯烃的齐聚、芳烃歧化、烷基化、酰基化、氧化、水合、醚化、重排等有机催化合成领域。现已在增塑剂（DOA、DOP 等）、润滑油（三羟甲基丙烷油酸酯、季戊四醇油酸酯等）、生物柴油、石油裂解、杂环合成（四氢呋喃、二氧六环、烷基吡嗪、烷基吡啶等）等领域广泛应用。但因固体超强酸催化多为非均相催化反应，其反应温度受其活性影响较大，一般有适宜的反应温度。如，对于一般的酯化反应，其最低使用温度为 140℃（最好在 160~200℃）。

固体超强酸的研究趋向是：载体的改性；引入其他金属或金属氧化物、稀土元素、分子筛、纳米粒子、交联剂或磁性。例如：用稀土改性后的纳米固体超强酸 $SO_4^{2-}/ZrO_2\text{-}La_2O_3$ 催化水杨酸和乙醇合成水杨酸乙酯，该催化剂制备方法简单，催化活性好，而且能回收再生，可以重复使用，具有一定的耐水性，具有工业应用价值。

2.6.5 不对称合成催化

不对称合成即手性合成，在手性化合物中，手性碳原子上连有四个不同的原子或基团，手性合成是利用外来的不对称因子，使前手性化合物在反应中不等量地转变成两种构型相反的手性产物，并且使人们所需要的对映体成为主要产物。手性合成中所用的不对称因子主要有手性底物、手性助剂、手性试剂、手性溶剂和手性催化剂等。其中研究最多的是手性催化剂。现在已知的不对称催化剂，除了生物催化剂如酶和生物碱以外，主要是手性金属配合物催化剂和手性有机小分子催化剂不对称配体的金属配合物。如

手性双磷钌配位催化剂

配合物中的过渡金属元素主要是铑（Rh），此外也用到 Pd、Ru、Ni、Co 等。

不对称金属配合物催化剂的主要优点是：①将不同的配体和不同的过渡金属相配位，可得到种类繁多的配合物催化剂，适用范围广；②催化剂活性高，选择性好；③催化剂用量少。

手性金属配合物催化剂具有结构可调控性强、对映选择性高、适用范围广泛等优点，是手性催化剂研究的重点，也是到目前为止工业生产中应用最广泛的手性催化剂。手性金属配合物催化剂在催化不对称氢化还原反应中表现出极强的选择性，已成功应用于手性醇、手性胺、手性氨基酸、手性羧酸等的合成中，在医药、食品等领域发挥着重要的作用。多数的金属配合物催化剂对水和空气都很敏感，需要在无水、无氧的条件下进行；成本高；毒性大，对环境不友好，往往会导致医药、食品等领域中重金属含量超标。

手性有机小分子催化剂有：手性硫脲催化剂、手性磷酸催化剂、手性磺酰胺催化剂、手性二醇类催化剂、双咔啉手性催化剂、氧化吲哚衍生类手性催化剂、手性硫化物、二肽衍生多功能膦盐催化剂、联苯类手性催化剂等，其中一些手性催化反应已在实际工业生产中得到应用。手性有机小分子催化剂的优点是避免了金属配合物催化剂的缺点，而且还可以回收利用。

现在已经有几个不对称合成反应使用固载手性催化剂实现了工业化。例如 1970 年已利用手性合成法从取代肉桂酸的氢化制备治疗震颤性麻痹症的药物（左旋）L-二羟基苯丙氨酸（L-DOPA），并首次实现工业化。

$$\xrightarrow{\text{酸性水解}} \text{HO}-\underset{\text{HO}}{\bigcirc}-\text{CH}_2-\overset{\text{NH}_2}{\underset{\text{COOH}}{C^*}}-\text{H} \qquad (2\text{-}22)$$

L-DOPA

上述氢化反应，如果用一般非手性三苯基膦铑催化剂，得到的手性产物很少，而改用手性双膦配位体，不仅制得的催化剂稳定性好，而且可得到约 90% 的手性收率。不对称催化氢化已用于 S-萘普生、(S)-异丁基布洛芬的制备，不对称氧化已用于心得安的制备。

近年来又积极开发可回收固载型手性配体过渡金属配合物催化剂。所用的载体可以是高聚物、硅胶、分子筛、离子交换树脂等。固载的方法可以是共价键结合在高聚物上、锚合或封装在分子筛的孔道中，用离子交换法固载在层状黏土上，或制成手性离子膜。另外还开发了新型手性相转移催化剂。

2.6.6 生物催化

生物催化（biocatalysis）是指利用酶或者生物有机体（细胞、细胞器、组织等）作为催化剂进行化学转化的过程，这种反应过程又称为生物转化（biotransformation）。生物转化所需要的碳原料主要是糖质或淀粉质的碳水化合物。活细胞主要来源于微生物。已经发现的微生物有几十万种以上，不同的微生物具有不同的代谢方式。例如，同样是以糖质碳水化合物为碳源，选用不同的微生物菌或酶进行生物转化，可以制得许多种不同类型的有机化工产品，其中包括：醇（酮）类产品（乙醇、丁醇、丙酮、2,3-丁二醇、丙三醇等）；有机酸类（乙酸、丙酸、乳酸、亚甲基丁二酸、柠檬酸、苹果酸、葡萄糖酸等）。

生物催化具有一些化学方法无可比拟的优点：①专一性强，具有独特、高效的底物选择性（化学选择性、区域选择性和立体选择性）；②环境友好，通常用水作为反应媒介（水是最绿色环保的溶剂）；③反应通常在室温和常压下进行，减少了能源的使用，降低了反应的不可控性；④减少了保护、脱保护步骤，原子经济性好，并能完成一些化学合成难以进行的反应。

目前有 134 种工业级生物转化酶，其中水解酶（44%）和氧化还原酶（30%）在工业生物催化应用中占主导地位；最常见的应该是洗衣粉制造业。洗衣粉中加入的酶主要包括：蛋白酶、脂肪酶、淀粉酶、纤维素酶。其中蛋白酶占了很大的比例。纺织工业中，常用蛋白酶处理羊毛面料以防止缩水现象的发生。

在制药工业中，已经采用酶催化工艺的药物和中间体有：氨苄头孢、阿斯巴甜、手性胺、甲氧基红霉素、抗胆固醇药普伐他汀、解热消炎药 S-萘普生等。

将生物催化应用于大规模工业生产，原材料的消耗和污染物排放将会大量减少，不但缓解环境问题，成本也会降低，产生显著的经济效益。因此，生物催化是绿色化学与化工发展的重要趋势之一。生物催化的使用并不广泛，主要原因：①在以酶作为催化剂时，往往需要添加昂贵的辅酶，成本较高；②全细胞催化可解决辅酶的限制，但自然界中存在的真菌、细菌等微生物的催化活性往往不高；③生物催化剂在反应过程中底物负载量低、反应速度缓慢，不利于大规模工业生产。生物催化剂的这些缺点限制了其广泛地应用。设计并优化筛选出适用范围广、催化效率高的生物催化体系是解决问题的有效途径。

2.6.7 有机电化学合成

有机电化学合成，又称有机电解合成或简称有机电合成，基本类型包括采用电化学方法进行碳碳键的生成和官能团的加成、取代、裂解、消去、偶合、氧化、还原以及利用媒质的间接电合成等反应。

有机电合成按电极反应在整个有机合成过程中的地位和作用分为直接有机电合成和间接有机电合成。有机电合成原理是通过电极上发生电子得失来完成，需要的条件是，持续稳定的电源、满足"电子转移"的电极以及可完成电子转移的介质。

影响有机电合成过程的重要因素是电极电势，控制不同的电极电势会产生不同的产物。此外，还必须选择相应的电极材料、电解温度、电流密度、溶剂和支持电解质、酸碱度、电解液成分、传质和传热等电解条件。与常规化学法相比，它具有产品纯度高、环境污染少、工艺流程短、可在常压常温下操作等优点，是一种高效率、高选择性的合成方法。但是存在必须用电、工艺条件控制较复杂、反应器的生产强度一般较低、电解槽需要特殊设计等问题。

据报道，世界上已经工业化的电解有机合成产品有 60 余种。在电解有机合成中产量最大的是丙烯腈的加氢二聚（还原偶联）制己二腈。美国、英国已有年产 10 万吨的装置，电费高的日本也有年产 2 万吨的装置，中国上海也有生产装置，该法是由美国孟山都公司首先开发成功的，按丙烯腈计，己二腈收率 88%。日本改进电解液组成，加入异丙醇，己二腈收率大于 90%。巴斯夫公司改用复极式毛细间隙电解槽，生产成本低于己二酸法、丁二烯经中间体 1,4-二氯丁烯再与氰化氢反应法和丁二烯在镍膦均相配位催化剂存在下的直接与氰化氢加成法。

有机电合成已经成功地应用于一些小规模、高附加值产品的合成，如染料、农药、药物、香料等的中间产物，以及有机试剂、氨基酸等精细化工产品。

在电解有机合成中，最有趣的是硝基苯的阴极电解还原，它在不同的反应条件下可以制得苯胺硫酸盐、对氨基苯酚、对氨基苯甲醚、对氨基苯乙醚和氢化偶氮苯等多种产品。

2.6.8 有机光合成

有机光合成是指有机物在可见光或紫外线的照射下产生的光化学反应，是物质分子吸收光子后所引发的反应。光化学被理解为分子吸收在 200～700nm 范围内的光，使分子到达电子激发态的化学。由于光是电磁辐射，光化学研究的是物质与光相互作用引起的变化，因此光化学是化学与物理学的交叉学科。

光化学反应可引起化合、分解、电离、氧化还原等过程，主要分为两类：一类是光合作用，如绿色植物使二氧化碳和水在日光照射下，借植物叶绿素的帮助，吸收光能，合成碳水化合物；另一类是光分解作用，如高层大气中分子氧吸收紫外线分解为原子氧、染料在空气中氧化褪色、胶片的感光作用等。

光化学反应的原理包括光的吸收、激发态的形成、激发态的转化和激发态的反应四个过程。不同波长的光具有不同的能量。波长为 200～700nm 的光能量恰好与有机分子化合物的键能范围吻合，从而发生化学反应。

相对于热化学，光化学的特点是：①光是一种非常特殊的生态学上清洁的"试剂"；②光化学反应条件一般比热化学要温和；③光化学反应能提供安全的工业生产环境，因为反应基本上在室温或低于室温下进行；④有机化合物在进行光化学反应时，不需要进行基团保护；⑤在常规合成中，可通过插入一步光化学反应大大缩短合成路线。

因此，光化学在合成化学中，特别是在天然产物、医药、香料等精细有机合成中有重要作用。

光有机合成的缺点是：①副反应多；②能耗大；③需要特殊的反应器。

光有机合成反应已用于精细化工、生命材料、环境保护等领域，如芳环侧链 α-氢的光引发取代卤化、芳环上硝基的光引发置换氯化、链烷烃的光引发磺氧化和链烷烃的光引发磺氯化等。

2.6.9　离子液体

离子液体是指在室温或接近室温下呈液态、完全由阴阳离子所组成的盐，也称为低温熔融盐。离子液体作为离子化合物，其熔点较低的主要原因是其结构中某些取代基的不对称性使离子不能规则地堆积成晶体。离子液体一般由有机阳离子和无机或有机阴离子构成，常见的阳离子有季铵盐离子、季鏻盐离子、咪唑盐离子和吡咯盐离子等，阴离子有卤素离子、四氟硼酸根离子、六氟磷酸根离子等。

离子液体种类繁多，改变阳离子、阴离子的不同组合，可以设计合成出不同的离子液体。离子液体的合成有两种基本方法：直接合成法和两步合成法。直接合成法是通过酸碱中和反应或季铵化反应等一步合成离子液体，操作经济简便，没有副产物，产品易纯化。如卤化 1-烷基-3-甲基咪唑盐、卤化吡啶盐等。两步法制备离子液体是通过季铵化反应制备出含目标阳离子的卤盐；然后用目标阴离子置换出卤素离子或加入 Lewis 酸来得到目标离子液体。如常用的四氟硼酸盐和六氟磷酸盐类离子液体的制备通常采用两步法。由于离子液体的可设计性，根据需要定向设计功能化离子液体是今后的研究方向。

离子液体对有机和无机物都有良好的溶解性能，可使反应在均相条件下进行，同时可减小设备体积；可操作温度范围宽（−40～300℃），具有良好的热稳定性和化学稳定性，易与其他物质分离，可以循环利用；表现出 Lewis 酸的酸性，且酸强度可调；离子液体无味、不燃，其蒸气压极低，因此可用在高真空体系中，同时可减少因挥发而产生的环境污染问题。

离子液体的工业应用，如 Eastman 的环氧丁烯异构化、BASF 的烷氧基苯基膦合成、IFP 的烯烃二聚、Degussa 的氢化硅烷化等已经成功开展；在国内多项涉及离子液体应用的技术也已进入了中试或工业设计阶段。

离子液体具有的独特性能被广泛应用于化学研究的各个领域。离子液体作为反应的溶剂已被应用到多种单元反应，如聚合反应、烷基化反应、酰基化反应。法国开发的 1-丁烯的二聚制异辛烯的工艺（见图 2-17），采用镍催化剂溶于液体离子对中，1-丁烯转化率 70%～80%，二聚选择性＞98%，直链二聚物选择性 52%～64%，镍催化剂溶液可以循环使用。离子液体不仅是一种绿色溶剂，也是一种催化剂，制备不同功能化的酸碱离子液体可广泛应用于各类精细有机合成单元反应中，如烷基化、酰基化、缩合反应等。

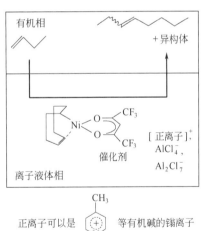

图 2-17　1-丁烯的两相二聚

2.6.10　微反应技术

微反应技术是采用微反应器进行化学反应的新技术。微反应器即微通道反应器，是一种微型化的连续流动的管道式反应器，由很多微管并联而成，其微管内部直径一般在 10～

$1000\mu m$，有极大的比表面积、极大的换热效率和混合效率。微结构是微通道反应器的核心，微结构将流体切割成微米级的相互接触的薄层，层流流动特性以扩散为主。根据微结构的不同种类设计出不同形式的微通道反应器，有简单地将两种反应物混合生成一种产物的管式结构，也有由微传感器、微换热器、微混合器、微反应器、微流动装置等组成的集成系统。

微通道反应器根据加工条件不同，可以利用玻璃、硅片、石英、含氟聚合物、金属以及陶瓷等原材料，采用蚀刻、光刻和机械加工等制作工艺技术加工而成。

微反应技术的优势：①对反应温度的精确控制；②对反应时间的精确控制；③物料以精确比例瞬间均匀混合；④结构保证安全；⑤无放大效应。最大的缺点是固体物料无法通过微通道，如果反应中有大量固体产生，微通道极易堵塞，导致生产无法连续进行。

微反应技术已经应用于硝化反应、加氢反应、重氮化反应、氧化反应、氟化反应、氯化反应、溴化反应、聚合反应等。另外，还可用于某些有毒害物质的现场生产。

近年来，国外微反应器在化工工艺过程的研究与开发中已经得到广泛的应用，在化工生产中，最新的微反应技术已经可以实现每小时上万升的流量。在国内，微反应技术处于研究与开发阶段，在微反应器的设计、制造、集成、放大等方面都取得了可喜的成绩，在精细化工行业已实现了规模化工业应用。2015年实现了4万吨/年微通道硝化反应生产硝酸异辛酯的工业化装置并顺利运行，2019年全球首台单套万吨级通量微反应农药中间体项目装置运行，实现了重氮化反应＋水解反应＋下游分离纯化的全连续稳定生产。

21世纪由于环境恶化以及能源枯竭等一系列问题，使精细化工面临前所未有的机遇和挑战，由于微反应器表现出的诸多优点，科学界致力于探索新的反应途径使化工生产更加经济和环保。相信微反应器将在精细化工中发挥出巨大的作用。

习 题

2-1 在卤化苯的一硝化反应中，碘原子的体积比氟原子大得多，按照空间障碍的影响，应该是氟苯的邻位硝基产物比碘苯要多一些，但实验结果却正好相反，为什么？

2-2 在下列各化合物中，引入一个硝基，硝基应该进入什么位置？在结构式中用箭头表示。（如可进入位有两个，另一个以括号注明。）

2-3 写出下列化合物的结构式，并按其进行硝化反应的难易次序加以排列：苯、乙酰苯胺、苯乙酮、甲苯、氯苯。

2-4 下列五个联苯衍生物在相同条件下进行一硝化反应，问硝基应该进入哪个环上？并排列其相对硝化速率的快慢顺序，简述理由。

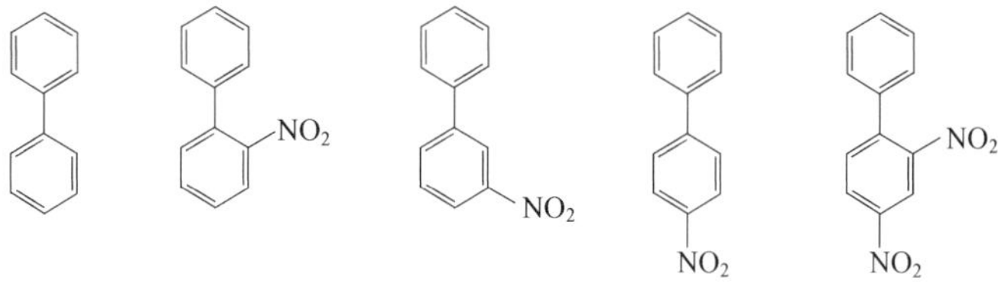

2-5 在下列取代反应中，主要生成何种产物？

(1)  [甲苯结构 CH₃] —一磺化 200℃→

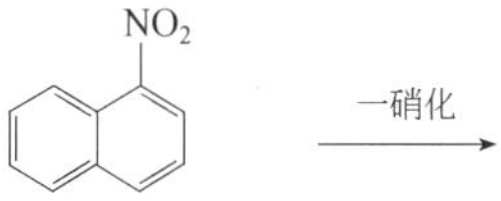

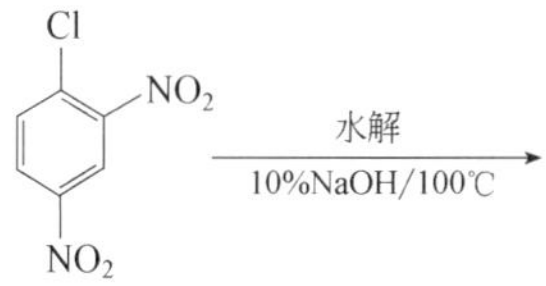

(5) 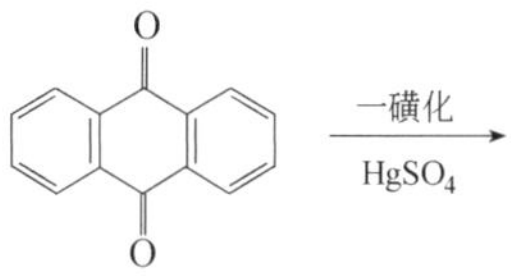 [蒽醌结构] —一磺化 HgSO₄→

(2) [1-硝基萘 NO₂] —一硝化→

(3) [萘结构] —一磺化 >160℃→

(6) 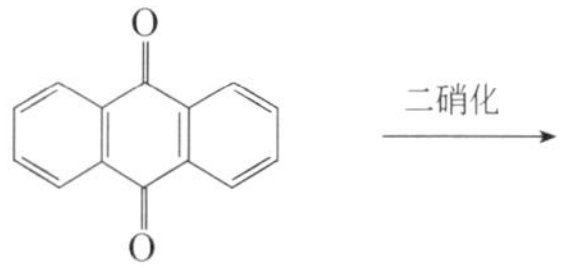 [蒽醌结构] —二硝化→

(4) [2,4-二硝基氯苯 Cl, NO₂, NO₂] —水解 10%NaOH/100℃→

(7) 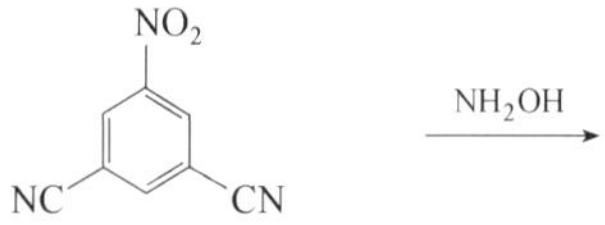 [NO₂, NC—, —CN 结构] —NH₂OH→

2-6 对硝基氯苯与氢氧化钠的乙醇溶液反应制备对硝基苯乙醚，传统条件下对硝基氯苯转化率只有 75%，对硝基苯乙醚收率为 85%～88%，加入相转移催化剂后对硝基氯苯转化率达到 99%，对硝基苯乙醚收率为 92%～94%。请问什么原因，写出反应机理。

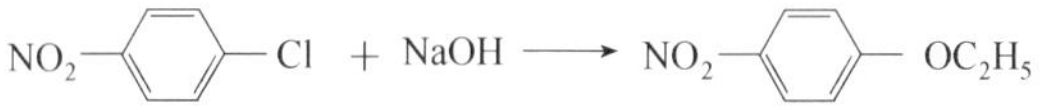

$$NO_2—\bigcirc—Cl \ + \ NaOH \longrightarrow NO_2—\bigcirc—OC_2H_5$$

2-7 二氯卡宾极易水解，在水中的存活期只有 1s，生产二氯卡宾的传统方法要求绝对无水、反应条件苛刻，而在相转移催化剂的存在下，氯仿与氢氧化钠浓溶液反应可生成稳定的二氯卡宾。试写出该反应的机理。

2-8 对硝基氯苯与无水氟化钾在 190～200℃反应，制对硝基氟苯，试说明在工业上用哪些溶剂和哪些相转移催化剂为宜？

2-9 丙烯在 H-Co(CO)₃ 的催化作用下，经丙烯配位、氢插入、CO 配位、CO 插入、加氢和解配等基本反应，生成正丁醛，试写出各步反应的反应式，并用催化循环图表示。

2-10 （拓展题）请查阅文献，综述均相配位催化、杂多酸及催化、分子筛催化、固体超强酸催化、不对称合成催化、电解有机合成、光有机合成、生物催化、离子液体、微反应技术的发展现状及趋势。

参 考 文 献

[1] 唐培堃. 精细有机合成化学及工艺学. 2 版. 天津：天津大学出版社，2002.
[2] 陈立功，冯亚青. 精细化工工艺学. 北京：科学出版社，2018.
[3] 朱炳辰. 化学反应工程. 3 版. 北京：化学工业出版社，2001.
[4] 陈松茂. 有机合成工艺设计及反应装置. 上海：上海交通大学出版社，1998.
[5] 廖传华，王重庆，梁荣. 反应过程、设备与工业应用. 北京：化学工业出版社，2018.

[6] 王林. 微反应器的设计与应用. 北京：化学工业出版社，2016.

[7] 李华昌，符斌. 简明溶剂手册. 北京：化学工业出版社，2009.

[8] 程能林. 溶剂手册. 3版. 北京：化学工业出版社，2002.

[9] ［美］梅兰. 工业溶剂手册. 孔德琨，等，译. 北京：冶金工业出版社，1984.

[10] ［德］C赖卡特. 有机化学中的溶剂效应. 唐培堃，等，译. 北京：化学工业出版社，1987.

[11] ［捷］瓦茨拉夫·谢迪维奇，扬·夫列克. 有机溶剂分析手册. 吴贤溦，李世琪，牛荣珍，译. 北京：化学工业出版社，1984.

[12] 王尚弟，孙俊全. 催化剂工程导论. 北京：化学工业出版社，2001.

[13] 朱洪法，刘丽芝. 催化剂制备及应用技术. 北京：中国石化出版社，2022.

[14] 马晶，薛娟琴，褚佳，等. 工业催化应用基础与实例. 北京：化学工业出版社，2020.

[15] 李光兴，吴广文. 工业催化. 北京：化学工业出版社，2017.

[16] 黄仲涛. 工业催化. 北京：化学工业出版社，1994.

[17] ［德］戴姆洛夫EV，戴姆洛夫SS. 相转移催化作用. 贺贤章，胡振民，译. 北京：化学工业出版社，1988.

[18] 刘增勋. 相转移催化剂在有机化学和农药合成中的应用. 北京：科学出版社，1987.

[19] 黎明，马桂芝，陈艳琴. 相转移催化及其在有机合成中的应用. 长春：东北师范大学出版社，1987.

[20] 钟邦克. 精细化工过程催化作用. 北京：中国石化出版社，2002.

[21] 薛永强，王志忠，张蓉. 现代有机合成方法与技术. 北京：化学工业出版社，2003.

[22] 王建新. 精细有机合成. 北京：中国轻工业出版社，2000.

[23] 何仁. 配位催化与金属有机化学. 北京：化学工业出版社，2002.

[24] 钱延龙，陈新滋. 金属有机化学与催化. 北京：化学工业出版社，1997.

[25] 化工百科全书编辑委员会. 化工百科全书. 北京：化学工业出版社，1991，第2卷：733-734，776，781；1997，第15卷：875-885.

[26] 殷元琪. 羰基合成化学. 北京：化学工业出版社，1996.

[27] Ivan V K. 精细化学品的催化合成：多酸化合物及其催化. 唐培堃，李祥高，王世荣，译. 北京：化学工业出版社，2005.

[28] 王恩波，胡长文，许林. 多酸化学导论. 北京：化学工业出版社，1998.

[29] 梁娟，王善鋆. 催化剂新材料. 北京：化学工业出版社，1990.

[30] 化工百科全书编辑委员会. 化工百科全书. 北京：化学工业出版社，1993，第4卷：803-840.

[31] ［日］田部浩三，御园生诚，小野嘉夫，等. 新固体酸和碱及其催化作用. 郑禄彬，王公慰，张盈珍，等，译. 北京：化学工业出版社，1992.

[32] Stanley M R，Geraldine P. 精细化学品的催化合成：水解、氧化和还原. 唐培堃，冯亚青，张天永，译. 北京：化学工业出版社，2005.

[33] 李月明. 不对称有机反应——催化剂的回收与再利用. 北京：化学工业出版社，2003.

[34] 张生勇，郭建权. 不对称反应——原理及在有机合成中的应用. 北京：科学出版社，2002.

[35] 王利民，田禾. 精细有机合成新方法. 北京：化学工业出版社，2004.

[36] 帕特尔RN. 立体选择性生物催化. 方唯硕，译. 北京：化学工业出版社，2004.

[37] 岑沛霖. 生物工程导论. 北京：化学工业出版社，2004.

[38] 戎志梅. 生物化工新产品与新技术开发指南. 北京：化学工业出版社，2002.

[39] 童海宝. 生物化工. 北京：化学工业出版社，2001.

[40] 任凌波，章思规，任晓蕾. 生物化工产品生产工艺技术及应用. 北京：化学工业出版社，2001.

[41] 马淳安. 有机电化学合成导论. 北京：科学出版社，2002.

[42] 王利霞，闫继，贾晓东. 现代电化学工程. 北京：化学工业出版社，2019.

[43] 顾登平，贾振武. 有机电合成进展. 北京：中国石化出版社，2001.

[44] 曹怡，张建成. 光化学技术. 北京：化学工业出版社，2004.

[45] 宋心琦，周福添，刘剑波. 光化学——原理、技术、应用. 北京：高等教育出版社，2001.

[46] 金钦汉，戴树珊，马卡玛. 微波化学. 北京：科学出版社，1999.

[47] 陈维编. 超临界流体萃取的原理和应用. 北京：化学工业出版社，1998.

[48] 李汝雄. 绿色溶剂——离子液体的合成与应用. 北京：化学工业出版社，2004.

[49] Nicholas K T. 组合化学. 许家喜，麻远，译. 北京：北京大学出版社，1998.

[50] 王德新. 固相有机合成——原理及应用指南. 北京：化学工业出版社，2004.

[51] 冯若，李化茂. 声化学及其应用. 合肥：科学技术出版社，1992.

[52] [英] 托马斯·沃思. 微反应器在有机合成及催化中的应用. 赵东波，译. 北京：化学工业出版社，2012.

[53] [德] W 埃尔费尔德，V 黑塞尔，H 勒韦. 微反应器：现代化学中的新技术. 骆广生，王玉军，吕阳成，译. 北京：化学工业出版社，2004.

[54] 赵红庆，刘奇磊，张磊，等. 考虑选择性和反应速率的多目标制药反应溶剂设计. 化工学报，2021，72（3）：1465-1472.

[55] 冯亚青，吴鹏，周立山，等. 环氧丙烷与乙二胺合成 2-甲基吡嗪的研究. 化学工业与工程，2003，20（5）：265-269.

[56] 王宏政，马超凡，颜伟，等. 碳包裹非贵金属催化剂的制备及其在催化加氢中的应用. 化工进展，2022，41（10）：5416-5422.

[57] 庞杰，李石擎，徐浩，等. 分子筛结构设计及酸性调控在合成气催化转化中的应用研究进展. 燃料化学学报，2023，51（1）：1-18.

[58] 毛沅浩，高延峰，苗志伟. 过渡金属催化不对称环化反应合成七元环化合物研究进展. 有机化学，2022（7）：1904-1924.

[59] 李正一，陈永正，万南微. 酶催化合成酰胺类化合物的研究进展. 合成化学，2022，30（5）：419-428.

[60] 金少青，孙洪敏，杨为民. 沸石分子筛催化剂在化学工业中的应用. 高等学校化学学报，2021，42（1）：217-226.

[61] 王振华，马聪，方萍，等. 有机电化学合成的研究进展. 化学学报，2022（8）：1115-1134.

[62] 张益维，唐晶晶，王瑛琦，等. 可见光促进 TiO$_2$ 催化合成膦酰亚胺. 精细化工，2022（1）：212-216.

[63] 孟祥谦. 超临界萃取分离精细化工技术的应用. 中国化工贸易，2019（7）：135.

[64] 王爽，吴沁，林俊洁，等. 微波辅助无催化剂绿色高效合成 2,8-二氧双环 [3.3.1] 壬烷衍生物. 云南大学学报（自然科学版），2021，43（5）：977-984.

[65] 李艳秋，马川兰，郭志芳. 咪唑类离子液体的合成及应用研究进展. 农产品加工，2022（7）：85-93.

[66] 李绪根，王建芝，刘捷，等. 微反应器在精细化工领域氧化反应中的应用进展. 化学与生物工程，2022，39（8）：1-9.

[67] 郭红卫. 微通道反应器在精细化工行业的安全应用. 现代职业安全，2020（10）：92-95.

[68] 丁云成，王法军，艾宁，等. 微反应器内连续重氮化/偶合反应进展. 化工学报，2018，69（11）：4542-4552.

[69] 马艾琳，谌礼婷，廖洪利. 微通道反应器在强放热反应中的应用进展. 化学与生物工程，2022（10）：6-9.

[70] 袁洪磊，谭佳硕，王昊东，等. 基于拓扑优化方法的微通道反应器流动均匀性优化. 化学工程，2025（4）：72-76，94.

第3章

卤　化

·本章学习要求·

　　掌握的内容：卤化反应定义、卤化反应试剂、芳环上亲电取代卤化反应的历程、氯化深度、芳环侧链 α-氢的取代卤化反应历程、亲电加成卤化反应历程、自由基加成卤化反应历程。

　　熟悉的内容：苯一氯化的连串反应动力学、羰基 α-氢取代卤化反应历程、芳环侧链 α-氢取代卤化反应动力学、芳环侧链 α-氢取代卤化反应的影响因素、置换卤化反应及实例。

　　了解的内容：卤化反应的目的、芳环上亲电取代卤化反应实例、饱和烃的取代卤化反应实例、芳环侧链 α-氢取代卤化反应实例、亲电加成卤化反应实例、自由基加成反应实例。

3.1　概述

　　向有机分子中的碳原子上引入卤原子的反应称作"卤化"。根据引入的卤原子的不同，又可细分为氟化、氯化、溴化和碘化。按引入卤原子的方式又可细分为取代卤化、加成卤化和置换卤化。

　　在有机分子的碳原子上引入卤原子主要有两个目的。

　　① 赋予精细化工产品特定的性能，如色光、杀虫杀菌性、阻燃性等。在铜酞菁（酞菁蓝）分子中引入氯原子，可以使色光转化为绿光，广泛使用的绿色有机颜料酞菁绿是铜酞菁的高氯代物。氟、氯是杀虫剂、杀菌剂分子中常见的起毒杀作用的活性取代基，如杀虫剂七氟菊酯、杀菌剂氟苯嘧啶醇等。卤系阻燃剂是一类重要的阻燃剂，主要包括氯系阻燃剂（如四氯双酚 A）和溴系阻燃剂（如四溴双酚 A）。

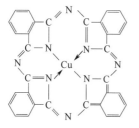

铜酞菁(酞菁蓝)

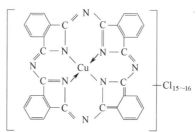

高氯代铜酞菁(酞菁绿)

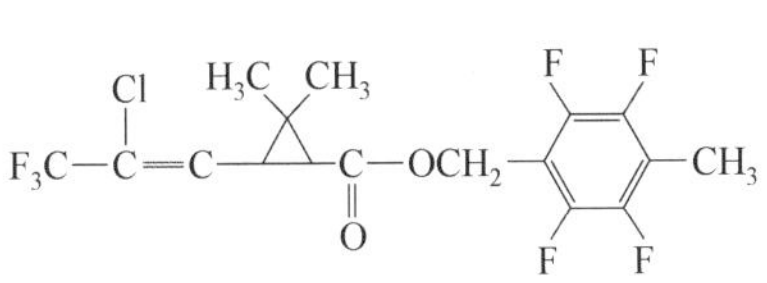

七氟菊酯

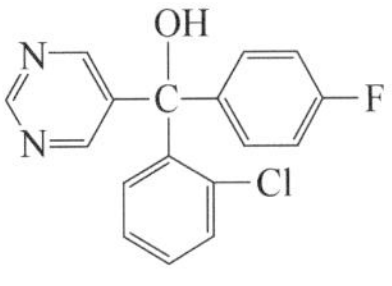

氟苯嘧啶醇

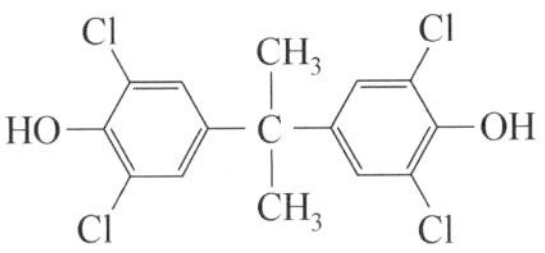

四氯双酚A

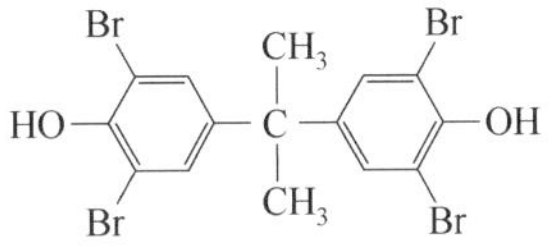

四溴双酚A

② 通过亲核置换反应将其转化为其他取代基。由于苯环上电子云密度较高，直接通过亲核取代反应引入羟基、烷氧基、氨基等较为困难。而氯原子电负性较大，与其相连的碳原子电子云密度低，容易被亲核进攻，将氯原子置换为羟基（见 12.2）、甲氧基（见 10.3.7）、氨基（见 9.7）等基团。

3.1.1 卤化剂

(1) 氯化剂

最常用的氯化剂是分子态氯，它是黄绿色气体，有窒息性臭味，常压沸点－34.6℃。分子态氯主要来自食盐水的电解。由电解槽出来的氯气经浓硫酸脱水干燥后，可直接使用，也可冷冻、加压液化成液氯后使用。氯气液化后的尾氯含氯量为 60%～70%（体积分数），也可用于某些氯化过程。海水中含氯化钠质量分数约 3%，分子态氯供应量大，价廉，是最重要的氯化剂。

对于小吨位精细化工的氯化过程，当被氯化物是液态时，或者在无水惰性有机溶剂中进行氯化时，也可以用液态的硫酰二氯（SO_2Cl_2，沸点 69.1℃）作氯化剂，它的优点是反应温和、加料方便、计量准确，缺点是价格贵。

当氯化反应在水介质中进行时，除了用氯气作氯化剂以外，也可以用盐酸加氧化剂在反应液中产生分子态氯或新生态氯。最常用的氧化剂是双氧水、次氯酸钠和氯酸钠。

在气相高温氯化时，还可以用氯化氢加空气作氯化剂（氧化氯化法）。

在加成氯化时，除了用分子态氯以外，也可以用氯化氢作氯化剂(加—Cl 和—H)，或用次氯酸(HClO)作氯化剂(加—Cl 和—OH)。

在制备贵重的小量氯化产物时，也可以用 N-氯化酰胺作氯化剂。

由于分子态氯价格低廉、供应量大，因此在精细有机合成中，氯化产物品种最多、产量最大，所以氯化是最重要的卤化反应，也是本章讨论的重点。

(2) 溴化剂

最常用的溴化剂是分子态溴，亦称溴素，它是暗红色发烟液体，有恶臭，沸点 58.78℃。溴素是以海水或海水晒盐后的盐卤为原料，将其中所含的溴化钠用空气或氯气进行氧化而得。由于海水中溴的平均含量只有 6.5×10^{-5}（质量分数）左右，溴素产量少、价格贵，因此溴化反应主要用于制备含溴的精细化学品，特别是含溴阻燃剂。

为了充分利用溴，在取代溴化时常常向反应液中加入氧化剂，将溴化时副产的溴化氢再氧化成溴，使其得到充分利用。常用的氧化剂可以是氯气、双氧水、次氯酸钠或氯酸钠。

溴化氢、溴化钠和溴酸钠都是由溴素制得的，因此在工业生产中，只有在个别情况下才用溴化氢加氧化剂作为溴化剂。

在制备贵重的溴化物时，也可以用 N-溴代酰胺作溴化剂。

(3) 碘化剂

最常用的碘化剂是分子态碘，亦称碘素。碘是紫黑色带金属光泽的固体。在中国仍以海带为原料提取碘，四川井卤中含碘 $10 \sim 40mg/L$，也可提取少量碘。由于碘的产量比溴更少、价格更贵，所以碘化反应只用于制备少数贵重的含碘精细化学品。

C—I 键的键能比较弱，取代碘化是可逆反应，副产的碘化氢可以使碘化物还原脱碘。

$$Ar—H + I_2 \rightleftharpoons Ar—I + HI \tag{3-1}$$

因此，用碘素进行取代碘化时，通常要向反应液中加入氧化剂，使副产的碘化氢氧化成碘。一方面使碘得到充分利用，另一方面抑制脱碘副反应。最常用的氧化剂是双氧水和硝酸。

在取代碘化时，为了避免生成碘化氢，以及因加入氧化剂而引起的氧化副反应，可以使用氯化碘作碘化剂。

$$Ar—H + ICl \longrightarrow Ar—I + HCl\uparrow \tag{3-2}$$

氯化碘是由碘素与氯气反应制得的红色油状液体或斜方六面体结晶（α 型熔点 $27.2℃$，β 型熔点 $13.92℃$；沸点 $97.4℃$）。氯化碘价格贵，易分解析出碘，释放氯而污染环境，应尽量避免使用，或使用时临时配制。

(4) 氟化剂

分子态氟是由无水氟化氢-氟化钾体系电解而得，价格昂贵。另外，分子态氟与有机分子反应时，氟化的反应热大于 C—C 单键的断裂能（见表 3-3），因此在用分子态氟进行取代氟化时，会发生 C—C 键的断裂和聚合等副反应，所以在有机分子中引入氟时，都不采用分子态氟作氟化剂，而改用氟化氢对双键的加成氟化法，用氟化钠、氟化钾或氟化氢的置换氟化法或电解氟化法。

据报道用氟化铜使苯在常压、550℃气相氟化生成氟苯，同时氟化铜还原成金属铜，苯的转化率大于 30%，氟苯的选择性大于 95%。用过的催化剂可以在 $350 \sim 400℃$ 用 HF/O_2 再生，此法的成本只有氟化重氯苯分解法的 1/3，但未见工业化报道。

3.1.2 卤化热力学

3.1.2.1 卤化反应热

有机反应的反应热通常是利用生成焓来计算的，在标准状态下，反应热等于产物的生成焓之和减去反应物的生成焓之和。标准状态下（298.15K，101.325kPa）各物质的生成焓 $\Delta_f H_m^{\ominus}$ 可以从有关手册中查到，表 3-1 是有关化合物的标准生成焓。

表 3-1　有关化合物的标准生成焓 $\Delta_f H_m^{\ominus}$/(kJ/mol)

化合物	$F_2(g)$	$Cl_2(g)$	$Br_2(l)$	$I_2(s)$	$ICl(s)$	$CH_3—CH_3$	$H_2C=CH_2$	$HC\equiv CH$	CH_3CH_2F	CH_3CH_2Cl
$\Delta_f H_m^{\ominus}$	0	0	0	0	−23.9	−84.60	52.20	226.51	−263.17	−112.17
化合物	CH_3CH_2Br	CH_3CH_2I	CH_2FCH_2F	$CH_2Cl—CH_2Cl$	$CH_2Br—CH_2Br$	$CH_2I—CH_2I$	HF	HCl	HBr	HI
$\Delta_f H_m^{\ominus}$	−92.01	−40.17	—	−165.23	−81.17	0.42	−271.12	−92.30	−36.40	26.48

利用上述生成焓的数据可以算出以下反应在标准状态下的反应热 $\Delta_r H_m^{\ominus}$，如表 3-2 所示。

表 3-2　某些卤化反应热 $\Delta_r H_m^{\ominus}$ (298.15K)/(kJ/mol)

反 应 类 型	氟化	氯化	溴化	碘化
$CH_3CH_3 + X_2 \xrightarrow{\text{取代卤化}} CH_3CH_2X + HX$	−449.69	−119.87	−43.81	70.91
$CH_2=CH_2 + X_2 \xrightarrow{\text{加成卤化}} CH_2XCH_2X$	—	−217.43	−133.37	−51.87
$CH_2=CH_2 + HX \xrightarrow{\text{加成卤化}} CH_3CH_2X$	−44.25	−72.07	−107.81	−78.62
$CH_3CH_3 + ICl \xrightarrow{\text{取代碘化}} CH_3CH_2I + HCl$	—	—	—	−23.89

注：X 表示卤素（F、Cl、Br 或 I）。

由表 3-2 和表 3-3 可以看出：乙烷在用分子态氟进行取代氟化时的反应热 $\Delta_r H_m^{\ominus}$ 为 −449.69kJ/mol，这已经超过了氟化产物 $H_3C—CH_2F$ 分子中 C—C 键的键能（见表 3-3，约为 372kJ/mol），而乙烯如果用分子态氟进行加成氟化时，其反应热应该大于乙烷的取代氟化的反应热，并大大超过了氟化产物 $FH_2C—CH_2F$ 中 C—C 键的键能 [(368±8.8)kJ/mol]。由此可见，在用分子态氟进行取代氟化或加成氟化时，会发生氟化产物分子中 C—C 键断裂的副反应以及由此引起的聚合等副反应。所以，实际上都不采用以分子态氟为氟化剂。

表 3-3　某些有机分子中 C—C 键的键能 (298.15K)/(kJ/mol)

分子	C—C[①]	$H_3C—CH_3$	$H_3C—CH_2F$	$H_3C—CF_3$	$FH_2C—CH_2F$	$H_3C—CN$	$H_2C=CH_2$	$F_2C=CF_2$	HC≡CH
键能	607±21	376.1±2.1	约 372	423.4±4.6	368±8.8	509.60	720±8	319.2±12.6	962±8

① 双原子化合物中的 C—C 键。

3.1.2.2　碳-卤键的稳定性和反应活性

有机分子中碳原子与各种取代基之间的键能如表 3-4 所示。

表 3-4　有机分子中各种 C—X 键的键能 (298.15K)/(kJ/mol)

项目	H	F	Cl	Br	I	OH	OCH₃	NH₂	CN
H	435.99	570.3	431.6	366.4	498±4	498±4	436.8±4.2	449.4±4.2	518±8.4
—CH₃	438.4	452±13	351.5	292.9±5.0	234.3	436.8±4.2	338.9	364.0	509.6±8.4
—C₂H₅	419.5±4.0	—	338.9	284.5	221.8	380.7	338.9	351.5	
—C₆H₅	464.0±8.4	531.4	405.8	336.8±8.4	273.6±8.4	468.6	418.4	443.5	
—CH₂C₆H₅	368.2±4.2		288.7	230.1	188.3	326.4		297.5±4.2	

由表 3-4 可以看出：①C—F 键的键能（452～531kJ/mol）大，化学键稳定，不易发生氟基被其他基团所置换的反应，因此有机氟化物相当稳定；②C—Cl 键的键能稍弱，有机氯化物一般比较稳定，但是在一定条件下，可以发生—Cl 被—F、—OH、—OCH₃、—NH₂、—CN 等取代基所置换的反应。因此，有机氯化物在精细有机合成中有广泛的用途。

由表 3-2 还可以看出：①用分子态碘进行取代碘化时，是吸热反应，为了抑制脱碘逆反应，通常要向反应液中加入氧化剂，将生成的 HI 氧化成 I_2；②用 ICl 进行碘化时，是放热反应，反应过程中不产生 HI，不会发生脱碘的逆反应。

3.2 芳环上的取代卤化

3.2.1 反应历程和催化剂

3.2.1.1 反应历程

芳环上的取代卤化是亲电取代反应。以氯化为例，在没有催化剂并完全黑暗时，苯和氯的反应非常慢，而且只发生苯环上的自由基加成链反应。但是在有取代氯化催化剂时，则只发生芳环上氢的亲电取代氯化。催化剂的作用是使氯分子极化，或生成氯正离子。不同催化剂的作用可以解释如下。

在无水状态下，用氯气进行氯化时，最常用的催化剂是各种金属氯化物，例如 $FeCl_3$、$AlCl_3$、$SbCl_3$、$TiCl_4$ 等 Lewis 酸，它们都是电子对受体。无水 $FeCl_3$ 的催化作用可简单表示如下：

$$Cl_2 + FeCl_3 \rightleftharpoons \left[FeCl_3 \overset{\delta^-}{\underset{\cdot}{-}}Cl\overset{\delta^+}{-}Cl \right] \rightleftharpoons FeCl_4^- + Cl^+ \tag{3-3}$$

$$\tag{3-4}$$

$$FeCl_4^- + H^+ \longrightarrow FeCl_3 + HCl\uparrow \tag{3-5}$$

在氯化过程中，$FeCl_3$ 并不消耗，因此用量极少。

在无水状态下或在浓硫酸介质中，用氯气进行氯化时，有时用碘作催化剂，其催化作用可表示如下。

$$Cl_2 + I_2 \longrightarrow 2ICl \rightleftharpoons 2I^+ + 2Cl^- \tag{3-6}$$

$$I^+ + Cl_2 \rightleftharpoons ICl + Cl^+ \tag{3-7}$$

在浓硫酸介质中用氯气进行氯化时，硫酸的催化作用可简单表示如下：

$$H_2SO_4 \rightleftharpoons HSO_4^- + H^+ \tag{3-8}$$

$$H^+ + Cl_2 \rightleftharpoons HCl + Cl^+ \tag{3-9}$$

但浓硫酸的离解度很小，对氯气的溶解度也很小，而且浓硫酸还可能引起磺化副反应，并产生废硫酸，故很少使用。

应该提到，在无水惰性有机溶剂中，在 $FeCl_3$ 或 I_2 的存在下，如果被氯化物不能被溶解，有时也不能被氯气所氯化。有些活泼的被氯化物在浓硫酸中能良好溶解，但不能被氯气所氯化，而溶解在含水较多的稀硫酸中，则可以顺利地用氯气氯化。

当有机物容易被氯化时，可以不用催化剂，而且反应可以在水介质中进行。在水介质中用氯气进行氯化的反应历程可简单表示如下：

$$Cl_2 + H_2O \rightleftharpoons HOCl + H^+ + Cl^- \tag{3-10}$$

$$HOCl + H^+ \rightleftharpoons H_2O + Cl^+ \tag{3-11}$$

由式（3-9）和式（3-11）可以看出，在水介质中加入 H^+（例如加入 H_2SO_4 或 HCl）有利于 Cl^+ 的生成。但是在水介质中氯化时，$FeCl_3$ 和 I_2 不起催化作用。

在水介质中氯化时，为了计量上的方便，也可以不用氯气，而用盐酸加氧化剂来产生 Cl_2 或 Cl^+，并利用氧化剂的用量来控制 Cl_2 的生成量。

$$2HCl + NaClO \longrightarrow NaCl + H_2O + Cl_2 \tag{3-12}$$

$$2HCl + H_2O_2 \longrightarrow 2H_2O + Cl_2 \tag{3-13}$$

$$6HCl + NaClO_3 \longrightarrow NaCl + 3H_2O + 3Cl_2 \tag{3-14}$$

为了充分利用氧化剂，要用过量很多的盐酸。

二氯硫酰 SO_2Cl_2 是温和的氯化剂。SO_2Cl_2 遇水分解成 H_2SO_4 和 HCl，因此只能用在无水状态下的氯化。SO_2Cl_2 可以看作是 SO_2 和 Cl_2 的配合物，它可以按以下反应产生 Cl^+。

$$SO_2Cl_2 \Longleftrightarrow SO_2\overset{\delta^-}{Cl}\!\cdot\!\overset{\delta^+}{Cl} \Longleftrightarrow SO_2Cl^- + Cl^+ \tag{3-15}$$

$$Ar—H + Cl^+ \longrightarrow Ar—Cl + H^+ \tag{3-16}$$

$$SO_2Cl^- + H^+ \longrightarrow SO_2\uparrow + HCl\uparrow \tag{3-17}$$

用 N-卤代酰胺（例如 N-氯代丁二酰胺或 N-溴代丁二酰胺）作卤化剂的反应历程可简单表示如下：

$$\tag{3-18}$$

$$\tag{3-19}$$

最后应该指出，某些杂环上的取代卤化不是亲电取代反应，而是自由基取代链反应。例如吡啶用氯气的环上取代氯化制 2-氯吡啶和 2,6-二氯吡啶都是自由基取代链反应。

3.2.1.2 催化剂的选择

催化剂不仅会影响卤化反应速率，而且还会影响卤原子进入芳环的位置，特别是当苯环上有邻、对位定位基时，会影响邻、对位卤化产物的比例。一般概念是：卤化剂与催化剂所形成的配合物的体积越大，空间位阻越大，生成邻位异构体的比例越少。但是关于配合物的具体结构还很难确定，对于催化剂的选择还很难提出普遍规律。下面介绍某些重要卤化过程的催化剂选择。

(1) 苯的一氯化制氯苯催化剂

选用最经济的催化剂 $FeCl_3$，但实际加入的"催化剂"是废铁屑、铁镟丝或废铁管。在氯化时，金属铁和氧化铁（铁锈）与氯反应而生成真正的催化剂 $FeCl_3$，氯化液中只要有苯的质量的 0.01% 的无水 $FeCl_3$ 就可以了。

(2) 苯的二氯化制对二氯苯催化剂

对二氯苯是重要的防霉剂、防蛀剂和除臭剂，它已代替有毒的萘，消费量很大。苯的二氯化时，如果用 $FeCl_3$ 作催化剂，对位和邻位二氯苯的生成比例只有 $(1.49 \sim 1.55):1$。为了提高对邻比，曾开发过多种催化剂。例如：Sb_2S_3，对邻比 $(3.3 \sim 3.6):1$；Sb_2S_3-I_2，对邻比 $7.5:1$；经氯氧混合气体处理过的硫化铁-硅铝胶，对邻比 $8.0:1$；经二氯乙酸钠等羧酸盐处理过的沸石，对位收率可达 95.7%。但无限地提高对邻比，经济上并不合理，因为邻位体虽然需要量少，但经济价值较高。

(3) 甲苯的氯化制对氯甲苯催化剂

对氯甲苯是用量很大的有机中间体。甲苯环上氯化时，如果用 $FeCl_3$、$AlCl_3$ 等 Lewis

酸催化剂，对位选择性只有 24%～37%，加之邻、间、对三种氯甲苯的沸点很接近（分别为 159.3℃、162℃和 161.9℃），很难用普通精馏法分离。因此，早期曾用对甲苯胺的重氮化和 Sandmeyer 反应来制备对氯甲苯。关于甲苯的选择性对位氯化的催化剂和氯化方法，曾经做过大量的研究工作。例如：用 $AlCl_3$ 和其他氯化物的复合催化剂，对位选择性可达 40%；铁粉加 WS_2 催化剂，对位选择性可达 48%；Lewis 酸（$FeCl_3 \cdot KCl$）与多氯化硫氧杂蒽等有机硫化物复合催化剂，对位选择性可达 50%～60%；沸石催化剂加助催化剂，据报道对位选择性可达 90%。

此外，用 Fe^{3+} 改性丝光沸石（Fe-NaM）催化甲苯的环上取代选择性氯化，当苯的转化率不超过 40%时，对邻比可高达 3.9，对氯甲苯选择性约 78.5%。

关于一氯甲苯异构体混合物的分离，现已可采用高效精馏法或分子筛吸附分离法。

(4) 苯酚的氯化催化剂

苯酚相当活泼，不用催化剂即可用氯气氯化制得 2,4,6-三氯苯酚。但是苯酚在一氯化和二氯化时，为了使氯原子主要进入所希望的位置，常常要用定位催化剂。

① 邻氯苯酚　苯酚在苯溶剂中，在（26±2）℃，用氯气进行氯化，当 Cl_2/苯酚（摩尔比）为 1.09∶1 时，从氯化产物中可分离出质量分数约 50%邻氯苯酚和约 25%对氯苯酚（沸点分别为 175℃和 217℃）。当苯酚在非极性、非质子传递性有机溶剂中，在微量胺类碱性催化剂存在下，在 110～120℃通入氯气进行氯化，直到苯酚余量下降到 10%时，一氯苯酚中邻氯苯酚的含量可达 93.5%。高纯度邻氯苯酚可用于制 2,6-二氯苯酚。

② 对氯苯酚　苯酚在 40℃用 SO_2Cl_2 进行氯化时，主要生成对氯苯酚，收率可达 70%。对氯苯酚的需要量较大，我国对于定位催化剂和氯化剂曾做过许多研究工作，其中效果最好的是在二苯硫醚介质中，在 $AlCl_3$ 存在下，用 SO_2Cl_2 进行氯化，对邻比可达 10.5∶1，对位体的收率可达 89.5%。如果改用氯气进行氯化，则对邻比只有 3∶2，对位体收率 58.6%。但是 SO_2Cl_2 价格贵，不宜工业化。

3.2.2　卤化动力学

3.2.2.1　苯一氯化的连串反应动力学

以苯为例，在苯环上引入一个氯基后，仅使苯环上的电子云密度稍稍下降，所以苯的二氯化（即生成的一氯苯的再氯化）的反应速率常数 k_2 只下降为苯的一氯化反应速率常数 k_1 的 1/10 左右，即 $k_2/k_1 = K \approx 10^{-1}$。因此苯的取代氯化是一个典型的连串反应。

$$C_6H_6 \xrightarrow[-HCl]{+Cl_2,\ k_1} C_6H_5Cl \xrightarrow[-HCl]{+Cl_2,\ k_2} C_6H_4Cl_2 \tag{3-20}$$

摩尔分数　　　　　x_A　　　　　　　　x_B　　　　　　　　x_C

在苯的一氯化制氯苯时，假设通入的氯气完全反应，生成的 HCl 完全逸出，氯化液中 $FeCl_3$ 和三氯苯的浓度可以忽略不计，即氯化液中只有苯、氯苯和二氯苯，它们的含量分别用摩尔分数 x_A、x_B 和 x_C 表示，当用纯苯（$x_{A_0} = 1.00$）为原料时，则氯化液中

$$x_A + x_B + x_C = 1.00 \tag{3-21}$$

通过连串反应动力学的运算，可以得出苯在间歇氯化时，或在活塞流型反应器中连续氯化时，氯化液中 x_B 和 x_A 的关系式如下：

$$x_B = \frac{x_A^k - x_A}{1 - K} \tag{3-22}$$

$$x_C = 1.00 - x_A - x_B \tag{3-23}$$

对于某一氯化液组成来说，1mol苯所消耗的 Cl_2 的物质的量，即 Cl_2/C_6H_6（摩尔比）或氯化深度 X 为

$$X = x_B + 2x_C \tag{3-24}$$

如果在一定温度下，向含有微量 $FeCl_3$ 的纯苯中不断地通入氯气进行氯化时，在氯化过程中不断取样分析 x_A、x_B 和 x_C 的数值，就可以得出在不同 X 值时的氯化液组成。图 3-1 是 Mac Mullen 测得的氯化液组成图。

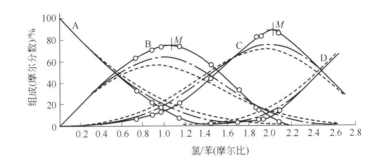

图 3-1 苯氯化时的氯化液组成图

——分批操作（或活塞流型连续操作）；-----单槽连续操作；-·-·-·双槽连续操作

实验数据：A—苯；B—氯苯；C—二氯苯；D—三氯苯；温度 55℃，催化剂 $FeCl_3$，M 为最大值

根据 B 接近最大值时测得的氯化液组成 x_A 和 x_C，按照式（3-22）可用试差法算出 K 约为 0.123。

按照式（3-22）间歇氯化时，氯化液中氯苯的最高浓度 $x_{B,max}$ 为

$$x_{B,max} = K^{\frac{K}{1-K}} \tag{3-25}$$

这时氯化液中未反应苯的浓度为

$$x_A = K^{\frac{K}{1-K}} \tag{3-26}$$

由此可以算出，氯苯含量最高时的氯化液组成约为 $x_A = 0.092$，$x_B = 0.745$，$x_C = 0.163$，$X = 1.071$。

根据化学动力学，还可以算出，在苯的多槽串联连续一氯化时，氯化液组成的公式为

$$x_{B,N} = \frac{1}{1-K}\left[(1 + Kx_{A,N}^{-1/N} - K)^{-N} - x_{A,N}\right] \tag{3-27}$$

式中，N 为同体积反应槽的个数；$x_{A,N}$，$x_{B,N}$ 为第 N 槽中 A 和 B 的摩尔分数。当 $N=1$ 时

$$x_{B,max} = \frac{1}{(1+\sqrt{K})^2} \tag{3-28}$$

根据 $K = 0.123$，可以估算出苯在槽式连续一氯化时氯苯的最大值如表 3-5 所示。由表 3-5 可以看出，在槽式连续氯化时由于反向混合作用的影响，单槽时 $x_{B,max}$ 下降为 0.548，增加串联的槽数，可降低反向混合作用的影响，但是当槽数超过 4 个时，效果已不明显，即串联的槽数没有必要多于 4 个。

表 3-5　苯在槽式连续一氯化时氯苯的最大值

槽数 N	1	2	3	4	5	槽数 N	1	2	3	4	5
x_A	0.260	0.185	0.150	0.135	0.130	x_C	0.192	0.183	0.184	0.175	0.175
$x_{B,max}$	0.548	0.632	0.666	0.690	0.695	X	0.932	0.998	1.034	1.040	1.045

注：表中数据为编者用试差法估算。

苯的氯化也可采用塔式沸腾连续氯化法，利用氯化液的沸腾、苯的蒸发来移出反应热，大大提高了氯化器的生产能力。氯化液的沸腾温度约为 75～80℃，高温虽然使 K 值略有增加，有不利影响，但氯化塔的高径比很大，物料接近活塞流，其 $x_{B,max}$ 接近多槽连续氯化的 $x_{B,max}$。

3.2.2.2　各种连串卤化反应的处理方法

大多数卤化反应都是连串反应，为了使主产物获得良好的收率和质量，可以采用以下几种处理方法。

(1) 控制卤化深度

当被卤化物、一卤化主产物和多卤化副产物的沸点都不太高，可用精馏法进行分离时，可采用此法。

对于苯的一氯化制氯苯，由图 3-1 可以算出，用活塞流连续氯化器，当氯化液中氯苯含量接近最大值 $x_{B,max}$ 时，氯化液的质量分数组成约为：苯 6.24%，氯苯 72.91%，二氯苯 20.84%。氯苯和二氯苯的质量比只有 3.5：1，即副产的二氯苯太多。为了提高氯化液中氯苯与二氯苯的质量比，就需控制较低的氯化深度。沸腾氯化液的质量分数组成为苯 66%～74%，氯苯 25%～35%，多氯苯 1% 以下，氯苯和二氯苯的质量比大于 25～35。氯化液可用精馏法分离，未反应的苯可以回收循环使用，副产的二氯苯也有用途。可根据需要调整氯化深度和氯化液组成。

此外，对于前述苯的二氯化制对二氯苯、甲苯的一氯化制邻位和对位氯甲苯、苯酚的一氯化制邻位和对位氯苯酚，以及硝基苯的一氯化制间硝基氯苯等氯化过程都采用此法处理。

(2) 选择催化剂

在苯的二氯化制对二氯苯时，如果用 $FeCl_3$-S_2Cl_2 催化剂，Cl_2/C_6H_6（摩尔比）约为 2：1 时，氯化产物中二氯苯的最高含量可达 98%（质量分数），对邻比约为 3：1，只有约 0.2% 间二氯苯以及少量的氯苯和三氯苯。

(3) 选择卤化剂

$$(3-29)$$

例如，2-溴-4-硝基苯胺是由对硝基苯胺一溴化制得的。无论是在溴氢酸水溶液中或稀盐酸中用溴蒸气溴化，还是在稀硫酸、乙酸或 1,4-二氧六环中用溴素溴化，都不能很好地抑制二溴化副产物的生成。在乙醇溶液中加入溴化氢再加双氧水溴化，虽可得到良好结果，但乙醇消耗量大。较好的方法是将对硝基苯胺溶解于热的稀硫酸中，加入溴化氢水溶液，在 30～50℃加入双氧水进行溴化，此时几乎不生成二溴化副产物，收率可达 91%～92%。

(4) 调整介质的 pH 值或改变合成路线

例如，2-氯-4-硝基苯胺（纯品熔点 107℃）通常是由对硝基苯胺的一氯化制得的。一般是在盐酸介质中滴加次氯酸钠水溶液进行氯化，产品纯度可达93%～95%，熔点只有98～102℃。这个质量可满足制备分散染料的需要，但不能满足医药工业的需要。改在乙醇介质中，在 H_3PO_4-NaH_2PO_4 缓冲剂存在下，控制 $pH \approx 4$，在40～60℃加入氯酸钠水溶液进行氯化，产品收率大于90%，纯度高于97%。在工业上，为了制备高纯度的2-氯-4-硝基苯胺，可改用3,4-二氯硝基苯的氨解法。原料高纯度3,4-二氯硝基苯可由对硝基氯苯的氯化，或邻二氯苯的硝化，然后再精馏和冷冻结晶而得。

（5）选择溶剂

苯绕蒽酮在稀硫酸介质中用 Br_2＋$NaClO$ 进行溴化时可制得3-溴苯绕蒽酮和3,9-二溴苯绕蒽酮。

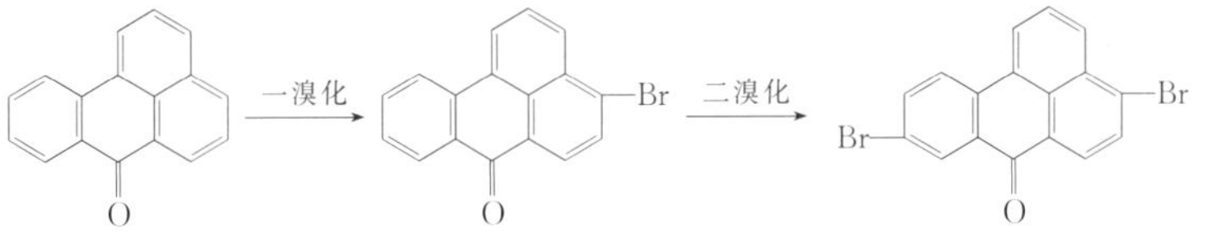

(3-30)

在制备3-溴苯绕蒽酮时，除了控制溴化剂的用量以外，还要加入少量非水溶性的非质子传递非极性有机溶剂，例如氯苯和二氯乙烷等，其目的不只是使不溶性的苯绕蒽酮细颗粒的表面润湿，并不断更新，使苯绕蒽酮颗粒内部完全一溴化，更重要的是这可以抑制3-溴苯绕蒽酮的二溴化，将二溴化副产物抑制在质量分数2%以下。

但是在制备3,9-二溴苯绕蒽酮时，如果加入氯苯等非水溶性的非质子传递非极性溶剂，它们会抑制二溴化反应，难于完全二溴化，产品的熔点只能达到238～242℃，如果改为加入少量强极性非质子传递非水溶性有机溶剂硝基苯，它对二溴化反应有促进作用，产品熔点可提高到250℃以上（纯品熔点257℃），见2.3.4（2）。

3.2.3　氯化重要实例

在前面的叙述中，已经提到催化剂、卤化深度、卤化介质的pH值、卤化溶剂、卤化温度等因素对卤化反应的影响，下面重点叙述氯苯的生产工艺以及两个涉及复杂合成路线的重要实例——2,6-二氯苯酚和2,6-二氯苯胺。

（1）氯苯的制备

氯苯用途广泛，需要量很大。普遍采用的制备方法是塔式沸腾连续氯化法，其生产流程如图3-2所示，沸腾氯化器如图3-3所示。

原料苯和回收苯经（固体食盐等）脱水后，与氯气按一定的摩尔比和一定的流速从底部进入氯化塔，经过充满废铁管的反应区，反应后的氯化液由塔的上侧经液封槽3和氯化液冷却器7后，再经连续水洗、碱洗中和、精馏，即可得到回收苯、产品氯苯和副产混合二氯苯。混合二氯苯再经冷冻结晶得对二氯苯，结晶母液再经高效精馏得高纯邻二氯苯。另外，结晶母液混合二氯苯也可用作溶剂。

氯化反应热使氯化液沸腾，并使一部分苯和氯苯蒸发汽化，随氯化氢气体一起逸出，沸腾温度与氯化液的组成和气体的绝对压力有关，当塔顶的绝对压力为 0.105～0.109MPa（790～820mmHg）时，沸腾温度为75～82℃。由塔顶逸出的热的气体经过列管式石墨冷凝器4和5使大部分苯蒸气和氯苯蒸气冷凝下来，经过酸苯分离器6，分离掉微量的盐酸后，循环回氯化塔。初步冷却至20～30℃的氯化氢气体仍含有少量的苯蒸气，进一步冷却到5℃左右，使大部分苯蒸气冷凝下来，然后再用预冷到0℃左右的混合二氯苯结晶母液吸收氯化氢气体中残余的苯蒸气，最后用水吸收氯化氢制成副产盐酸，副产盐酸中仍含有微量苯，使用时应注意安全，防止着火，并不宜用于食品工业。为了让用水吸收氯化氢后的尾气中的含

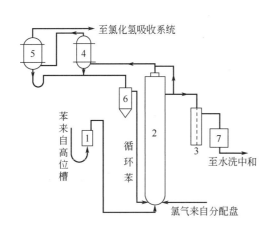
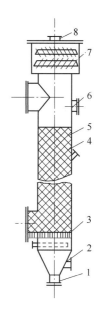

图 3-2　苯的沸腾氯化流程图

1—转子流量计；2—氯化器；3—液封槽；4,5—列管

式石墨冷凝器；6—分离器；7—氯化液冷却器

图 3-3　沸腾氯化器

1—酸水排放口；2—苯及氯气入口；

3—炉条；4—填料铁圈或废铁管；

5—钢壳衬耐酸砖；6—氯化液出口；

7—挡板；8—气体出口

氢量低于爆炸限，要求所用的（由电解食盐水提供的）氯气中的含氢量低于 $4\%\sim6\%$（体积分数），如果尾气中的含氢量高，应先用空气稀释后，才能排空。

(2) 2,6-二氯苯酚的制备

2,6-二氯苯酚是重要的医药中间体，对纯度要求很高，因此不宜采用苯酚的直接氯化法，为此开发了许多复杂的合成路线。

例如，对羟基苯甲酸经乙酯化、氯化、水解、脱羧的合成路线，其反应式如下。

$$\text{(式 3-31)}$$

OH / COOH $\xrightarrow[\text{乙酯化}]{\begin{array}{c}C_2H_5OH\\ H_2SO_4\ 催化\end{array}}$ OH / COOC$_2$H$_5$ $\xrightarrow[\text{氯化}]{SO_2Cl_2}$ Cl, Cl / OH / COOC$_2$H$_5$

$\xrightarrow[\text{酯基水解}]{KOH}$ Cl, Cl / OH / COOH $\xrightarrow[\substack{N,N-二甲基苯胺\\190\sim200℃}]{\text{脱羧，—COOH}}$ Cl, Cl / OH (3-31)

也可用对羟基苯甲酸在溶剂中氯化，然后在三乙醇胺中热脱羧的合成路线。这两种路线成本均较高。

此后，开发了双酚 A 的氯化脱烃基的合成路线，其反应式如下。

2 HO—〔〕 $\xrightarrow[\text{缩合}]{CH_3-\overset{O}{\underset{\|}{C}}-CH_3}$ HO—〔〕—C(CH$_3$)(CH$_3$)—〔〕—OH

双酚 A

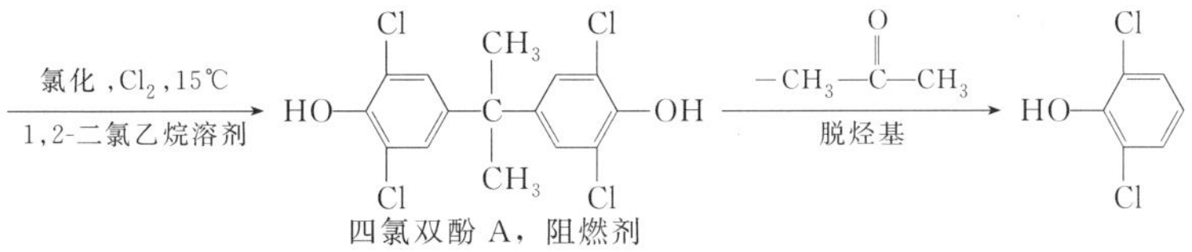

$$(3\text{-}32)$$

此法的优点是以四氯双酚 A 为原料，操作简便，条件温和，以苯酚计总收率 71.4%～73.1%，成本低。

再如，环己酮的氯化、热解脱氯化氢的合成路线，其反应式如下。

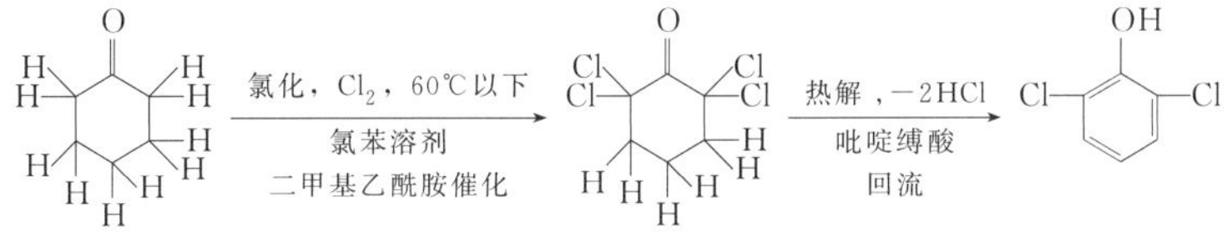

$$(3\text{-}33)$$

环己酮的氯化是羰基 α 氢的完全氯化（见 3.3.3），氯化收率可达 99.5%，总收率可达 95.8%。

还有对叔丁基苯酚的氯化、脱叔丁基法。其反应式如下：

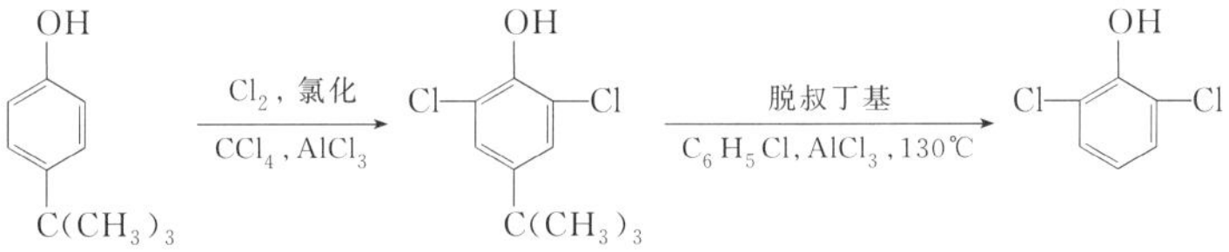

$$(3\text{-}34)$$

此法原料易得（见第 10 章），氯化收率 98%，脱叔丁基收率 91.5%，成本低。

(3) 2,6-二氯苯胺的制备

2,6-二氯苯胺也是重要的医药中间体，纯度要求 99.5% 以上。因此不宜用苯胺的直接氯化法来制备，为此开发了多种合成路线。

传统的合成路线是磺胺的氯化、水解脱磺基法，以苯胺为起始原料，其反应式如下：

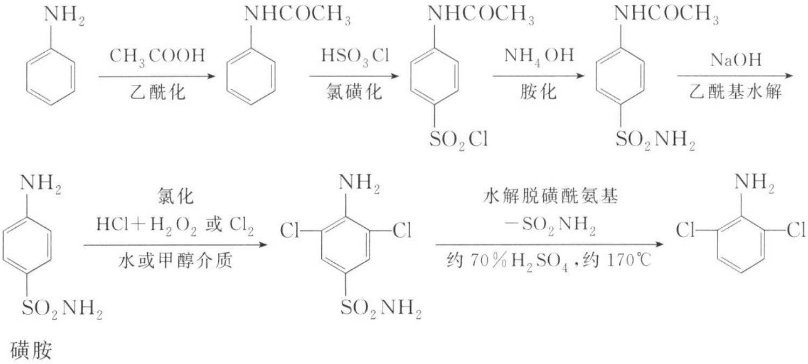

$$(3\text{-}35)$$

此法的优点是以磺胺为原料，工艺简单，产品纯度接近 100%，但磺胺价格贵，1998 年已开始被二苯脲法所取代。

二苯脲法是天津大学唐培堃和刘振华于 1995 年提出的发明专利，1998 年已在浙江黄岩天宇化工厂实施。此法以苯胺为起始原料，其反应式如下：

第 3 章　卤化 | 55

$$(3-36)$$

二苯脲法的优点是原料价廉、收率高、生产成本低。缺点是水蒸气消耗量大，硫酸废液多。

环己酮的氯化、胺化、热解脱氯化氢法反应式如下：

$$(3-37)$$

三步反应的收率分别为 99.5%、82% 和 87%，总收率 71%。此法不产生硫酸废液，如能进一步改进工艺，有可能取代二苯脲法。

2,6-二氯苯胺的其他合成路线还有：对氨基苯甲酸甲酯的氯化、水解、脱羧法；对氨基苯甲酸的乙酰化、氯化、水解脱乙酰基、脱羧法；2,6-二氯苯甲酸的酰氯化、酰胺化、Hofmamn 重排法；2,4,6-三氯苯胺的位置选择性氢化脱氯法。

3.2.4 溴化重要实例

产量最大的实例是芳香族溴系阻燃剂。这类阻燃剂品种很多，都是高熔点的固体。在制备不同的溴系阻燃剂时，其溴化反应条件各不相同，而且各有特点。

(1) 十溴二苯醚的制备
十溴二苯醚由二苯醚十溴化而得。

$$(3-38)$$

纯品含溴 83.3%（质量分数），熔点最高可达 306~310℃，在大多数有机溶剂中溶解度很小。二苯醚十溴化的生产工艺有两种：一种是在惰性有机溶剂（例如二氯乙烷、四氯化碳或四氯乙烷等）中溴化，此法工业上较少采用。国内外普遍采用的方法是以大过量的溴为反应介质的溴化法。其优点是：操作简便、产品含溴量高、热稳定性好。所用溴化催化剂是无水三氯化铝，为了保证其活性，要求二苯醚含水量在 3×10^{-5}（质量分数）以下，溴素纯度在 99.5%（质量分数）以上，含水量在 1.5×10^{-5}（质量分数）以下。溴化时逸出的副产溴化氢气体用水吸收，然后通氯再氧化成溴循环利用。

有人提出：用铝粉-锌粉-铁粉混合物作催化剂，可克服传统三氯化铝催化剂易吸水潮解的缺点。

(2) 四溴双酚 A 的制备
四溴双酚 A 学名 2,2-双-(2,6-二溴-4-羟基苯基) 丙烷，它是由双酚 A 四溴化而制得的。

$$(3-39)$$

溴化反应是在含水甲醇、乙醇或氯苯介质中，在常温用溴素进行的，溴化后期可加入双氧水使副产的溴化氢氧化为溴。溴化完毕后，滤出产品，含溴化氢的溶剂可回收使用。

(3) 四溴苯酐的制备

四溴苯酐（TBPA）由邻苯二甲酸酐四溴化而得。

$$\tag{3-40}$$

纯品含溴 68.9%（质量分数），熔点 279～280℃，不溶于水和脂烃，微溶于氯代烃类溶剂。通常是在发烟硫酸中，在碘催化剂的存在下，用溴素在 75℃→120～200℃进行溴化的，副产的溴化氢被三氧化硫氧化成溴。

$$2HBr + SO_3 \longrightarrow Br_2 + SO_2 \uparrow + H_2O \tag{3-41}$$

逸出的 SO_2 气体中还含有 SO_3、Br_2 和 HBr，可用（上批滤出产品后冷的）发烟硫酸吸收气体中的 SO_3、Br_2 和 HBr 并循环使用。另外，还提出过在硫酸介质中用 HBr 溴化，或用 $Br_2 + 70\% H_2O_2$（质量分数）溴化的方法。

但目前主要采用高沸点溶剂在 15～70℃溴化。

3.2.5 碘化重要实例

碘化的重要实例是制备医药和农药。在制备不同的碘化产物时，其碘化反应条件也各不相同。

(1) 2,6-二碘-4-氰基苯酚

2,6-二碘-4-氰基苯酚是触杀性除草剂。由对氰基苯酚在甲醇中，在 20～25℃，用碘和氯气进行碘化而得。

$$\tag{3-42}$$

(2) 2-碘苯氧乙酸

2-碘苯氧乙酸是植物生长调节剂，商品名"增产灵"。由苯氧乙酸在乙酸和四氯化碳溶剂中，在少量硫酸存在下，用碘和双氧水进行碘化而得。

$$\tag{3-43}$$

(3) 3-乙酰氨基-2,4,6-三碘苯甲酸钠

3-乙酰氨基-2,4,6-三碘苯甲酸钠是人体 X 射线造影用药剂，药名"乌洛康钠"。由间氨基苯甲酸盐酸盐在稀盐酸水溶液中，在 25℃以下用 ICl 进行碘化、用乙酐乙酰化，再用碳酸钠中和而得。

$$\tag{3-44}$$

3.3 羰基α-氢的取代卤化

3.3.1 反应历程

脂链或脂环上羰基α-氢的取代卤化是酸催化或碱催化的亲电取代反应。所用卤化剂主要是氯气和溴素，另外也可以用硫酰二氯或N-卤代酰胺等。其反应历程可简单表示如下。

$$
酸催化 \quad -\overset{|}{\underset{O}{C}}-\overset{|}{\underset{H}{C}}- \xrightarrow[\substack{\text{烯醇化}}]{\substack{H^+ \text{ 或 Lewis酸}\\ \text{催化}}} -\overset{|}{\underset{OH}{C}}=\overset{|}{C}- \xrightarrow[\text{卤化}]{+X^+} -\overset{+}{\underset{OHX}{C}}-\overset{|}{\underset{}{C}}- \xrightarrow[\text{脱质子}]{-H^+} -\overset{|}{\underset{O}{C}}-\overset{|}{\underset{X}{C}}- \tag{3-45}
$$

$$
碱催化 \quad -\overset{|}{\underset{O}{C}}-\overset{|}{\underset{H}{C}}- \xrightarrow[\text{脱质子}]{-H^+} -\overset{|}{\underset{O^-}{C}}=\overset{|}{C}- \xrightarrow[\text{卤化}]{+X^+} -\overset{|}{\underset{O}{C}}-\overset{|}{\underset{X}{C}}- \tag{3-46}
$$

因此，在这里卤素总是取代羰基α位的氢。

$$
-\overset{|}{\underset{O}{C}}-\overset{|}{\underset{H}{C}}- +X_2 \longrightarrow -\overset{|}{\underset{O}{C}}-\overset{|}{\underset{X}{C}}- +HX \tag{3-47}
$$

3.3.2 催化剂

(1) 酸催化剂

酸催化剂可以是质子酸，例如硫酸和卤化氢。另外，也可以是 Lewis 酸，主要是硫黄、磷、碘和金属卤化物等。用 Lewis 酸催化剂时常常有一个诱导期，这是因为如果卤化开始时没有 H^+，烯醇化的速度很慢，当反应中不断产生卤化氢后，烯醇化速度变快，使卤化速度也变快。用 Lewis 酸催化时，缩短诱导期的方法是在反应开始时加入少量卤化氢。用金属卤化物催化时，应注意其用量，例如在催化剂量的无水三氯化铝存在下，苯乙酮用溴素进行溴化时，主要得到α-溴苯乙酮，但是在等摩尔比三氯化铝存在下，由于羰基完全与 $AlCl_3$ 配位，难于烯醇化，而主要得到间溴苯乙酮。

(2) 碱催化剂

碱催化剂可以是无机碱，例如氢氧化钠和氧化钙等，也可以是有机碱，例如脂肪胺、吡啶、三苯基膦、酰胺和乙酸钠等。用无机碱催化时，其用量要足够完全中和卤化时生成的卤化氢。用有机碱时，催化剂量的有机碱卤氢酸盐仍具有催化作用，但必须使卤化时生成的卤化氢完全逸出体系，以免转变成酸催化，为此要用不能溶解卤化氢的非质子传递有机溶剂，例如卤代烃等。

3.3.3 被卤化物结构的影响

羰基α位碳原子上连有取代基时，其影响各不相同。

当羰基的α碳原子上连有供电基（例如各种烷基）时，有利于酸催化下的烯醇化和烯醇的稳定，卤原子主要取代这个α碳原子上的氢。

当羰基的α碳原子上连有卤基等吸电基时，酸催化受到抑制，这时在同一个α碳原子上引入第二个卤原子就比较困难。但是在碱催化时，则羰基α碳原子上各种取代基的影响相反，这时容易生成α多卤化物。

环己酮的氯化在 3.2.3（2）中已有实例。醛类和羧酸的卤化将在下面实例中叙述。其他实例见习题。

3.3.4　三氯乙醛的制备

三氯乙醛有多种用途，其制备有乙醛的氯化和乙醇的氯化两种方法。

(1) 乙醛的氯化法

无水乙醛或三聚乙醛与氯反应时会发生氯化和缩合反应而生成 2,2,3-三氯正丁醛。

$$2CH_3CHO + 2Cl_2 \longrightarrow CH_3CHClCCl_2CHO + HCl + H_2O \tag{3-48}$$

为了保护醛基，避免缩合反应，需加入适量水，生成水合乙醛，然后在 $10 \sim 70℃$ 通入氯气进行氯化，生成水合三氯乙醛。

$$CH_3CHO + H_2O \xrightarrow[\text{水合}]{\text{HCl 催化}} CH_3-\overset{\displaystyle OH}{\underset{\displaystyle OH}{\overset{|}{\underset{|}{C}}}}-H \tag{3-49}$$

$$CH_3-\overset{\displaystyle OH}{\underset{\displaystyle OH}{\overset{|}{\underset{|}{C}}}}-H + 3Cl_2 \xrightarrow{\text{氯化}} CCl_3\overset{\displaystyle OH}{\underset{\displaystyle OH}{\overset{|}{\underset{|}{C}}}}-H + 3HCl \tag{3-50}$$

水合三氯乙醛用硫酸处理，得到工业三氯乙醛。

$$CCl_3\overset{\displaystyle OH}{\underset{\displaystyle OH}{\overset{|}{\underset{|}{C}}}}-H + H_2SO_4 \xrightarrow{\text{脱水}} CCl_3CHO + H_2SO_4 \cdot H_2O \tag{3-51}$$

(2) 乙醇的氯化法

乙醇与氯反应时先生成缩醛，然后再氯化生成三氯缩醛。

$$CH_3CH_2OH + Cl_2 \longrightarrow CH_3CH_2OCl + HCl\uparrow \tag{3-52}$$

$$CH_3CH_2OCl + CH_3CH_2OH \longrightarrow CH_3\overset{\displaystyle OH}{\underset{\displaystyle OCH_2CH_3}{\overset{|}{\underset{|}{C}}}}-H + HCl \tag{3-53}$$
$$\text{缩醛}$$

$$CH_3\overset{\displaystyle OH}{\underset{\displaystyle OCH_2CH_3}{\overset{|}{\underset{|}{C}}}}-H + 3Cl_2 \longrightarrow CCl_3\overset{\displaystyle OH}{\underset{\displaystyle OCH_2CH_3}{\overset{|}{\underset{|}{C}}}}-H + 3HCl \tag{3-54}$$
$$\text{三氯缩醛}$$

在反应后期加入适量水，使缩醛水解成水合三氯乙醛和乙醇。

$$CCl_3\overset{\displaystyle OH}{\underset{\displaystyle OCH_2CH_3}{\overset{|}{\underset{|}{C}}}}-H + H_2O \longrightarrow CCl_3\overset{\displaystyle OH}{\underset{\displaystyle OH}{\overset{|}{\underset{|}{C}}}}-H + CH_3CH_2OH \tag{3-55}$$

乙醇氯化生成水合三氯乙醛的总反应式可表示如下。

$$CH_3CH_2OH + 4Cl_2 + H_2O \longrightarrow CCl_3\overset{\displaystyle OH}{\underset{\displaystyle OH}{\overset{|}{\underset{|}{C}}}}-H + 5HCl \tag{3-56}$$

乙醛法和乙醇法各有优点，乙醛法的优点是 1mol 乙醛只消耗 3mol Cl_2，而乙醇法 1mol 乙醇要消耗 4mol Cl_2。乙醇法的优点是乙醇价格低，来源广。

3.3.5　一氯乙酸的制备

一氯乙酸的生产方法主要有乙酸氯化法、三氯乙烯水解法、氯乙醇氧化法和羟基乙酸法。在乙酸氯化法中，羧酸的羰基 α-氢不够活泼，在氯化时要将羧酸先转变成 α-氢比较活泼的羧酰氯或酸酐。乙酸在用氯气氯化时要先转变成乙酰氯，然后氯化成一氯乙酰氯，后者与乙酸发生氯交换反应，生成氯乙酸并再生乙酰氯。

$$CH_3-\overset{\displaystyle O}{\overset{\|}{C}}-OH + Cl_2 \longrightarrow CH_3-\overset{\displaystyle O}{\overset{\|}{C}}-Cl + HOCl \tag{3-57}$$

$$CH_3-\overset{\displaystyle O}{\overset{\|}{C}}-Cl + Cl_2 \longrightarrow ClCH_2-\overset{\displaystyle O}{\overset{\|}{C}}-Cl + HCl \tag{3-58}$$

$$ClCH_2-\overset{\displaystyle O}{\overset{\|}{C}}-Cl + CH_3-\overset{\displaystyle O}{\overset{\|}{C}}-OH \longrightarrow ClCH_2-\overset{\displaystyle O}{\overset{\|}{C}}-OH + CH_3-\overset{\displaystyle O}{\overset{\|}{C}}-Cl \tag{3-59}$$

用硫酸作催化剂，在 95℃ 连续氯化至氯化液中一氯乙酸的含量达到约 45% （质量分数），然后蒸出未反应的乙酸回收使用，粗品一氯乙酸再冷冻结晶，即得到成品。用乙酐作催化剂，以大型氯化器间歇操作，氯化至氯化液中一氯乙酸含量达到 95%，不需蒸出乙酸，可直接结晶得成品。20 世纪 90 年代出现了乙酐复合催化剂，可明显加快氯化速度、缩短反应时间，并可抑制二氯化副反应。

羟基乙酸氯化法的反应式如下：

$$HOCH_2COOH + HCl \xrightarrow{\text{氯基置换醇羟基}} ClCH_2COOH + H_2O \tag{3-60}$$

其优点是无多氯乙酸副产物。所用原料羟基乙酸是由甲醛、一氧化碳和水反应而得，价格便宜，但一次性投资大。

$$HCHO + CO + H_2O \xrightarrow{\text{羰基合成}} HOCH_2COOH \tag{3-61}$$

3.4 芳环侧链 α-氢的取代卤化

3.4.1 反应历程

芳环侧链 α-氢的取代卤化是典型的自由基链反应，其反应历程包括链引发、链增长和链终止三个阶段。

① **链引发**　氯分子在高温、光照或引发剂的作用下，均裂为氯自由基。

$$Cl_2 \xrightarrow{\text{均裂}} 2\,Cl \cdot \tag{3-62}$$

② **链增长**　氯自由基与甲苯按以下历程发生氯化反应。

$$C_6H_5CH_3 + Cl\cdot \longrightarrow C_6H_5CH_2\cdot + HCl\uparrow \tag{3-63}$$
$$C_6H_5CH_2\cdot + Cl_2 \longrightarrow C_6H_5CH_2Cl + Cl\cdot \tag{3-64}$$
$$C_6H_5CH_3 + Cl\cdot \longrightarrow C_6H_5CH_2Cl + H\cdot \tag{3-65}$$
$$H\cdot + Cl_2 \longrightarrow Cl\cdot + HCl\uparrow \tag{3-66}$$

应该指出，在上述条件下，芳环侧链的非 α-氢一般不发生卤基取代反应。

③ **链终止**　自由基互相碰撞将能量转移给反应器壁，或自由基与杂质结合，可造成链终止。例如：

$$Cl\cdot + Cl\cdot \longrightarrow Cl_2 \tag{3-67}$$
$$Cl\cdot + O_2 \longrightarrow ClOO\cdot \tag{3-68}$$

ClOO· 是不活泼的自由基。

3.4.2 反应动力学

甲苯在侧链氯化时，其 α-氢可以依次被氯取代，即甲苯的侧链氯化是连串反应。

$$C_6H_5CH_3 \xrightarrow{k_1} C_6H_5CH_2Cl \xrightarrow{k_2} C_6H_5CHCl_2 \xrightarrow{k_3} C_6H_5CCl_3 \tag{3-69}$$

沸点　　　110.6℃　　　　179.4℃　　　　207.2℃　　　220.6℃

不同研究者根据甲苯在 100℃ 侧链氯化的数据，对相对反应速率常数进行了计算，得出的结果如下。

研究者	Benoy 等	Haring 等	Serguchev 等
年份	1995	1964	1983
k_1/k_2	9.0	6.0	7.3
k_2/k_3	9.0	5.7	10.7

1996 年唐薰研究了甲苯侧链氯化时的产品分布，如图 3-4 所示。

唐薰还指出了有关反应条件对产物分布的影响。提高反应温度有利于 α,α-二氯甲苯和 α,α,α-三氯甲苯的生成。铁离子、低温和水会导致环上氯化，水还会引起氯基水解副反应。另外，光源和引发剂也会影响产物分布和反应速率，这些将在以后叙述。

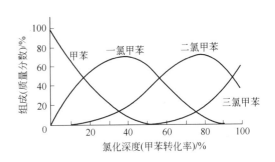

图 3-4　甲苯侧链氯化时氯化液组成与氯化深度的关系

3.4.3　主要影响因素

(1) 光源

氯分子的离解能是 238.6kJ/mol，甲苯在沸腾温度下，其侧链一氯化已具有明显的反应速率，可以不用光照和引发剂，但是甲苯的侧链二氯化和三氯化，在黑暗下反应速率很慢，需要光的照射。氯分子的光离解能是 250kJ/mol，它需要波长小于 478.5nm 的光才能引发。一般可用富有紫外线的日光灯。最近的研究指出高压汞灯（波长 253.7nm）对于甲苯的侧链二氯化有良好效果，但光照深度有限，安装光源，反应器结构复杂。为了简化设备结构，现在趋向于选用高效引发剂。

(2) 引发剂

最常用的自由基引发剂是有机过氧化物（例如过氧化苯甲酰和过氧化十二酰）和偶氮化合物（例如偶氮二异丁腈），它们的引发作用是在受热时分解产生自由基。

$$C_6H_5-\overset{O}{\overset{\|}{C}}-O-O-\overset{O}{\overset{\|}{C}}-C_6H_5 \xrightarrow{60\sim90℃} 2C_6H_5\cdot+2CO_2\uparrow \tag{3-70}$$

$$CH_3-\underset{CN}{\overset{CH_3}{\underset{|}{\overset{|}{C}}}}-N=N-\underset{CN}{\overset{CH_3}{\underset{|}{\overset{|}{C}}}}-CH_3 \xrightarrow{60\sim90℃} 2CH_3-\underset{CN}{\overset{CH_3}{\underset{|}{\overset{|}{C}}}}\cdot+N_2\uparrow \tag{3-71}$$

上述引发剂的优点是效率高，缺点是在引发过程中逐渐消耗，需要不断补充。

在自由基卤化时，还可以加入硫黄、红磷、三氯化磷、有机氯化物、有机酰胺和活性炭作为引发剂。以磷为例，作用如下：

$$2P \xrightarrow[\text{氯化}]{3Cl_2} 2PCl_3 \xrightarrow[\text{氯化}]{2Cl_2} 2PCl_5 \tag{3-72}$$

$$PCl_3+Cl_2 \xrightarrow{\text{离解}} \dot{P}Cl_4+\dot{C}l \tag{3-73}$$

上述引发剂的优点是在引发过程中并不消耗，缺点是效率不高。

最近提出使用复合引发剂效果好，复合引发剂中的添加剂可以加速自由基反应，添加剂主要有吡啶、苯基吡啶、烯化多胺、六亚甲基四胺、磷酰胺、烷基酰胺、二烷基磷酰胺、脲、膦、磷酸三烷基酯、硫脲、环内酰胺和氨基乙醇等，添加剂的用量一般是被氯化物质量的 $0.1\%\sim2\%$。有时把上述引发剂称作"催化剂"。

(3) 杂质

凡能使氯分子极化的物质，例如微量的铁、铝和水分等，都有利于芳环上的亲电氯基取代反应，因此甲苯和氯气中都不应含有这类杂质。有微量铁离子时，加入三氯化磷等可以与铁离子配位掩蔽，使铁离子不致影响侧链氯化。

氯气中如果含有氧，它会与氯自由基结合成稳定的自由基 $ClOO\cdot$，导致链终止，所以侧链氯化时要用经过液化后，再蒸发的高纯度氯气。但是当加有被氯化物质量 $3.6\%\sim5.4\%$ PCl_3 时，即使氯气中含有 5%（体积分数）氧，也可以使用。

(4) 温度

为了使氯分子或引发剂热离解生成自由基，需要较高的反应温度，但温度太高容易引起副反应。现在趋向于在光照和复合引发剂的作用下适当降低氯化温度。例如，从对氯甲苯的侧链二氯化制对氯二氯苄时，传统的方法是用三氯化磷引发剂，在 $120\sim170℃$ 氯化。1998年殷桂芹以四氯化碳为溶剂，用复合催化剂和光照，可在 $60\sim80℃$ 氯化。

3.4.4 反应器

芳环侧链氯化时，不能有铁、铝等金属离子，为此要使用搪瓷、搪玻璃、镀银、镀镍或衬铅的反应釜或反应塔。生产规模不大时可以采用玻璃塔式反应器和外部光照。在采用釜式反应器或石墨制列管连续反应器时，可以在釜中或列管中插入石英管，在石英管内放入管灯。在一氯化和二氯化时如果生产量较大，一般采用连续操作，三氯化时一般采用间歇操作。连续操作，特别是多塔连续操作，生产能力大，一氯化或二氯化的收率高。逆流连续操作比并流连续操作生产能力大，但一氯化或二氯化收率低。填料塔比无填料鼓泡塔效果好。

侧链氯化产物通常是不同氯化程度的混合物，需要用精馏塔进行分离。侧链氯化产物在高温遇铁会发生热解和缩合等反应，并生成黏性树脂状物，所以精馏操作要用搪瓷的或铜制的设备。

3.4.5 重要实例

甲苯和芳环上有取代基（主要是甲基、氯基、溴基和氟基等）的甲苯衍生物经侧链氯化或侧链溴化可制得一系列产品，它们大都是医药中间体和农药中间体。这里只叙述三个结构简单的实例，以后还将提到一些结构复杂的实例，见 3.9.2 (2) 和 3.9.4 (2)。

(1) α-一氯甲苯的制备

α-一氯甲苯又名一氯苄或苄基氯，由甲苯的侧链一氯化制得。一般采取无光照热氯化法，其优点是可采用多个搪瓷釜串联的沸腾连续氯化法，设备简单、生产能力大，缺点是多氯化副反应多，塔式连续氯化法可减少多氯化物的生成。精馏分离后，副产的二氯苄可用于生产苯甲醛。

天津大学时雨荃提出的甲苯和氯在光照下的气相氯化法，氯化温度 $120\sim140℃$，能使反应物汽化即可。当甲苯的转化率为 73% 时，生成一氯苄和二氯苄的摩尔比为 63∶1，氯/甲苯的摩尔比以 $(0.8\sim0.85)∶1$ 为宜。

（2）α,α-二氯甲苯的制备

又名二氯苄或亚苄基二氯。α,α-二氯甲苯由甲苯的侧链二氯化而得。中国采用玻璃塔式填料反应器，6塔串联氯气并流连续操作，采用日光灯外部照射，氯化依靠反应热维持反应温度，由105～110℃逐塔升高到140～145℃。此法的缺点是氯化温度高，副产物多，二氯苄收率低。

陈永利等报道高压汞灯照射法，其优点是反应在（130±10）℃进行，可缩短反应时间，甲苯转化率为99%～99.8%时，二氯苄收率可达91%～92.88%；而用紫外灯，甲苯转化率为90%时，二氯苄收率只有70%；用日光灯，甲苯转化率为90%时，收率只有60%。

（3）α,α,α-三氯甲苯的制备

又名三氯苄或次苄基三氯。α,α,α-三氯甲苯的制备也可以采用类似的填料塔连续氯化法，为了缩短反应时间，甲苯的侧链三氯化要在200～205℃进行。但生产规模不大时，一般采用搪瓷釜间歇氯化法，在汞灯照射和三氯化磷等引发剂的存在下进行侧链氯化，最高氯化温度只需150℃，直到氯化液的密度达到1.38g/cm³，三氯苄质量分数大于95%为止。有专利提出，使用波长350～470nm的激光照射，进行甲苯的侧链氯化，通氯1h可得到100%的三氯苄。

3.5　饱和烃的取代卤化

饱和烃的取代卤化也是自由基链反应，与芳环侧链卤化的反应历程（见3.4.1）相似。这类反应中最重要的生产实例是甲烷和一氯甲烷的氯化制各种氯甲烷以及石蜡的氯化制氯化石蜡。

3.5.1　甲烷的氯化制各种氯甲烷

甲烷的氯化有氯气氯化和氧氯化两种方法，现分别叙述如下。

（1）氯气氯化法

甲烷的氯化是连串反应，可依次生成一氯甲烷、二氯甲烷、三氯甲烷和四氯化碳，它们都有广泛的用途。

$$CH_4 \xrightarrow[-HCl]{+Cl_2} CH_3Cl \xrightarrow[-HCl]{+Cl_2} CH_2Cl_2 \xrightarrow[-HCl]{+Cl_2} CHCl_3 \xrightarrow[-HCl]{+Cl_2} CCl_4 \qquad (3-74)$$

沸点　　　 −161.58℃　　　 −23.7℃　　　 40～41℃　　　 61.2℃　　　 76.8℃

甲烷的氯化，目前在工业上都采用在350～500℃的热氯化法。在440℃热氯化时，Cl_2与CH_4摩尔比与氯化产物分布的关系如图3-5所示。

甲烷的热氯化是速率极快的强烈放热反应，反应时间只需要几秒钟，在反应体系中，氯气局部过浓的区域，放热量大，局部温度过高，反应激烈，会发生碳化、二聚等副反应。为了控制反应温度，工业上常采用如下方法。

① 控制Cl_2与CH_4摩尔比。甲烷的单程转化率一般不超过30%，并将未反应的甲烷和一部分较低级的甲烷氯化物循环回反应器。

② 使用多级串联绝热反应器。在每两个反应器之间有冷却装置，氯气分别通入每个反应器中。

③ 利用流化床换热反应器。可利用惰性热载体（例如石英粉）和传热装置移除反应热。

或利用负载有氯化钾或氯化铜的铝胶催化剂或分子筛催化剂为热载体。

④ 向反应区喷入一定量的雾状四氯化碳或其他多氯甲烷，利用它们的汽化来移除反应热。

单用全返混型流化床反应器，氯的转化不完全，因此在实际生产中采用返混型和活塞流型反应器串联的方法。

(2) 氧氯化法

甲烷的热氯化时副产大量的氯化氢，为此又开发了以氯化氢和（空气中的）氧为氯化剂的氧氯化法。此法以由 $CuCl_2\text{-}CuCl\text{-}KCl$ 组成的熔盐为催化剂兼热载体，其反应历程如下。

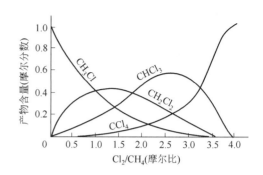

图 3-5 甲烷氯化实验测得的产物分布
（反应温度为 440℃）

$$CH_4 + 2CuCl_2 \xrightarrow[\text{在氯化器中}]{\text{氯化}} CH_3Cl + Cu_2Cl_2 + HCl \tag{3-75}$$

$$Cu_2Cl_2 + \frac{1}{2}O_2 \xrightarrow[\text{在氧化器中}]{\text{氧化}} CuO \cdot CuCl_2 \tag{3-76}$$

$$CuO \cdot CuCl_2 + 2HCl \xrightarrow[\text{在氯化器中}]{\text{再生}} 2CuCl_2 + H_2O \tag{3-77}$$

在氯化器中由底部向熔盐中通入甲烷、空气、氯化氢气体和循环返回的氯化中间产物气体，将氯化器中的熔盐中的 $CuO \cdot CuCl_2$ 再生为 $2CuCl_2$，后者使甲烷氯化成各种氯甲烷，同时 $CuCl_2$ 被还原为 Cu_2Cl_2。含 Cu_2Cl_2 的熔盐在氧化器中被空气中的氧氧化成 $CuO \cdot CuCl_2$，再返回氯化器中。

3.5.2 一氯甲烷的氯化制多氯甲烷

在没有天然气的地区，也可以石油化工的廉价甲醇为原料，先与盐酸反应生成一氯甲烷（见 3.9.1.1），再将一氯甲烷氯化成多氯甲烷。除了高温气相热氯化法以外，也可以用液相引发氯化法。例如，在四氯化碳溶剂中，在 $1.3\sim2.5MPa$ 和 $80\sim120℃$，在少量过氧化物引发剂的存在下，用氯气进行一氯甲烷的氯化时，氯的转化率可达 $98\%\sim100\%$。由于各步氯化反应速率常数的改变，此法特别适用于二氯甲烷的制备。

3.6 烯键 α-氢的取代卤化

这类反应的重要实例是丙烯的取代氯化制 3-氯-1-丙烯，后者是制备环氧氯丙烷和甘油的重要中间体。

丙烯的氯化制 3-氯-1-丙烯，主要采用高温热氯化法。

$$CH_2\!=\!CH\!-\!CH_3 + Cl_2 \xrightarrow{470\sim500℃} CH_2\!=\!CH\!-\!CH_2Cl + HCl \tag{3-78}$$

沸点　　　　　　　$-47.7℃$　　　　　　　　　　　　　　$45℃$

氯化方法类似于甲烷的一氯化制一氯甲烷，氯与丙烯的摩尔比约为 $0.25:1$，氯化温度 $470\sim500℃$，操作压力 $0.098MPa$（常压），停留时间 $1\sim3s$。3-氯-1-丙烯的选择性约 85%，氯转化率 100%。副产物是 1,3-二氯-1-丙烯、2-氯丙烯和 1,2-二氯丙烷。

3-氯-1-丙烯的需要量很大，为了利用上述反应中副产的氯化氢，又开发了以氯化氢和空气为氯化剂的氧氯化法。此法与甲烷的氧氯化不同。丙烯的氧氯化反应是在一个反应器中同时完成的。

$$CH_2\!=\!CH\!-\!CH_3 + HCl + \frac{1}{2}O_2 \longrightarrow CH_2\!=\!CH\!-\!CH_2Cl + H_2O \tag{3-79}$$

所用催化剂是含有 Te、V_2O_5 和 HPO_3 的流化床催化剂，用纯度为 90%～98%（体积分数）丙烯，C_3H_6：HCl：O_2 按 1：(0.4～1)：(0.4～0.2) 的摩尔比混合后，在 220～260℃ 和 0.098MPa 通过催化剂，一步直接制得 3-氯-1-丙烯，氯丙烯选择性 90%，以丙烯计转化率 88%～94%，以 HCl 计转化率 90%～95%。

3.7　卤素对双键的加成卤化

卤素对双键的加成卤化反应主要是用氯或溴的加成卤化。因为氟与烯烃的加成反应过于激烈，难于控制，而碘与烯烃的加成反应比较困难。用氯或溴的加成卤化一般采用亲电加成反应，但有时也采用自由基加成反应。

3.7.1　亲电加成卤化

3.7.1.1　反应历程

亲电加成卤化的反应历程在大学有机化学教材中已做了详细叙述。以溴化为例，一般认为溴分子在接近双键时，受到双键 π 电子的供电影响，使溴分子中的 σ 键极化，使离 π 键较近的溴原子带部分正电荷，并形成 π 配合物。接着 Br—Br 键异裂生成环状溴鎓离子中间体。

$$\tag{3-80}$$

π 配合物　　　　　环状溴鎓离子中间体

然后溴负离子从背面进攻溴鎓离子中两个碳原子之一，生成邻位二溴物，而且一般是反向加成。

$$\tag{3-81}$$

3.7.1.2　主要影响因素

用卤素的亲电加成卤化一般用 $FeCl_3$ 等 Lewis 酸催化剂，有时也可以不用催化剂。

当卤化产物是液体时，可以不用溶剂或用卤化产物作溶剂。当卤化产物为固体时，一般用四氯化碳、三氯乙烯等惰性非质子传递性溶剂。在不致引起副反应时，也可以用甲醇、乙醇等质子传递性溶剂。

温度对于烯烃卤化的反应历程和反应方向有很大影响。例如乙烯与氯的反应在 40～70℃ 和催化剂存在下是亲电加成反应。在 90～130℃，无催化剂，在气相是自由基加成氯化。在250～360℃，无催化剂则过渡为自由基取代氯化。表3-6给出各种烯烃由亲电加成氯化过渡为自由基取代氯化的温度范围。

表 3-6　各种烯烃由亲电加成氯化过渡为自由基取代氯化的温度范围

烯　　烃	异丁烯和其他叔烯	2-戊烯	2-丁烯	丙烯	乙烯
过渡温度范围/℃	−40 以下	150～200	150～225	200～350	250～350

3.7.1.3　重要实例

(1) 1,2-二氯乙烷

1,2-二氯乙烷是生产规模很大的产品，它是以乙烯为原料，与氯进行亲电加成氯化或者与氯化氢和（空气中的）氧进行氧氯化而制得的。

① **乙烯与氯的加成氯化**　在工业上主要采用沸腾氯化法，以产品1,2-二氯乙烷为溶剂（沸点83.6℃），铁环为催化剂。乙烯单程转化率和选择性均接近理论值，单套设备生产能力数十万吨。

② **乙烯的氧氯化**　1,2-二氯乙烷主要用于高温脱氯化氢制氯乙烯。

$$CH_2Cl—CH_2Cl \xrightarrow[500℃]{热解} CH_2=CHCl + HCl \qquad (3-82)$$

利用上述副产氯化氢与乙烯进行氧氯化制1,2-二氯乙烷是经济合理的方法。氧氯化法的工艺很多，主催化剂是$CuCl_2$，助催化剂可以是KCl、$MgCl_2$、CsCl等，催化剂载体主要是$\gamma\text{-}Al_2O_3$。

反应器主要采用流化床，一步直接制得1,2-二氯乙烷。反应温度220～350℃，压力0.15～0.50MPa，HCl和C_2H_4的转化率分别为99.7%和96.7%，二氯乙烷收率按HCl计98.6%、按C_2H_4计93.5%，副产物多。工业上，生产氯乙烯时实际上联合采用乙烯的氯化法和氧氯化法生产二氯乙烷。

(2) 四溴乙烷

由乙炔和溴亲电加成而得。

$$CH{\equiv}CH \xrightarrow{+Br_2} CHBr=CHBr \xrightarrow{+Br_2} CHBr_2—CHBr_2 \qquad (3-83)$$

沸点　　　　−84℃　　　　108～110℃　　　　239～242℃（分解）

密度　　　　　　　　　　2.27g/cm³　　　　2.966g/cm³

乙炔由玻璃反应塔下部通入，溴由塔的上部加入，溴化液由底部移出，利用溴（沸点58.78℃，相对密度2.828）在反应液中溶解，快速下沉，在下部反应区吸收反应热，沸腾汽化移出反应热。由于二溴乙烯的溴化速率比乙炔的溴化速率快，因此，就是使用不足量的溴，二溴乙烯也不能成为主要产物。当乙炔过量1%～5%时，合成液中除了四溴乙烷以外，还有少量的二溴乙烯、三溴乙烯、三溴乙烷和少量溴化氢。乙炔中带入的少量水（极性分子）可使反应加快。

中国专利提出，使用氦氖激光器照射，可以增加合成液中四溴乙烷的含量。

(3) 六溴环十二烷

由顺-/反-1,5,9-环十二碳三烯和溴在乙醇或乙酸乙酯中，在15～20℃溴化而得，这里乙醇还起着催化剂的作用。另外，也可以加入无水三氯化铝作催化剂。

$$(3-84)$$

3.7.2 自由基加成卤化

在光、高温或引发剂的作用下，氯分子和溴分子可以均裂为氯自由基或溴自由基，两者可以与双键发生自由基加成卤化链反应。

$$CH_2 = CH_2 + \dot{C}l \longrightarrow CH_2Cl - \dot{C}H_2 \qquad (3-85)$$

$$CH_2Cl - \dot{C}H_2 + Cl_2 \longrightarrow CH_2Cl - CH_2Cl + \dot{C}l \qquad (3-86)$$

值得注意的是，在自由基引发剂的存在下，烯烃也会发生聚合反应，因此自由基加成卤化的应用受到很大限制。其应用实例如下。

二氯丁烯由 1,3-丁二烯与氯进行自由基加成氯化可以制得 1,4-二氯-2-丁烯和 3,4-二氯-1-丁烯，它们都是重要的有机中间体。

$$CH_2 = CH - CH = CH_2 \xrightarrow{Cl_2} \underset{Cl}{\overset{}{CH_2 - CH = CH - CH_2}} \text{ 和 } \underset{Cl \quad Cl}{\overset{}{CH_2 = CH - CH - CH_2}} \qquad (3-87)$$

丁二烯的加成氯化有气相热氯化、液相热氯化、熔融盐热氯化和氧氯化等方法。气相热氯化不用引发剂，反应速率快，选择性在 90% 以上，设备紧凑，工业上多采用此法。将 1,3-丁二烯与氯按（5～50）:1 的摩尔比，在 200～300℃，0.1～0.7MPa 进行加成氯化时，反应时间可小于 20s。

3.8 卤化氢对双键的加成卤化

卤化氢对双键的加成是弱的放热可逆反应。例如：

$$CH_2 = CH_2 + HX \longrightarrow CH_3 - CH_2X \quad + Q \qquad (3-88)$$

反应温度升高，平衡左移，降低温度对加成反应有利。低于 50℃ 时，反应几乎不可逆。卤化氢的加成卤化一般采用亲电加成反应，但有时则需要采用自由基加成反应。

3.8.1 亲电加成卤化

(1) 反应历程

一般认为反应是分两步进行的，第一步是 HX 分子中的 H^+ 对双键进行亲电进攻，生成碳正离子中间体，第二步是 X^- 的进攻，生成加成产物。

$$HX \xrightarrow{\text{异裂}} H^+ + X^- \qquad (3-89)$$

$$\overset{}{\underset{}{C=C}} \xrightarrow[\text{亲电加成}]{+H^+} \left[\overset{+}{\underset{H}{C-C}} \right] \xrightarrow{+X^-} \underset{H \quad X}{\overset{}{C-C}} \qquad (3-90)$$

在反应液中加入 $FeCl_3$、$AlCl_3$ 等 Lewis 酸催化剂，有利于 HX 的异裂，例如：

$$H-Cl + FeCl_3 \longrightarrow H^+ + FeCl_4^- \qquad (3-91)$$

(2) 反应物结构的影响

卤化氢的活泼性次序是：HI＞HBr＞HCl＞HF，当双键中的碳原子上有供电基（例如各种烷基或卤基）时，双键中的 π 电子向含供电基少、含氢多的碳原子转移，H^+ 加到含氢多的碳原子上，卤素连到含氢少的碳原子上，即服从 Markovnikov 规则。

$$CH_3 \longrightarrow \overset{\delta^+}{CH} \overset{\frown}{=} \overset{\delta^-}{CH_2} \qquad \overset{\delta^+}{CH_2} \overset{\frown}{=} \overset{\delta^-}{CH} \longrightarrow CN$$

当双键中的碳原子上连有强吸电基［例如—COOH、—CN、—CF$_3$、—$^+$N(CH$_3$)$_3$］时，双键中的 π 电子向含强吸电基多，含氢少的碳原子转移，H$^+$加到含氢少的碳原子上，即与 Markovnikov 规则相反。

(3) 重要实例

1-氯-3-甲基-2-丁烯是重要的合成香料中间体。它是由异戊二烯与氯化氢进行亲电加成氯化和异构化而制得的。

$$H_2C=C-CH=CH_2 \xrightarrow[\text{亲电加成}]{+HCl} CH_3-\overset{Cl}{\underset{CH_3}{\underset{|}{\overset{|}{C}}}}-CH=CH_2 \xrightleftharpoons[\text{异构化}]{\text{催化}} CH_3-\underset{CH_3}{\underset{|}{C}}=CH-CH_2Cl \qquad (3\text{-}92)$$

亲电加成氯化反应可以不用催化剂，但是异构化反应则需要催化剂，在氯化亚铜催化剂存在下，在 0～20℃，向异戊二烯中通入氯化氢气体时亲电加成氯化和异构化是同时进行的，但是异构化反应速率慢，所以加成氯化后，要将反应液保温一定时间，使异构化达到平衡，生成 1-氯-3-甲基-2-丁烯的选择性可达 95% 以上，异戊二烯转化率 90% 以上。氯化亚铜不溶于有机相，因此又提出了各种复合催化剂的专利。例如 Cu$_2$Cl$_2$-醇、Cu$_2$Cl$_2$-季铵盐、Cu$_2$Cl$_2$-叔胺和 Cu$_2$Cl$_2$-有机磷等。

3.8.2 自由基加成卤化

在没有异裂催化剂，并在过氧化物自由基引发剂的存在下，溴化氢可以均裂产生溴自由基，它进攻碳-碳双键，发生加溴化氢链反应。

$$R-O-O-R \longrightarrow 2R-O \cdot \qquad (3\text{-}93)$$

$$R-O \cdot + HBr \longrightarrow R-OH + Br \cdot \qquad (3\text{-}94)$$

$$Br \cdot + CH_3-CH=CH_2 \longrightarrow CH_3-\overset{\cdot}{C}H-CH_2Br \qquad (3\text{-}95)$$

$$CH_3-\overset{\cdot}{C}H-CH_2Br + HBr \longrightarrow CH_3-CH_2-CH_2Br + Br \cdot \qquad (3\text{-}96)$$

因为仲碳自由基活性中间体 CH$_3$—$\overset{\cdot}{C}$H—CH$_2$Br 比伯碳自由基活性中间体 CH$_3$—CHBr—$\overset{\cdot}{C}$H$_2$ 较稳定，所以自由基加成溴化时，溴连到含氢多的碳原子上，即与前述 Markovnikov 规则相反。

值得注意的是：溴化氢的键能和 C=C 双键中 π 键的键能相差不大（见表 3-3 和表 3-4），因此在引发剂的作用下，也可能发生烯烃的自由基聚合反应，限制了溴化氢或氯化氢的自由基加成卤化反应的应用。其应用实例可以举出。

$$ClCH_2-CH=CH_2 + HBr \xrightarrow[18℃]{\text{过氧化苯甲酰}} ClCH_2-CH_2-CH_2Br \qquad (3\text{-}97)$$

医药中间体

3.9 置换卤化

卤原子置换有机分子中已有取代基的反应统称为"置换卤化"，它是有机卤化物的另一类合成路线。可被卤原子置换的取代基主要有羟基、重氮基、硝基、氯基、溴基和磺酸基等。

3.9.1 卤原子置换羟基

3.9.1.1 卤原子置换醇羟基

(1) 一般反应条件

醇类与卤化氢反应时，醇羟基可被卤原子所置换。这类反应是酸催化的亲核置换反应，对于伯醇一般是双分子 S_N2 反应，对于烯丙型醇、叔醇或仲醇则可能是单分子 S_N1 反应。

$$R-CH_2-OH \xrightleftharpoons[\text{快}]{+H^+} R-CH_2-\overset{H}{\underset{}{O}}-H \xrightleftharpoons[-H_2O]{+Br^-} RCH_2Br \qquad S_N2 \qquad (3-98)$$

$$R-\overset{R'}{\underset{R''}{C}}-OH \xrightleftharpoons[\text{快}]{+H^+} R-\overset{R'}{\underset{R''}{C}}-\overset{}{O}-H \xrightarrow{-H_2O} R-\overset{R'}{\underset{R''}{C^+}} \xrightarrow[\text{快}]{+Br^-} R-\overset{R'}{\underset{R''}{C}}-Br \quad S_N1 \qquad (3-99)$$

卤氢酸的活泼性次序是：$HI > HBr > HCl \gg HF$。

醇类的活泼性次序是：烯丙型醇 > 叔醇 > 仲醇 > 伯醇。

上述反应是可逆的。在液相反应时要用过量很多的卤氢酸水溶液，并常常加入氯化锌或硫酸作催化剂。对于低碳醇的置换卤化可蒸出低碳卤代烷，使平衡右移。对于水不溶性高碳醇的置换卤化，可加入相转移催化剂。另外，为了简化工艺，也可以改用三卤化磷或亚硫酰卤作置换卤化剂。

$$3R-OH + PBr_3 \longrightarrow 3R-Br + H_3PO_3 \qquad (3-100)$$

$$R-OH + SOCl_2 \longrightarrow R-Cl + SO_2\uparrow + HCl\uparrow \qquad (3-101)$$

对于甲醇或乙醇的置换卤化，还可以采用气相法。

(2) 重要实例

氯甲烷可由甲醇的置换氯化而得

$$CH_3-OH + HCl \longrightarrow CH_3Cl + H_2O \qquad (3-102)$$

沸点 $\qquad$ 64.65℃ $\qquad$ -23.7℃ $\qquad$ 100℃

在工业上有三种方法，即气-液相催化法、气-液相非催化法和气-固相接触催化法。

① **气-液相催化法** 是将甲醇蒸气和氯化氢气体在 140～150℃ 和常压通入质量分数 75% 氯化锌水溶液中。此法反应条件温和、设备流程简单，适于小规模生产，但消耗定额高，设备腐蚀严重。

② **气-液相非催化法** 是将甲醇和氯化氢在 120℃ 和 1.06MPa 压力下，在回流塔式反应器中连续反应和连续精馏，塔顶蒸出氯甲烷，塔底排出水。此法的优点是：甲醇的选择性好、转化率高，单耗接近理论值，产品纯度高，但是对设备材料要求高。只适用于大规模生产。

③ **气-固相接触催化法** 是将甲醇蒸气和氯化氢气体在 250～300℃ 连续地通过硅胶催化剂，甲醇的选择性 99.8%，单程转化率 98.5%。此法对原料中水含量控制严格，反应器制造技术复杂，只适用于大规模生产。

用上述类似的方法可以从乙醇的置换氯化制得氯乙烷，但氯乙烷的制备也可以用乙烯和氯化氢的加成氯化法或乙烷的热取代氯化法。

正十二烷基溴是有机合成原料和溶剂，它是由正十二醇与 40% 溴化氢水溶液 1:1 的摩尔比回流而得。所用催化剂可以是浓硫酸、红磷、固体超强酸和相转移催化剂。加入醇质量 0.5% 的四丁基溴化铵，可使收率提高到 96%。

1,6-二溴己烷是医药和香料中间体，它是由 1,6-己二醇与三溴化磷在 $100\sim150℃$ 反应而得，收率 80.5%。

3.9.1.2 卤原子置换羧羟基

(1) 卤化剂

用此反应制得的羧酰卤非常活泼，遇水会分解，因此不能用卤化氢水溶液作卤化剂，而必须用光气、亚硫酰卤、三卤化磷、三卤氧磷等活泼卤化剂与羧酸或酸酐在无水条件下反应。

$$R-\overset{\overset{\text{O}}{\|}}{C}-OH + COCl_2 \longrightarrow R-\overset{\overset{\text{O}}{\|}}{C}-Cl + HCl\uparrow + CO_2\uparrow \qquad (3\text{-}103)$$

$$R-\overset{\overset{\text{O}}{\|}}{C}-OH + SOCl_2 \longrightarrow R-\overset{\overset{\text{O}}{\|}}{C}-Cl + HCl\uparrow + SO_2\uparrow \qquad (3\text{-}104)$$

$$3R-\overset{\overset{\text{O}}{\|}}{C}-OH + PCl_3 \longrightarrow 3R-\overset{\overset{\text{O}}{\|}}{C}-Cl + H_3PO_3 \qquad (3\text{-}105)$$

$$3R-\overset{\overset{\text{O}}{\|}}{C}-OH + POCl_3 \longrightarrow 3R-\overset{\overset{\text{O}}{\|}}{C}-Cl + H_3PO_4 \qquad (3\text{-}106)$$

这类卤化剂都比较活泼，一般不需要太强的反应条件。

光气的优点是反应后无残留，产品质量好。但光气是剧毒的气体，因此它的应用受到限制。近年来又出现了用二光气或三光气代替光气的新方法，见 11.2.6。

亚硫酰氯和亚硫酰溴的优点是反应后只残留很少的 $SOCl_2$、$SOBr_2$、SCl_2、SBr_2 等杂质，操作简便，但价格贵。

三氯化磷和三溴化磷的优点是价廉，有广泛应用，但反应后残留亚磷酸，产品需分离精制。

三氯氧磷价格贵。五氯化磷是固体，使用不便，价格贵，两者都很少使用。

(2) 氯乙酰氯

氯乙酰氯是羧酰氯中产量最大的实例，它的生产方法有四种，即：①以乙酸或乙酐为原料在催化剂或催化剂与光的协同作用下用氯气氯化；②乙酰氯用氯气氯化；③氯乙酸的羟基置换氯化；④乙烯酮的氯化。

我国主要采用氯乙酸-PCl_3 和氯乙酸-$COCl_2$ 法。光气法反应速率快，收率高，但为了使产品氯乙酰氯达到生产农用化学品和医药的质量要求，必须用高纯度的氯乙酸为原料。

乙烯酮法的特点是先将乙酸热解成乙烯酮，然后在催化剂的存在下，向乙烯酮-氯乙酰氯溶液中通入氯气进行加成氯化直接得到氯乙酰氯。

$$CH_3-\overset{\overset{\text{O}}{\|}}{C}-OH \xrightarrow[570\sim780℃]{\text{磷酸三乙酯}} CH_2=\overset{\overset{\text{O}}{\|}}{C} + H_2O \qquad (3\text{-}107)$$

$$CH_2=\overset{\overset{\text{O}}{\|}}{C} + Cl_2 \longrightarrow ClCH_2-\overset{\overset{\text{O}}{\|}}{C}-Cl \qquad (3\text{-}108)$$
$$\text{沸点}-56℃ \qquad\qquad\qquad 105.5\sim106.5℃$$

此法虽然收率只有 90%，但无副产物，原料和产品易分离，由催化剂带入的含磷杂质极少，产品纯度可达 99.7%，三废少，成本低，但一次性投资大。

3.9.1.3 卤原子置换杂环上的羟基

芳环上和吡啶环上的羟基很难被卤原子置换，但是某些杂环上的羟基则容易被氯原子或溴原子置换。所用的卤化剂可以是 $COCl_2$ 和 $SOCl_2$，在要求较高的反应温度时可用三氯氧磷（沸点 $137.6℃$）或五氯化磷（熔点 $148℃$，可由 $PCl_3 + Cl_2$ 在反应介质中就地制得）。重要实例列举如下。

$$\text{(3-109)}$$

活性染料中间体

$$\text{(3-110)}$$

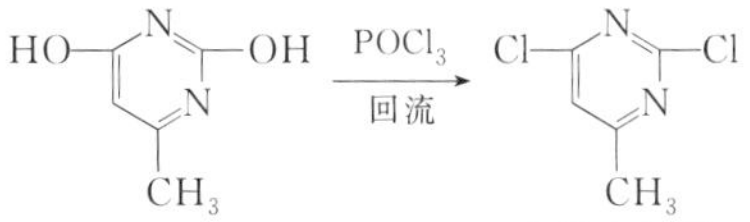

农药中间体

$$\text{(3-111)}$$

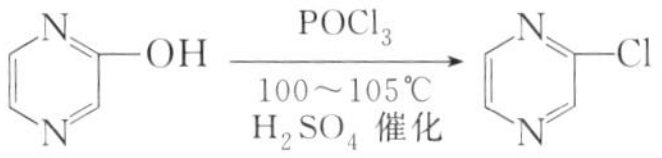

有机中间体

3.9.2 氟原子置换氯原子

(1) 一般反应条件

氟原子置换氯原子是制备有机氟化物的重要方法之一。常用的氟化剂是无水氟化氢、氟化钠和氟化钾等。用无水氟化氢（沸点19.4℃）时反应可在液相进行，也可在气相进行。用氟化钠或氟化钾时，反应都是在液相进行。

脂链上和芳环侧链上的氯原子比较活泼，氟原子置换反应较易进行。

芳环上的氯原子不够活泼，只有当氯原子的邻位或对位有强吸电基（主要是硝基或氰基）时，氯原子才比较活泼，但仍需很强的反应条件。为了使反应较易进行，要使用对氟化钠或氟化钾有一定溶解度的高沸点无水强极性有机溶剂。最常用的溶剂是 N,N-二甲基甲酰胺、二甲基亚砜和环丁砜（其沸点分别为153℃、189℃和287.3℃）。为了促使氟化钠分子中的氟离子活化，最好加入耐高温的相转移催化剂，例如聚乙二醇-600、聚乙二醇-季铵盐、聚乙二醇-季鏻盐和杯芳烃等。

(2) 重要实例

① **α,α,α-三氟甲苯及其衍生物** 通过类似的反应可以制得 α,α,α-三氟甲苯及其一系列衍生物，例如：

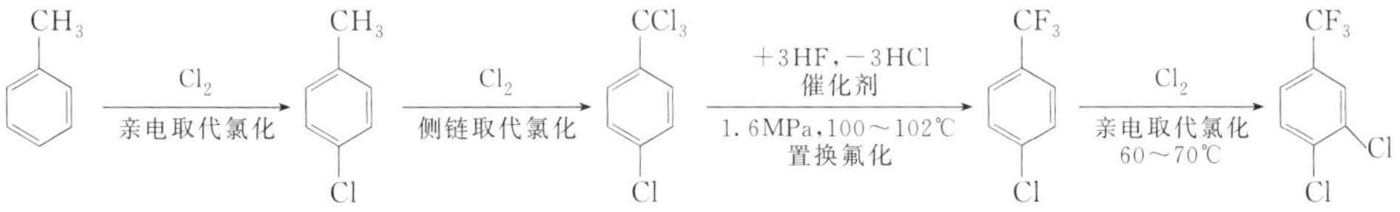

农药中间体

$$\text{(3-112)}$$

② **1,1,1,2-四氟乙烷** 是对大气臭氧层无破坏作用的制冷剂组分，商品名 HFC-134a。它的合成路线主要有三个，即四氯乙烯气相氟化法、三氯乙烯液相两步氟化法和三氯乙烯气相两步氟化法。工业上普遍采用三氯乙烯气相两步氟化法。其反应式如下：

$$CCl_2{=}CHCl + 3HF \xrightarrow[\substack{320\sim345℃ \\ \text{加成氟化和置换氟化}}]{CrF_3\ \text{催化}} CF_3{-}CH_2Cl + 2HCl \qquad \text{(3-113)}$$

$$CF_3{-}CH_2Cl + HF \xrightarrow[\substack{\text{约}350℃\text{，置换氟化}}]{CrF_3/AlCl_3\ \text{催化}} CF_3{-}CH_2F + HCl \qquad \text{(3-114)}$$

第一个反应是放热反应，第二个反应是吸热反应，要分别在两个固定床气-固相接触催化反应器中进行。催化剂的活性、稳定性和选择性非常重要。

③ 2,4,6-三氟-5-氯嘧啶 是重要的活性染料中间体。传统的制备方法是 2,4,6-三羟基嘧啶（巴比妥酸）的氯化、氯基置换氟化法，其反应式如下：

$$\text{(巴比妥酸)} + 3PCl_3 + 4Cl_2 \xrightarrow[\text{氯置换羟基；取代氯化}]{50\sim55℃} \text{(四氯嘧啶)} + 3POCl_3 + 4HCl \tag{3-115}$$

$$\text{(四氯嘧啶)} + 3NaF \xrightarrow[\text{环丁砜；置换氟化}]{220℃\rightarrow185℃,\text{常压}} \text{(2,4,6-三氟-5-氯嘧啶)} + 3NaCl \tag{3-116}$$

在四氯嘧啶分子中不与氮原子相连的 C—Cl 键相当稳定，不能被氟原子置换。

3.9.3　卤原子置换重氮基

将芳伯胺重氮化，然后使重氮基被卤原子置换的反应将在第 8 章叙述，这里只介绍一个涉及卤原子置换重氮基的复杂合成路线的实例。

2,3,4-三氟硝基苯是重要的医药中间体，目前采用以 2,6-二氯苯胺为原料的合成路线，其反应式如下：

$$\text{(2,6-二氯苯胺)} \xrightarrow[\text{重氮化}]{NaNO_2+HCl,HBF_4} \text{(重氮盐)} \xrightarrow[\text{热分解}]{-N_2,-BF_3 \atop 200\sim240℃} \text{(2,6-二氯氟苯)}$$

$$\xrightarrow[\text{混酸硝化}]{HNO_3+H_2SO_4} \text{(中间体)} \xrightarrow[\substack{\text{季铵盐或聚乙二醇催化} \\ \text{溶剂：二甲基亚砜或} \\ \text{二甲基甲酰胺}}]{+2KF/-2KCl} \text{(2,3,4-三氟硝基苯)} \tag{3-117}$$

因为 2,6-二氯苯胺价格较贵，又提出了以邻二氯苯硝化时副产的 2,3-二氯硝基苯为起始原料的合成路线，其反应式如下：

$$\tag{3-118}$$

3.9.4　氯原子置换硝基

(1) 一般反应条件

以氯分子为反应剂，使氯原子置换芳环上的硝基是在高温下进行的自由基链反应。

$$Cl_2 \xrightarrow{\text{高温}} 2Cl\cdot \tag{3-119}$$

$$Ar\text{—}NO_2 + Cl\cdot \xrightarrow[\text{约 200℃}]{\text{氯原子置换硝基}} Ar\text{—}Cl + NO_2\cdot \tag{3-120}$$

$$NO_2\cdot + Cl_2 \longrightarrow NO_2Cl + Cl\cdot \tag{3-121}$$

加入引发剂或光照对反应有利。这类反应可在液相进行，也可在气相进行。液相法是将硝基化合物置于搪玻璃釜中，加热至 200℃ 左右，慢慢通入氯气，使反应完成。气相法是向热的硝基化合物中快速通入热的氯气，将氯气和硝基化合物的气态混合物在 400℃ 左右快速反应，未反应的氯可回收使用。

（2）重要实例

① **2,4-二氯氟苯**　是重要的医药中间体。

目前的合成路线是以对硝基氯苯为原料，经亲电取代硝化或氯化，再经自由基置换反应制得。

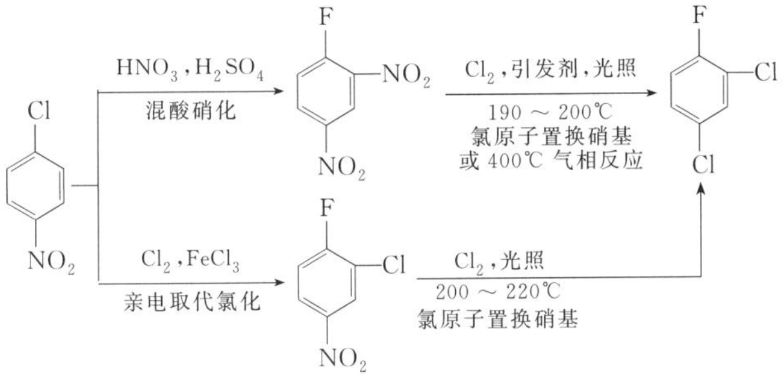

$$\text{(3-122)}$$

对硝基氯苯经 HNO_3, H_2SO_4（混酸硝化）生成中间体，再经 Cl_2，引发剂，光照，$190 \sim 200℃$（氯原子置换硝基或 400℃ 气相反应）制得 2,4-二氯氟苯；或经 $Cl_2, FeCl_3$（亲电取代氯化），再经 Cl_2，光照，$200 \sim 220℃$（氯原子置换硝基）制得。

上述合成路线的优点是：安全，原料易得，操作简便，总收率高，产品质量好，中间产物 2,4-二硝基氟苯和 3-氯-4-氟硝基苯还可用于制备其他药物。

② **2,6-二氯苯甲醛**　是重要的染料中间体，2,6-二氯苯腈是重要的农药中间体。为了将氯原子引入到指定位置，以邻硝基甲苯为原料，其传统的合成路线是：

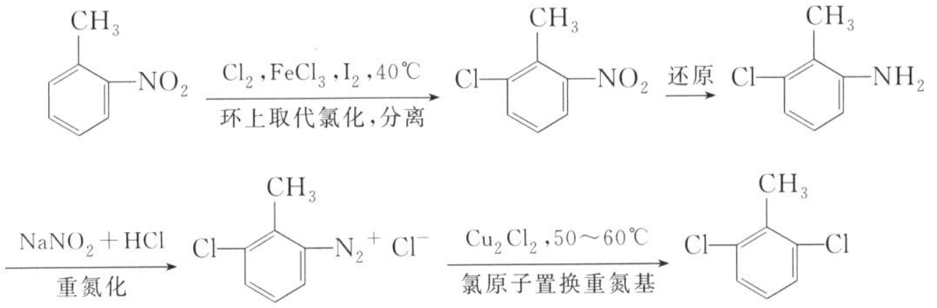

邻硝基甲苯经 $Cl_2, FeCl_3, I_2, 40℃$（环上取代氯化，分离）生成中间体，再经还原生成氨基化合物：

$$\text{(3-123)}$$

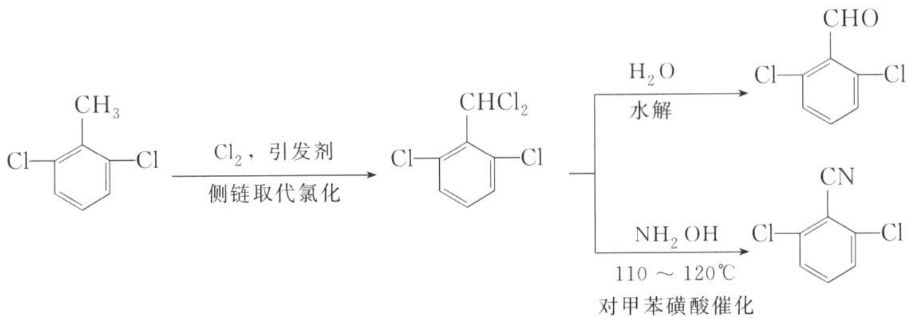

经 $NaNO_2 + HCl$（重氮化）生成重氮盐 $N_2^+Cl^-$，再经 $Cu_2Cl_2, 50 \sim 60℃$（氯原子置换重氮基）制得 2,6-二氯甲苯。

2,6-二氯甲苯经 Cl_2，引发剂（侧链取代氯化）生成 $CHCl_2$ 化合物，再经：

$$\text{(3-124)}$$
H_2O（水解）生成 2,6-二氯苯甲醛（CHO）；

$$\text{(3-125)}$$
NH_2OH，$110 \sim 120℃$（对甲苯磺酸催化）生成 2,6-二氯苯腈（CN）。

最近有人对上述合成路线进行了简化，省去了硝基还原、氨基重氮化和氯原子置换重氮基三步反应，由 2-氯-6-硝基甲苯在高温同时进行侧链取代氯化和氯原子置换硝基，直接制得 2,6-二氯-α,α-二氯甲苯。

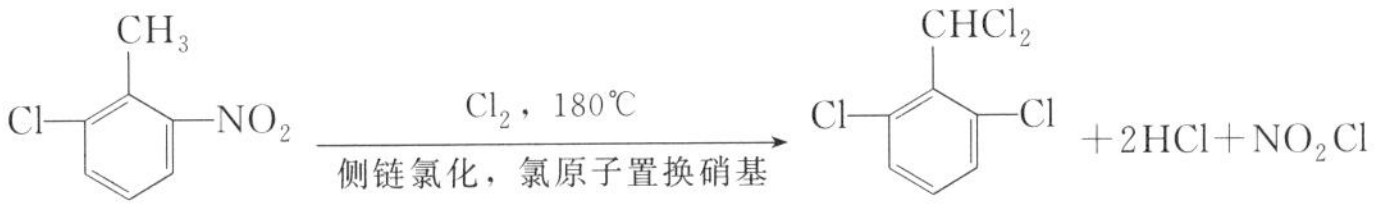

$$\text{(3-126)}$$
2-氯-6-硝基甲苯经 Cl_2，$180℃$（侧链氯化，氯原子置换硝基）生成 2,6-二氯-α,α-二氯甲苯 $+ 2HCl + NO_2Cl$。

2,6-二氯苯腈经氟原子置换氯原子反应可制得 2,6-二氟苯腈，它是重要的农药中间体。

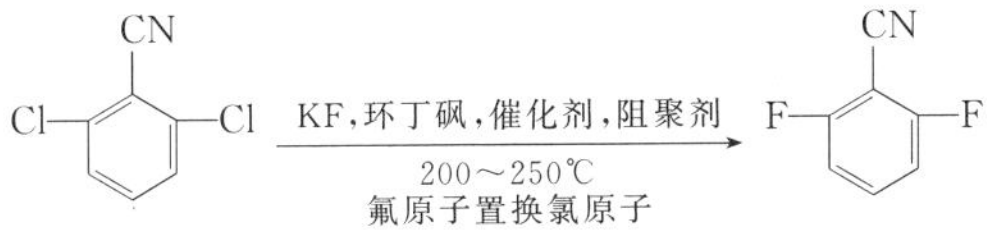

$$\text{(3-127)}$$
2,6-二氯苯腈经 KF，环丁砜，催化剂，阻聚剂，$200 \sim 250℃$（氟原子置换氯原子）制得 2,6-二氟苯腈。

后来提出的制备 2,6-二氯甲苯的新合成路线，以甲苯为原料先与异丁烯进行 C-烷化，分离，得对叔丁基甲苯，然后用氯气进行环上取代氯化，分离，脱烷基，分离，得 2,6-二氯甲苯。氯化时用复合催化剂，不用溶剂，二氯化物收率大于 78%。2,6-二氯甲苯总收率可达 60%，纯度可达 99%。

另外还有以对甲苯磺酰氯为原料，用三氯化锑为催化剂进行环上取代氯化，分离，然后酸性水解脱去磺基，得 2,6-二氯甲苯的方法，此法的优点是异构体分离容易。

3.10 电解氟化

许多有机物能溶于无水氟化氢，将这个溶液在 4.5～6V 低电压下进行电解，在阳极表面的新生态氟并不释放，而是在阳极和电解质的界面处使有机物氟化。阳极一般用石墨、微孔碳或镍，阴极一般用铁。因为无水氟化氢的沸点只有 19.4℃，所以电解温度一般为 0～10℃，为了提高电解液的导电性，可加入 KF、$R_3N \cdot HF$ 或 $R_4N^+F^- \cdot HF$ 并使用非质子传递极性有机溶剂，例如乙腈、环丁砜、二甲基亚砜等。

电解过程中也会发生一系列降解和重排反应而影响目的产物的收率和纯度。因此，电解技术、工艺设计和副产物的综合利用非常重要。例如，当以正辛酰氯为原料时，全氟辛酰氟（水解后得全氟辛酸）的收率只有 37% 左右，但同时生成了高达 40% 的全氟环醚。

$$CH_2(CH_2)_6COCl \xrightarrow{\text{电解氟化}} \begin{cases} CF_3(CF_2)_6—COF & (3\text{-}128) \\[2ex] CF_3(CF_2)_3—\overset{\displaystyle CF_2—CF_2}{\underset{O}{CF}} & (3\text{-}129) \\[2ex] CF_3(CF_2)_2—\overset{\displaystyle C F_2}{\underset{O}{CF}} & (3\text{-}130) \end{cases}$$

用电解氟化法可制备全氟羧酸、全氟磺酸、全氟叔胺、全氟环醚等一系列产品，广泛用于制备全氟表面活性剂、织物和皮革的防水、防油、防尘整理剂、高效消防灭火剂、电子元件监测介质和高绝缘电器冷却剂等。正辛烷不易溶于无水氟化氢，但能与之良好混合，也可用于电解氟化法制得全氟辛烷。

3.11 卤化反应发展趋势

卤化反应是精细化学品合成中应用最为广泛的单元反应之一，随着化工制造不断向精准化、绿色化、智能化发展，卤化反应新技术不断涌现。研究较多的是微通道反应器中的卤化反应。利用微通道反应器比表面积大、传质和传热效率高的特点，可以有效地缩短连续卤化反应的停留时间，提高转化率和选择性。特别是对于反应试剂活性高、较为危险的工艺，微通道连续流技术可以对反应温度、压力和流量等条件实现更加精准的控制，从而取得优异的反应效果。

生物催化卤化反应在特定产物的合成中表现出了更高的选择性和环保效应，反应主要由卤过氧化物酶、氧气依赖型卤化酶和氟化酶等催化,遵循芳环上的亲电取代反应、自由基反应和亲核取代等反应历程。

电化学法在氟化反应中应用较早,但主要用于制备全氟代烷烃化合物。近年来电化学氯化、溴化、碘化反应也逐渐受到关注,反应的选择性和产品收率有所提高,但仍存在电流大、通电时间长、电流效率低等问题。

超重力技术主要是通过填料床的高速旋转形成超重力的环境,使流体间的混合、传质、反应、传热效率得到大幅提升,从而提高反应速度,减少停留时间,提高产品收率。此外,微波加速反应的技术也在置换氟化反应中有所应用。

习 题

3-1 芳环上亲电取代卤化时,有哪些重要影响因素?

3-2 在所述芳环上亲电取代卤化反应中都用到哪些催化剂?催化历程如何?

3-3 卤化深度的含义是什么?

3-4 用 $I_2 + H_2O_2$,$I_2 + Cl_2$ 或 ICl 作碘化剂,各有何优缺点?

3-5 写出制备 2,6-二氯苯胺的合成路线的反应式。

3-6 对叔丁基甲苯在四氯化碳中,在光照下进行一氯化,生成什么产物?为什么?

3-7 芳环侧链 α-氢的取代卤化反应有哪些影响因素?

3-8 简述由甲苯制备以下卤化产物的合成路线、各步反应的名称和主要反应条件。

(1) 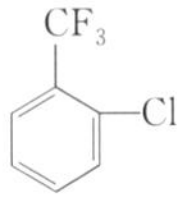 　　(2) 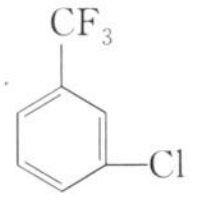 　　(3)

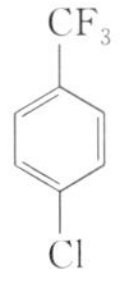

(4) 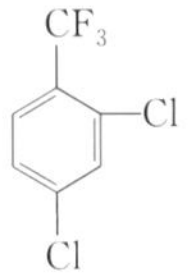 　　(5) 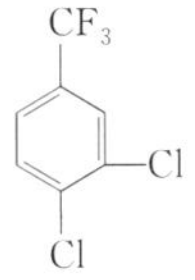 　　(6)

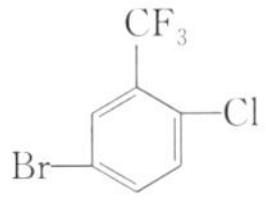

3-9 写出以下卤化反应的主要产物和反应类型。

(1) $CH_2=CH-CH_3 \xrightarrow{Cl_2,500℃}$

(2) $CH_2=CH-CH_3 \xrightarrow{Cl_2,液相,无水,低温}$

(3) $CH_2=CH-CH_3 \xrightarrow{Cl_2,水中,45\sim60℃}$

(4) $CH_2=CH-CH_3 \xrightarrow{HCl,活性白土,120\sim140℃}$

(5) $CH_2=CH-CH_2Cl \xrightarrow{HBr,过氧化苯甲酰}$

(6) $CH_2=CH-CH_2CN \xrightarrow{HCl,低温}$

3-10 写出由副产 2,3-二氯硝基苯制 2,3,4-三氯硝基苯的合成路线中各步反应的名称,各卤化反应的主要反应条件。

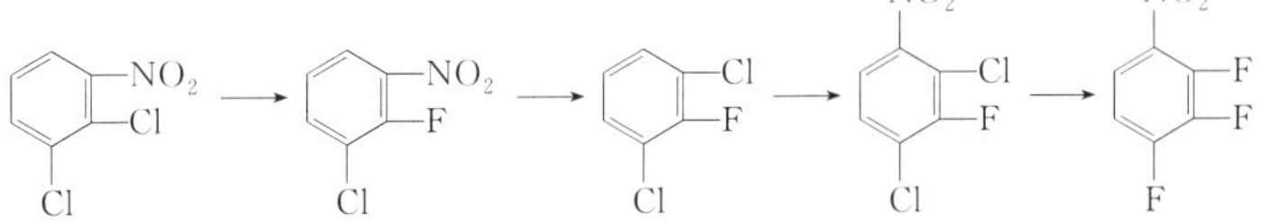

参 考 文 献

[1] 王志祥,骆培成,张志炳. 邻氯苯酚制备 2,6-二氯苯酚的工艺条件研究. 精细石油化工,2001(4):5-7.
[2] 何红波,姚日生,邓胜松. 有机氯化反应及其控制. 精细化工中间体,2006,36(2):11-13.

[3] 袁俊秀. 二氯苯的生产技术进展. 能源化工, 2009, 30 (4): 28-30.

[4] 王倩, 孙海超, 刘小祥. 3,5-二氯苯甲酰氯合成工艺的研究. 化学与粘合, 2018 (2): 118-120.

[5] 胡昆, 张美菊, 吴冬冬, 等. 2-氯-4-苯基喹唑啉的合成. 合成化学, 2018 (3): 203-205.

[6] 董亮, 李景林, 陶文平, 等. 均相催化对氯甲苯合成 2,4-二氯甲苯与 3,4-二氯甲苯. 山东化工, 2023, 52 (11): 74-77.

[7] 陈洪龙, 岳瑞宽, 王文魁, 等. 2-氯-3-吡啶甲醛的合成新方法. 安徽化工, 2022, 48 (1): 66-70.

[8] 贾志远, 刘嵩, 杨林涛, 等. 微通道技术在氯化反应工艺中的应用. 染料与染色, 2021, 58 (2): 49-54.

[9] 王满菊, 陈文天, 凌佳楠, 等. 酚类化合物的溴代反应研究进展. 当代化工研究, 2022 (12): 11-13.

[10] 凌佳楠, 陈婕妤, 高明明, 等. 取代苯酚的高效溴化体系研究. 浙江化工, 2022, 53 (1): 14-18.

[11] 王新胜, 李春英, 李效军. 连续法合成四溴双酚 A. 化学试剂, 2010, 32 (6): 567-569.

[12] 胡艳雄, 吴爱斌, 师春甜, 等. 4-溴-5-硝基-1,8-萘酐的合成工艺改进. 精细化工, 2021, 38 (7): 1500-1504.

[13] 郭冬初, 蔡亮, 饶蕾蕾. 2-溴-4-硝基咪唑的合成. 江西医药, 2018, 53 (2): 151-152.

[14] 陈海涛, 马攀龙, 杨柳, 等. 6-溴-3-氟-2-甲氧基吡啶合成及工艺. 信阳师范学院学报 (自然科学版), 2020, 33 (1): 102-105.

[15] 徐雅硕, 肖山. 4-溴-3,4,4-三氟-3-三氟甲基-1-丁烯的合成研究. 有机氟工业, 2021 (2): 18-21.

[16] 杨汉民, 沈千艳, 刘长玉, 等. 9,10-菲醌选择性溴化反应研究. 中南民族大学学报 (自然科学版), 2016, 35 (2): 15-18.

[17] 于万金, 杨文龙, 魏攀, 等. 2,3-二氯-5-三氟甲基吡啶的应用、合成及其市场分析. 浙江化工, 2022, 53 (12): 1-6, 16.

[18] 樊爱丽. 3,4-二氟苯腈的合成工艺综述. 有机氟工业, 2018 (4): 41-45.

[19] 刘雪笛, 赵永利, 柴慧芳. 2-甲氧基-3-氨基-4-碘吡啶的合成. 合成化学, 2018 (3): 200-202, 205.

[20] 杜友兴, 何立. 氟啶胺的合成工艺研究. 有机氟工业, 2018 (1): 5-9.

[21] 汤平平. 复杂分子后期氟化反应的研究//中国化学会全国氟化学会议. 2016: 1.

[22] 陈群, 朱国彪. 2-羟基-3-三氟甲基吡啶的合成. 精细石油化工, 2016, 33 (5): 58-61.

[23] 朱含, 罗晓燕. 复配相转移催化体系催化的芳香化合物卤素交换氟化反应. 华东理工大学学报 (自然科学版), 2017, 43 (2): 203-206.

[24] 李术艳, 宁云云, 柯炎萍. 磺胺选择性卤化的研究. 湖南文理学院学报 (自然科学版), 2017, 29 (1): 24-27.

[25] 马辉, 王博, 谷玉杰, 等. 三乙胺三氟化氢在含氟脂肪族化合物合成中的应用. 化学试剂, 2017, 39 (8): 830-836.

[26] 王怡明, 仲恩奎, 高秋敏, 等. 微通道连续流制备 2-氯-5-甲基吡啶的工艺研究. 石油化工应用, 2024, 43 (10): 96-100.

[27] Kumar R S, Kulangiappar K, Kulandainathan M A. Convenient Electrochemical Method for the Synthesis of α-Bromo Alkyl Aryl Ketones. Synth Commun, 2010, 40 (12): 1736-1742.

[28] 毛伟, 王文生, 白金鸽, 等. 超重力技术在环氧氯丙烷氯化反应中的应用. 化工生产与技术, 2023, 29 (4): 1-2, 47.

[29] 梁政勇, 章亚东. 微波技术在氟化反应中的应用进展. 辐射研究与辐射工艺学报, 2010, 28 (2): 69-74.

第4章

磺化和硫酸化

•本章学习要求•

掌握的内容：磺化反应的定义、硫酸化反应的定义、磺化的主要方法、磺化剂、过量硫酸磺化的反应历程、磺酸的异构化和水解历程、共沸去水磺化法的应用、芳伯胺烘焙磺化法的特点、氯磺酸磺化法的产物、三氧化硫磺化的特点、三氧化硫磺化的方法。

熟悉的内容：磺化反应动力学、磺化反应影响因素、α-烯烃用三氧化硫磺化的反应历程、链烷烃的磺氧化反应历程、链烷烃的磺氯化反应历程、烯烃与亚硫酸盐的加成磺化反应历程、亚硫酸盐的置换磺化反应的应用、烯烃的硫酸化历程。

了解的内容：磺化反应的目的、磺化反应实例、芳伯胺烘焙磺化法的操作方式、高碳脂肪酸甲酯用三氧化硫磺化的反应历程和动力学、脂肪醇的硫酸化反应的应用。

在有机分子中的碳原子上引入磺基（—SO_3H）的反应称作"磺化"，生成的产物是磺酸（R—SO_3H，R 表示烃基）、磺酸盐（R—SO_3M；M 表示 NH_4^+ 或金属离子）或磺酰氯（R—SO_2Cl）。

在有机分子中的氧原子上引入—SO_3H 或在碳原子上引入—OSO_3H 的反应叫做"硫酸化"。生成的产物可以是单烷基硫酸酯（Alk—O—SO_2—O—H），也可以是二烷基硫酸酯（Alk—O—SO_2—O—Alk；Alk 表示烷基）。

这两类反应所用的反应剂基本上相同，因此放在同一章讨论。本章将讨论以下内容：

① 芳环上的取代磺化；

② α-烯烃用三氧化硫的取代磺化；

③ 高碳脂肪酸甲酯用三氧化硫的取代磺化；

④ 链烷烃用二氧化硫的磺氧化和磺氯化；

⑤ 用亚硫酸盐的加成磺化；

⑥ 用亚硫酸盐的置换磺化；

⑦ 烯烃的硫酸化；

⑧ 脂肪醇的硫酸化；

⑨ 聚氧乙烯醚的硫酸化。

4.1 芳环上的取代磺化

在芳环上引入磺基的主要目的有：

① 赋予有机物酸性、水溶性、表面活性及对纤维的亲和力等。不溶性的蓝色有机颜料

铜酞菁经过磺化，可以得到直接耐晒翠蓝、酸性湖蓝等水溶性的蓝色染料。磺酸盐型阴离子表面活性剂是表面活性剂中最重要的一类，它们主要是通过磺化和中和反应制得的，如十二烷基苯磺酸钠等。用于羊毛、蚕丝等蛋白质纤维染色的酸性染料的分子中普遍含有磺酸基，它们在酸性条件下与季铵阳离子通过离子键的作用与纤维分子结合，如酸性红 G 等。

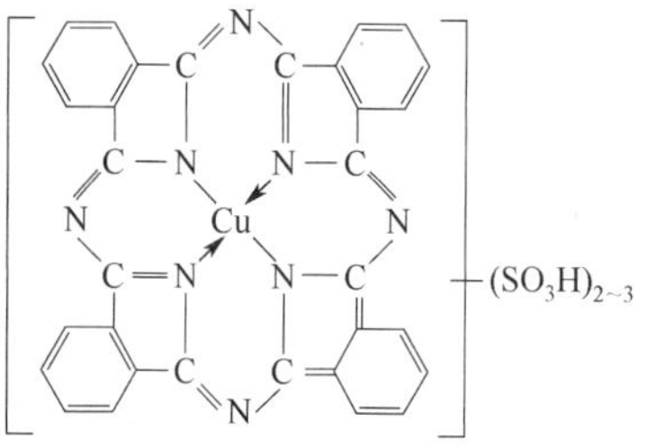

直接耐晒翠蓝

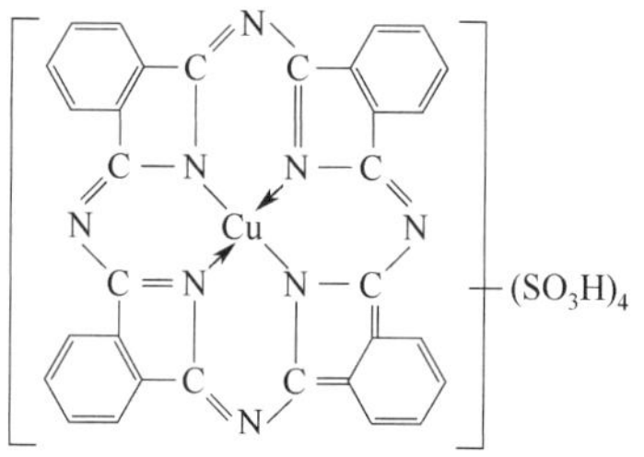

酸性湖蓝

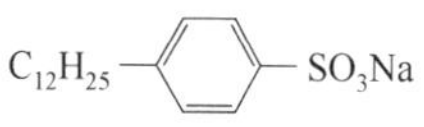

十二烷基苯磺酸钠

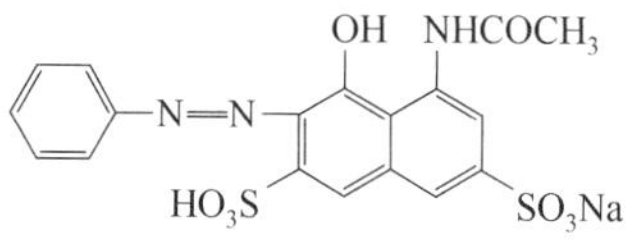

酸性红 G

② 通过亲核置换反应将其转化为其它基团，如—OH（见 12.3.2）、—NH$_2$（见 9.9）、—CN、—Cl 等。

③ 利用—SO$_3$H 的可水解性（见 12.3.1）辅助定位、提高反应物的水溶性或反应活性等。例如，为了得到高纯度的 2-溴苯酚，先将苯酚磺化，在 2-位和 4-位引入磺酸基后再溴化，有助于在羟基邻位发生一溴代反应，之后在酸性条件下水解去掉磺酸基。磺酸基的吸电子作用可以使芳环上碳原子的电子云密度降低，有助于亲核置换反应的发生。

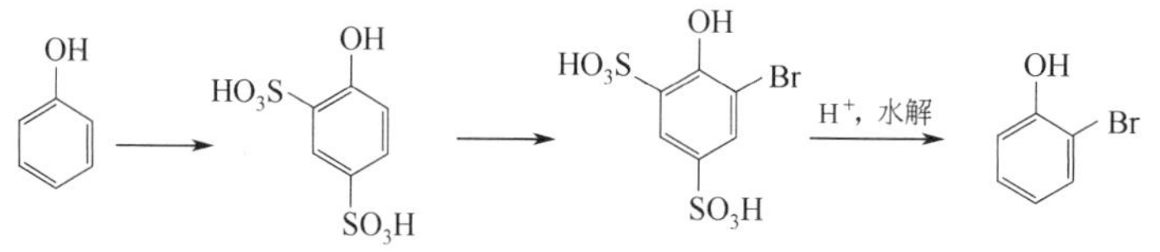

芳磺酸是不挥发的无色结晶，因所含结晶水不同，熔点也不同。芳磺酸的吸水性很强，很难制成无水纯品。除了氨基芳基单磺酸因形成内盐，在水中溶解度很小以外，大多数芳磺酸都易溶于水，但不溶于非极性或极性小的有机溶剂。芳磺酸的铵盐和各种金属盐类，包括钠盐、钾盐、钙盐、钡盐和铅盐在水中都有一定的溶解度。通常将芳磺酸以铵盐、钠盐或钾盐的形式从水溶液中盐析出来。

芳环上取代磺化的主要方法有：①过量硫酸磺化法；②共沸去水磺化法；③芳伯胺的烘焙磺化法；④氯磺酸磺化法；⑤三氧化硫磺化法。

芳环上取代磺化的主要磺化剂是浓硫酸、发烟硫酸、氯磺酸和三氧化硫，将结合各种磺化方法叙述。

4.1.1 过量硫酸磺化法

过量硫酸磺化法应用范围最广，涉及的产品最多，因此本章将做较详细的讨论。

4.1.1.1 磺化剂

过量硫酸磺化法所用的磺化剂是浓硫酸和发烟硫酸。工业硫酸有两种规格，一种含

H_2SO_4 约 92.5%(质量分数，下同)(熔点 $-27 \sim -3.5℃$)，另一种含 H_2SO_4 约 98%(熔点 $1.8 \sim 7℃$)。工业发烟硫酸也有两种规格，一种含游离 SO_3 约 20%(熔点 $-10 \sim 2.5℃$)，另一种含游离 SO_3 约 65%(熔点 $0.35 \sim 5℃$)。这四种规格的硫酸在常温下都是液体，运输、贮存和使用都比较方便。

硫酸浓度和凝固点的关系如图 4-1 所示。

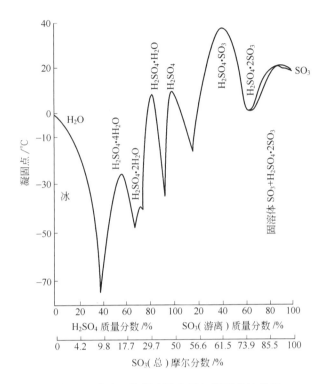

图 4-1　硫酸、发烟硫酸含量与凝固点的关系

发烟硫酸的含量可以用游离 SO_3 含量 $w(SO_3)$（质量分数，下同）表示，但是为了酸碱滴定分析计算上的方便，常常折算成 H_2SO_4 的含量 $w(H_2SO_4)$ 来表示。两种表示方法的换算公式如下：

$$w(H_2SO_4) = 100\% + 0.225w(SO_3) \tag{4-1}$$

$$w(SO_3) = 4.44[w(H_2SO_4) - 100\%] \tag{4-2}$$

例如，含游离 SO_3 20% 的发烟硫酸换算成 H_2SO_4 的百分含量为：

$$w(H_2SO_4) = 100\% + 0.225 \times 20\% = 104.5\% \tag{4-3}$$

如果需要使用其他浓度的硫酸或发烟硫酸，一般用上述规格的硫酸、发烟硫酸或水配制。设 m、m_1 和 m_2 分别表示拟配硫酸和已有较浓硫酸和较稀硫酸（或水）的质量，w、w_1 和 w_2 分别表示它们的含量，则配酸的计算公式如下：

$$m_1 = m\frac{w - w_2}{w_1 - w_2} \tag{4-4}$$

$$m_2 = m\frac{w_1 - w}{w_1 - w_2} \tag{4-5}$$

应该注意：上式中各种硫酸含量的表示方法必须一致，即都用 $w(H_2SO_4)$，或都用 $w(SO_3)$。

4.1.1.2　硫酸的离解性质

从发烟硫酸的联合散射光谱可看出，除 SO_3 以外，还含有 $H_2S_2O_7$、$H_2S_3O_{10}$ 和 $H_2S_4O_{13}$ 等质点，它们分别相当于含 SO_3 45％、62％和71％（质量分数）的发烟硫酸。在100％硫酸中加入 SO_3 时，导电度增加，说明在发烟硫酸中可能按下式生成了离子。

$$SO_3 + 2H_2SO_4 \Longrightarrow H_3SO_4^+ + HS_2O_7^- \tag{4-6}$$

$$2SO_3 + 2H_2SO_4 \Longrightarrow 2H_2S_2O_7 \Longrightarrow H_3S_2O_7^+ + HS_2O_7^- \tag{4-7}$$

从100％硫酸（18.66mol/L，20℃）的联合散射光谱看出，它含有约 0.027mol/L 的 HSO_4^-，这可能是按下式离解生成的。

$$2H_2SO_4 \Longrightarrow H_3SO_4^+ + HSO_4^- \tag{4-8}$$

$$3H_2SO_4 \Longrightarrow H_2S_2O_7 + H_3O^+ + HSO_4^- \tag{4-9}$$

上式说明，约有质量分数 0.29％～0.43％的硫酸发生了离解，而99.6％～99.7％的硫酸是以缔合分子态存在的，其缔合程度随温度的升高而减小。上式中 $H_3SO_4^+$ 和 $H_2S_2O_7$ 分别相当于 $SO_3 \cdot H_3O^+$ 和 $SO_3 \cdot H_2SO_4$。

在100％硫酸中加入少量水时，水和硫酸几乎完全按下式离解。

$$H_2O + H_2SO_4 \Longrightarrow H_3O^+ + HSO_4^- \tag{4-10}$$

式（4-10）说明在100％硫酸中加入少量水时，由于生成了 H_3O^+ 和 HSO_4^-，它们使式（4-8）和式（4-9）的平衡左移，使 $H_3SO_4^+$ 和 $H_2S_2O_7$ 的浓度下降，加入的水越多，$H_3SO_4^+$ 和 $H_2S_2O_7$ 的浓度越低。当硫酸质量分数降低到84.48％时，它相当于 $H_2SO_4 \cdot H_2O$。联合散射光谱表明在75％硫酸中仍有硫酸分子存在，说明在84％～75％硫酸中，尽管 H_2O/H_2SO_4（摩尔比）已大于1，但是硫酸分子并没有完全按式（4-9）离解成 HSO_4^-，仍有一部分硫酸以分子态存在。

4.1.1.3　反应历程

磺化是亲电取代反应，SO_3 分子中硫原子的电负性 2.4 比氧原子的电负性 3.5 小，所以 硫原子带有部分正电荷而成为亲电试剂。可以预料，在发烟硫酸中和浓硫酸中各种亲电质点的亲电性的次序是：

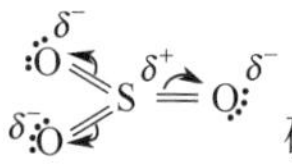

$SO_3 > 3SO_3 \cdot H_2SO_4$（即 $H_2S_4O_{13}$）$> 2SO_3 \cdot H_2SO_4$（即 $H_2S_3O_{10}$）$> SO_3 \cdot H_2SO_4$（即 $H_2S_2O_7$）$> SO_3 \cdot H_3O^+$（即 $H_3SO_4^+$）$> SO_3 \cdot H_2O$（即 H_2SO_4）

上述亲电质点都可能参加磺化反应，但是它们的磺化活性则差别很大。另外，硫酸浓度的改变对于上述质点的浓度变化也有很大影响，这就对主要磺化质点的确定造成了困难。根据动力学研究，一般认为：在发烟硫酸中主要磺化质点是 SO_3，在93％左右（质量分数，下同）含量较高的硫酸中主要磺化质点是 $SO_3 \cdot H_2SO_4$（即 $H_2S_2O_7$），在80％～85％含量较低的硫酸中主要磺化质点是 $SO_3 \cdot H_3O^+$（即 $H_3SO_4^+$），在含量更低的硫酸中主要磺化质点是 $SO_3 \cdot H_2O$（即 H_2SO_4）。其反应历程可分别表示如下。

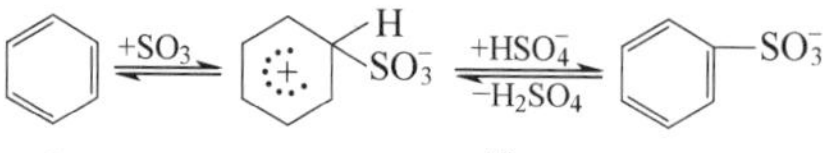

$$\tag{4-11}$$

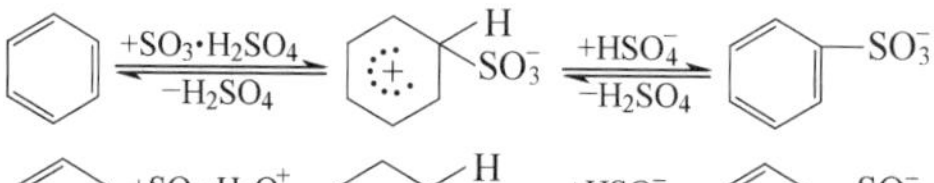

$$\tag{4-12}$$

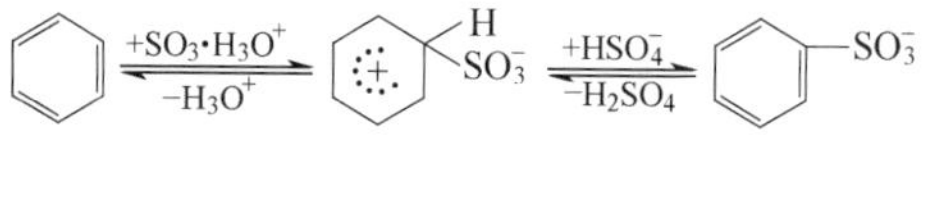

$$\tag{4-13}$$

$$\text{（苯环）} \xrightleftharpoons[-H_2O]{+SO_3 \cdot H_2O} \text{（σ配合物）} \xrightleftharpoons[-H_2SO_4]{+HSO_4^-} \text{（苯磺酸负离子）} \tag{4-14}$$

首先是 SO_3 或它的配合物亲电质点向芳环发生亲电进攻，生成 σ 配合物，后者在碱（HSO_4^-）的作用下，脱去质子而生成芳磺酸负离子。

但也有人认为在含游离 SO_3 20% 左右的低浓度发烟硫酸中，主要磺化质点是 $H_3S_2O_7^+$（即 $SO_3 \cdot H_3SO_4^+$），在浓度更高的发烟硫酸中，主要磺化质点是 $H_2S_4O_{13}$（即 $S_2O_6 \cdot H_2S_2O_7$）。其反应历程可能是：

$$\text{（苯环）} \xrightleftharpoons[-H_3SO_4^+]{+SO_3 \cdot H_3SO_4^+} \text{（σ配合物）} \xrightleftharpoons[-H_2SO_4]{+HSO_4^-} \text{（苯磺酸负离子）} \tag{4-15}$$

$$\text{（苯环）} \xrightleftharpoons[-H_2S_2O_7]{S_2O_6 \cdot H_2S_2O_7} \text{（σ配合物）} \rightleftharpoons \text{（苯—S}_2\text{O}_6\text{H）} \xrightarrow{-SO_3} \text{（苯—SO}_3\text{H）} \tag{4-16}$$

4.1.1.4 磺化动力学

磺化是亲电取代反应，因此芳环上有供电基使磺化反应速率变快，有吸电基使磺化反应速率变慢。表 4-1 是某些芳烃及其衍生物（D）在硫酸中、在 40℃，一磺化时相对于苯（B）的相对反应速率常数 k_D/k_B。

表 4-1　某些芳烃及其衍生物用硫酸磺化时相对于苯的相对反应速率常数

被磺化物	萘	间二甲苯	甲苯	1-硝基萘	对氯甲苯	氯苯	溴苯
k_D/k_B	9.12	7.53	5.08	1.68	1.10	0.68	0.61
被磺化物	间二氯苯	对硝基甲苯	对二氯苯	对二溴苯	1,2,3-三氯苯	硝基苯	
k_D/k_B	0.43	0.21	0.063	0.065	0.047	0.015	

磺化也是连串反应，但是与氯化不同，磺酸基对芳环有较强的钝化作用，一磺酸比相应的被磺化物难于磺化，而二磺酸又比相应的一磺酸难于磺化。因此，苯系和萘系化合物在磺化时，只要选择合适的反应条件，例如磺化剂的浓度和用量、反应的温度和时间，在一磺化时可以使被磺化物基本上完全一磺化，只副产很少量的二磺酸；在二磺化时只副产很少量的三磺酸。例如，在苯的共沸去水一磺化时，磺化液中约含有 88%～91% 苯磺酸、小于 1.5% 苯、小于 0.5% 苯二磺酸和 2.0%～4% 硫酸（均为质量分数，下同）。

硫酸的浓度对磺化反应速率有很大影响。对硝基甲苯用 2.4% 发烟硫酸磺化的反应速率比用 100% 硫酸高 100 倍，在 92%～98% 硫酸中其磺化反应速率与硫酸中水的浓度的平方成反比，即硫酸浓度由 92%（含 H_2O 约 8.11mol/L）提高到 99%（含 H_2O 1.01mol/L）时，磺化反应速率约提高 64.4 倍。应该指出，为了便于动力学研究，上述数据是将少量对硝基甲苯溶于大量各种浓度的硫酸中进行均相磺化而测得的，在上述磺化过程中，硫酸的浓度基本上保持不变，磺化液中被磺化物和生成的芳磺酸的浓度都非常低，它们都不影响磺化反应速率。但是，在实际生产中，磺化剂的用量少，随着磺化反应的进行，硫酸的浓度逐渐下降，仅此一项因素，磺化开始阶段和磺化末期，磺化反应速率可能下降几十倍，甚至几百倍，如果再考虑被磺化物浓度的下降，则总的磺化反应速率可能相差几千倍之多，因此磺化后期总要保温一定的时间，甚至需要提高反应温度。

磺化液中生成的芳磺酸的浓度也会影响磺化反应速率，因为芳磺酸能与水结合。

$$Ar—SO_3H + nH_2O \rightleftharpoons Ar—SO_3H \cdot nH_2O \tag{4-17}$$

这就缓解了磺化液中 SO_3、$H_2S_2O_7$、H_2SO_4、$H_3SO_4^+$ 等磺化质点浓度的下降，即缓解了磺化反应速率的下降，对于相同浓度的硫酸，芳磺酸的浓度越高，这种缓解作用越明显。

在磺化液中加入 Na_2SO_4，会抑制磺化反应的速率。这是因为 Na_2SO_4 与 H_2SO_4 相作用会离解出 HSO_4^-。

$$Na_2SO_4 + H_2SO_4 \Longrightarrow 2Na^+ + 2HSO_4^- \tag{4-18}$$

按照式（4-8）和式（4-9），HSO_4^- 浓度的增加，使化学平衡左移，降低了 $H_3SO_4^+$ 和 $H_2S_2O_7$ 等磺化质点的浓度。

加美吉太等发现，苯和甲苯在浓硫酸中进行非均相磺化时，反应发生在酸相的液膜中，苯和甲苯向酸相中扩散的速率低于化学反应速率，即传质速率是整个磺化过程的控制步骤。这时搅拌强度非常重要。

4.1.1.5 反应热力学——磺酸的异构化和水解

以浓硫酸或发烟硫酸为磺化剂的磺化反应是可逆的，即在一定条件下，可以发生磺酸的异构化反应或磺基水解的脱磺基反应。例如，萘在 80℃ 用浓硫酸磺化时，主要生成 1-萘磺酸。将低温磺化液加热至 160℃，或将萘在 160℃ 用浓硫酸磺化，则主要生成 2-萘磺酸。

$$\text{萘} + H_2SO_4 \xrightarrow{\ 80℃\ } \text{1-萘磺酸}(SO_3H)\ 96.5\% + H_2O \quad \xrightarrow{\ 160℃\ } \text{2-萘磺酸}(SO_3H)\ 81.6\% + H_2O \tag{4-19}$$

将上述高温磺化液用水稀释，并在 140℃ 左右通入水蒸气，则 1-萘磺酸即被水解成萘，并随水蒸气蒸出，而 2-萘磺酸则不被水解。

一般认为磺酸的异构化和水解都是可逆的平衡反应。

(1) 芳磺酸的异构化

芳磺酸在浓硫酸中的异构化，一般认为是通过水解再磺化而完成的。在发烟硫酸中的异构化（例如萘二磺酸的异构化）一般认为是通过分子内重排而完成的。

芳磺酸的异构化在工业生产上有重要用途。

萘在浓硫酸中一磺化时，磺化温度对异构体生成比例的影响如表 4-2 所示。

表 4-2 萘一磺化时温度对异构体生成比例的影响

温度/℃	80	90	100	110.5	124	129	138.5	150	161
α-位比例/%	96.5	90.0	83.0	72.6	52.4	44.4	28.4	18.3	18.4
β-位比例/%	3.5	10.0	17.0	27.4	47.6	55.6	71.6	81.7	81.6

应该指出，在平衡混合物中 α-异构体的含量随硫酸浓度的提高而增加。另外低温、短时间有利于 α-取代，而高温、长时间有利于 β-取代。

甲苯用浓硫酸进行一磺化时，异构体的生成比例既与硫酸的浓度和用量有关，又与磺化的温度和时间有关，如表 4-3 和表 4-4 所示。

将甲苯蒸气在 120℃ 通入质量分数 98% 硫酸中进行共沸去水磺化时，磺化产物的典型组成是：甲基苯磺酸 88.3%、硫酸 4.7%、砜 0.7%、甲苯 1.0% 和水 5.3%（均为质量分数）。在甲基苯磺酸中 86% 是对位、10% 是邻位、4% 是间位。

表 4-3　用硫酸对甲苯一磺化时，反应温度和甲苯/硫酸摩尔比对异构产物分布的影响

反应温度/℃	硫酸含量（摩尔分数）/%	甲苯/硫酸（摩尔比）	异 构 体 分 布/%		
			对　位	间　位	邻　位
0	96	1：2	56.4	4.1	39.5
0	96	1：6	53.8	4.3	41.9
35	96	1：2	66.9	3.9	29.2
35	96	1：6	61.4	5.3	33.3
75	96	1：1	75.4	6.3	19.3
75	96	1：6.4	72.8	7.0	20.2
100	94	1：6	72.5	10.1	17.4
100	94	1：41.5	78.5	6.2	15.3

表 4-4　甲苯一磺化时的异构产物分布[①]

反应温度/℃	时间/h	异构产物分布/%			反应温度/℃	时间/h	异构产物分布/%		
		对位	间位	邻位			对位	间位	邻位
101	4	80.0	3.4	16.6	162	44	68.2	24.0	7.8
101	400	82.0	8.2	9.8	162	70	39.8	53.1	7.1
128	88	60.1	33.3	6.6	200	1	52.0	40.1	7.9
128	1687	41.0	55.5	3.5	200	4	54.8	40.7	4.5

① 温度大于 100℃；以 2.5mol、94%（摩尔分数）的 H_2SO_4 进行甲苯一磺化。

又如间二甲苯在 150℃用浓硫酸磺化时，主要产物是 3,5-二甲基苯磺酸。

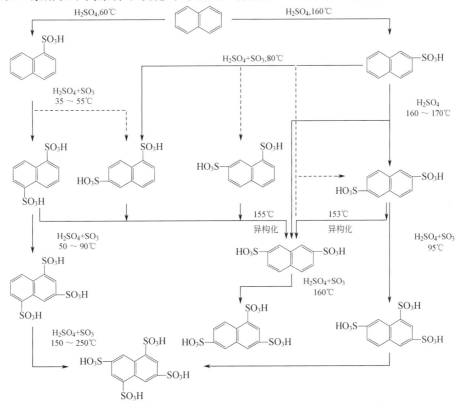

$$(4\text{-}20)$$

萘和 2-萘酚在不同条件下磺化时的主要产物如图 4-2 和图 4-3 所示。

图 4-2　萘在不同条件下磺化时的主要产物（虚线表示副反应）

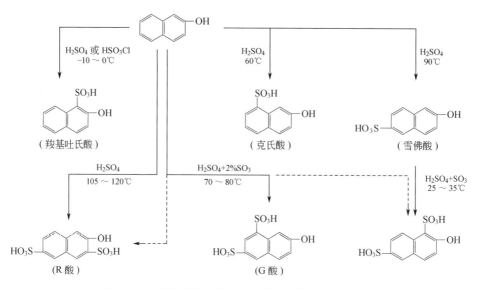

图 4-3　2-萘酚磺化时的主要产物（虚线表示副反应）

(2) 芳磺酸的水解

芳磺酸的水解也是亲电取代反应，一般认为其反应历程如下：

$$\text{—SO}_3^- \xrightarrow{+H_3O^+} \text{—SO}_3\cdots H\cdots H_2O \xrightarrow{-H_2O} \overset{H}{\underset{SO_3^-}{\bigcirc}} \underset{-H_2SO_4}{\overset{+H_2O}{\rightleftharpoons}} \text{—H} \tag{4-21}$$

通常，H_3O^+ 浓度越高，水解速率越快，但是为了避免再磺化反应，通常在质量分数 $30\%\sim70\%$ 硫酸中进行水解。另外，水解温度越高，水解速率越快，但是为了避免树脂化等副反应，水解温度不宜超过 $150\sim170℃$，在常压水解时，一般是在硫酸水溶液的沸腾温度下进行的。硫酸浓度和沸点的关系如图 4-4 所示。

如果需要较低的硫酸浓度和较高的水解温度，则需要在密闭的高压釜中进行水解。

芳环上有供电基（例如甲基、氨基等特别是在磺基的邻位和对位）时，磺基的水解较易进行。有

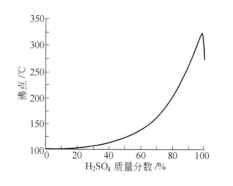

图 4-4　不同浓度硫酸的沸点

弱吸电基（例如氯基）时，水解较难进行；有强吸电基（例如硝基）时，甚至使磺基很难水解。在萘环上，α-磺基容易水解，而 β-磺基则很难水解。

芳磺酸的水解在工业生产上有重要的用途。将芳香族化合物先磺化，接着进行指定的反应，然后再将磺基水解掉的合成路线可用于制备某些重要的化工产品，其实例见 2,6-二氯苯胺的制备 [见 3.2.3 (3)]、2-萘磺酸钠的制备 [见 4.1.1.7(2)]、J 酸的制备 [见 4.1.1.8(2)] 以及 4-氨基-4-硝基二苯胺和 4,4′-二氨基二苯胺的制备（见 10.2.6.1）等。

4.1.1.6　主要影响因素

(1) 硫酸的浓度和用量

当用浓硫酸作磺化剂时，每引入一个磺基生成 1mol 水，随着磺化反应的进行，硫酸的浓度逐渐降低，对于具体的磺化过程，当硫酸浓度降低到一定程度时，磺化反应的速率慢得

近乎停止。为了消除磺化反应生成水的稀释作用的影响，必须使用过量很多的硫酸。所用磺化剂的浓度越高，用量越少。当所用磺化剂为三氧化硫时，因为反应中不生成水，可以使用理论量的磺化剂。

（2）磺化的温度和时间

在叙述磺化热力学时已经指出，磺化温度会影响磺基进入芳环的位置和异构磺酸的生成比例。特别是在多磺化时，为了使每一个磺基尽可能地进入所希望的位置，对于每一个磺化阶段都需要选择合适的磺化温度（参见图 4-2 和图 4-3）。

提高磺化温度可以加快反应速率，缩短反应时间，但是温度太高会引起多磺化、砜的生成、氧化和焦化等副反应。实际上，具体磺化过程的加料温度、保温温度和保温时间都是通过最优化实验确定的。

（3）加入辅助剂

在磺化过程中为了抑制氧化、砜的生成或多磺化等副反应，或是为了改变定位作用，常常加入适量的辅助剂。

在 2-萘酚一磺化制 6-磺酸-2-萘酚，二磺化制 3,6-二磺酸-2-萘酚时，加入无水硫酸钠，可以抑制硫酸的氧化作用。

羟基蒽醌在用发烟硫酸磺化时加入硼酸，使羟基转变为硼酸酯基，可以抑制氧化副反应。

当磺化的温度高、硫酸的浓度也高时，生成的芳磺酸会与硫酸作用生成芳砜正离子 $ArSO_2^+$，它再与被磺化物 ArH 相作用而生成二芳基砜。

$$Ar-SO_2OH+2H_2SO_4 \rightleftharpoons Ar-SO_2^+ + H_3O^+ + 2HSO_4^- \tag{4-22}$$

或

$$Ar-SO_2OH+SO_3 \rightleftharpoons Ar-SO_2^+ + HSO_4^- \tag{4-23}$$

$$Ar-SO_2^+ + ArH \rightleftharpoons Ar-SO_2-Ar+H^+ \tag{4-24}$$

在这里加入硫酸钠，可以增加磺化液中 HSO_4^- 的浓度，使式（4-22）和式（4-23）的平衡左移从而抑制了 $Ar-SO_2^+$ 的浓度和砜的生成。

蒽醌在用发烟硫酸磺化时，如果没有汞盐定位剂，磺基主要进入 β-位；而有汞盐定位剂，则磺基主要进入 α-位。生产上曾用汞盐定位磺化法生产 1-磺酸蒽醌、1,5-二磺酸蒽醌和 1,8-二磺酸蒽醌。由于汞对人体有严重危害，因此对上述产品及其下游产品中的汞含量和生产废水中的汞含量均有严格限制，而脱汞技术相当复杂，所以我国工厂已停止使用汞盐定位磺化法。其下游产品 1,5-二羟基蒽醌和 1,8-二羟基蒽醌等已改用其他合成路线（见第 12 章）。

4.1.1.7 重要实例

用过量硫酸磺化法制得的芳磺酸品种很多，下面举几个重要的生产实例，其中 CLT 酸的制备说明合成路线的重要性，其他四个实例都涉及萘的高温一磺化生成 2-萘磺酸，后续反应的不同，其磺化条件也各不相同。另外，它们也是磺化产物分离方法的重要实例。

（1）CLT 酸

CLT 酸学名 2-氨基-4-甲基-5-氯苯磺酸，是重要的有机颜料中间体，需要量很大。现在工业上，CLT 酸是以甲苯为起始原料，经磺化、氯化、硝化、还原而制得的。

$$\xrightarrow[\text{在氯化液中}]{\text{滴加 HNO}_3\text{, 硝化}} \quad \text{（结构式：} Cl, CH_3, NO_2, SO_3H \text{）} \xrightarrow[]{\text{H}_2 \text{ 或 Fe, 还原}} \quad \text{（结构式：} Cl, CH_3, NH_2, SO_3H \text{）} \qquad (4\text{-}25)$$

向磺化锅中加入 920kg 甲苯，升温至 105℃用 2h 滴加 2880kg 质量分数为 100％的硫酸，在 105～110℃回流 2h 完成磺化反应，磺化完毕后不需要分离出磺化产物，冷却至 65～70℃，向磺化液中通入氯气约 710kg 进行氯化，直到总酸度下降到一定程度为止。逸出的氯化氢气体用水吸收，氯化完毕后，在 60～65℃向氯化液中滴加质量分数 98％硝酸进行硝化，硝化完毕后加入适量水和上一批的结晶析出母液，并冷却至 12℃以下，使 2-硝基-4-甲基-5-氯苯磺酸结晶析出，将滤出的硝基磺酸结晶用铁粉或氢气还原即得到 CLT 酸。

磺化时主产物对甲苯磺酸的收率只有 80％左右，在氯化和硝化时也生成异构产物，所以按甲苯计 CLT 酸的收率只有理论的 53％。对于硝基磺酸的析出，传统的方法是稀释、加氯化钠盐析法，它的缺点是 CLT 酸的收率只有 49％，副产的含 $NaCl\text{-}H_2SO_4$ 的盐析母液很难利用和治理，而且费用高。改用稀释析出法，副产的总酸度 50％～54％的废硫酸母液虽然含有大量的硝基磺酸异构体，但不含无机盐，可浓缩成浓硫酸（在浓缩时，有机物完全被氧化分解），或与硫化钡水溶液反应产生硫化氢。

$$H_2SO_4 + BaS \longrightarrow BaSO_4 \downarrow + H_2S \uparrow \qquad (4\text{-}26)$$

逸出的硫化氢可进一步加工成多种化工商品。从残液过滤出水不溶性硫酸钡，与煤粉混合后，用热还原法再制成硫化钡循环使用或制成工业品硫酸钡。

关于 CLT 酸的制备，还研究过许多其他合成路线。例如邻氯甲苯的溴化、溴基氨解、磺化法；间甲苯胺的光气化（或乙酰化）、氯化、磺化、碳酰基（或乙酰基）水解法；间甲苯胺盐酸盐的氯化、磺化法；对甲苯磺酸法和对甲苯磺酰氯法等，但均未能取代甲苯法。

(2) 2-萘磺酸钠

2-萘磺酸钠是由萘的高温一磺化制得的，有多种用途，对于不同的用途，萘的磺化条件各异。这里先叙述 2-萘磺酸钠的制备。2-萘磺酸钠主要用于通过碱熔制 2-萘酚。

$$\text{（萘）} + H_2SO_4 \xrightarrow[\substack{97\%～98\% \ H_2SO_4 \\ 160～162℃}]{\text{高温一磺化}} \text{（萘）}-SO_3H + H_2O \qquad (4\text{-}27)$$

$$2 \text{（萘）}-SO_3H + Na_2SO_3 \xrightarrow{\text{中和、盐析}} 2 \text{（萘）}-SO_3Na + H_2O + SO_2 \uparrow \qquad (4\text{-}28)$$

$$H_2SO_4 + Na_2SO_3 \xrightarrow{\text{过量硫酸的中和}} Na_2SO_4 + H_2O + SO_2 \uparrow \qquad (4\text{-}29)$$

$$\text{（萘）}-SO_3Na + 2NaOH \xrightarrow{\text{碱熔}} \text{（萘）}-ONa + H_2O + Na_2SO_3 \qquad (4\text{-}30)$$

$$2 \text{（萘）}-ONa + SO_2 + H_2O \xrightarrow{\text{酸化}} 2 \text{（萘）}-OH + Na_2SO_3 \qquad (4\text{-}31)$$

$$2NaOH + SO_2 \xrightarrow{\text{碱熔物中过量碱的酸化}} H_2O + Na_2SO_3 \qquad (4\text{-}32)$$

在磺化锅中，将 400kg 熔融态精萘升温至 140℃，用 20min 加入 343kg 质量分数为 97％～98％的硫酸，然后在 160～162℃保温 2h，即认为磺化达到终点。总酸度 25％～27％，加入少量水，在 140～150℃保温 1h，使副产的 1-萘磺酸水解成萘，然后通入水蒸气吹出未反应的和水解生成的萘，回收萘脱水后可以循环使用，水解液用碱熔时副产的亚硫酸钠水溶液中和盐析，中和液冷却后 2-萘磺酸钠即盐析出来，滤出的 2-萘磺酸钠湿滤饼可直接用于碱熔制 2-萘酚，中和时逸出的二氧化硫气体直接用于碱熔物的酸化。

上述磺化反应的特点是：未反应的萘可以回收循环使用，为了减少二磺化副反应，硫酸/萘（摩尔比）只有1.10∶1，萘没有完全磺化。关于2-萘磺酸钠的工艺改进，有许多报道。例如，分两次加入硫酸、提高搅拌转数，可以提高2-萘磺酸钠的收率；2-萘磺酸钠的溶解度较大，且随着溶液中硫酸钠浓度的提高而降低，在2-萘磺酸钠的盐析母液和洗液中加入一定的化学试剂，可以有效地将产物沉淀出来；磺化、水解、吹萘、中和盐析等过程可以采用间歇操作，也可以采用多个串联反应器全部连续化；水解和吹萘改用塔式逆流连续操作，可以减少水蒸气的消耗量，并降低水解后水解液中未水解的1-萘磺酸的含量。

(3) 1,6-克立夫酸和1,7-克立夫酸

1,6-克立夫酸和1,7-克立夫酸学名是1-氨基-6-萘磺酸和1-氨基-7-萘磺酸，是由萘的高温一磺化、硝化和还原同时制得的染料中间体。

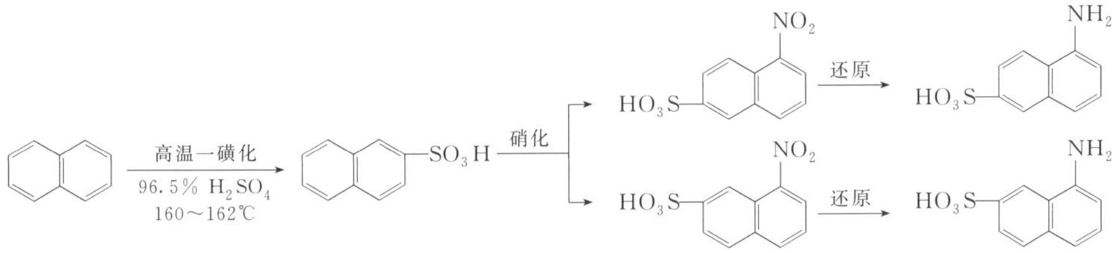

(4-33)

将320kg熔融态精萘加热至120℃，用45min加入315kg质量分数为96.5%的硫酸，用40min升温至160~162℃，保温1.5h，总酸度26%~28%，降温至120℃，用40min再加入437kg质量分数96.5%硫酸，降温至33~37℃，滴加硝酸进行硝化，然后放入水中稀释，用白云石（主要成分是碳酸钙，并含有少量碳酸镁）中和、过滤出不溶性硫酸钙，得到硝基萘磺酸镁盐水溶液（脱硫酸钙分离法），再经还原、分离得到1,6-克立夫酸和1,7-克立夫酸。

上述磺化反应的特点是：为了减少二磺化副反应，硫酸/萘的摩尔比只有1.24∶1，萘也没有完全一磺化。在160℃一磺化后，降温至120℃，补加硫酸至硫酸/萘（摩尔比）达到2.96∶1，这是为了使萘完全一磺化，也使下一步硝化反应时反应物不致太稠。

(4) H酸

H酸是重要的染料中间体，学名1-氨基-8-羟基-3,6-萘二磺酸。它是由萘经过一磺化、二磺化、三磺化（总酸度67.6%~68.6%）、硝化、还原和碱熔而制得的。

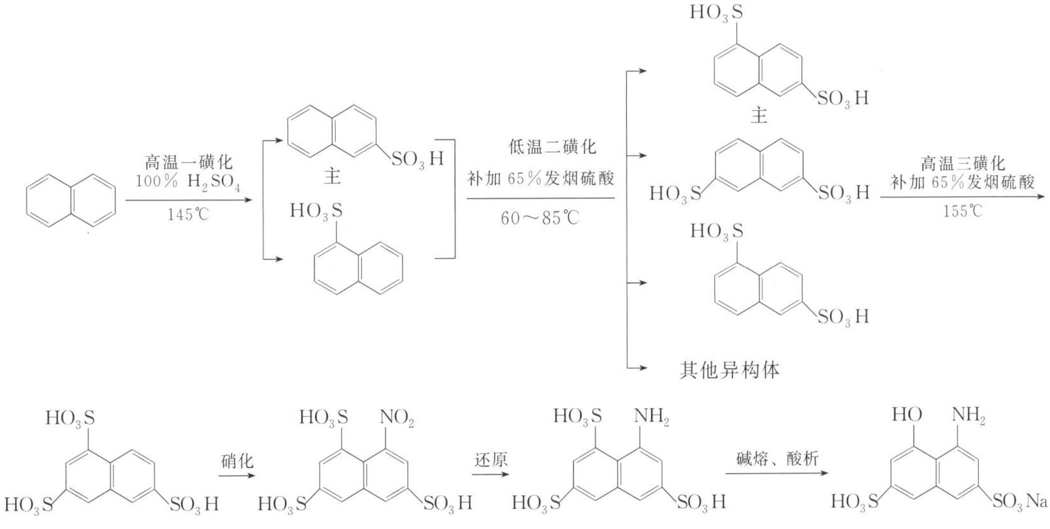

(4-34)

将 547.4kg 100％硫酸（质量分数，下同）加热至 45～60℃，向其中加入粉状精萘 420kg，用 1.5h 升温至 145℃，保温 1h，冷却至 100℃，加入 417.6kg 100％硫酸，以免萘磺酸结晶析出；再冷却至 60℃，在低于 85℃用 2h 加入 974kg 65％发烟硫酸，用 1h 加热至 155℃，保温 3h，冷却至 153℃，快速加入 326kg 65％发烟硫酸，在 155℃保温 1h，冷却、稀释、加混酸硝化、稀释、脱硝、氨水中和、铁粉还原、盐析得 1-氨基-3,6,8-三磺酸萘铵钠盐，后者经碱熔、酸析即得 H 酸单钠盐。

上述高温一磺化的特点是：用 100％硫酸，而且硫酸用量多，硫酸/萘（摩尔比）1.70：1，萘不仅完全一磺化，并且生成了少量的萘二磺酸。

在二磺化和三磺化时用三氧化硫代替 65％发烟硫酸，三氧化硫的用量仅为发烟硫酸用量的 2/3，并且可以减少废液处理量。关于硝基萘三磺酸反应液的处理，传统工艺采用石灰中和、脱硫酸钙法，但此法副产的硫酸钙废渣太多，为了从硫酸钙滤饼中洗出所含硝基萘三磺酸，用水量大，所得硝基萘三磺酸浓度低，还原损失大，改用氨水中和法，可简化工艺、减少损失。

（5）扩散剂 N

扩散剂 N 是重要的印染助剂，还广泛用于其他行业。扩散剂 N 是经萘的高温一磺化、用水稀释、与甲醛缩合、脱硫酸钙、氢氧化钠中和、直接干燥而制得的。

$$\tag{4-35}$$

将 450kg 精萘加热至 135℃，加入 300kg 质量分数为 98％的硫酸和 150kg 20％发烟硫酸配成的混合物，在 155℃保温 2h，用水 180kg 稀释，总酸度 25％～27％，在 95～100℃加入 180kg 37％甲醛，在 125～135℃和 0.147～0.196MPa（1.5～2.0kgf/cm^2）保温 2h 进行缩合，然后脱硫酸钙，将扩散剂 N 钠盐的滤液蒸发干燥即得产品。

上述高温一磺化的特点是萘必须完全一磺化，并且尽可能少生成萘二磺酸，所以用 98％～100％硫酸，而且硫酸用量较多，硫酸/萘（摩尔比）1.3：1。

过量硫酸磺化法用途广泛，涉及的产品相当多。它的主要优点是磺化操作简便，但是存在硫酸用量多、副产废液多等缺点，因此对于某些磺化过程，又开发了其他磺化方法，这将在以后一一叙述。

4.1.1.8 磺化产物的分离

从上述重要生产实例可以看出，从磺化反应液中分离出所需要的芳磺酸可以有很多方法，其中重要的方法有以下几种。

（1）稀释析出法

例如前述重要生产实例 CLT 酸生产中［4.1.1.7（1）］，2-硝基-4-甲基-5-氯苯磺酸低温时在总酸度 50％～54％的废酸（相当于 60％左右的硫酸水溶液）中溶解度很小，因此可以用稀释法使其析出。这种方法的优点是操作简便，费用低。副产的废硫酸母液便于回收或利用。

（2）稀释盐析法

许多芳磺酸盐在水中的溶解度很大，但是在相同正离子的存在下，则溶解度明显下降，因此可以向磺化稀释液中加入 NaCl、Na_2SO_4、KCl、K_2SO_4、$MgSO_4$、MgO 等，使芳磺酸盐析出来。

最常用的盐析法是氯化钠盐析法，但是含有大量氯化钠的稀硫酸，很难利用和治理，如果改用硫酸钠盐析法，由于硫酸钠在质量分数 30%～40%稀硫酸中的溶解度比氯化钠大得多，可提高盐析析出率。另外，副产的含硫酸钠的废硫酸水溶液可用于与硫化钠水溶液相反应产生硫化氢，副产粗品硫酸钠可经热还原再制成硫化钠循环使用。

稀释盐析法还可以用来分离芳磺酸盐异构体。例如，在 2-萘酚的二磺化时生成 2-羟基萘-6,8-二磺酸（G 酸）和 2-羟基萘-3,6-二磺酸（R 酸），向磺化稀释液中先加氯化钾水溶液或硫酸钾水溶液，可使 G 酸以二钾盐的形式析出。滤出 G 盐后，再向滤液中加入氯化钠水溶液或硫酸钠水溶液，可以使 R 酸以二钠盐的形式析出。

另外，为了减少母液体积，稀释盐析法也可以不用氯化钠或硫酸钠，而改用氢氧化钠水溶液将磺化稀释液中的一部分硫酸中和成硫酸钠进行盐析。例如 2-氨基萘-1-磺酸在用发烟硫酸三磺化、水解掉 1-位磺基后，用水稀释、用氢氧化钠部分中和，即可析出磺化产物 2-氨基萘-5,7-二磺酸单钠盐。后者经碱熔可制得 2-氨基-5-羟基萘-7-磺酸（J 酸）（见第 12 章），它是重要的染料中间体。

（3）中和盐析法

例如前述重要生产实例中，2-萘磺酸的中和盐析。中和盐析时除了用亚硫酸钠以外，也可以用碳酸钠、氢氧化钠、氨水或液氨。但在大多数情况下，在盐析时没有必要将磺化液中的过量硫酸完全中和。

（4）脱硫酸钙法

例如前述重要生产实例中，1,6-硝基萘磺酸和 1,7-硝基萘磺酸、1-硝基萘-3,6,8-三磺酸以及扩散剂 N 的后处理。这种方法的优点是可以得到不含 SO_4^{2-} 的芳磺酸盐水溶液。缺点是副产硫酸钙滤饼中仍含有芳磺酸盐，不仅影响芳磺酸盐的收率，而且影响副产硫酸钙的利用，因此已逐渐被其他分离方法所代替。

（5）溶剂萃取法

例如将萘高温一磺化的稀释液用 N,N-二苄基十二胺（或其他高碳仲胺或叔胺）的甲苯溶液进行萃取，2-萘磺酸可以同高碳叔胺或仲胺形成亲油性配合物而溶于甲苯层中，将甲苯层用碱液中和就得到 2-萘磺酸钠的水溶液，含高碳叔胺或仲胺的甲苯溶液可以循环使用。此法也可用于从反应液中分离出硝基萘磺酸。此法的优点是可以得到不含无机盐的芳磺酸钠水溶液，分离出的废硫酸水溶液基本上不含有机物，便于利用。缺点是甲苯易燃，甲苯和叔胺的损耗费用高，工艺复杂。

4.1.2 共沸去水磺化法

为了克服过量硫酸磺化法硫酸用量多、废酸生成量多等缺点，对于低沸点芳烃（例如苯、甲苯和二甲苯）的一磺化，又开发了共沸去水磺化法。例如，在苯的一磺化制苯磺酸时，可将过热到 150～170℃的苯蒸气连续地通入到 120℃的浓硫酸中，由于反应热，磺化液逐渐升温到 170～190℃，磺化生成的水随着未反应的那部分苯蒸气一起蒸出，使磺化液中的硫酸仍保持磺化能力，直到磺化液中硫酸的含量下降到质量分数 3.0%～4.0%，停止通入苯蒸气，这时磺化液的质量组成约为含苯磺酸 88%～91%、苯二磺酸≤0.5%、二苯砜≤1.0%、苯≤1.5%。此法曾经是磺化-碱熔法生产苯酚的重要方法。但是苯酚的生产现已改用异丙苯的氧化-分解法（见第 7 章）。

苯磺酸钠小批量生产时，可采用过量硫酸回流法。苯与理论量 200％的质量分数 98％硫酸在 105℃反应 4h，然后用脱硫酸钙法精制，苯磺酸钠的收率可达 98％（以苯计），纯度可达质量分数 95％～98％，其余为无机盐。

对甲苯磺酸钠主要用于生产对甲酚。也可用甲苯的共沸去水磺化法。甲基苯磺酸中：对位 86％、邻位 10％、间位 4％。为了制备高纯度的对甲苯磺酸钠，又提出了 SO_3-空气混合物磺化法。

4.1.3 芳伯胺的烘焙磺化法

(1) 芳伯胺烘焙磺化法的特点

大多数芳伯胺的一磺化都采用芳伯胺与等摩尔比的硫酸先生成酸性硫酸盐，然后在130～300℃脱水，生成氨基芳磺酸的方法。

$$Ar\!-\!NH_2 + H_2SO_4 \xrightarrow{\text{成盐}} ArNH_2 \cdot H_2SO_4 \xrightarrow[-H_2O]{\text{脱水}} Ar\!\!<\!\!\begin{array}{c} NH_2 \\ SO_3H \end{array} \qquad (4\text{-}36)$$

因为上述脱水反应最初是在烘焙炉中进行的，所以叫做"烘焙磺化法"。烘焙磺化法的优点是只用理论量的硫酸，不产生废酸，磺基一般只进入氨基的对位，当对位被占据时则进入氨基的邻位，而极少进入其他位置。例如，1-萘胺用过量浓硫酸在 100℃进行磺化时，一磺化物总收率 88％，其中除了 1-氨基萘-4-磺酸以外，还含有质量分数 20％～25％的 1-氨基萘-5-磺酸，而用烘焙磺化法则只生成很少量的 1-氨基萘-5-磺酸。

但也有一些芳伯胺的一磺化仍采用过量硫酸磺化法。此时如果芳环上有强供电基，则磺基将进入强供电基的邻位或对位。例如：

$$(4\text{-}37)$$

$$(4\text{-}38)$$

(2) 烘焙磺化的操作方式

烘焙磺化的传统操作有以下四种方式。

① **炉式烘焙磺化法** 是将芳伯胺的酸性硫酸盐放在许多烘盘中，然后放入烘焙炉中。在料温 170～180℃，或炉气温度 225～280℃和微真空下进行脱水磺化。此法的缺点是劳动条件差，热能消耗大，温度不易均匀，易生成碳化物，收率低，现已不采用。

② **滚筒球磨反应器烘焙磺化法** 优点是劳动条件好，缺点是滚筒体积不能太大、装料少、生产能力低、物料混合效果差、易生成碳化物、收率低，现已不采用。

③ **无溶剂搅拌锅烘焙磺化法** 只适用于芳伯胺酸性硫酸盐熔融体在脱水磺化成固态氨基芳磺酸的过程中物料仍可搅拌的过程。例如 4-氯-2-甲基苯胺的烘焙磺化制 2-氨基-5-氯-3-甲基苯磺酸。此法还曾用于对甲苯胺制 2-氨基-5-甲基苯磺酸的试生产（投料 40.5kg），因为脱水过程中物料变得太稠，搅拌困难，而未能用于大生产。

④ **溶剂烘焙磺化法** 是在搅拌锅中加入惰性有机溶剂、芳伯胺和接近等摩尔比的硫酸，在 80～200℃、回流温度下进行共沸脱水磺化。此法的优点是反应温度均匀，碳化物少，收

率稍高，未反应的芳伯胺溶于有机溶剂中，便于回收使用。此法是使用较多的方法，缺点是有溶剂损耗。

（3）烘焙磺化法的溶剂选择

溶剂烘焙磺化时，可根据最佳脱水温度来选择溶剂。通常选用与共沸带出的水不互溶的惰性有机溶剂。最常用的溶剂是粗品邻二氯苯（邻二氯苯沸点 179.5℃，对二氯苯沸点 174℃）和粗品 1,2,4-三氯苯（1,2,4-三氯苯沸点 213℃，1,2,3-三氯苯沸点 219℃）。需要在较低温度下脱水磺化时，可以用氯苯（沸点 131.5℃）。例如邻硝基苯胺的脱水磺化制 4-氨基-3-硝基苯磺酸。又如在对甲苯胺的脱水磺化制 2-氨基-5-甲基苯磺酸时，如果在 150～170℃进行，可选用氯苯和二氯苯的混合溶剂；如果在 80～100℃进行，沸点合适的溶剂有 1,2-二氯乙烷（沸点 83.5℃）和 1,2-二氯丙烷（沸点 96.4℃）。

考虑到二氯苯和三氯苯在高温时会偶联成致癌的多氯联苯，而氯代脂肪烃毒性大，又提出了改用不含烯烃的煤油、溶剂汽油和石油醚等溶剂。

（4）螺旋挤压反应器烘焙磺化法

反应器的主要尺寸为：蜗杆直径 $D = 125mm$，有效蜗杆长度 30D，有密封的同步蜗杆轴，蜗杆转速 8r/min，进料区长度 4D，温度 135℃，反应区第一、二、三段长度分别为 2D、21D、3D，烘焙温度分别为 220℃、240℃和 255℃。将苯胺（含 2% 质量分数的吡啶）与化学计算量的质量分数 96% 硫酸在 165～170℃混合成为熔融态的苯胺酸性硫酸盐，以 57.5kg/h 的流量连续地经过双蜗杆挤压烘焙反应器，反应物停留时间 24min，即得到浅灰色对氨基苯磺酸，生产能力 51kg/h，平均收率 98.5%，只含有微量的间氨基苯磺酸、邻氨基苯磺酸和苯胺-2,4-二磺酸等杂质。如果不加入催化剂吡啶，对氨基苯磺酸的收率只有 90.5%，并含有质量分数 8% 游离苯胺。除了吡啶以外，也可以用二乙胺、三乙胺、二丁胺、甲基吡啶，催化剂的用量为苯胺酸性硫酸盐质量的 0.1%～10%。此法的特点是可以不使用惰性有机溶剂，连续化生产，收率高。

（5）烘焙磺化法的其他改进

烘焙磺化法的其他改进还有：微波加热法、氯磺酸溶剂磺化法、加入氨基磺酸法、改用环丁砜溶剂等。

4.1.4　氯磺酸磺化法

氯磺酸是有刺激臭味的无色或棕色油状液体，凝固点 $-80℃$，沸点 151～152℃。氯磺酸遇水立即分解成硫酸和氯化氢，并放出大量的热，容易发生喷料或爆炸事故，因此所用有关物料和设备都必须充分干燥，以保证正常、安全生产。

氯磺酸是由三氧化硫和无水氯化氢反应而制得的，可以看作是 SO_3 和 HCl 的配合物（$SO_3 \cdot HCl$），比硫酸（$SO_3 \cdot H_2O$）和发烟硫酸（$SO_3 \cdot H_2SO_4$）的磺化能力强得多。氯磺酸的质量对于磺化效果有很大影响，最好使用存放时间短的氯磺酸，因为存放时间长的氯磺酸会因吸潮分解而含有磺化能力弱的硫酸。

4.1.4.1　制芳磺酸

氯磺酸的磺化能力很强，在芳环上引入磺基制备芳磺酸时，可以使用接近理论量的氯磺酸。

$$Ar-H + SO_3 \cdot HCl \longrightarrow Ar-SO_3H + HCl\uparrow \qquad (4-39)$$

芳磺酸都是固体，所以以氯磺酸进行磺化制芳磺酸时，要用惰性有机溶剂作为反应介质。

氯磺酸磺化法的优点是不副产废硫酸水溶液，不污染环境，反应条件温和，产品收率高。

例如，2-萘酚的低温—磺化制 2-羟基萘-1-磺酸时，最初用浓硫酸或发烟硫酸作磺化剂，硫酸用量多，稀释、盐析时产品收率低。改用氯磺酸作磺化剂，在惰性有机溶剂中于 0～10℃ 磺化即可得到产品。

$$\text{(4-40)}$$

生产中可以用制药厂副产的邻硝基乙苯作溶剂，因为其价廉、凝固点低（−23℃），其他可以使用的溶剂还有硝基苯、硝基甲苯、邻二氯苯和二氯乙烷等。磺化完毕后，放入到氢氧化钠水溶液、碳酸钠水溶液或氨水中进行中和，与有机层分离后，即得到 2-羟基萘-1-磺酸的钠盐或铵盐水溶液。应该指出，中和时如果 pH 值高于 9，未反应的 2-萘酚会溶解于水相，影响后续反应，如果 pH 值低于 6，2-羟基萘-1-磺酸会水解成 2-萘酚。磺化和中和可以间歇操作，也可以连续操作，收率可达理论量的 98%～99%。2-羟基萘-1-磺酸钠盐或铵盐经氨解，得到 2-氨基萘-1-磺酸 [吐氏酸见 9.8.2（3）]。

1-氨基蒽醌也可以在邻二氯苯中在 110～130℃ 用氯磺酸进行磺化制 1-氨基蒽醌-2-磺酸。但是在制备 1-氨基-4-溴蒽醌-2-磺酸时，为了简化操作，仍采用将 1-氨基蒽醌先在过量发烟硫酸中进行磺化，接着直接加入溴素进行溴化的方法。

4.1.4.2 制芳磺酰氯

氯磺酸磺化法主要用于制备芳磺酰氯。其反应式如下：

$$\text{Ar—H} + \text{SO}_3 \cdot \text{HCl} \longrightarrow \text{Ar—SO}_3\text{H} + \text{HCl} \uparrow \tag{4-41}$$

$$\text{Ar—SO}_3\text{H} + \text{SO}_3 \cdot \text{HCl} \rightleftharpoons \text{Ar—SO}_2\text{Cl} + \text{H}_2\text{SO}_4 \tag{4-42}$$

第二步式（4-42）生成 Ar—SO$_2$Cl 的反应是可逆的，为了使第二步反应完全，要用过量很多的氯磺酸，氯磺酸与被磺化物的摩尔比一般是（4～5）∶1，有时高达（6～8）∶1，以免反应物过于黏稠。

氯磺化的反应温度不宜过高，以免发生二磺化或生成砜等副反应，但是当芳环上有硝基时，则氯磺化反应可以在 100℃ 左右进行。

为了减少氯磺酸的用量，可在反应液中加入惰性有机溶剂，例如四氯化碳、1,2-二氯乙烷、三氯乙烯等。在用有机溶剂时，反应温度不宜过高，以免溶剂发生分解反应。另外，也可以在反应液中加入氯化钠或硫酸钠，使氯磺化反应中生成的硫酸转变为硫酸氢钠，使式（4-42）平衡右移而提高收率，并减少氯磺酸的用量。

对硝基氯苯的氯磺化很难反应完全，需要先将对硝基氯苯用过量发烟硫酸磺化制成 2-氯-5-硝基苯磺酸钠，然后再用氯磺酸进行氯磺化。另外，也可以在惰性有机溶剂中，用五氯化磷（由三氯化磷加氯气制成）、三氯化磷或氯化亚砜将芳磺酸转变为芳磺酰氯。

另外，在氯磺化反应液中加入适量的氯化亚砜或三氯化磷可以大大减少氯磺酸的用量，提高产品收率，并减少废酸量。

芳磺酰氯一般不溶于水，将氯磺化物倒入大量冰水中，芳磺酰氯就以油状物或固体结晶析出。芳磺酰氯在冷水中会慢慢水解，因此分离出的芳磺酰氯应立即甩干脱水，或立即进行下一步反应。

磺酰氯基是一个活泼基团，由芳磺酰氯进一步加工，可以制得一系列有用的中间体，如表 4-5 所示。

表 4-5　由芳磺酰氯制得的各种中间体

制　得　的　中　间　体	结　构　式	主　要　反　应　剂
芳磺酰胺	$ArSO_2NH_2$	NH_3（氨水）
N-烷基芳磺酰胺	$ArSO_2NHR$	RNH_2（水介质+NaOH）
N,N-二烷基芳磺酰胺	$ArSO_2NRR'$	$RR'NH$（水介质+NaOH）
芳磺酰芳胺	$ArSO_2NHAr'$	$Ar'NH_2$（水介质+NaOH 或 Na_2CO_3）
芳磺酸烷基酯	$ArSO_2OR$	ROH（加 NaOH 或吡啶）
芳磺酸酚酯	$ArSO_2OAr'$	$Ar'OH$（水介质，NaOH）
芳磺酰氟	$ArSO_2F$	KF
二芳基砜	$ArSO_2Ar'$	$Ar'H$（+$AlCl_3$ 催化）
芳亚磺酸	$ArSO_2H$	用 $NaHSO_3$ 还原
烷基芳基砜	$ArSO_2R$	$ArSO_2Na$+RCl
硫酚	ArSH	用 Zn+H_2SO_4 还原

4.1.5　三氧化硫磺化法

三氧化硫在常压的沸点是 44.8℃，固态三氧化硫有 α、β、γ 和 δ 四种晶型，其熔点分别为 62.3℃、32.5℃、16.8℃ 和 95℃。γ 型在常温为液态，它是环状三聚体和单分子 SO_3 的混合物，α、β 和 δ 型都是链式多聚体。

环状三聚（γ 型）　　　　　　链式多聚体

液态的 γ 型不稳定，特别是有微量水存在时容易转变为 α 型和 β 型。为了防止液态的 γ 型在低于 32.5℃ 时转变为固态 β 型，可在液态三氧化硫中加入少量稳定剂。常用的稳定剂可以是硼酐、硫酸二甲酯、二苯砜和四氯化碳等。但有人认为添加稳定剂防止结晶还不具备实施条件，因为从钢瓶或槽车中蒸发出来的三氧化硫气体中不含稳定剂，不能防止三氧化硫气体在管道中凝固而发生事故。

三氧化硫磺化法的优点是：在磺化反应过程中不生成水，不产生废硫酸。但是三氧化硫非常活泼，应注意防止或减少发生多磺化、砜的生成、氧化和树脂化等副反应。用高浓度的气态三氧化硫直接磺化时，除了磺化反应热以外，还释放三氧化硫气体的液化热，反应过于剧烈，故生产上极少采用。工业上采用的三氧化硫磺化法主要有三种，即液态三氧化硫磺化法、三氧化硫-溶剂磺化法和三氧化硫-空气混合物磺化法。

4.1.5.1　液态三氧化硫磺化法

用液态三氧化硫磺化时反应剧烈，只适用于稳定的、不活泼的芳香族化合物的磺化，而且要求被磺化物和磺化产物在反应温度下是不太黏稠的液体。液态三氧化硫磺化法的优点是：不产生废硫酸、后处理简单、产品收率高。缺点是副产的砜类比过量发烟硫酸磺化法多，工艺复杂，只有少数企业用于硝基苯的一磺化。

间硝基苯磺酸钠最早是由硝基苯用发烟硫酸磺化，然后用水稀释、盐析而得。但更好的方法是向硝基苯中滴加液体三氧化硫。由于反应热，温度由室温升至 90℃，加完 SO_3，再升温至 115℃，保温 3h，然后稀释、中和、过滤、除去二硝基二苯砜，得到间硝基苯磺酸钠水溶液，可直接用于还原制间氨基苯磺酸。

4.1.5.2　三氧化硫-溶剂磺化法

三氧化硫能溶于二氯甲烷、1,2-二氯乙烷、石油醚、液体石蜡和液体二氧化硫等惰性溶剂中，溶解度可在质量分数25％以上。用这种三氧化硫溶液作磺化剂，反应温和，温度容易控制，有利于抑制副反应，可用于被磺化物和磺化产物都是固态的低温磺化过程。例如萘的低温二磺化制萘-1,5-二磺酸。考虑到三氧化硫的价格比发烟硫酸贵得多，而且还要消耗有机溶剂，所以三氧化硫-溶剂磺化法的应用受到很大限制。例如萘的低温磺化制萘-1,5-二磺酸仍采用过量发烟硫酸磺化法和溶剂-发烟硫酸磺化法。

4.1.5.3　三氧化硫-空气混合物磺化法

(1) 应用范围和特点

三氧化硫-空气混合物是一种温和的磺化剂。它可以由干燥空气通入发烟硫酸而配得，但是成本高。在大规模生产时是将硫黄和干燥空气在炉中燃烧，先得到含SO_2 3％～7％（体积分数）的混合物，然后将它降温到420～440℃，再经过含五氧化二钒的固体催化剂，而得到含SO_3 4％～8％（体积分数）的混合气体。所用硫黄是由天然气法制得的质量纯度99.9％工业硫黄。所用干燥空气是由环境空气先冷却至0～2℃脱去大部分水，再经硅胶干燥而得，露点达－60℃，含$H_2O \leqslant 0.01g/m^3$。这种磺化剂已用于十二烷基苯的磺化以代替发烟硫酸磺化法，并用于其他阴离子表面活性剂的生产（见4.2、4.3、4.8和4.9）。

(2) 十二烷基苯磺化的反应特点

其反应历程包括磺化和老化两步反应。

$$C_{12}H_{25}-C_6H_5+2SO_3 \xrightarrow{\text{磺化}} \underset{\text{焦磺酸}}{C_{12}H_{25}-C_6H_4-SO_2-O-SO_3H} \tag{4-43}$$

$$C_{12}H_{25}-C_6H_4-SO_2-O-SO_3H+C_{12}H_{25}-C_6H_5 \xrightarrow{\text{老化}} 2C_{12}H_{25}-C_6H_4SO_3H \tag{4-44}$$

磺化反应的特点是：强烈放热，反应速率极快，可在几秒内完成，有可能发生多磺化、生成砜、氧化、树脂化等副反应。老化反应是慢速的放热反应，老化时间约需30min。因此，两步反应要在不同的反应器中进行。因为苯环上有长碳链的烷基，使十二烷基苯磺酸在反应条件下呈液态，并具有适当的流动性。

(3) 反应器

最初采用搅拌槽式串联连续反应器（CSTR），后来又开发了多管降膜反应器（MTF-FR）、降膜反应器（FFR）和冲击喷射式反应器（Jet R）三大类。多管降膜磺化器如图4-5所示。管材为不锈钢，管径25mm，管长6m，分24管、48管、72管三种类型，生产十二烷基苯磺酸时生产能力分别为1t/h、2t/h和3t/h。其中24管反应器已国产化。

喷射式反应器虽然结构简单、操作弹性大，可快速传质、传热，但是磺化尾气中的酸雾比降膜反应器多。

(4) 生产十二烷基苯磺酸的工艺流程

如图4-6所示，SO_3-空气混合物先经过静电除雾器除去所含微量雾状硫酸，然后与十二烷基苯按一定比例从顶部进入多管降膜磺化器，十二烷基苯沿管壁呈膜状向下流动，与管中心气相中的SO_3在液膜上发生磺化反应生成焦磺酸，反应热由管外的冷却水移除。从塔底逸出的尾气含有少量硫酸、SO_2和SO_3，先经静电除雾器捕集雾状硫酸，再用氢氧化钠溶液洗涤后放空，从塔底流出的磺化液进入老化器，使焦磺酸完全转变为磺酸，再经水解器使残余的焦磺酸水解成磺酸作为商品，或再经中和制成十二烷基苯磺酸盐。

(5) 主要反应条件

整个生产过程可用计算机控制和管理，已接近世界先进水平。其主要反应条件是：气体

中 SO_3 体积分数为 $5.2\%\sim5.6\%$。SO_3/RH（摩尔比）$(1.0\sim1.03):1$；磺化温度 $35\sim53℃$，磺化反应瞬间完成，SO_3 停留时间小于 $0.2s$；离开磺化器时磺化收率约 95%，老化、水解后收率可达 98%。

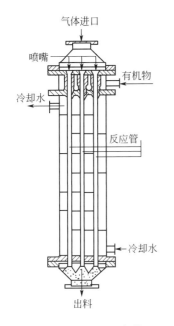

图 4-5　Ballestra 多管
降膜磺化反应器

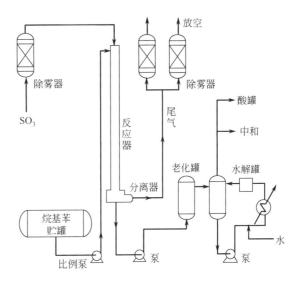

图 4-6　SO_3 膜式磺化流程

产品的 Klett 色泽可达 $40\sim45$，原料十二烷基苯的溴值和 SO_3 气体中硫酸雾的含量都会影响产品的色泽。

4.1.5.4　其他烷基苯的磺化

SO_3-空气混合物磺化法还可以用于制备多烷基苯的磺化产物，例如壬基邻二甲基苯磺酸、十八烷基二甲基苯磺酸等阴离子表面活性剂。

为了制得高纯度的对甲苯磺酸钠，甲苯用 SO_3-空气混合物在 $-10\sim10℃$，并在对位定位剂二(甲基苯基)砜的存在下进行磺化时，磺化产物的平均组成质量分数为：

对甲苯磺酸　　　　97.91%（按异构体混合物计为 99.5%）

邻甲苯磺酸　　　　0.49%（按异构体混合物计为 0.5%）

硫酸　　　　　　　$\leqslant1.5\%$

二(甲基苯基)砜　　$\leqslant0.1\%$

磺化时用过量甲苯，只让不到 50% 的甲苯被磺化。磺化反应混合物用氢氧化钠水溶液中和并分层后，得到高纯度的对甲苯磺酸钠水溶液，可用于制高纯度对甲酚。过量的甲苯层脱水后可循环使用于磺化，副产的二（甲基苯基）砜溶于循环甲苯中，因此不需要另外加入对位定位剂。产物对甲苯磺酸是固体（熔点 $106\sim107℃$），当甲苯的转化率超过 40%，产物中对甲苯磺酸质量含量超过 54% 时，反应物已经很黏稠，流动状态恶化，因此甲苯的转化率以控制 $30\%\sim40\%$ 为宜。另外单位质量甲苯的磺化反应热比十二烷基苯的磺化反应热大得多，而且反应速率也快得多。为了快速传质、传热，不宜采用降膜反应器，而应采用喷射环流反应器（见图 2-3），并且用多个反应器串联。

4.2 α-烯烃用三氧化硫的取代磺化

α-烯烃用三氧化硫-空气混合物进行磺化的主要产物是α-烯烃磺酸和内烯烃磺酸，其盐类是一类重要的阴离子表面活性剂。

4.2.1 反应历程

从α-烯烃与SO_3的主要反应产物看，是磺基取代了烯烃碳原子上的氢，即它是取代反应，但是从反应历程看，则是亲电加成-氢转移反应，其反应历程如图4-7所示。

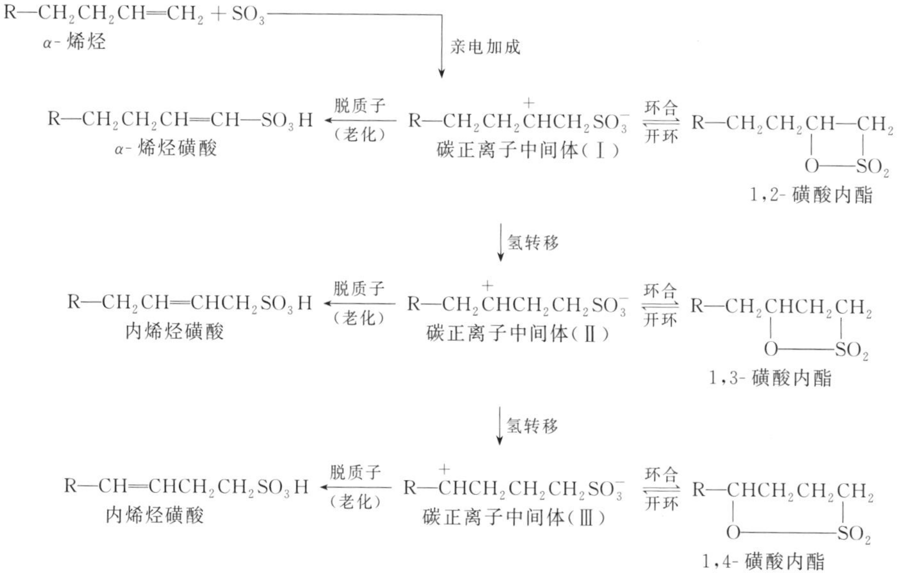

$$R-CH_2CH_2CH=CH_2 + SO_3$$
α-烯烃

图 4-7 α-烯烃与SO_3的反应历程

首先是α-烯烃与SO_3发生亲电加成反应生成碳正离子中间体（Ⅰ），（Ⅰ）可以脱质子（老化）生成产品α-烯烃磺酸，或环合生成1,2-磺酸内酯，也可以发生氢转移反应生成碳正离子中间体（Ⅱ）和（Ⅲ），（Ⅱ）和（Ⅲ）也可以发生脱质子、环合或氢转移反应。

各种烯烃磺酸可以进一步与SO_3反应生成烯烃多磺酸和磺酸内酯磺酸等副产物，另外烯烃磺酸也可以自身聚合生成低聚酸，如图4-8所示。

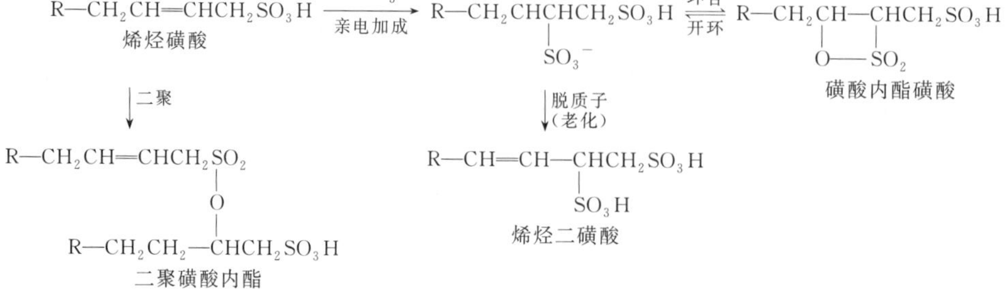

图 4-8 烯烃磺酸与SO_3的副反应

4.2.2 磺化和老化的主要反应条件

由 α-烯烃与 SO_3 反应生成 1,2-磺酸内酯是强烈放热的快速可逆反应，可在瞬间完成，其反应速率是直链烷基苯的磺化速率的 100 倍，所以要用低浓度的 SO_3。由 1,2-磺酸内酯转变为烯烃磺酸和 1,3-磺酸内酯等产物的反应都是慢速反应，亦称老化反应。磺化液在 30℃ 经 3~5min 老化，1,2-磺酸内酯就完全消失。老化时间长会生成较多难水解的 1,4-磺酸内酯。α-烯烃用三氧化硫-空气混合物磺化也可以采用多管降膜磺化器（见图 4-5），这时磺化和老化的反应条件大致如下：

SO_3 在进料气体中的体积分数	2.5%~4.0%
SO_3/烯烃(摩尔比)	(1.06~1.08)∶1
液膜冷却水温度/℃	约 15
老化温度/℃	30~35
老化时间/min	3~10

老化后产物的质量分数组成大致如下：

烯烃磺酸	约 30%
1,3-磺酸内酯(包括少量 1,4-磺酸内酯)	约 50%
二聚磺酸内酯	约 10%
烯烃二磺酸和磺酸内酯磺酸	约 10%

4.2.3 老化液的中和与水解

老化液要用氢氧化钠水溶液中和，并在约 150℃ 进行水解，这时各种磺酸内酯都水解成烯烃磺酸和羟基烷基磺酸，例如：

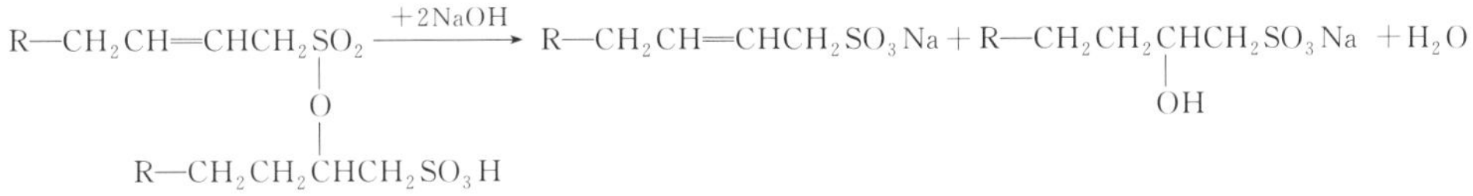

$$R-CH_2CH=CHCH_2SO_2 \xrightarrow{+2NaOH} R-CH_2CH=CHCH_2SO_3Na + R-CH_2CH_2CHCH_2SO_3Na + H_2O$$

(4-45)

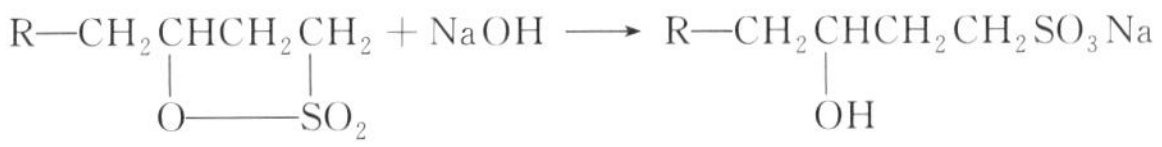

$$R-CH_2CHCH_2CH_2 + NaOH \longrightarrow R-CH_2CHCH_2CH_2SO_3Na$$

(4-46)

$$R-CH_2CH-CHCH_2SO_3H + 2NaOH \longrightarrow R-CH_2CH-CHCH_2SO_3Na + H_2O$$

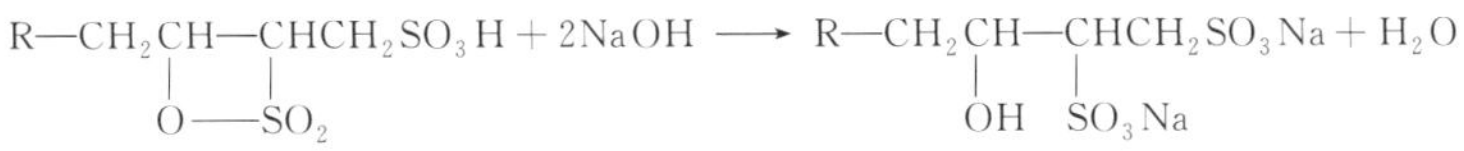

(4-47)

水解后，产物中约含烯烃磺酸钠 55%~60%，羟基烷基磺酸钠 25%~30% 和烯烃二磺酸二钠 5%~10%(均为质量分数)。

4.3 高碳脂肪酸甲酯用三氧化硫的取代磺化

高碳脂肪酸甲酯的 α-磺酸盐是一类重要的阴离子表面活性剂，它们是由高碳脂肪酸甲酯用三氧化硫-空气混合物进行磺化而制得的。

4.3.1 反应历程和动力学

从反应结果看，这个磺化反应是亲电取代反应，但实际上这个反应的历程相当复杂，其主要反应可简单表示如图 4-9 所示。

第一步生成（Ⅱ）的反应是强烈放热的快速反应，但不是瞬间的，在五步主要反应（$k_1 \sim k_5$）中，第五步老化反应是最慢的反应速率控制步骤，因此必须使用过量较多的三氧化硫，而二磺酸（Ⅴ）的含量随 SO_3/甲酯（摩尔比）的增加而增加，但随反应温度的升高而降低，这是因为在 70℃ 以上，由（Ⅱ）直接变成产品高碳脂肪酸甲酯-α-磺酸（Ⅵ）的反应有一定的反应速率。另外，由于生成（Ⅱ）的反应不是瞬间的，所以它对于三氧化硫的浓度不敏感。

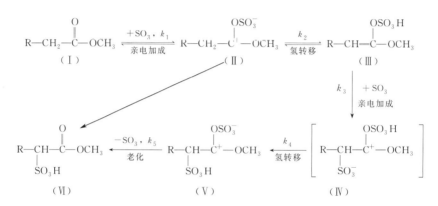

图 4-9　高碳脂肪酸甲酯与 SO_3 的反应历程

如果老化时（Ⅴ）没有完全转变成产品（Ⅵ）就用氢氧化钠水溶液中和，则（Ⅴ）会分解成烷基羧酸磺酸二钠盐，使产品颜色变深，所以老化要保持较高的温度和较长的时间。

$$R-CH-\underset{|}{\overset{OSO_3^-}{C^+}}-OCH_3 + 3NaOH \longrightarrow R-CH-\overset{O}{\overset{\|}{C}}-ONa + H_3C-O-SO_3Na + 2H_2O \qquad (4-48)$$

4.3.2 磺化和老化的主要反应条件

反应条件与磺化反应器的结构有关，当采用降膜反应器时，根据最佳化实验数据，其主要反应条件如下：

三氧化硫-空气混合物的体积分数	含 SO_3 6%～7%
SO_3/甲酯(摩尔比)	(1.15～1.25)∶1
磺化温度/℃	约 90
冷却水温度/℃	上段 40～50，下段 80～90
磺化时间	极短
老化反应器	活塞流管式反应器
老化温度/℃	80～95
老化时间/min	30～60

4.4 链烷烃用二氧化硫的磺氧化和磺氯化

高碳链烷基磺酸是一类重要的表面活性剂，用量很大。链烷烃相当稳定，不能用硫酸、氯磺酸、氨基磺酸或三氧化硫等亲电试剂进行取代磺化。目前采用的磺化方法是用二氧化硫的磺氧化法和磺氯化法，它们都是自由基链反应。高碳链烷基磺酸也可由烯烃与亚硫酸氢钠进行加成磺化而得（见4.6）。

4.4.1 链烷烃的磺氧化

高碳链烷烃 $R—H(C_{14}\sim C_{18})$ 的磺氧化是以二氧化硫和空气中的氧为反应剂的自由基链反应，其反应历程可简单表示如下。

链引发 $\qquad R—H \xrightarrow{\text{光或引发剂}} R \cdot + H \cdot$ (4-49)

$R \cdot + SO_2 \longrightarrow R—SO_2 \cdot$ (4-50)

链增长 $\qquad R—SO_2 \cdot + O_2 \longrightarrow R—SO_2O_2 \cdot$ (4-51)

$R—SO_2O_2 \cdot + R—H \longrightarrow R—SO_2O_2H + R \cdot$ (4-52)

$R—SO_2O_2H \longrightarrow R—SO_2O \cdot + \cdot OH$ (4-53)

$R—SO_2O \cdot + R—H \longrightarrow R—SO_3H + R \cdot$ (4-54)

$R—H + \cdot OH \longrightarrow R \cdot + H_2O$ (4-55)

副反应 $\qquad R—SO_2O_2H + H_2O + SO_2 \longrightarrow R—SO_3H + H_2SO_4$ (4-56)

上述反应可以用紫外光、γ 射线以及臭氧和过氧化物等自由基引发剂来引发。生成产品烷基磺酸的反应速率控制步骤是过磺酸 $R—SO_2O_2H$ 的生成。过磺酸在 40℃ 左右的反应温度下相当稳定，但水的存在可促进其分解为磺酸。光照并向反应器中加水的方法称作"水光磺氧化法"，工艺比较成熟。

在磺氧化反应中，磺酸基进入碳链的位置是随机的，大部分磺基和仲碳原子相连，产品主要是仲烷基磺酸盐，有强吸潮性，性能不理想。

磺氧化法的优点是原料成本低；缺点是需要光源。如要提高单磺化物的含量，链烷烃的转化率要低。但使未反应的链烷烃分离、回收并循环使用需要庞大的设备，设备费用高，必须大规模生产才有良好的经济效益。

4.4.2 链烷烃的磺氯化

链烷烃的磺氯化是以二氧化硫和氯气为反应剂的自由基链反应，生成的产物是磺酰氯，其反应历程可简单表示如下。

链引发 $\qquad Cl_2 \xrightarrow{\text{光}} 2Cl \cdot$ (4-57)

$R—H + Cl \cdot \longrightarrow R \cdot + HCl \uparrow$ (4-58)

$R \cdot + SO_2 \longrightarrow R—SO_2 \cdot$ (4-59)

链增长 $\qquad R—SO_2 \cdot + Cl_2 \longrightarrow R—SO_2Cl + Cl \cdot$ (4-60)

磺氯化反应是在 $300\sim400nm$ 紫外光的照射下，在 $30\sim65℃$ 进行的。为了抑制烷烃的氯化副反应，SO_2/Cl_2 的摩尔比为 $(1.05\sim1.10):1$。磺氯化产物中伯烷基磺酰氯含量较多，但二磺酰氯含量也高，为了抑制二磺氯化副反应，必须控制链烷烃的转化率。将磺氯化产物用氢氧化钠水溶液水解、中和就得到链烷基磺酸钠水溶液，水层经蒸水、干燥后就得到产品，未反应的链烷烃可回收、循环使用。

链烷烃的磺氧化和磺氯化是开发较早的生产阴离子表面活性剂的方法，其缺点是消耗定额高，三废处理难，产品的洗涤性能不理想，因此在阴离子表面活性剂的总产量中只占 $3\%\sim5\%$。

4.5 烯烃与亚硫酸盐的加成磺化

烯烃和炔烃与亚硫酸盐的加成磺化一般是通过自由基链反应而完成的，其反应历程可简单表示如下。

链引发 $$HSO_3^- \xrightarrow{\text{引发剂}} H\cdot + \cdot SO_3^- \qquad (4\text{-}61)$$

$$R-CH=CH_2 + \cdot SO_3^- \longrightarrow R-\overset{\cdot}{C}H-CH_2SO_3^- \qquad (4\text{-}62)$$

链增长 $$R-\overset{\cdot}{C}H-CH_2SO_3^- + HSO_3^- \longrightarrow R-CH_2CH_2SO_3^- + \cdot SO_3^- \qquad (4\text{-}63)$$

最常用的烯烃是高碳 α-烯烃（$C_{10}\sim C_{20}$），加成产物是高碳伯烷基磺酸钠，它也是一类阴离子表面活性剂，性能良好，但 α-烯烃供应量少、价格贵，产品成本高。

当烯烃的共轭碳原子上连有羰基、氰基、硝基等强吸电子基时，它与亚硫酸盐的反应就不再是自由基加成反应，而是亲核加成反应。例如，顺丁烯二酸二异辛酯与亚硫酸氢钠水溶液在常压回流几小时可制得琥珀酸二异辛酯磺酸钠，商品名称渗透剂 T。

$$\text{（反应式）} \qquad (4\text{-}64)$$

各种琥珀酸单酯和双酯的磺酸钠是一类重要的阴离子表面活性剂。

在上述反应中不需要外加相转移催化剂，因为单酯的钠盐可起到磺化的相转移催化作用。

4.6 亚硫酸盐的置换磺化

脂链上的卤基，芳环上活化的卤基和硝基，以及脂链上的磺氧基（即酸性硫酸酯基—OSO_3H）可以被亚硫酸盐置换成磺酸基，这类反应都是亲核置换反应，反应是在亚硫酸盐的水溶液中加热而完成的。其重要实例列举如下。

4.6.1 牛磺酸的制备

牛磺酸的化学名称是 2-氨基乙基磺酸，它是重要的药物和保健营养品。它的合成路线很多，其中重要的方法如下。

① 1,2-二氯乙烷先用亚硫酸钠置换磺化得 2-氯乙基磺酸钠，后者再用浓氨水氨解。

② 环氧乙烷先与亚硫酸氢钠加成得 2-羟基乙基磺酸钠，后者再用浓氨水氨解。

③ 环氧乙烷先用浓氨水胺化得乙醇胺（氨基乙醇），后者用氯化氢（或溴化氢）氯化（或溴化）得 2-氯（或溴）乙基胺，最后再用亚硫酸氢钠将氯（或溴）置换成磺基。

④ 乙醇胺先用浓硫酸酯化得 2-氨基乙基酸性硫酸酯，后者再用亚硫酸钠将磺氧基置换成磺基，其反应式如下：

$$H_2NCH_2CH_2OH + H_2SO_4 \xrightarrow[\text{减压脱水}]{\text{硫酸酯化}} H_2NCH_2CH_2OSO_3H + H_2O \tag{4-65}$$

$$H_2NCH_2CH_2OSO_3H + Na_2SO_3 \xrightarrow[\text{回流}]{\text{置换磺化}} H_2NCH_2CH_2SO_3H + Na_2SO_4 \tag{4-66}$$

其中氨基乙醇的溴化、置换磺化法收率高，但需回收溴，工艺复杂。氨基乙醇的硫酸酯化、置换磺化法虽然收率一般，但工艺、设备简单。置换磺化后将反应液浓缩，趁热离心过滤分离出硫酸钠，过滤母液冷却结晶得粗品牛磺酸，再经离子膜脱去无机盐，即得精品，结晶母液仍含有牛磺酸可用于配制亚硫酸钠水溶液循环使用。

另一个新的方法是将乙醇胺在氮气流中雾化，在 $Cs_{0.9}Ba_{0.1}P_{0.8}$ 催化剂存在下高温脱水发生分子内环合反应生成亚乙基亚胺，然后与亚硫酸氢铵发生开环加成反应生成牛磺酸。此法成本低、投资少、不需分离副产物，已在 20 世纪 80 年代末投入工业化生产。值得注意的是亚乙基亚胺是致癌性剧毒物，沸点 55～56℃，是一级易燃液体，对生产使用的技术安全要求高。

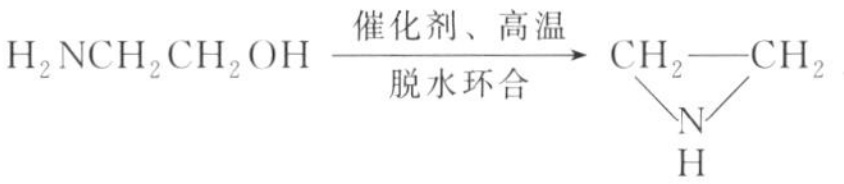

$$H_2NCH_2CH_2OH \xrightarrow[\text{脱水环合}]{\text{催化剂、高温}} \underset{\underset{H}{N}}{CH_2\!-\!\!\!-CH_2} \tag{4-67}$$

$$\underset{\underset{H}{N}}{CH_2\!-\!\!\!-CH_2} + NH_4HSO_3 \xrightarrow{\text{开环加成磺化}} H_2NCH_2CH_2SO_3H + NH_3 \tag{4-68}$$

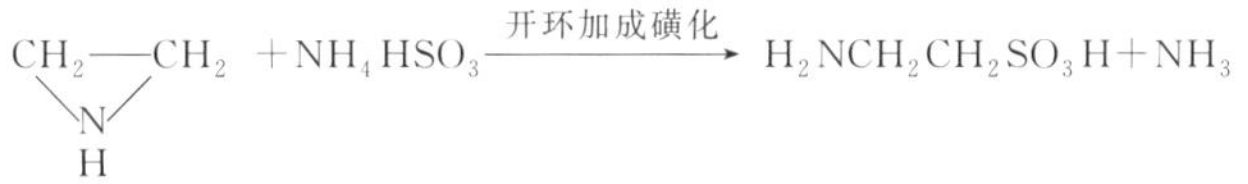

4.6.2　苯胺-2,5-双磺酸(2-氨基苯-1,4-二磺酸)的制备

苯胺-2,5-双磺酸是重要的染料中间体，目前中国主要采用间氨基苯磺酸用发烟硫酸磺化的方法，此法的优点是工艺简单，收率高；缺点是磺化废液多，难处理。

另一条合成路线是氯苯法，其反应式如下：

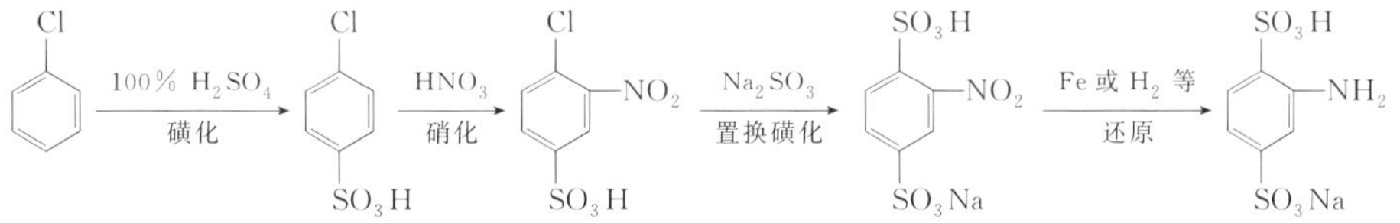

$$\tag{4-69}$$

氯苯法如能进一步改进工艺，有可能与间氨基苯磺酸法相竞争。

4.7　烯烃的硫酸化

烯烃与过量的浓硫酸或发烟硫酸反应时，不是发生取代磺化反应，而是发生硫酸化反应，得到的产品主要是一仲烷基酸性硫酸酯和二仲烷基硫酸酯。

4.7.1　高碳α-烯烃的硫酸化

烯烃的硫酸化是亲电加成反应，其反应历程和主要产物可简单表示如图 4-10 所示。

其主反应是烯烃首先加质子生成碳正离子中间体，它是反应速率最慢的控制步骤，它服

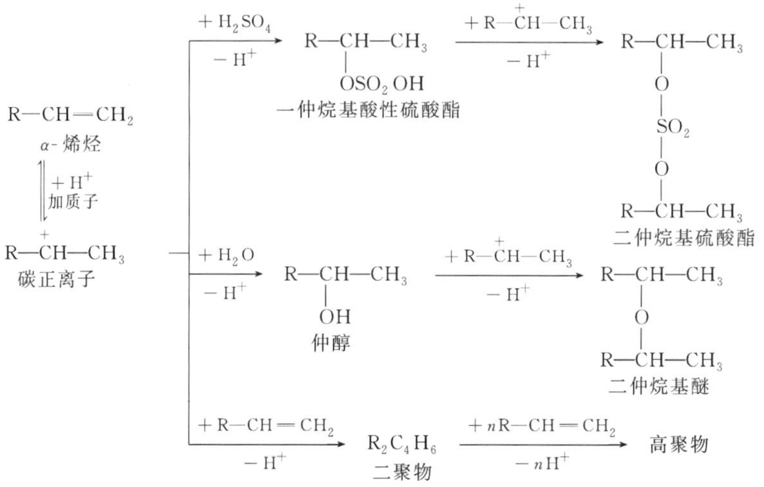

图 4-10 烯烃硫酸化的反应历程和主要产物

从 Markovnikov 规则，即质子加至含氢多的碳原子上。然后碳正离子中间体与硫酸反应生成一仲烷基酸性硫酸酯和二仲烷基硫酸酯。因为碳正离子中间体可以通过氢转移，快速地发生异构化反应，所以高碳烯烃的硫酸化产物是硫酸酯基处于不同碳原子上的各种仲烷基硫酸酯的混合物。另外，碳正离子中间体还可以发生生成仲醇、二仲烷基醚和聚合物等的副反应。

直链 α-烯烃（$C_{12} \sim C_{18}$）的硫酸化可在带冷却装置的槽式反应器中进行，反应温度保持 $10 \sim 20 \, ^\circ\mathrm{C}$，以抑制副反应。产品高碳直链仲烷基酸性硫酸酯的钠盐是性能良好的阴离子表面活性剂。商品名称 Teepol，但易吸潮，一般用于制液体或浆状洗涤剂。

4.7.2 低碳烯烃的硫酸化

将纯度为 $35\% \sim 95\%$（体积分数）的乙烯（气体）与质量分数为 $94\% \sim 98\%$ 的硫酸，在 $55 \sim 80 \, ^\circ\mathrm{C}$ 和 $0.101 \sim 0.355\mathrm{MPa}$（$1 \sim 3.5\mathrm{atm}$）在多个吸收塔中反应，可得到硫酸单乙酯、硫酸二乙酯和过量硫酸的混合物，经脱硫酸处理后，与无水硫酸钠共热，减压蒸馏，可得到纯度 99%（质量分数）的硫酸二乙酯，收率 85% 以上。小规模生产时也可以用乙醇与硫酸反应先制得硫酸单乙酯，再将后者制成硫酸二乙酯。

另外，将上述硫酸化反应物在 $70 \sim 100 \, ^\circ\mathrm{C}$ 加水水解可得到乙醇，这是工业上从乙烯制乙醇的主要方法之一，工业上也可以用乙烯直接水合法生产乙醇。

4.7.3 不饱和脂肪酸酯的硫酸化

不含羟基的不饱和脂肪酸酯与过量硫酸的硫酸化反应用于制备阴离子表面活性剂。例如，将油酸丁酯在 $0 \sim 5 \, ^\circ\mathrm{C}$ 与过量的发烟硫酸（SO_3 质量分数为 20%）反应，然后加水稀释，破乳、分出油层、用氢氧化钠水溶液中和，即得到磺化油 AH，它是合成纤维的上油剂。

$$\mathrm{CH_3(CH_2)_7CH{=}CH(CH_2)_7COOC_4H_9} \xrightarrow[0 \sim 5\,^\circ\mathrm{C}]{+H_2SO_4 \ 硫酸化, \ NaOH \ 中和} \mathrm{CH_3(CH_2)_7CH{-}CH_2(CH_2)_7COOC_4H_9}$$

$$\underset{磺化油 AH}{\overset{|}{\mathrm{OSO_3Na}}}$$

(4-70)

4.8 脂肪醇的硫酸化

4.8.1 高碳脂肪醇的硫酸化

高碳脂肪醇的硫酸单酯的钠盐是一类重要的阴离子表面活性剂。高碳脂肪醇硫酸化的反应剂可以是硫酸、氯磺酸、氨基磺酸或三氧化硫，现在工业上都采用三氧化硫-空气混合物作反应剂，其反应历程包括两个步骤：

$$R—OH+2SO_3 \xrightarrow[\text{极快}]{\text{硫酸化}} R—O—SO_2—O—SO_3H \tag{4-71}$$

$$R—O—SO_2—O—SO_3H+R—OH \xrightarrow[\text{稍慢}]{\text{老化}} 2R—OSO_3H \tag{4-72}$$

第一步硫酸化是快速的剧烈放热反应，考虑到硫酸单酯对热不稳定，温度高时会分解为原料醇以及生成二烷基硫酸酯（R—O—SO_2—O—R）、二烷基醚（R—O—R）、异构醇和烯烃（$R'—CH=CH_2$）等副产物，硫酸化和老化的反应温度都不能太高。用降膜反应器时，其主要反应条件是：

SO_3-空气混合物中 SO_3 体积分数	4%～7%
SO_3/醇(摩尔比)	(1.02～1.03):1
C_{12} 醇的进料温度/℃	约 30(略高于醇的熔点)
硫酸化温度/℃	
C_{12}～C_{14} 醇	35～40
C_{16}～C_{18} 醇	45～55

老化时间只需 1min，所以实际上并不需要单独的老化器，从降膜反应器流出的反应液经过一定长度的管道后，即可直接进行中和。

不饱和高碳脂肪醇用 SO_3-空气混合物在降膜反应器中进行硫酸化时，硫酸化收率约 92%，双键保留率约 95%。

4.8.2 低碳脂肪醇的硫酸化

向甲醇中滴入氯磺酸可得到硫酸单甲酯。

$$CH_3OH+HSO_3Cl \longrightarrow CH_3—O—SO_3H+HCl\uparrow \tag{4-73}$$

将甲醇与过量硫酸反应，然后脱硫酸钙，可得到硫酸单甲酯钠盐的水溶液。

$$CH_3OH+H_2SO_4 \longrightarrow CH_3—O—SO_3H+H_2O \tag{4-74}$$

硫酸二甲酯的制备是先将甲醇脱水生成二甲醚，后者再与溶于硫酸二甲酯中的三氧化硫反应，收率 85%～90%。

$$2CH_3OH+SO_3 \xrightarrow[CH_3—O—SO_3H，催化]{120～145℃，脱水} CH_3—O—CH_3+H_2SO_4 \tag{4-75}$$

$$CH_3—O—CH_3+SO_3 \xrightarrow[60～80℃]{\text{硫酸化}} CH_3—O—SO_2—O—CH_3 \tag{4-76}$$

4.8.3　羟基不饱和脂肪酸酯的硫酸化

蓖麻油与 SO_3-空气混合物反应时可制得土耳其红油，它是纤维素染色的匀染剂。

$$CH_3(CH_2)_5-\underset{\underset{OH}{|}}{CH}-CH_2-CH=CH(CH_2)_7-\overset{\overset{O}{\|}}{C}-O-G \xrightarrow[\text{硫酸化}]{H_2SO_4\ 或\ SO_3}$$

蓖麻油（G 代表甘油基）（三蓖麻油酸甘油酯）

$$CH_3(CH_2)_5-\underset{\underset{O-SO_3H}{|}}{CH}-CH_2-CH=CH(CH_2)_7-\overset{\overset{O}{\|}}{C}-O-G \tag{4-77}$$

土耳其红油

小批量生产时一般用质量分数 98% 的硫酸在 40℃ 左右进行硫酸化。实际上，蓖麻油分子只有一部分羟基硫酸化，可能有一部分不饱和键也被硫酸化。用 SO_3-空气混合物进行硫酸化，不仅可大大缩短反应时间，而且产品中无机盐含量和游离脂肪酸含量较少。

4.9　聚氧乙烯醚的硫酸化

高碳脂肪醇和高碳烷基酚的聚氧乙烯醚的酸性硫酸单酯是一类性能良好的阴离子表面活性剂。所用聚氧乙烯醚是由高碳醇或高碳烷基酚与环氧乙烷的 O-烷化制得的（见 10.3.4），它们都含有伯醇基，它们的硫酸化的化学反应和工艺过程与高碳脂肪醇的硫酸化（见 4.8.1）基本相似。

$$R-O(CH_2CH_2O)_{\overline{n}}CH_2CH_2O-H+2SO_3 \xrightarrow[\text{快速}]{\text{硫酸化}} R-\overset{+}{\underset{\underset{SO_3^-}{|}}{O}}(CH_2CH_2O)_{\overline{n}}CH_2CH_2-O-SO_3H \tag{4-78}$$

$$R-\overset{+}{\underset{\underset{SO_3^-}{|}}{O}}(CH_2CH_2O)_n CH_2CH_2-O-SO_3H+R-O(CH_2CH_2O)_{\overline{n}}-CH_2CH_2OH$$

$$\xrightarrow[\text{稍慢}]{\text{老化}} 2R-O(CH_2CH_2O)_{\overline{n}}CH_2CH_2-O-SO_3H \tag{4-79}$$

R 代表高碳烷基或高碳烷基芳基；n 一般为 1～3

醇醚（$n=3$）用降膜反应器进行硫酸化的主要反应条件是：

SO_3/醇醚（摩尔比）	(1.01～1.04):1
SO_3-空气混合物中 SO_3 体积分数	3%～4%
进气温度/℃	42±2
露点/℃	<−50
醇醚进料温度/℃	30±3
循环冷却水温度/℃	28～30
硫酸化温度/℃	35～50
中和温度/℃	60

对于降膜反应器要严格控制上段和下段冷却水的最佳温度。由于所得硫酸单酯在酸性介质中不稳定，应立即中和成钠盐。

4.10 磺化反应发展趋势

在各种磺化反应工艺方法中，三氧化硫磺化因反应速度快、无废酸产生等优点成为工艺和设备创新发展的重点，如进一步提高目标产物的收率和质量，提高反应的安全性，降低能耗，引入强化传质和传热的新技术等。近年来，有关微通道反应器中合成石油磺酸盐、烷基苯磺酸盐、烯基磺酸盐、脂肪酸甲酯磺酸盐等阴离子表面活性剂的研究报道较多，通过控制反应温度、SO_3 与被磺化物的物质的量比、SO_3 的体积分数及 SO_3/空气混合气体的流量等条件，可以在 T 形等微反应器中得到较高的产品收率。

基于微通道反应器的连续化、高效传质和传热的特点，能够方便地控制物料的停留时间、反应的选择性及目的产物的收率。例如，在 T 形微结构混合器中，以 SO_3 的二氯乙烷溶液为磺化剂，通过控制甲苯转化率和停留时间等主要反应条件，可以得到对甲苯磺酸质量分数为 94.9% 的反应产物。

此外，北京化工大学对超重力法用于甲苯的三氧化硫磺化进行了研究，有效抑制了砜类副产物的生成，对甲苯磺酸的选择性可以达到 94.82%。

习 题

4-1 磺化反应常用的磺化剂有哪些？

4-2 发烟硫酸中存在哪些亲电反应质点？活性如何？

4-3 SO_3 质量分数为 65% 的发烟硫酸，按 H_2SO_4 计，其质量分数是多少？

4-4 现需配制 1000kg H_2SO_4 质量分数为 100% 的无水硫酸，试计算需用多少千克 98.0% 硫酸和多少千克 20% 发烟硫酸？

4-5 在用 98% 硫酸进行以下一磺化反应时，各应选择什么磺化温度？（1）甲苯一磺化制对甲苯磺酸；（2）萘一磺化制萘-1-磺酸；（3）2-萘酚一磺化制 2-羟基萘-6-磺酸。

4-6 将 400kg 熔融态精萘（纯度 99%）用 343kg 97% 硫酸在 160℃进行一磺化时，假设没有水和萘的蒸发损失，试计算：（1）$H_2SO_4/C_{10}H_8$ 的摩尔比；（2）萘的转化率分别为 80%、85%、90%、95% 和 100% 时，其磺化液的总酸度分别是多少？其磺化液中相应的 H_2SO_4/H_2O 摩尔比分别是多少？（3）根据上述计算结果进行讨论。

4-7 简述由对硝基甲苯制备以下芳磺酸的合成路线、各步反应的名称、磺化的主要反应条件。

4-8 写出以下磺化反应的方法和主要反应条件。

4-9 写出由苯制备 4-氯-3-硝基苯磺酰氯的合成路线、各步反应的名称、主要反应条件和产物的分离方法。

4-10 磺化产物的分离方法有哪些？

4-11 对三氧化硫磺化的方法进行评述。

参 考 文 献

[1] 宋相丹，刘有智，姜秀平，等. 磺化剂及磺化工艺技术研究进展. 当代化工，2010，39（01）：83-85，88.

[2] 于娜娜，冯国琳，王睿，等. 甲苯磺化反应工艺研究进展. 化工中间体，2012，9（08）：24-26，31.

[3] 康小锋，袁志国，金国良，等. 对甲苯磺酸合成工艺的研究进展. 中国胶粘剂，2015，24（03）：53-56.

[4] 史沈明. 4-甲基苯胺-2-磺酸合成研究. 云南化工，2019，46（8）：23-25.

[5] 刘东. 萘在浓硫酸中的磺化反应历程研究. 染料与染色，2017，54（06）：32，37-39.

[6] 孟明扬，马瑛，谭立哲，等. 磺化新工艺与设备. 精细与专用化学品，2004（12）：8-10.

[7] 唐清，唐培堃. 芳伯胺烘焙磺化的工艺进展. 天津化工，2001（04）：10-11.

[8] 季金华，杨丽艳. 4-氨基-2-氯甲苯-5-磺酸的合成反应研究. 中国石油和化工标准与质量，2017，37（14）：112-113.

[9] 李彬，杨冬，张天永，等. 磺化碱熔法制备 2,5-二甲基苯酚. 化学工程，2017，45（09）：52-57.

[10] 张天永，刘万兴，姜爽，等. 1,4-酸钠合成技术进展. 上海染料，2023，51（3）：5-11.

[11] 李彬，王雪，姜爽. 1,6-萘二磺酸钠的合成研究. 现代化工，2019，39（3）：91-95.

[12] 孟明扬，马瑛，王玉灿，等. H 酸连续化合成工艺综述. 染料与染色，2012，49（01）：31-34，39.

[13] 赵曦，张硕，王曰璇，等. 发烟硫酸磺化法合成间苯二甲酸-5-磺酸的新工艺. 精细石油化工，2019，36（3）：5-8.

[14] 杨效益，曹凤英，张广良，等. β-萘磺酸的合成. 日用化学品科学，2012，35（09）：31-34.

[15] 公丕文，陈隆旋，苗桂美，等. 琥珀酸二异戊酯磺酸钠的合成工艺及性能. 化工科技，2023，31（1）：23-29.

[16] 赵建红，陈武渊. SO₃气相硫酸化法合成异辛醇硫酸钠及其性能研究. 日用化学工业，2014，44（08）：436-438，447.

[17] 翟洪志，陈向军，胡显智，等. 三氧化硫磺化技术进展. 日用化学品科学，2010，33（09）：14-17.

[18] 耿卫东，李萍，杨效益，等. 气体三氧化硫磺化法制备 1-萘胺-4-磺酸钠. 印染助剂，2020，37（10）：31-34.

[19] 谢建康. 三氧化硫在磺化反应中的应用要点. 科技与创新，2021（13）：166-168.

[20] 黄争威，张传好，袁振文，等. 液相 SO₃ 磺化甲苯的连续过程工艺研究. 南京工业大学学报（自然科学版），2023，45（3）：259-268.

[21] 王全贵. 三氧化硫磺化技术热点问题分析. 中国洗涤用品工业，2014（06）：69-73.

[22] 刘炜康，史立文，李帮国，等. 烷基苯磺酸的生产工艺和老化机理研究. 广州化工，2021，49（12）：41-45.

[23] 李伟，王征，李本高. 长链烷基苯磺酸盐合成工艺研究. 石油炼制与化工，2020，51（4）：24-27.

[24] 舒炼，李斌. 发烟硫酸合成石油磺酸盐的研究. 化学工程与装备，2010（08）：7，11-12.

[25] 徐坤华，史立文，张义勇，等. 脂肪酸甲酯磺酸盐的生产工艺与应用研究进展. 精细石油化工，2017，34（06）：73-78.

[26] 宋志军. 石油磺酸盐磺化工艺及性能研究. 化工设计通讯，2018，44（02）：111.

[27] 徐铭勋. 脂肪酸甲酯乙氧基化物及其磺酸盐的生产技术与应用. 化学工业，2012，30（07）：30-32.

[28] 胡婉男，王全贵. 两种不同链长烷基苯的磺化工艺比较. 日用化学品科学，2016，39（10）：18-19，37.

[29] 周彩荣，梁欢欢，韩雪巍，等. 牛磺酸合成工艺的改进. 化工学报，2015，66（01）：171-178.

[30] 郭春伟，沈金明，童年，等. 降膜式反应器硫酸化饱和高级脂肪醇. 日用化学品科学，2010，33（09）：33-35.

[31] 伍海彬，王建伟. 磺苯乙酸的合成工艺研究. 浙江化工，2017（02）：1-2.

[32] 徐圆圆. 微反应技术在石化领域的应用进展. 精细石油化工进展，2022，23（3）：33-36，54.

[33] 胡恒，徐娜，李梓良，等. T 型微反应器中合成脂肪酸甲酯磺酸盐动力学及工艺优化. 化工进展，2024，43（12）：6634-6644.

[34] 王嘉鑫. 甲苯磺化动力学及超重力磺化工艺研究. 北京：北京化工大学.

第5章

硝化和亚硝化

·本章学习要求·

掌握的内容：硝化反应的定义、亚硝化反应的定义、硝化剂和硝化反应质点、硝化反应历程、混酸硝化能力、稀硝酸硝化反应历程。

熟悉的内容：混酸硝化的影响因素、混酸硝化动力学、绝热硝化的特点、亚硝化反应实例。

了解的内容：混酸硝化反应设备、硫酸介质中的硝化反应实例、乙酐和乙酸中的硝化反应实例、稀硝酸硝化反应实例、硝化废酸的处理。

5.1 概述

向有机化合物分子中引入硝基的反应称作硝化，引入亚硝基的反应称作亚硝化。硝基可以与有机化合物中的碳原子相连，形成硝基化合物；也可以与氧原子相连，形成硝基酯类化合物；还可以与氮原子相连，形成硝胺等。脂肪族的硝化产物品种少，主要用作炸药、火箭燃料和溶剂等，而且制备方法特殊。本章只叙述芳环和杂环上的硝化和亚硝化。

在芳环或杂环上引入硝基的目的主要有三个方面。

① 将引入的硝基转化为其他取代基，例如硝基还原，是制备芳伯胺的一条重要合成路线。

② 利用硝基的强吸电性使芳环上的其他取代基（特别是氯基）活化，易于发生亲核置换反应（见 12.2）。

③ 利用硝基的特性，赋予精细化工产品某些特性。例如使染料的颜色加深，在 4-(N,N-二甲基）氨基偶氮苯的 4′-位引入硝基，颜色加深。硝基化合物还可作为药物（如硝苯地平）、合成香料（如硝基麝香）、火炸药（如 TNT）和温和的氧化剂等。

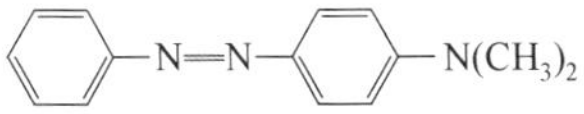

黄色 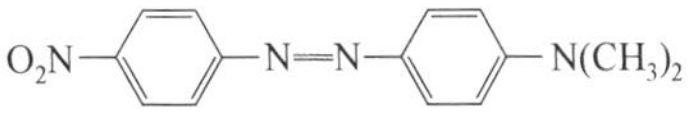　　　　　　　　　　　　　橙色

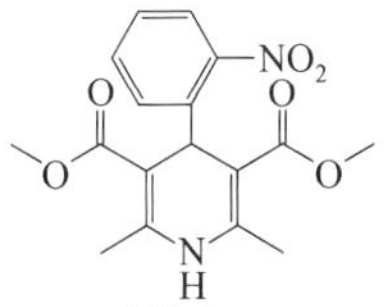

硝苯地平 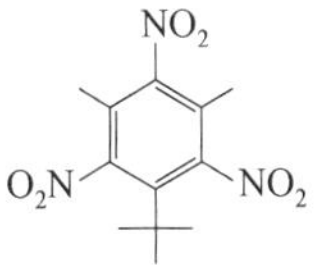　　　　　二甲苯麝香 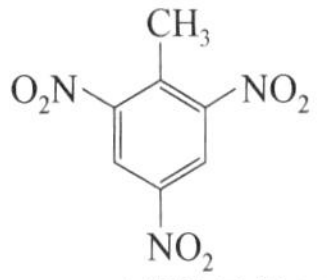　　　2,4,6-三硝基甲苯(TNT)

工业上最常用的硝化剂是硝酸。工业硝酸有两种规格，即质量分数为 98% 的发烟硝酸和 65% 左右的浓硝酸。精细有机合成中主要使用 98% 发烟硝酸，需要低浓度的硝酸时，常用发烟硝酸配制。因为发烟硝酸对金属铝的腐蚀性小，可用铝制容器贮存和运输。

采用硝酸硝化时，反应生成水，随着水的生成，硝酸的浓度逐渐下降，硝化能力也明显下降。

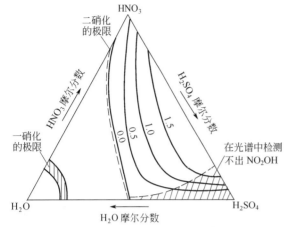

图 5-1 在硝酸-硫酸-水系统中 NO_2^+ 的含量
（图中数据单位为 g 离子/1000g 溶液）

$$Ar—H+HNO_3 \longrightarrow Ar—NO_2+H_2O \qquad (5-1)$$

当硝酸浓度下降到一定程度时，就失去硝化能力。如图 5-1 所示，在室温时，当硝酸浓度下降到摩尔分数约为 80%（质量分数约 93%）就不能使硝基苯再硝化。因此当 1mol 硝基苯进行再硝化时，为了使硝酸浓度不低于质量分数 93%，至少要用 98% 硝酸 423g，HNO_3/硝基苯的摩尔比要大于 6.58:1。

由此可见，为了消除硝酸被水稀释的不利影响，需要使用过量许多倍的硝酸。考虑到这样容易引起多硝化副反应，而且过量的废硝酸的回收也比较麻烦，因此限制了发烟硝酸硝化法的应用。例如蒽醌的一硝化和二硝化都采用过发烟硝酸硝化法，但现在都已改用在硫酸存在下的硝化法。对于酮麝香的制备，过去曾采用过发烟硝酸硝化法，但现在已改用有机溶剂-混酸硝化法。

由图 5-1 还可以看出，当硝酸的含量下降到摩尔分数为 16%（质量分数约 40%），就不能使苯一硝化。因此 1mol 苯在一硝化时，为了使硝酸质量分数不低于 40%，要用 77.59g 98% 硝酸，HNO_3/苯的摩尔比要大于 1.21:1，而且反应速率很慢。曾经研究过用浓硝酸的共沸蒸水法进行苯的一硝化，另外还研究过苯用浓硝酸的气相接触催化硝化法制硝基苯。但工艺复杂，未能工业化。

由图 5-1 还可以看出，苯在摩尔分数为 19.30%（质量分数 56.55%）以上的硫酸中进行一硝化时，硝酸可以完全反应，即经长时间后 HNO_3 的含量可接近于零。因此采用硝酸-硫酸的混酸进行硝化时，可以使用接近于理论量的硝酸。

为了消除硝酸被水稀释的不利影响，也可以用乙酐作脱水剂，此时乙酐既是脱水剂，也是溶剂。

对于某些酚类、酚醚和 N-酰基芳胺可以用稀硝酸硝化。

当用取代硝化法不能取得良好效果时，则需要考虑采用硝基置换芳环上已有取代基的置换硝化法。

硝化的方法很多，本章只讨论：①用硝酸-硫酸的混酸硝化；②在硫酸介质中的硝化；③有机溶剂-混酸硝化；④在乙酐或乙酸中硝化；⑤稀硝酸硝化；⑥置换硝化。

5.2 硝化反应历程

5.2.1 硝化剂中的活泼质点

已经证明，芳环上的硝化是亲电取代反应，硝化的主要活泼质点是 NO_2^+，这里先叙述 NO_2^+ 与硝酸浓度或硝酸-硫酸组成的关系。

用拉曼光谱测得，在质量分数100%硝酸中，约有97%硝酸以HNO_3的分子态存在，约有3%的硝酸经分子间的质子转移生成硝基正离子NO_2^+。

$$HNO_3 + HNO_3 \rightleftharpoons H_2NO_3^+ + NO_3^- \tag{5-2}$$

$$H_2NO_3^+ \rightleftharpoons H_2O + NO_2^+ \tag{5-3}$$

其中约含有质量分数1%的NO_2^+、1.5%的NO_3^-和0.5%的H_2O。

向质量分数100%的硝酸中加入水，式（5-3）平衡左移，NO_2^+的浓度下降，已经测得在摩尔分数82%（质量分数94%）的硝酸中，用拉曼光谱已测不出NO_2^+（见图5-1）。但是在高于质量分数70%的含水硝酸中，水分子和硝酸分子之间仍然可以发生^{18}O的交换，这说明仍有NO_2^+存在，见式（5-3）。

由于硫酸的供质子能力比硝酸强，它可以提高硝酸离解为NO_2^+的程度。

$$HONO_2 + 2H_2SO_4 \rightleftharpoons NO_2^+ + H_3O^+ + 2HSO_4^- \tag{5-4}$$

在HNO_3-H_2SO_4-H_2O三元体系中，用拉曼光谱测得的NO_2^+的含量曲线如图5-1所示。

由图5-1可以看出，在摩尔分数约50%（质量分数约84.5%）的硫酸中，用拉曼光谱已测不出NO_2^+。目前还不能测定含水较多的硫酸中NO_2^+的含量，有人指出在质量分数为68%硫酸中，NO_2^+摩尔分数的数量级约为10^{-8}。

关于硝化活性质点，有人认为在质量分数70%（摩尔分数40%）的硝酸中硝化时，硝化活性质点仍然是NO_2^+，但也有人认为硝化活性质点是质子化的硝酸$H_2NO_3^+$。用混酸硝化时，普遍认为硝化活性质点是NO_2^+，尽管NO_2^+的含量很低。

5.2.2　反应历程

以苯的一硝化为例，首先是NO_2^+进攻苯环生成π配合物，接着经过激发态转变为σ配合物，然后从苯环上脱去质子得到硝基苯。

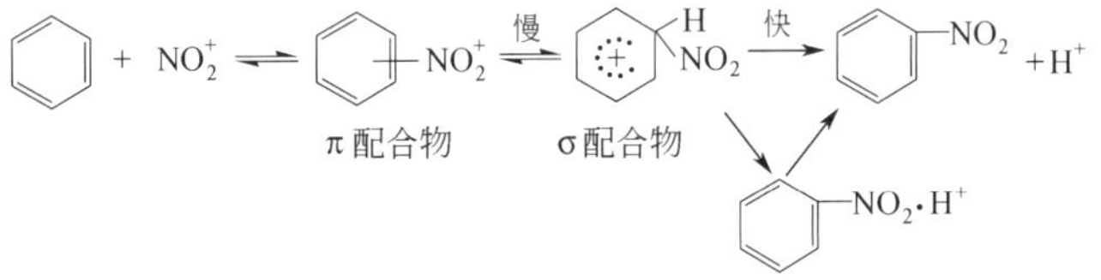

$$\tag{5-5}$$

硝化是不可逆反应，水（或H_3O^+）的存在不会导致硝基脱落的逆反应，但是水会影响硝化反应的速率和硝基物异构体的生成比例，这将在以后叙述。

在质量分数为40%以下的稀硝酸中硝化时的反应历程见5.7.1。在乙酐中的硝化反应历程见5.6。

硝基是强吸电基，在苯环上引入一个硝基后，使苯环上的电子云密度明显降低，在相同条件下再引入第二个硝基时的反应速率常数k_2降低到苯一硝化时的反应速率常数的$10^{-5} \sim 10^{-7}$，因此只要控制适宜的硝化条件，在苯环上引入一个或两个硝基时可以只生成极少量的多硝基物。但是蒽醌则不同，在它的一个苯环上引入硝基后，对于另一个苯环的影响不十分大，所以在制备1-硝基蒽醌时总会副产一定数量的二硝基蒽醌。

5.3 混酸硝化

为了克服单用硝酸硝化法的缺点，出现了用硝酸和硫酸混合物作硝化剂的所谓混酸硝化法。混酸硝化法主要用于在反应温度下，反应物和反应产物为液态，不溶于废硫酸，可用分层法与废硫酸分离的情况，它主要用于苯、甲苯、二甲苯、氯苯、二氯苯和萘等的一硝化以及硝基苯、硝基甲苯和硝基氯苯等的再硝化。由于这些硝基化合物的产量都很大，因此混酸硝化法成为最重要的硝化方法，研究工作也最多。

混酸硝化法的优点：

① 硫酸的供质子能力比硝酸强，可提高硝酸解离为 NO_2^+ 的程度，因此混酸的硝化能力强、反应速率快，并且可以使用接近理论量的硝酸；

② 混酸中硝酸的氧化性低，氧化副反应少；

③ 硫酸用量不多，硝化完毕后，废酸中硫酸的质量分数在 $50\%\sim80\%$ 之间，液态的硝化产物不溶于废硫酸中，可用分层法与废酸分离，分出的废酸便于回收循环使用。

5.3.1 混酸硝化动力学

混酸硝化是两相反应，以甲苯的一硝化为例，它涉及以下步骤：

① 甲苯从有机相向相界面扩散；

② 甲苯从相界面扩散进入酸相；

③ 甲苯在扩散进入酸相的同时生成一硝基甲苯；

④ 生成的一硝基甲苯从酸相扩散返回相界面；

⑤ 一硝基甲苯从相界面扩散进入有机相；

⑥ 硝酸从酸相向相界面扩散，在扩散途中与甲苯进行反应；

⑦ 硝化生成的水从相界面扩散返回到酸相；

⑧ 有些硝酸从相界面扩散进入有机相。

研究发现，有机相中的硝化反应速率比酸相中的反应速率小几个数量级，因此⑥、⑦和⑧可以忽略不计，而只考虑酸相中的硝化反应。

通过苯、甲苯和氯苯的混酸硝化的动力学研究指出，根据传质和硝化反应两者的相对速率，可以把反应体系分为三种类型，即快速传质型、慢速传质型和动力学型。快速传质型亦称瞬间型，其特征是反应在两相的界面上快速发生，反应物不能在同一液相区中共存。慢速传质型亦称快速型，其特征是反应主要在酸膜中或者在两相界面的边缘上进行，反应速率受传质控制，即控制步骤可能是有机物在酸膜中的扩散阻力。动力学型亦称慢速型，其特征是反应主要发生在酸相中，硝化反应速率是控制步骤。

反应体系的类型对于硝化反应器的设计与放大是重要的参数。而反应体系的类型与酸相中的 H_2SO_4 和 HNO_3 的含量有密切关系。甲苯在连续搅拌槽式反应器（搅拌器转速 $1500\sim10000r/min$）中的（混酸）两相硝化的动力学研究指出：当酸相中 HNO_3 的含量很低时（例如摩尔分数为 0.05%），在摩尔分数 34% 硫酸中［相当于质量分数 73.71%，H_2SO_4/H_2O（质量比）$=2.80$］，反应体系属于快速传质的瞬间型。在摩尔分数 30.7% 硫酸［相当于质量分数 70.7%，H_2SO_4/H_2O（质量比）$=2.47:1$］到摩尔分数 34% 的硫酸中反应体系属于传质控制的快速型。在摩尔分数 30.7% 以下的硫酸中，反应体系属于动力学控制的慢速型。但是当酸相中硝酸的含量较高时（例如摩尔分数 1%），在摩尔分数 25% 硫酸中 [含 H_2O 摩尔分数为 74%，相当于质量分数为 H_2SO_4 63.72%，HNO_3 1.64%，H_2O 34.64%，H_2SO_4/H_2O（质量比）=1.84:1]，在反应的初始阶段反应体系属于传质控制，当酸相中硝酸的含量降至很低后 [相应于质量分数为 64.47% H_2SO_4，H_2SO_4/H_2O（质量比）=1.81:1]，反应体系转变为动力学控制的慢速型。即对于两台槽式串联反应器来说，第一台的酸相中硝酸含量比较高，反应体系属于传质控制，搅拌强度非常重要，而第二台的酸相中硝酸的含量很低，反应体系属于动力学控制，搅拌强度不太重要。

5.3.2 混酸的硝化能力

对于每个具体的混酸硝化过程都要求所用混酸具有适当的硝化能力。硝化能力太弱，反应速率慢，甚至反应不完全；硝化能力太强，虽然反应速率快，但容易发生多硝化副反应。工业上常用"脱水值"（DVS）或"废酸计算含量"（FNA）来表示混酸的硝化能力。

5.3.2.1 硫酸的脱水值

硫酸的脱水值（dehydrating value of sulfuric acid）简称"DVS"或"脱水值"，是指硝化终了时废酸中（即硝酸含量很低时）H_2SO_4/H_2O 的计算质量比。

$$DVS = \frac{废酸中含 H_2SO_4 质量}{废酸中含 H_2O 质量} = \frac{混酸中 H_2SO_4 质量}{混酸中含 H_2O 质量 + 硝化生成 H_2O 质量} \tag{5-6}$$

当已知混酸组成和硝酸比 Φ 时，脱水值的计算公式可推导如下：设 $w(H_2SO_4)$ 和 $w(HNO_3)$ 分别表示混酸中硫酸和硝酸的质量分数（%），Φ 表示硝酸/被硝化物的摩尔比。以 100 份质量混酸为计算基准，当 $\Phi > 1$ 时，则

$$混酸中含 H_2O = 100 - w(H_2SO_4) - w(HNO_3) \tag{5-7}$$

$$反应生成的 H_2O = \frac{w(HNO_3)}{\Phi} \times \frac{18}{63} = \frac{2w(HNO_3)}{7\Phi} \tag{5-8}$$

$$DVS = \frac{w(H_2SO_4)}{100 - w(H_2SO_4) - w(HNO_3) + \frac{2w(HNO_3)}{7\Phi}}$$

$$= \frac{w(H_2SO_4)}{100 - w(H_2SO_4) - \frac{(7\Phi - 2)w(HNO_3)}{7\Phi}} \tag{5-9}$$

当硝酸的用量等于或低于理论量，即 $\Phi \leqslant 1$ 时，硝酸全部反应生成水，即相当于 $\Phi = 1$，则

$$DVS = \frac{w(H_2SO_4)}{100 - w(H_2SO_4) - \frac{5w(HNO_3)}{7}} \tag{5-10}$$

由式（5-6）可以看出，脱水值高，表示废酸中 H_2SO_4 含量多，H_2O 含量少，混酸的硝化能力强。

具体硝化过程的 DVS（或 FNA，见 5.3.2.2）与被硝化物的性质、混酸组成、硝酸比以及硝化温度、硝化时间、操作方式和硝化器结构等因素有关。表 5-1 是某些硝化过程的早期数据。近年来对于许多硝化过程的 DVS 或 FNA 做了改进。对于一硝化，一般稍稍降低 FNA 或废酸中 H_2SO_4 的分析浓度（质量含量），以进一步降低二硝化副产物。

表 5-1　某些重要硝化过程的部分参考数据

被硝化物	主要硝化产物	硝酸比	脱水值	废酸计算含量/%	混酸组成/%		备注
					H_2SO_4	HNO_3	
萘	1-硝基萘	1.07~1.08	1.27	56	27.84	52.28	加58%底酸
苯	硝基苯	1.01~1.05	2.33~2.58	70~72	46~49.5	44~47	连续法
甲苯	邻硝基甲苯和对硝基甲苯	1.01~1.05	2.18~2.28	68.5~69.5	56~57.5	26~28	连续法
氯苯	邻硝基氯苯和对硝基氯苯	1.02~1.05	2.45~2.8	71~72.5	47~49	44~47	连续法
氯苯	邻硝基氯苯和对硝基氯苯	1.02~1.05	2.50	71.4	56	30	间歇法
硝基苯	间二硝基苯	1.08	7.55	约88	70.04	28.12	间歇法
氯苯	2,4-二硝基氯苯	1.07	4.9	约83	62.88	33.13	连续法

5.3.2.2　废酸计算含量

废酸计算含量（factor of nitrating activity）简称"FNA"，亦称"硝化活性因数"。是指硝化终了时废酸中 H_2SO_4 的计算含量（质量分数），当 $\Phi \gg 1$ 时，以 100 份质量混酸为基准计算公式推导如下。

$$废酸质量 = 100 - \frac{w(HNO_3)}{\Phi} + \frac{2w(HNO_3)}{7\Phi} = 100 - \frac{5w(HNO_3)}{7\Phi} \tag{5-11}$$

$$FNA = \frac{w(H_2SO_4)}{100 - \dfrac{5w(HNO_3)}{7\Phi}} \times 100\% \tag{5-12}$$

当 $\Phi \leqslant 1$ 时，硝酸全部反应生成水，即相当于 $\Phi = 1$，

$$FNA = \frac{w(H_2SO_4)}{100 - \dfrac{5w(HNO_3)}{7}} \times 100\% \tag{5-13}$$

当 $\Phi \leqslant 1$ 时，可导出 DVS 和 FNA 的关系式如下：

$$DVS = \frac{FNA}{100 - FNA} \tag{5-14}$$

$$FNA = \frac{DVS}{1 + DVS} \times 100\% \tag{5-15}$$

由式（5-13）可以看出，对于具体的硝化过程，当 FNA 为常数，$w(H_2SO_4)$ 和 $w(HNO_3)$ 为变数时，该式是一个直线方程，如图 5-2 所示。

图 5-2 中 AD 线表示 $\Phi = 1.00$，FNA $= 73.7\%$（质量分数）时的各种混酸组成线。这表明可满足相同 FNA 的混酸组成是多种多样的，但具有实际意义的混酸组成只是直线的一小段而已，这将在 5.3.3(2) 讨论。

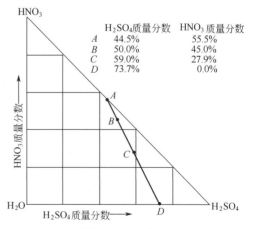

	H_2SO_4质量分数	HNO_3质量分数
A	44.5%	55.5%
B	50.0%	45.0%
C	59.0%	27.9%
D	73.7%	0.0%

图 5-2　硝化过程中的混酸组成变化

$A =$ 混酸Ⅰ，$B =$ 混酸Ⅱ，$C =$ 混酸Ⅲ，$D =$ 废酸

5.3.2.3　配酸计算

前面叙述了已知混酸组成和硝酸比 Φ 时，计算 DVS 和 FNA 的公式，现将已知原料硝酸和硫酸的含量、DVS（或 FNA）和 Φ 时，计算硝酸用量、硫酸用量、FNA（或 DVS）和废酸组成时的方法举例说明如下。

【例 5-1】 设 1kmol 萘在一硝化时用质量分数为 98％硝酸和 98％硫酸，要求混酸的脱水值为 1.35，硝酸比 Φ 为 1.05，试计算要用 98％硝酸和 98％硫酸各多少千克、所配混酸的组成、废酸计算含量和废酸组成（在硝化锅中预先加有适量上一批的废酸，计算中可不考虑，即假设本批生成的废酸的组成与上批循环废酸的组成相同）。

解： 计算步骤

$$100\% \text{的硝酸用量} = 1.05\text{kmol} = 66.15\text{kg}$$

$$98\% \text{的硝酸用量} = \frac{66.15}{0.98} = 67.50(\text{kg})$$

$$\text{所用硝酸中含 } H_2O = 67.50 - 66.15 = 1.35(\text{kg})$$

$$\text{理论消耗 } HNO_3 = 1.00\text{kmol} = 63.00\text{kg}$$

$$\text{剩余 } HNO_3 = 66.15 - 63.00 = 3.15(\text{kg})$$

$$\text{反应生成 } H_2O = 1.00\text{kmol} = 18.00\text{kg}$$

设所用 98％硫酸的质量为 x(kg)；所用 98％硫酸中含 $H_2O = 0.02x$(kg)，则

$$\text{DVS} = \frac{0.98x}{1.35 + 18 + 0.02x} = 1.35$$

解得：

$$\text{所用 98\% 硫酸的质量 } x = 27.41\text{kg}$$

$$\text{混酸中含 } H_2SO_4 = 27.41 \times 0.98 = 26.86(\text{kg})$$

$$\text{所用 98\% 硫酸中含 } H_2O = 27.41 - 26.86 = 0.55(\text{kg})$$

$$\text{混酸中含 } H_2O = 1.35 + 0.55 = 1.90(\text{kg})$$

$$\text{混酸质量} = 67.50 + 27.41 = 94.91(\text{kg})$$

混酸组成（质量分数）：H_2SO_4 28.30％；HNO_3 69.70％；H_2O 2.00％。

$$\text{废酸质量} = 26.86 + 3.15 + 1.35 + 0.55 + 18 = 49.91(\text{kg})$$

$$\text{废酸计算含量（质量分数）FNA} = \frac{26.86}{49.91} = 53.82\%$$

$$\text{废酸中 } HNO_3 \text{ 含量（质量分数）} = \frac{3.15}{49.91} = 6.31\%$$

$$\text{废酸中 } H_2O \text{ 含量（质量分数）} = \frac{1.35 + 0.55 + 18}{49.91} = 39.87\%$$

应该指出：用上述方法计算出的废酸计算含量是简化的理论计算值，这里没有考虑硝化不完全、多硝化以及氧化副反应所消耗的硝酸和生成的水、被硝化物先用于萃取上一批废酸中的硝酸等因素的影响。实际上，只要废酸的分析组成在规定的范围之内，即可认为操作正常。

5.3.3 混酸硝化的影响因素

(1) 硝酸比

用混酸进行一硝化时，可使用接近理论量的硝酸，硝酸比 Φ 约为 0.97～1.05；对于一硝基物的再硝化，需要使用超过理论量的硝酸，硝酸比 Φ 约为 1.07～1.20。表 5-1 是某些硝化过程的早期数据，近年来对硝酸比做了改进。例如苯的常压冷却连续一硝化制硝基苯时，已将 Φ 降低为 1.00。加压绝热连续一硝化制硝基苯时 Φ 降低为 0.91～0.95，以减少二硝化副产物。

(2) 混酸组成

如图 5-2 所示，在确定了 Φ 和 FNA（或 DVS）以后，可以选用多种组成的混酸，但具

有实际意义的混酸组成只是直线上的一小段而已。在选择混酸组成时应考虑以下原则：

① 在原料酸所能配出的范围内；

② 尽量节省硫酸的用量；

③ 尽量少生成多硝基化合物。

如例 5-1 所示。1kmol 萘在一硝化时，如果用质量分数 98％硫酸和 98％硝酸来配制混酸，则 98％硫酸的用量只有 27.41kg。如果改用 92.5％硫酸和 96％硝酸来配制混酸，则 92.5％硫酸的用量将增加很多。

对于氯苯的一硝化，如表 5-2 所示。选用混酸 Ⅰ，需要用发烟硫酸和 98％硝酸来配制，经济上不合算。选用混酸 Ⅱ，可用 92.45％的回收硫酸和 98％硝酸来配制，每 1kmol 氯苯按 100％ H_2SO_4 的用量计只有 70.0kg。而改用混酸 Ⅲ，则按 100％ H_2SO_4 的用量将增加至 133.2kg。工业上早期就使用接近混酸 Ⅱ 的组成。近年来对某些硝化过程的混酸组成做了改进，例如苯的一硝化制硝基苯，已改用低含量回收硫酸（见 5.3.4）配制低硝酸含量的混酸，并取得了良好效果，可将副产二硝基苯的生成量由质量分数 0.3％降低至 0.1％以下。

表 5-2　氯苯一硝化时采用三种不同混酸的计算数据

硝酸比 Φ＝1.00		混酸 Ⅰ	混酸 Ⅱ	混酸 Ⅲ
混酸组成（质量分数）/％	H_2SO_4	44.5	50.0	59.2
	HNO_3	55.5	45.0	27.7
	H_2O	0.0	5.0	13.1
	FNA	73.7％	73.7％	73.7％
	DVS	2.80	2.80	2.80
1kmol 氯苯	需混酸量/kg	113.5	140.7	235.8
	需质量分数 100％的 H_2SO_4 量/kg	50.0	70.0	133.2
	废酸量/kg	68.5	95.0	180.8

（3）温度

硝化是强放热反应，同时混酸中的硫酸被反应生成的水稀释时，还放出稀释热，稀释热约为反应摩尔焓变的 7.5％～10％。例如根据标准生成热，苯一硝化时，反应热约为 145.6kJ/mol（34.8kcal/mol），总的放热量约为 152.7kJ/mol（36.5kcal/mol）。由于硝化反应速率相当快，为了保持适宜的硝化温度，必须尽可能快地移出大量的热效应，否则会使反应温度和反应速率迅速上升，引起多硝化、氧化等副反应，同时还会造成硝酸的大量分解，产生大量的棕红色氧化氮气体，严重时甚至发生爆炸事故。为了使硝化反应顺利进行，必须将硝化温度严格控制在规定的范围内。

提高硝化温度可加快硝化反应速率，缩短反应时间。间歇硝化时可控制混酸的加料速率并逐步提高反应温度；连续硝化时可采用多锅串联法，并逐锅提高反应温度。

为了提高硝化器的生产能力，可采用以下措施：①加强冷却，在硝化器内安装蛇管或列管冷却装置，以增加传热面积；②加强搅拌以提高传热系数；③在硝化器中预先加入适量上批硝化废酸，增加酸相的比例。一方面利用酸相的传热系数大，有利于移出热效应；另一方面，硝化反应主要在酸相中进行，有利于加快反应速率。

另外，硝化温度对于硝化产物异构体的生成比例也有一定影响。

20 世纪 70 年代，为了不用冷却水，在工业上实现了反应温度较高的带压绝热连续硝化法，详见 5.3.6.2。

（4）搅拌

混酸硝化是非均相反应，为了提高传质和传热效率，硝化反应器必须有良好的搅拌装置，工业上搅拌器的转速一般在 $100r/min$ 以上。

在间歇硝化过程中，特别是在反应的开始阶段，突然停止搅拌或由于搅拌器桨叶脱落而导致搅拌失效是非常危险的，因为这时两相很快分层，如果继续加入混酸，硝酸将在酸相中积累，一旦再开动搅拌，会突然发生剧烈反应，瞬间放出大量的热，使温度失控，严重时可能发生爆炸事故，因此必须注意并采取必要的安全措施。

(5) 酸油比和循环废酸比

酸油比指的是混酸与被硝化物的质量比，从表 5-2 以及例 5-1 可以看出：当脱水值和硝酸比固定时，酸油比与混酸组成有关。使用含水量多的混酸时，优点是反应温和，不易生成多硝化物；缺点是硫酸的用量大。为了减少硫酸的用量，可改用含水量尽可能少的混酸。例如萘的一硝化时，为了避免多硝化副反应，可在硝化反应器中预先加入适量的上一批硝化的废酸，使滴入的混酸（含水少的）立即被废酸所稀释。另外，加入循环废酸还有利于传热和提高反应速率。但循环废酸量太多又会降低设备的生产能力，因此循环废酸与被硝化物的质量比应综合考虑。苯一硝化的重要改进是采用了低硝酸含量的混酸，从而提高了酸油比，详见 5.3.6.1。

(6) 副反应

硝化时的主要副反应是多硝化和氧化。避免多硝化副反应的主要方法是控制混酸的硝化能力、硝酸比、循环废酸的用量、反应温度和采用低硝酸含量的混酸。

氧化副反应主要是在芳环上引入羟基，例如，在甲苯一硝化时总会生成少量的硝基酚类。硝化后分离出的粗品硝基物异构体混合物必须用稀碱液充分洗涤，除净硝基酚类，否则，在粗品硝基物脱水和用精馏法分离异构体时有爆炸危险。

在发生氧化副反应时，硝酸分解为二氧化氮，而二氧化氮又会促进氧化副反应，例如二氧化氮会使多烷基苯上的烷基发生复杂的氧化副反应，影响粗产品的质量。必要时加入适量的尿素将二氧化氮破坏掉，可以抑制氧化副反应，参见 5.4.2(1) 和 5.6 (3)。

$$3N_2O_4 + 4CO(NH_2)_2 \longrightarrow 8H_2O + 4CO_2\uparrow + 7N_2\uparrow \qquad (5-16)$$

为了使生成的二氧化氮气体能及时排出，硝化器上应配有良好的排气装置和吸收二氧化氮的装置。另外，硝化器上还应该有防爆孔以防意外。

5.3.4 废酸处理

苯、甲苯、氯苯的一硝化产物的生产能力一般都在万吨级以上，副产的废酸量相当大，因此必须设法回收利用。这类废酸中硫酸的质量分数一般在 $68\%\sim72\%$ 之间，并含有少量硝酸、亚硝酸和硝化产物。以苯的一硝化废酸为例，最常用的处理方法是：首先用原料苯对废酸进行萃取，一方面萃取出硝基苯和硝基苯酚，另一方面利用废酸中所含的硝酸，使其生成硝基苯，萃取苯供一硝化之用，萃取后的废酸用过热水蒸气在 $170℃$ 左右吹出废酸中残余的硝酸和亚硝酸，然后再高温蒸发浓缩成质量分数 $90\%\sim93\%$ 硫酸循环使用。

上述浓缩方法的缺点：热能消耗大，有酸雾污染环境，需要特殊的浓缩设备。对于苯的一硝化制硝基苯的废酸的回收，也可在 $110\sim140℃$、减压至 $21.3\sim23.1kPa$（$160\sim174mmHg$）（或利用原有浓缩设备在微负压）下蒸出水，将 $68\%\sim72\%$ 废酸浓缩成 $77\%\sim78\%$ 硫酸供循环使用。

当废酸的量比较少或废酸的浓度比较低（例如萘一硝化废酸中硫酸的质量分数只有 52% 左右）时，用蒸发浓缩法回收硫酸常常是不经济的。有的企业将废酸出售用于制硫酸铵、磷肥等之用，但应注意如果有害有机物存在于废水中，会造成二次污染残留于氮肥或磷肥中将会影响产品质量。这类废酸目前还没有很好的利用方法。

5.3.5 混酸硝化反应器

间歇硝化都采用有冷却夹套的锅式硝化器。连续硝化除了采用锅式硝化器以外,还有采用环形(列管式)硝化器和泵式硝化器等。含量高于质量分数 68% 的硫酸对铸铁的腐蚀性很小,当硝化废酸中硫酸的含量高于质量分数 68% 时可以采用铸铁制的硝化器,间歇硝化也可以采用搪瓷锅,但传热效果差。连续硝化时尽可能采用不锈钢硝化器,因为不锈钢的传热效果和耐腐蚀性好。为了加强传热还可以在硝化器内安装冷却蛇管或列管。

硝化过程必须有良好的搅拌,常用搅拌器有推进式、涡轮式和桨式,搅拌器转速应尽可能快一些,一般在 $100\sim400r/min$。为了增强混合效果,有时在硝化锅内安装导流筒,或利用冷却蛇管兼起导流筒的作用。这时两圈蛇管之间必须没有缝隙,以免物料从缝隙短路。图 5-3 是间歇硝化锅,图 5-4 是连续硝化锅。

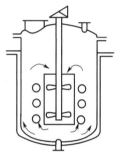

图 5-3　间歇硝化锅

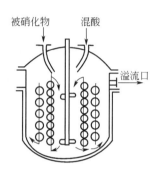

图 5-4　连续硝化锅

连续硝化时,常采用两个、三个或四个硝化锅串联的方式以减少反向混合作用,见 2.2.3。在第一、第二硝化锅中,硝酸浓度比较高,物料体系属于传质控制的快速型反应,反应速率快,放热量大,需要较大的传热面积和较强的搅拌。在后面的硝化锅中,硝酸浓度很低,物料体系属于动力学控制的慢速型反应,反应速率慢、放热量小,对于传热面积和搅拌强度的要求可以低一些(见 5.3.1)。

近年来又开发了环形(列管式)连续硝化器,图 5-5 是一种效果较好的环形硝化器。有机物和混酸从右侧加入,与左侧过来的冷循环物料经过多层推进式搅拌器使之强烈混合,并使反应热被冷的循环物料所吸收。混合后的反应物进入左侧的冷却区,冷却后的物料一部分作为出料,大部分作为循环料,使右侧进入的反应物冷却并使酸相中的硝酸稀释。因为物料的循环速度快、循环量大,实际上两侧的温度差只有 $1\sim2℃$。根据混酸硝化动力学研究(见 5.3.1),既可以采用几个环形硝化器串联,也可以采用环形硝化器与锅式硝化器串联。环形硝化器已用于苯、甲苯、氯苯的一硝化。环形硝化器造价高、生产能力大,只适用于大吨位的连续硝化。有专利提出,为了减少二硝化和酚类副产物,可将液态被硝化物经射流装置喷入硝化反应物中。

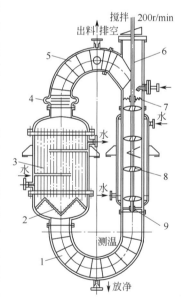

图 5-5　环形连续硝化器

1—下弯管;2—匀流折板;3—换热器;
4—伸缩节;5—上弯管;6—搅拌轴;
7—弹性支承;8—搅拌器;9—底支承

小吨位的连续硝化（例如间二甲苯的连续硝化）可以采用泵锅串联法。即将被硝化物、混酸和冷的循环废酸连续地加入高速离心泵中，反应物在泵中强烈混合并完成大部分硝化反应，反应热被冷的循环废酸所吸收，从泵中流出的反应物再进入锅式硝化器中使反应完全。

随着微化工技术的发展，微反应器越来越多地用于硝化反应。甲苯、氯苯和苯甲醚等已经采用微通道反应器进行硝化实现了工业化生产。与传统硝化反应器相比，采用微反应器硝化，人工、场地面积、反应时间、废酸量和能耗等显著减少，安全性大幅度提高。

5.3.6 苯一硝化制硝基苯

硝基苯主要用于制苯胺等有机中间体，早期采用混酸间歇硝化法。随着苯胺需要量的迅速增长，逐步开发了锅式串联、泵-列管串联、塔式、管式、环形串联等常压冷却连续硝化法和带压绝热连续硝化法。

5.3.6.1 常压冷却连续硝化法

图 5-6 是锅式串联连续硝化流程示意图。首先萃取苯、混酸和冷的循环废酸连续地加入硝化锅 1 中，反应物再经过三个串联的硝化锅 2，停留时间约 10～15min，然后进入连续分离器 3，分离成废酸层和酸性硝基苯层，废酸进入连续萃取锅 4，用工业苯萃取废酸中所含的硝基苯，并利用废酸中所含的硝酸，然后经分离器 5，分离出的萃取苯（俗称酸性苯）用泵 6 连续地送往硝化锅 1，萃取后的废酸用泵 7 送去浓缩成质量分数 90%～93% 或 76%～78% 硫酸，套用于配制混酸。酸性硝基苯经水洗器 8、分离器 9、碱洗器 10 和分离器 11 除去所含的废酸和副产的硝基酚，即得到中性硝基苯。

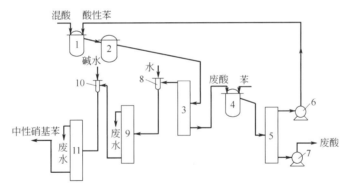

图 5-6 苯连续一硝化流程示意

1,2—硝化锅；3,5,9,11—分离器；4—萃取锅；6,7—泵；8—水洗器；10—碱洗器

也有采用四台环形硝化器串联或三环一锅串联的方法（物料停留时间约 12min），该方法具有以下优点：

① 换热面积大，传热系数高，冷却效果好，节省冷却水。

② 物料停留时间分布的散度小，物料混合状态好，温度均匀，有利于生产控制；与锅式法比较，未反应苯的质量分数由 1% 左右下降到 0.5% 左右。

③ 减少了滴加混酸处的局部过热，减少了硝酸的受热分解，排放的二氧化氮少，有利于安全生产。

④ 与锅式法比较，酸性硝基苯中二硝基苯的质量分数由 0.3% 下降到 0.1% 以下，硝基酚质量分数下降到 0.005%～0.06%。

5.3.6.2 带压绝热连续硝化法

常压冷却连续硝化法的主要缺点是需要大量的冷却水，20 世纪 70 年代国外开发成功了带压绝热连续硝化法。所用硝化器是三个串联的无冷装置的搅拌锅式反应器，每个反应器容积为 1m³。其工艺流程如图 5-7 所示。

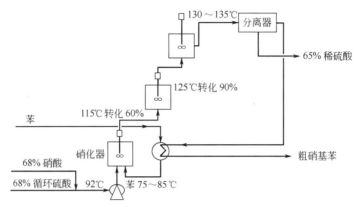

图 5-7 苯绝热硝化工艺流程示意

92℃的 68%循环硫酸和由 98%硝酸稀释至 68%的浓硝酸经混合泵后进入第一硝化器，混酸中约含硝酸 5%，原料苯经热交换器预热至 75～85℃进入第一硝化器，苯过量 5%～10%。在第一硝化器中苯的转化率 50%以上，硝酸的转化率约 60%，由于硝化反应放热，硝化混合物升温至约 115℃。在第二硝化器中硝酸转化率约 90%，料温升至约 125℃。在第三硝化器，硝酸基本上完全转化成硝基苯，出口温度 130～135℃。反应物的总停留时间约1min。粗硝基苯中约含 6%未反应的苯，为了防止苯的汽化，绝热分离器也需要密闭，压力约 0.2MPa。分离出的热的粗硝基苯经热交换器使原料苯预热。分离出的热的 65%稀硫酸经钽材列管加热器和搪玻璃闪蒸器，在 8kPa 和 92℃进行减压闪蒸，将 65%稀硫酸浓缩成68%循环硫酸。闪蒸所需热量的 80%～85%由稀硫酸自身的显热提供。粗硝基苯经水洗、碱洗、精馏后得工业品硝基苯，二硝基苯含量＜0.05%。按苯计收率 99.1%。能耗只有冷却硝化法的 11%。

苯的管式绝热连续硝化反应器采用四管串联，每小时生产能力 6.8 吨硝基苯（合年产 5万吨）。硝化管最后出口温度 140℃ ，反应物停留时间 2～4min。按苯计收率提高到 99.3%。产品硝基苯中二硝基物含量下降到 0.03%，能耗下降到冷却硝化法的 6%。管式反应器的特点是：①在管中装有静态混合元件，径向混合效果好；②轴向反向混合作用少，反应速率快，反应进行彻底，原料利用率高；③不需要搅拌装置，无活动部件，动力消耗低；④密闭性好、更安全。

5.3.7 其他生产实例

(1) 一硝基甲苯

由甲苯用混酸硝化而得。由于需要量大，都采用常压冷却连续硝化法，三锅串联可年产2.0 万～2.5 万吨。粗硝基甲苯异构体混合物中约含邻位体 57.5%、间位体 4%、对位体38.5%，可采用连续高效精馏法直接分离成邻位体、间位体和对位体三个产品。

(2) 一硝基氯苯

由氯苯硝化而得。主要采用常压冷却连续硝化法，因为冷却硝化温度低，对硝基氯苯得量高，粗品硝基氯苯混合物中约含邻位体 33％、间位体 1％和对位体 66％，分离时为了节省能耗采用冷却结晶和高效精馏的方法。

孟山都公司提供的氯苯绝热硝化法，混酸在 100～110℃进料，氯苯/硝酸（摩尔比）1.1∶1，反应时间 2.5h，硝酸转化率 99.5％，粗硝基氯苯异构体混合物中对位体 58％左右，与冷却法相比，能耗降低 50％～80％，设备生产能力提高 1～2 倍，硝基物收率提高 3％～4％。

在连续流微通道反应器中，氯苯和硝酸的摩尔比为 1∶1.1，停留时间为 60s，对硝基氯苯的产率 62.16％，对硝基氯苯和邻硝基氯苯的摩尔比为 1.75∶1，从结果中可以看出，连续流微通道反应器技术大大缩短了氯苯硝化的反应时间。

(3) 间二硝基苯

由硝基苯再硝化而得，一般采用分批硝化法。二硝化物中约含间位体 90％、邻位体 8％～9％、对位体 1％～2％。最初采用冷却结晶法提纯（物理法分离）。后根据邻位体和对位体的亲核反应活性高的特性，改用化学分离法。最初用亚硫酸钠水溶液处理法使邻位体和对位体转变成水溶性的硝基苯磺酸而除去，间位体的精制收率只有 93.66％。现已改用在相转移催化剂存在下用氢氧化钠水溶液处理的化学分离法，间位体的精制收率可达 97％，其反应式如下：

$$\text{（5-17）}$$

该法的优点是：收率高，生成的硝基酚可回收利用。此外，还有邻、对二硝基苯的相转移催化甲氧基化，还原分离法。

(4) 2,4-二硝基氯苯

由氯苯经两步硝化而得，先用氯苯萃取一硝化废酸，将萃取氯苯与二硝化废酸混合，再滴加一硝化混酸在 70℃进行一硝化，分离出一硝基物再用二硝化混酸在 50～100℃进行二硝化，即得到二硝基物，然后用冷却结晶法精制即得商品 2,4-二硝基氯苯，低共熔油是 2,4-二硝基氯苯和 2,6-二硝基氯苯混合物，可用于制硫化黑。大规模生产时，也可以采用连续硝化法。

(5) 1-硝基萘

由萘用混酸硝化而得。硝化物中约含 2-硝基萘 1.7％～4.5％，如不精制直接还原制 1-萘胺，则产品中将含强致癌性的 2-萘胺 1.7％～4.5％。最好是将粗品 1-硝基萘熔融油放入冷水中用造粒法精制，2-硝基萘含量可低于 0.3％。

5.4　硫酸介质中的硝化

当被硝化物和硝化产物是固态而且不溶或微溶于中等浓度硫酸时，常常将被硝化物完全或大部分溶解于浓度较高的硫酸中，然后加入混酸或硝酸进行硝化。在这里硫酸用量多，硝化反应前后硫酸的浓度变化不大，因此不计算 DVS 或 FNA。

5.4.1　影响因素

各种不同结构的芳香族化合物在浓硫酸中进行硝化时，发现都是当硫酸浓度在 90％左右时反应速率常数有最大值。对于这个问题过去曾有不同的解释，最近根据 ^{15}N 和 ^{17}O 的核磁共振谱的研究，指出这是因为当 H_2SO_4 浓度高于 90% 时，NO_2^+ 逐步被 H_2SO_4 分子包围，形成"溶剂壳"，从而削弱了 NO_2^+ 的活性的缘故。

选择硫酸浓度的原则：对被硝化物有较好的溶解度，用量少，又不致引起磺化等副反应。另外，硫酸浓度和反应温度还会影响硝基进入芳环的位置，这将用以下应用实例来说明。

5.4.2 生产实例

(1) 2-硝基-4-乙酰氨基苯甲醚

将 4-乙酰氨基苯甲醚溶于浓硫酸中，在 $5\sim10℃$ 滴加混酸进行硝化而得。

$$(5\text{-}18)$$

在反应液中加入尿素可抑制氧化副反应，收率可达 96%。2-硝基-4-乙酰氨基苯甲醚经还原可制得 2-氨基-4-乙酰氨基苯甲醚，此产品的另一主要合成路线是将 2,4-二硝基苯甲醚完全还原得 2,4-二氨基苯甲醚，后者再选择性单乙酰化。

$$(5\text{-}19)$$

应该指出，4-乙酰氨基苯甲醚在水介质中用稀硝酸硝化，则生成 3-硝基-4-乙酰氨基苯甲醚，见 5.7.3(2)。

(2) 1-硝基蒽醌

最初采用发烟硝酸硝化法，缺点是收率低（73%）、副产大量废硝酸，难于回收利用，而且有爆炸危险。现在国内均采用蒽醌在硫酸介质中的非均相硝化法。此法的优点是：硝酸比可降低至 $1.37:1$，可用邻苯甲酰基苯甲酸为原料，先在浓硫酸中脱水环合生成蒽醌（见第 14 章），然后将反应物加水稀释至硫酸质量分数为 80.5%，再滴加混酸或硝酸，在 $(40\pm2)℃$ 下硝化 8h，然后稀释、过滤得粗品 1-硝基蒽醌，其中含有 2-硝基蒽醌和各种二硝基蒽醌，将粗品硝基蒽醌用亚硫酸钠水溶液处理，可使大部分 2-硝基蒽醌转变为水溶性的蒽醌-2-磺酸钠而除去，使 1-硝基蒽醌的纯度提高到 $85\%\sim90\%$（质量分数），供制备 1-氨基蒽醌之用。

(3) 硝基芳磺酸

芳香族化合物先在适当浓度的硫酸中磺化，接着加入硝酸或混酸进行硝化可制得一系列硝基芳磺酸。例如萘先在发烟硫酸中低温二磺化生成萘-1,5-二磺酸，接着在发烟硫酸中硝化，主要生成 3-硝基萘-1,5-二磺酸，将反应物稀释后，加入氧化镁，3-硝基萘-1,5-二磺酸就以镁盐形式析出，而少量副产的 4-硝基萘-1,5-二磺酸则保留在盐析母液中。应该指出，萘-1,5-二磺酸如果在浓硫酸中硝化，则主要生成 4-硝基萘-1,5-二磺酸。3-硝基萘-1,5-二磺酸经还原得 3-氨基萘-1,5-二磺酸，商品名氨基 C 酸。

$$(5\text{-}20)$$

5.5 有机溶剂-混酸硝化

当被硝化物在反应温度下为固体而且容易被磺化时，就不能采用一般的混酸硝化法或硫酸介质中的硝化法。例如 2,6-二甲基-4-叔丁基苯乙酮（熔点 48℃）的硝酸硝化制酮麝香就是如此。

酮麝香

$$(5-21)$$

上述反应最初采用在过量发烟硝酸中的硝化法，硝化完毕后用水稀释、过滤、洗涤、中和，在乙醇中多次重结晶，得到香料级的酮麝香。此法的优点是操作简单，不用有机溶剂；缺点是收率只有 35%。在二氯甲烷的饱和溶液中硝化，被硝化物：HNO_3：H_2SO_4（摩尔比）为 1：6：4，收率提高到 56%。后又提出两步硝化法，第一步在二氯甲烷中用发烟硝酸在无水三氯化铝存在下硝化，第二步用混酸硝化，收率可提高到 67%～72%。

溶剂二氯甲烷的优点是稳定、毒性小，缺点是沸点低（39.75℃），回收损失大。其他的惰性有机溶剂还有 1,2-二氯乙烷、三氯乙烷和 1,2,3-三氯丙烷等。

应该指出，溶剂的回收使用工艺复杂，因此只有在可取得良好经济效益时，才可能采用有机溶剂-混酸硝化法。

5.6 在乙酐或乙酸中的硝化

当不宜采用前述硝化方法时，可以采用在乙酐中或乙酸中硝化的方法。

在乙酐中的硝化反应比较复杂，目前认为最有可能的硝化活泼质点是 NO_2^+ 和 $CH_3COONO_2H^+$。

$$(5-22)$$

硝酸在乙酐中能任意溶解，常用含硝酸 10%～30%（质量分数）的乙酐溶液。应该指出，硝酸的乙酐溶液如放置过久，温度升高，会生成四硝基甲烷而有爆炸危险，故应在使用前临时配制。为了减少乙酐的用量，也可向被硝化物的乙酐溶液中直接滴加发烟硝酸，必要时也可以使用氯代烷烃类惰性溶剂。在乙酐中硝化时为了避免爆炸危险，要求在很低的温度下进行反应。

在乙酐中硝化时，反应生成的水与乙酐反应转变为乙酸，反应液并未被水稀释，故硝化能力很强，在低温下只要用过量很少的硝酸即可完成硝化反应。

由于乙酐价格上和安全上的考虑，在乙酐中硝化方法的应用受到很大的限制。

(1) 葵子麝香

$$\text{(5-23)}$$

在这里不采用发烟硝酸硝化法是为了避免氧化和置换硝化副反应，不采用在硫酸介质中的硝化法是为了避免磺化副反应。

粗品中含有以下副产物，需反复精制才能得到香料级产品。

(2) 5-硝基呋喃-2-丙烯酸

在乙酐中硝化是因为呋喃环和烯双键对强酸不稳定。反应中，将呋喃丙烯酸、乙酐、硝酸和硫酸按 1∶7.2∶1.27∶0.02 摩尔比在 −18～−10℃ 下连续硝化。

$$\text{(5-24)}$$

(3) 2-羟基-3-氰基-4-甲氧甲基-5-硝基-6-甲基吡啶

$$\text{(5-25)}$$

吡啶类化合物在强酸中可被质子化，从而使硝化困难的缘故。在乙酐中加入尿素可抑制氧化副反应。

(4) 5-硝基苊

$$\text{(5-26)}$$

苊很活泼，在硫酸中可磺化，在过量硝酸中又可多硝化，所以采用乙酸作介质，在硝化完成后，向反应液中加入重铬酸钠进行氧化，即得到 5-硝基萘-1,8-二甲酸，它是分散染料中间体。

5.7 稀硝酸硝化

酚类、酚醚和某些 N-酰基芳胺容易与亲电试剂发生反应，可以用稀硝酸硝化。

5.7.1 反应历程

在稀硝酸中不存在 NO_2^+，稀硝酸硝化的反应历程有多种解释，但有一点是明确的，即若向反应体系中加入尿素，它会使硝酸中所含的微量亚硝酸分解，使反应难以引发。

$$2HNO_2 + CO(NH_2)_2 \xrightarrow{H^+} 3H_2O + CO_2\uparrow + 2N_2\uparrow \tag{5-27}$$

反之，如果向反应液中不断加入少量的亚硝酸钠或亚硫酸氢钠，则有利于反应的顺利进行。

$$NaNO_2 + HNO_3 \longrightarrow Na^+ + NO_3^- + HNO_2 \tag{5-28}$$

$$NaHSO_3 + HNO_3 \longrightarrow Na^+ + HSO_4^- + HNO_2 \tag{5-29}$$

稀硝酸硝化的动力学研究指出：硝化反应速率与被硝化物的浓度和亚硝酸的浓度成正比。因此提出了亚硝化-氧化历程。

$$r = kc(ArH)c(HNO_2) \tag{5-30}$$

$$Ar\!-\!H + HNO_2 \xrightarrow{\text{亚硝化}} Ar\!-\!NO + H_2O \tag{5-31}$$

$$Ar\!-\!NO + HNO_3 \xrightarrow{\text{氧化}} Ar\!-\!NO_2 + HNO_2 \tag{5-32}$$

在氧化时硝酸被还原成亚硝酸，因此在反应体系中只要有少量的亚硝酸，反应就能顺利进行，而且亚硝化是控制步骤。其他反应历程从略。

根据反应历程，式（5-32）也可以不用硝酸作氧化剂，例如可以用超过理论量的亚硝酸，它既是亚硝化剂又是氧化剂，应用实例见 5.7.3(1)。

5.7.2 一般反应条件

所谓稀硝酸硝化指的是反应在水介质中进行，硝酸的浓度比较低，而加入的硝酸既可以是质量分数 10%～69% 硝酸，也可以是 98% 硝酸。硝酸的用量约为理论量的 110%～150%，同时不断地加入少量的亚硝酸钠或亚硫酸氢钠。硝化温度一般在 20～75℃ 之间。考虑到被硝化物和硝化产物都不溶于稀硝酸而且常常是固体，为了反应的顺利进行，常常加入氯苯、四氯化碳、二氯乙烷等惰性有机溶剂，使反应物全部或部分溶解。

稀硝酸硝化时，硝基主要进入羟基、烷氧基或酰氨基的对位，如果对位被占据则进入邻位。芳环上只有乙酰氨基时一般不能被稀硝酸硝化，但如果同时有烷氧基，则硝基主要进入乙酰氨基的对位或邻位。芳环上只有碳酰氨基或芳磺酰氨基时，则可以用稀硝酸硝化。

5.7.3 重要实例

酚类和酚醚的硝化可以举出以下重要实例。

应该指出，许多邻位或对位硝基酚或硝基酚醚并不采用上述稀硝酸硝化的合成路线，而采用将硝基氯苯类分子中的氯基置换为羟基或烷氧基的合成路线，例如用此法可以制得以下酚类或酚醚。

(1) 4,6-二硝基-1,3-苯二酚

传统的制法是由间二氯苯在混酸中二硝化得 4,6-二硝基-1,3-二氯苯，然后碱性水解而

得。但此法间二氯苯价格贵、合成路线长。

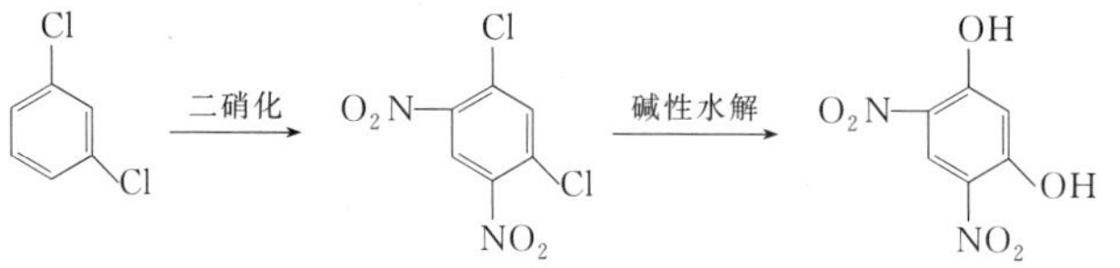

$$(5\text{-}33)$$

将间苯二酚用浓硝酸硝化，收率可达 60%。

另有研究报道，间苯二酚先用亚硝酸亚硝化、再用亚硝酸将亚硝基氧化成硝基，收率可达 85%。

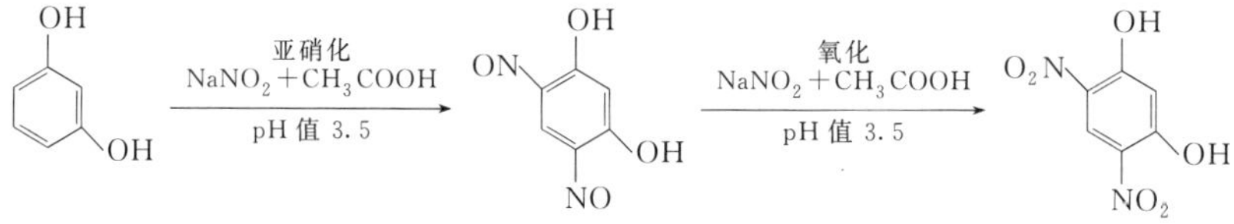

$$(5\text{-}34)$$

在氧化时 HNO_2 被还原成 NO。

$$2HNO_2 \longrightarrow H_2O + 2NO\uparrow + [O] \qquad (5\text{-}35)$$

所以每引入一个硝基要用 3mol 亚硝酸钠。

$$Ar-H + 3HNO_2 \xrightarrow{\text{亚硝化-氧化}} Ar-NO_2 + 2H_2O + 2NO \qquad (5\text{-}36)$$

(2) 3-硝基-4-乙酰氨基苯甲醚

最初对氨基苯甲醚用乙酸酰化，分离出乙酰化物后再进行硝化，后来改为用乙酐在氯苯、乙酸、四氯化碳或二氯乙烷介质中乙酰化，不分离，用水稀释后直接用稀硝酸硝化。

应该指出，4-乙酰氨基苯甲醚如果在浓硫酸中硝化，则硝基将进入甲氧基的邻位，见 5.4.2(1)。

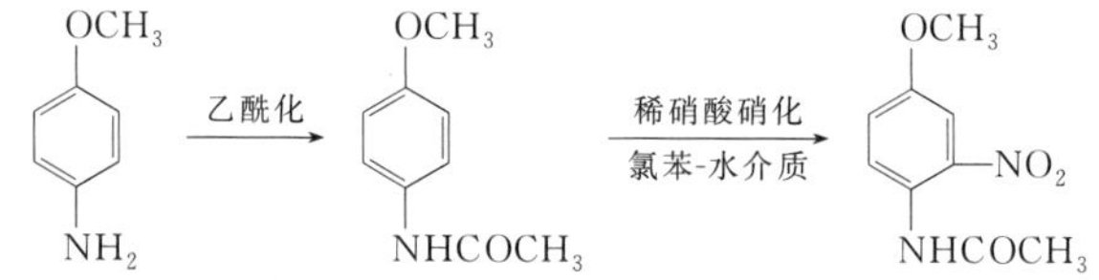

$$(5\text{-}37)$$

(3) 邻硝基对甲苯胺

邻硝基对甲苯胺商品名为红色基 GL，需要量很大，传统生产方法如式（5-38）所示：

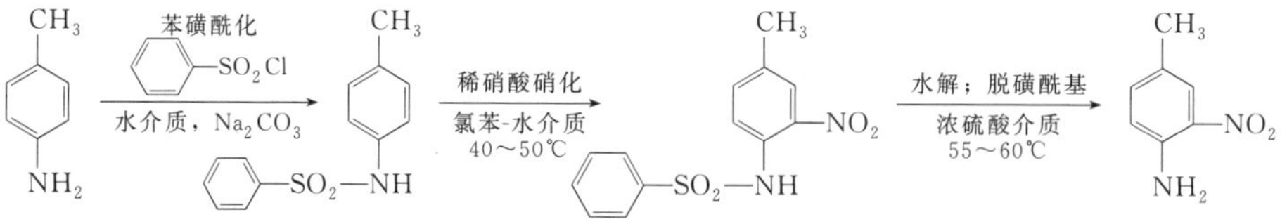

$$(5\text{-}38)$$

采用苯磺酰化（或对甲苯磺酰化）保护氨基，是因为酰化易完全，磺酰氨基定位能力强，缺点是苯磺酰氯价格贵，产品质量不理想。

最早的生产方法是将对甲苯胺用乙酸在 125～240℃ 乙酰化，然后在硫酸介质中硝化，最后在 NaOH 水溶液中水解。此法的优点是酰化剂价廉，但产品质量不稳定，国内改为增加乙酸用量在 115～118℃ 乙酰化，并改在二氯乙烷介质中用稀硝酸硝化，解决了产品质量问题。后又提出将对甲基苯胺在乙酐介质中低温乙酰化，接着加入浓硫酸、发烟硝酸进行硝化、然后水解脱乙酰基的方法。此外还有将对甲苯胺用尿素或光气碳酰化，得 4,4'-二甲基二苯脲，然后在氯苯介质中用稀硝酸硝化，最后在稀氨水中高压水解脱碳酰基的方法。

5.8 置换硝化法

当用取代硝化法不能取得良好结果时，可考虑采用置换硝化法。例如，五氯硝基苯的传统生产方法是采用二氯苯或三氯苯的硝化、氯化的合成路线，此法的缺点是副产 1%～3% 六氯苯。新的合成路线是使六氯苯先与硫氢化钠反应生成五氯硫酚，然后在发烟硫酸介质中加入硝酸进行置换硝化，产品中六氯苯的质量分数可下降至 0.3%。

$$(5-39)$$

另外还有磺酸基置换为硝基、重氮基置换为硝基的方法，本书从略。

5.9 亚硝化

向有机物分子的碳或氮原子上引入亚硝基（—NO）的反应称为亚硝化反应。亚硝化的对象主要是酚类、芳仲胺和芳叔胺。亚硝化的反应剂是亚硝酸，它是由亚硝酸钠在水介质中与硫酸或盐酸相反应而生成的。亚硝化反应通常是在水介质中、在 0℃ 左右进行的。亚硝化也是亲电取代反应，亚硝基主要进入芳环上羟基和叔氨基的对位，对位被占据时则进入邻位。仲胺在亚硝化时，亚硝基优先进入氮原子上。

5.9.1 酚类的亚硝化

将苯酚-NaOH-NaNO$_2$ 混合水溶液在 5～7℃ 滴加到稀硫酸中可制得对亚硝基苯酚，它是苯醌肟的互变异构体。

$$(5-40)$$

对亚硝基苯酚不稳定，干品有爆炸性，湿滤饼必须立即用于下一步反应。对亚硝基苯酚是制备硫化蓝、药物和橡胶交联剂的中间体。

在 4～8℃ 以下，向 2-萘酚钠和亚硝酸钠的水悬浮液中（向液面下）滴加稀硫酸，直到 pH 值 2～3，即得到 1-亚硝基-2-萘酚。

$$(5-41)$$

1-亚硝基-2-萘酚的铁盐配合物是绿色有机颜料，商品名"颜料绿"。1-亚硝基-2-萘酚用亚硫酸氢钠还原-磺化可制得 1-氨基-2-萘酚-4-磺酸。

$$\text{(structure)} + 2NaHSO_3 + H_2SO_4 \xrightarrow[\text{水介质}]{15\sim45℃} \text{(structure)} + 2NaHSO_4 \qquad (5\text{-}42)$$

为了避免将 2-萘酚用氢氧化钠水溶液溶解成钠盐，以减少亚硝化时硫酸的用量和废液中的无机盐的含量，又提出了将 2-萘酚先溶于水-异丙醇中，然后在 10℃加入亚硝酸钠，再滴加硫酸进行亚硝化，然后加入亚硫酸氢钠进行还原磺化的方法。水-异丙醇溶剂可以多次重复使用。

5.9.2 芳仲胺的亚硝化

二苯胺在稀盐酸中与亚硝酸钠反应得 N-亚硝基二苯胺。

$$\text{(structure)} \xrightarrow[\text{约 26℃}]{\substack{\text{亚硝化} \\ NaNO_2 + 2HCl}} \text{(structure)} \qquad (5\text{-}43)$$

中国专利提出了在乙醇盐酸介质中用亚硝酸钠进行亚硝化的方法。日本专利提出了在甲苯/2-乙基己醇介质中用 NO 和 NO_2 进行 N-亚硝化的方法。

N-亚硝基二苯胺在盐酸-甲醇-氯仿介质中可以重排成 4-亚硝基二苯胺，后者用多硫化钠还原得 4-氨基二苯胺。

$$\text{(structure)} \xrightarrow{\text{盐酸-甲醇-氯仿溶液}} \text{(structure)} \xrightarrow[\text{还原}]{Na_2S_x} \text{(structure)} \qquad (5\text{-}44)$$

但二苯胺价格贵，工业上在制备 4-氨基二苯胺时用对硝基氯苯和甲酰苯胺的芳氨基化-还原法。

5.9.3 芳叔胺的亚硝化

N,N-二甲基苯胺在稀盐酸中、0℃左右与亚硝酸钠反应得 4-亚硝基-N,N-二甲基苯胺。

$$\text{(structure)} \xrightarrow[\text{约 0℃}]{\substack{\text{亚硝化} \\ NaNO_2 + 2HCl}} \text{(structure)} \qquad (5\text{-}45)$$

同法可以制得 4-亚硝基-N,N-二乙基苯胺等 C-亚硝基芳叔胺。

5.10 硝化反应发展趋势

硝化工艺的绿色化和安全化是未来的发展方向。传统硝化工艺中会产生大量的废酸，处理困难，污染严重，科研工作者正在积极研究绿色硝化工艺，如二氧化氮硝化工艺，包括二氧化氮和 N-羟基邻苯二甲酰亚胺体系，二氧化氮和无机催化剂（固体酸、分子筛和沸石等）体系，二氧化氮和臭氧体系，二氧化氮和氧气体系；五氧化二氮硝化工艺，包括五氧化二氮在有机溶剂中和在硝酸中的硝化工艺；硝化酯和硝酸盐的硝化工艺等。

在硝化反应中还可加入催化剂，常用的有固体超强酸类、沸石分子筛类、黏土类、离子液体类、相转移催化剂等。与传统混酸硝化体系相比，加入催化剂后均不同程度提高了硝化反应的选择性，并减少了无机酸的用量，有利于环境保护。

硝化反应易发生失控，控制不当极易引起爆炸，为了提高硝化过程的安全性，今后将进一步研究改进传统釜式反应工艺，使用绿色、高效、安全的硝化剂和催化剂，积极开发本质安全的连续流硝化工艺，采用微通道、管式反应器替代釜式硝化反应器。

习　题

5-1　对硝化的方法进行评述，其适用的范围有何不同？

5-2　混酸硝化的主要影响因素有哪些？

5-3　混酸硝化的废酸处理方法是什么？

5-4　对绝热硝化工艺进行评述。

5-5　对不同硝化方法的适用范围进行评述。

5-6　如图 5-1 所示，当硝酸的摩尔分数下降到 19.6% 时，就不能使苯一硝化，试计算：(1) 相应的硝酸质量分数；(2) 1mol 苯在一硝化时，至少要用多少克质量分数为 98% 的硝酸？(3) HNO_3/C_6H_6 的最低摩尔比是多少？(4) 副产废硝酸的质量；(5) 根据以上计算进行讨论。

5-7　按例 5-1，1mol 萘一硝化时，改用 96.5% 硝酸和 92.5% 硫酸来配制混酸，试计算所用原料硝酸和原料硫酸的质量等数据，并进行讨论。

5-8　根据例 5-1 所算得的混酸组成，当萘完全反应，硝酸的转化率分别为 92%、94%、96%、98% 和 100% 时，假设无副反应，试分别计算相应的硝酸比、混酸的 DVS 和废酸的 FNA 及废酸组成，并进行讨论。

5-9　苯一硝化时，要求废酸的计算含量在 70%～72% 的范围内，试用最简便的方法来判断以下四种混酸，哪种符合使用要求？用什么简便的方法可以将不符合要求的混酸组成调整到符合使用要求？

(1) HNO_3 44%，H_2SO_4 46%；　　(2) HNO_3 47%，H_2SO_4 46%；　　(3) HNO_3 44%，H_2SO_4 49.5%；(4) HNO_3 47%，H_2SO_4 49.5%。

5-10　苯的一氯化制氯苯、苯的一磺化制苯磺酸和苯的一硝化制硝基苯，有哪些共同点？有哪些不同点？列表作简要说明。

5-11　苯在用混酸的四槽串联一硝化制硝基苯时，副产物二硝基苯主要是在哪一个硝化器中生成的？

5-12　苯用混酸的四槽串联连续一硝化和苯的四槽串联连续一氯化的原理是否相同？

5-13　简述以下工艺过程，并进行讨论。(1) 由苯制备硝基苯磺酸钠异构体混合物，它是印染助剂防染盐；(2) 由苯制备间硝基苯磺酸钠。

5-14　简述由萘制备以下氨基萘磺酸的合成路线和工艺过程。

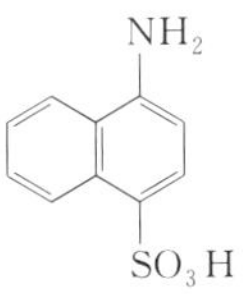

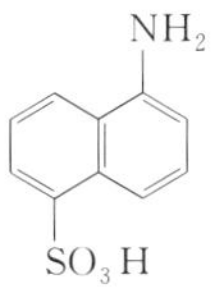

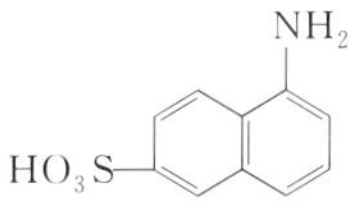

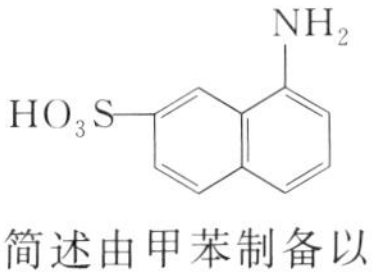

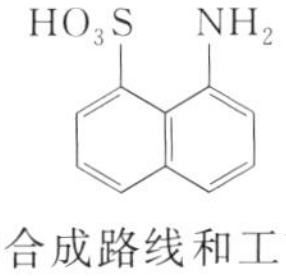

5-15　简述由甲苯制备以下化合物的合成路线和工艺过程。

(1)
(2)
(3)
(4)
(5)
(6)
(7)
(8)

5-16 简述由甲苯制备以下硝基三氟甲苯衍生物的合成路线和工艺过程。

(1)
(2)
(3)

5-17 间苯二酚在乙酸水溶液中与亚硝酸钠反应制 4,6-二硝基-1,3-苯二酚时，所用亚硝酸钠属于哪种类型的试剂？

5-18 对以下操作进行评论。

(1) 氯苯在过量氯磺酸中进行氯磺化生成 4-氯苯磺酰氯，然后向氯磺化液中滴加发烟硝酸进行硝化得 3-硝基-4-氯苯磺酰氯；

(2) 将对二甲氧基苯悬浮在水中，慢慢滴加质量分数为 98% 的硝酸进行一硝化制 2-硝基-1,4-二甲氧基苯时，不断地加入少量尿素，以抑制氧化副反应；

(3) 在制备 4,6-二硝基-1,3-苯二酚时，将间苯二酚溶解于乙酸水溶液中，在滴加亚硝酸钠水溶液的同时，不断滴加少量亚硫酸钠水溶液，以促进硝化反应；

(4) 在制备对亚硝基苯酚时，将 C_6H_5OH、NaOH、$NaNO_2$ 按 1:1.5:1.5 的摩尔比配成混合水溶液，然后慢慢滴入到稀硫酸中进行亚硝化反应；

(5) 在制备 1-亚硝基-2-萘酚时，将 $C_{10}H_7OH$、NaOH、$NaNO_2$ 按 1:1:1 的摩尔比配成混合水溶液，然后慢慢滴入到稀硫酸中进行亚硝化。

参 考 文 献

[1] 张继臣，朱红卫，罗红榆. 3-硝基-4-甲基苯甲酰胺的合成研究. 染料与染色，2017，54（05）：32-34.

[2] 王学敏，许华新，刘海洲，等. 混酸硝化法合成二硝酰胺铵及其机理探讨. 化学推进剂与高分子材料，2011，09（1）：74-77.

[3] 张本贺，何宇晨，毕纪葛，等. 基于本质安全的硝化反应釜的概念设计. 高校化学工程学报，2015（2）：312-319.

[4] 王鹏程. 芳烃的硝化反应及其理论研究. 南京：南京理工大学，2013.

[5] 王小飞. 萘液相催化硝化制备 1,5-二硝基萘的研究. 湘潭：湘潭大学，2012.

[6] 张化良，曾涛，叶光华，等. 2,4,6-三磺酸基间苯二酚硝化——反应动力学与过程优化. 化学反应工程与工艺，2017，33（03）：193-198，242.

[7] 宋艳民. 芳烃的选择性硝化研究. 南京：南京理工大学，2007.

[8] 刘世友，吕先富. 硝化过程中的安全生产技术. 煤炭与化工，2010，33（3）：69-70.

[9] 赵健. 绿色硝化合成硝基苯和硝基甲苯. 天津：天津大学，2008.

[10] 刘晓斌. 硝基苯合成及动力学研究. 北京：北京化工大学，2008.

[11] 刘东. 连续硝化制备 2,5-二氯硝基苯的工艺研究. 农药，2017，56（12）：878-881.

[12] 孟庆茹，刘振明. 绝热硝化法生产硝基苯工艺概况. 化工中间体导刊，2004（1）：37-39.

[13] 张素婕. 一硝基甲苯生产过程中废水所含氰化物及其它氮化物的处理工艺研究. 兰州：兰州大学，2017.

[14] 程城，董庆华，费正皓，等. 间二硝基苯清洁生产工艺研究. 污染防治技术，2011，24（1）：29-31.

[15] 鲁莉华，李英春. 间二硝基苯精制工艺的改进. 山西化工，2003，23（4）：11-12.

[16] 李工安，苗江欢，张晓鹏. 1-硝基萘的简单有效合成. 河南师范大学学报（自然版），2009，37（5）：158-159.

[17] 何宇. 硫酸介质中甲苯的选择性硝化研究. 南京：南京理工大学，2010.

[18] 邓玉美. 葵子麝香合成工艺研究. 天津化工，2010，24（2）：47-49.

[19] 朱惠琴. 合成5-硝基苊的一种新方法. 化学试剂，2002，24（1）：45-46.

[20] 谭靖辉，唐新军，梁建军，等. 稀硝酸硝化机理研究及与亚硝酸亚硝化的比较. 广州化工，2010，38（9）：44-45.

[21] 翟红，孟双明. 邻硝基对甲苯胺合成工艺的研究. 应用化工，2009，38（9）：1327-1329.

[22] 郑冬松，王江虹. 1,2-二氯乙烷体系下萘硝化反应工艺研究. 精细与专用化学品，2016，24（03）：16-19.

[23] 方东，施群荣，巩凯，等. 芳香族化合物绿色硝化反应研究进展. 含能材料，2008（01）：103-112，120.

[24] 赵丹，蔡春. 1,4-二氨基-3,5-二硝基吡唑的合成. 含能材料，2016，24（01）：64-68.

[25] 周雨，王德传，梁宇楠，等. 1-芳基-2-吡咯烷酮化合物的硝化反应研究. 精细化工中间体，2014，44（06）：46-48.

[26] 李林吉，黎容，廖秀飞. 等. 微通道反应器在芳香化合物硝化反应中的应用进展. 化学与生物工程，2021，38（2）：7-11.

[27] 柏葳. 芳烃硝化反应机理的研究的进展. 广州化工，2016，44（11）：36-37.

[28] 王阳，裴世红，郭瓦力，等. 静态混合管式绝热硝化制备一硝基甲苯工艺研究. 精细石油化工，2014，31（1）：33-38.

[29] 耿世奎，徐为民，邰燕芳. 绿色催化硝化体系研究进展. 湖北工程学院学报，2017，37（6）：56-60.

[30] 宋靳红，周智明. 绿色自由基硝化研究进展. 科技导报，2013，31（34）：69-74.

[31] 濮文均. 绿色硝化剂五氧化二氮及其在硝化反应中的应用. 化工设计通讯，2022，48（3）：1-3.

[32] 宋益冰，芦鹏程，金楠. 等. 芳烃的安全硝化研究进展. 浙江化工，2022，53（6）：12-18.

第6章

还 原

•本章学习要求•

掌握的内容：还原反应的定义、分类、应用，不同官能团还原难易，还原剂的种类，催化氢化、化学还原理论及工艺。

熟悉的内容：催化氢化的影响因素，催化剂的种类及其应用性能。金属复氢化物还原剂的种类、性能及基本原理。在电解质溶液中的铁粉还原：反应历程及影响因素。

了解的内容：硫化碱还原的基本理论及应用。

6.1 概述

广义概念的还原反应指的是化合物获得电子的反应，或使参加反应的原子上电子云密度增加的反应，或使有机物分子中碳原子的总氧化态降低的反应。狭义概念的有机物的还原反应指的是有机物分子中增加氢或减少氧（以及硫或卤素）的反应，或两者兼而有之的反应。

还原反应的方法可以分为三大类：

① 使用氢以外的化学物质作还原剂的方法，亦称化学还原；

② 使用氢在催化剂的作用下使有机物还原的方法，亦称催化氢化；

③ 在电解槽的阴极室进行还原的方法，亦称电化学还原。

6.1.1 还原反应的分类

按照反应前后物质结构的变化，可以分为氢解反应和加氢反应。在还原反应中，碳-杂键（碳-碳键）断裂，由氢取代离去的杂（碳）原子或基团，生成相应的烃的反应，称为氢解反应，主要包括脱卤氢解、脱苄氢解、脱硫氢解。加氢反应是使得底物分子中的双键或三键转变为单键或双键的反应。

还原反应的主要类型如下。

① **碳-碳不饱和键的还原** 例如炔烃、烯烃、多烯烃，脂环单烯烃和多烯烃，芳烃和杂环化合物中碳-碳不饱和键的部分加氢或完全加氢。

② **碳-氧双键的还原** 例如醛羰基还原为醇羟基或甲基，酮羰基还原为醇羟基或次甲

基，羧基还原为醇羟基，羧酸酯还原为两个醇，羧酰氯基还原为醛基或羟基等。

③ **含氮基的还原** 例如氰基和羧酰氨基还原为亚甲氨基，硝基和亚硝基还原为肟基（＝NOH）、胲基（羟氨基—NHOH）和氨基，硝基双分子还原为氧化偶氮基、偶氮基或氢化偶氮基，偶氮基和氢化偶氮基还原为两个氨基，重氮盐还原为肼基—NHNH$_2$ 或被氢置换等。

④ **含硫基的还原** 例如碳-硫不饱和键还原为巯基或亚甲基，芳磺酰氯还原为芳亚磺酸或硫酚，硫-硫键还原为两个巯基等。

⑤ **含卤基的还原** 例如卤基被氢置换等。

6.1.2 不同官能团还原难易的比较

表 6-1 列出了某些官能团在催化氢化时由易到难的次序。

表 6-1 的排列次序是相对的，由于被还原物的分子结构的不同，被还原基团所处化学物理环境（电子效应和空间效应）的不同、所用氢化催化剂种类的不同或还原条件的不同，都可能改变其难易次序。但是在通常条件下，这个次序仍可作为选择还原条件的参考。当分子中有多个可还原基团时，一般是表中序号小的基团比序号大的基团容易被还原；如果选择适当的还原条件，就可以仅对特定的基团进行选择性还原，而不影响其他可还原基团。

表 6-1 各种官能团在催化氢化时由易到难的次序

序号	被还原基团	还原产物	序号	被还原基团	还原产物
1	R—CO—Cl	R—CHO	9	吡咯	四氢吡咯（N H）
2	R—NO$_2$	R—NH$_2$	10	稠环芳烃	部分加氢
3	RC≡CR′	RCH=CHR′	11	R—CO—OR′	R—CH$_2$OH+R′OH
4	R—CHO	R—CH$_2$OH	12	R—CO—NH$_2$	R—CH$_2$NH$_2$
5	RCH=CHR′	RCH$_2$CH$_2$R′	13	C$_6$H$_5$—R	环己基—R
6	R—CO—R′	R—CH(OH)—R′	14	R—CO—OH	R—CH$_2$OH R—CHO
7	C$_6$H$_5$CH$_2$—O—R；C$_6$H$_5$CH$_2$Cl	C$_6$H$_5$CH$_3$+ROH；C$_6$H$_5$CH$_3$+HCl	15	R—CO—ONa	不能氢化
8	R—C≡N	R—CH$_2$NH$_2$			
9	吡啶；喹啉	哌啶（N H）；四氢喹啉（N H）			

另外，表 6-1 对于化学还原也有重要参考价值。例如，间硝基苯甲醛在用硫酸亚铁或二硫化钠还原时，可以只将硝基还原成氨基，而不影响醛基和苯环。

6.1.3 还原剂的种类

主要的无机还原剂有以下几种。

① **活泼金属及其合金** 如铁粉、锌粉、铝粉、锡粒、金属钠、锌汞齐和钠汞齐等。

② **低价元素的化合物** 如 NaHS、Na$_2$S、Na$_2$S$_x$、Na$_2$SO$_3$、NaHSO$_3$、Na$_2$S$_2$O$_4$、SO$_2$、SnCl$_2$、FeCl$_2$、FeSO$_4$、TiCl$_3$、NH$_2$OH、H$_2$NNH$_2$ 和 H$_3$PO$_2$ 等。

③ **金属复氢化合物** 如 NaBH$_4$、KBH$_4$、LiBH$_4$ 和 LiAlH$_4$ 等。

主要的有机还原剂有：乙醇、甲醛、甲酸、甲酸与低碳叔胺的配合物、烷氧基铝（如

Al[OCH(CH$_3$)$_2$]$_3$)、硼烷和葡萄糖等。

同一个化学还原剂可以用于多种不同类型的还原反应。同一个具体的还原反应也可以选用不同的还原方法或不同的化学还原剂，这时应根据技术上的可行性、安全、环保、成本、产品质量和产量等多方面的因素进行综合考虑，一般来说，复氢化合物的还原能力大于活泼金属及合金、低价元素化合物。

与氢气还原法相比较，化学还原法的主要缺点是：原材料价格贵，存在三废治理问题。

需要关注还原工艺的安全性，因为还原剂（如氢气、复氢还原剂）、贵金属催化剂具有燃爆危险性。通过对还原反应釜温度、压力、氢气流量及流速、反应物料的配比、可燃和有毒气体检测报警装置、反应釜密封性、搅拌系统的报警和联锁，采用紧急断料系统、紧急冷却系统以控制反应釜内温度和压力；紧急送入惰性气体的系统，配备安全阀爆破片等泄放安全设施。另外，需要设置防雷隔离措施、严格控制火源等。

6.2 气-固-液非均相催化氢化

催化氢化（包括加氢和氢解）共有三种方法，即气-固相接触催化氢化、气-固-液非均相催化氢化、液相均相配位催化氢化。关于气-固相接触催化氢化和均相配位催化氢化的基本知识已经在第 2 章叙述过了，这里不再重复。同一个目的反应可以采用上述一种、两种甚至三种氢化方法；而在采用不同的氢化方法或不同的反应条件时，同一种原料有可能得到不同的氢化产物。液相加氢反应是非均相反应，其特点是反应速率受气液传质的控制，而且催化加氢反应一般是放热反应，因此，反应器要保证具有优良的传质和传热特性。

气-固-液非均相催化氢化的主要优点：

① 与气-固相接触催化氢化相比，可用于难汽化的被氢化物，适于小产能、多品种生产；

② 与化学还原法相比，氢气价廉；反应活性高，能使化学还原剂难于被还原的化合物氢化，应用范围广；采用优化的催化剂及反应条件，选择性好，副反应少；反应完毕后，过滤出催化剂、蒸出溶剂即可得到产品，催化剂可以重复套用，污染少，符合绿色化学的要求。

气-固-液非均相催化氢化法需要考虑以下问题：

① 要有价廉、方便的氢源；

② 使用氢气的安全；

③ 使用压力设备的安全；

④ 催化剂的制备、活化、回收、循环使用和使用安全等；

⑤ 设备投资。

气-固-液催化氢化的应用范围相当广泛，主要包括不饱和键加氢（例如：环戊二烯加氢生产环戊烯等）、芳环化合物加氢（例如：苯加氢生成环己烷；苯酚加氢生产环己醇等）、含氧化合物加氢（例如：丁醛加氢生产丁醇；辛烯醛加氢生产辛醇等）、含氮化合物加氢（例如：己二腈加氢生产己二胺；硝基苯催化加氢生产苯胺等）等。

本节将以苯和硝基苯在不同条件下催化氢化可制得多种产品为例，做较详细的、综合性的叙述。

6.2.1 气-固-液非均相催化氢化的原理

气-固-液非均相体系中，"气"是指氢气，"固"是指催化剂，"液"是指液态被还原物或者溶解在溶剂中的被还原物。通常认为非均相催化加氢反应发生在催化剂的表面上，一般都包含以下三个基本过程：氢先被吸附在催化剂表面，接着被还原物以π键的形式吸附在催化剂表面；吸附在催化剂表面的氢和被还原物发生反应生成产物；生成的还原产物从催化剂表面解吸附并扩散到反应介质中。

催化反应的速度往往由化学吸附配合物的生成速度所决定。物理吸附是由反应物分子和催化剂表面间的范德华力引起，属于无选择性的多分子层的可逆吸附。物理吸附促使反应物在催化剂表面的浓度增加而有利于化学吸附发生。化学吸附是选择性单分子层吸附，主要发生在催化剂表面的活性中心上，反应物与活性中心形成了化学键、形成了活化配合物，从而进行催化还原反应。化学吸附能否发生，主要取决于反应物与催化剂之间的电子因素和几何因素。对于氢化反应催化剂来说，电子因素起着主导的作用。与芳环连接的官能团，更容易还原，不与芳环连接的官能团，还原速率相对较慢，须增加催化剂的用量，提高反应温度和压力，但副反应较多。

这类反应在小规模生产时可以采用间歇操作的搅拌锅式高压釜。中等规模生产时可采用间歇操作的鼓泡塔式反应器，大规模生产时可采用淋液型三相固定床反应器或三相悬浮床反应器（见 2.2.6）。

6.2.2 气-固-液催化氢化的主要影响因素

对于精细化工产品的生产来说，希望氢化反应具有良好的选择性、收率和质量；另外，还要求成本低、工艺尽可能简单。解决选择性难题的途径主要是研制高效催化体系。

底物结构氢化的难易程度是影响反应速度的内在因素。底物结构中，氢化难易主要受官能团的影响。常见官能团中，酰氯还原为醛和硝基还原为氨基最容易发生，次之为炔还原为烯、酮还原为醇和腈还原为甲胺等，而苯环还原为环己烷和酸还原为醇最难。

6.2.2.1 催化剂

气-固-液非均相催化氢化所用的催化剂主要是元素周期表中第ⅧB族的金属，其中最重要的是镍、铂和钯，此外也用到铬、钌、铑和铱。

不同金属的催化剂，其活性和选择性相差很大。同一种金属的催化剂，由于制备方法不同，其活性也相差很大，因此催化剂制备方法是非常重要的。关于这类催化剂制备的详细叙述，可参阅有关参考书。

下面只介绍镍、铂、钯三种金属催化剂，其他催化剂将结合具体实例叙述。

(1) 镍催化剂

镍催化剂中应用最广的是骨架镍（Raney 镍）。此外还有载体镍、还原镍和硼化镍等。

将镍铝合金粉放入氢氧化钠水溶液中，在适当的条件下处理，使合金中的铝变成水溶性的铝酸钠，然后过滤，水洗，就得到比表面积很大的黑色粉状多孔性骨架镍催化剂。

$$2Ni—Al + 2NaOH + 2H_2O \longrightarrow 2Ni + 2NaAlO_2 + H_2 \uparrow \qquad (6\text{-}1)$$

新制得的骨架镍，其内、外表面吸附有大量的氢，具有很高的催化活性，但在放置时会慢慢失去氢，在空气中活性下降很快。干燥的骨架镍在空气中会自燃，因此制得的骨架镍必须存放在乙醇或其他惰性有机溶剂的液面下，隔绝空气密封，才能保持其活性。新制得的骨架镍催化剂的存放期不宜超过 6 个月，以防变质。

用过的骨架镍催化剂，可以多次回收、循环使用。活性下降到一定程度的废骨架镍催化剂，不得任意丢弃，因为它还吸附有活性氢，干燥后会自燃，甚至会引起爆炸事故。废骨架镍应放于稀盐酸或稀硫酸中，使其失去活性。

改变镍-铝合金的成分及其制备方法、氢氧化钠溶液的浓度和用量、溶铝的温度和时间以及洗涤条件等因素，可以制得不同活性的骨架镍催化剂。

骨架镍催化剂容易中毒，含硫、磷、砷、铋的化合物，有机卤素（特别是碘）化合物以及含锡、铅的有机金属化合物会使骨架镍在不同程度上中毒。

由于传统的骨架镍催化剂易中毒、使用寿命短、会自燃等缺点，又对骨架镍催化剂进行了改性研究，例如将骨架镍做部分氧化处理，使之钝化到不会自燃而又保留足够的活性，或者制成 Ni-Zn 型非自燃骨架镍等。开发了固定床骨架镍催化剂和薄片型骨架镍催化剂、以硅藻土为载体的金属镍催化剂、磁性载体骨架镍催化剂。

骨架镍催化剂可在弱碱性或中性条件下使用，在弱酸性条件下活性下降，pH 值小于 3 则活性消失。

骨架镍催化剂可用于硝基、炔键、烯键、羰基、氰基、芳香性杂环、芳香性稠环、碳-卤键和碳-硫键的氢化。对于苯环、羧酸基的氢化活性很弱。对于酯基和酰氨基中的羰基的氢化则几乎没有催化活性。

与贵金属的铂和钯相比，骨架镍催化剂的催化活性较弱，要求较高的氢化温度和压力。但骨架镍价格便宜，因此得到广泛使用。

(2) 铂催化剂

铂催化剂包括：还原铂黑、熔融二氧化铂和载体铂等。其中最常用的是铂/炭（Pt/C）载体催化剂，它是由氯铂酸盐固载在活性炭上，然后用氢气、甲醛或硼氢化钾等还原剂反应而制得的。Pt/C 催化剂在空气中干燥后不会失活，也不会自燃。铂催化剂较易中毒，若反应物中含有硫、磷、砷、碘离子、酚类和有机金属化合物，会使铂催化剂中毒，使活性明显下降。

铂催化剂活性高、氢化反应条件温和，甚至可在常温、常压下使用。铂催化剂的适用范围广，除了镍催化剂应用的范围以外，还可以用于羧酸基、酰氨基和苄位结构的氢化，但选择性差。铂催化剂可用于中性或酸性条件，而镍催化剂则不适用于酸性条件。

铂催化剂比镍催化剂价格贵很多，因此铂催化剂必须能多次循环使用，而且失去活性的催化剂应回收铂。

(3) 钯催化剂

钯催化剂包括还原钯黑、熔融氧化钯和载体钯等。其中最常用的是钯/炭（Pd/C）载体催化剂，它是将氯化钯固载在活性炭上，然后在使用前用氢气、甲醛或硼氢化钾还原，洗涤后即可使用，通常含 5%～10% 的 Pd。制钯黑时加入碳酸钙或硫酸钡，再加入乙酸铅或喹啉使催化剂部分失活，就制成了 Lindlar 催化剂，这是一种选择性催化氢化催化剂。常用的有 Pd-CaCO$_3$-PbO/Pb(AcO)$_2$ 与 Pd-BaSO$_4$-喹啉两种，其中钯的含量为 5%～10%。

相对于铂催化剂来说，钯的催化作用弱。在温和条件下，钯对于羰基、苯环和氰基等基团的氢化几乎没有催化活性，但对于炔键、烯键、肟基、硝基和芳环侧链上的不饱和键的氢化则具有较高的催化活性。钯是最好的脱卤、脱苄基的氢化催化剂，但是对于含碳-碳双键化合物的氢化，常会引起双键的迁移。Lindlar 催化剂可以高选择性地将炔键还原为顺式双键。

在贵金属中，钯可在碱性和酸性条件下使用，对毒物的敏感性小，故应用范围较广。每次用过的 Pd/C 催化剂，经处理后可恢复活性并多次使用，失去活性的 Pd/C 催化剂可回收钯，降低成本。

6.2.2.2 溶剂

当被氢化物和氢化产物都是液体而且不大黏稠时，可以不用溶剂，但有时为了有利于传质和提高催化剂的活性，也使用溶剂。当被氢化物或氢化产物是固体时，则必须使用溶剂。当被氢化物是难溶的固体，在溶剂中呈悬浮态，但生成物可溶于溶剂时，催化氢化反应也可顺利进行。但如果氢化产物在所用溶剂中难以全溶，或反应时生成沉淀，则氢化反应难进行，甚至中止。

溶剂不仅起溶解作用，而且还会影响反应的速率和方向。所用溶剂要求不与被氢化物或氢化产物发生反应，而且还要求溶剂在反应条件下不被氢化。

按对氢化反应的活性次序强弱进行排列，常用的溶剂：

乙酸＞甲醇＞水＞乙醇＞丙酮＞乙酸乙酯、乙醚＞甲苯＞苯＞环己烷＞石油醚

对于氢解反应，特别是含杂原子化合物的氢解，最好使用质子传递溶剂，例如乙醇、甲醇、乙二醇单甲醚或水。对于烯烃和芳烃的加氢最好使用非质子溶剂。

6.2.2.3 介质的pH值

介质的pH值会影响催化剂表面对氢的吸附作用，从而影响反应速率和反应的选择性。一般来说，加氢反应大多在中性条件下进行，而氢解反应则在碱性或酸性条件下进行。碱可以促进碳-卤键的氢解。少量酸促进碳-碳键、碳-氧键和碳-氮键的氢解。

有时介质pH值的选择是为了控制化学反应的方向，以得到所需的目的产物。例如，硝基苯在强碱性介质、中性介质、强酸性低温和强酸性高温用氢气催化氢化或用化学还原时，将分别得到不同的产物。

6.2.2.4 温度和压力

氢化温度与氢化反应的类型和所用催化剂的活性有关，另外温度还会影响催化剂的活性和寿命。确定氢化温度时还应考虑反应的选择性、副反应以及反应物和产物的热稳定性。在可以完成目的反应的前提下，应尽可能选择较低的反应温度。

在使用铂、钯等高活性催化剂时，一般可在较低的温度和氢压下进行。

在使用镍催化剂时要求较高的氢化温度，但在使用活性较高的骨架镍时如果氢化温度超过100℃，会使反应过于剧烈，甚至使反应失去控制。

提高氢压可以加速反应，克服空间位阻，但压力过高会降低反应的选择性，出现副反应，有时会使反应变得剧烈。例如，使用高活性骨架镍时，氢压超过5.88MPa会有危险。另外，氢压高还增加设备的造价。

6.2.2.5 传质

液相加氢反应是非均相反应，表现为扩散控制，要强化加氢还原过程，需从加氢设备入手，强化气-固-液三相间的传质。

自吸式搅拌器利于氢气的传质，可以加快氢化反应速度。推进式搅拌桨以下压式混合反应体系，效果较好。

6.2.3 催化氢化的实例

6.2.3.1 苯的催化氢化

苯的氢化是一个连串反应。苯的第一个双键加氢后，立即失去芳环的稳定性，很易发生第二个和第三个双键的加氢而生成环己烷，要使反应产物中含有环己二烯或环己烯是非常困难的。但近年来已开发成功同时生产环己烷和环己烯的工艺。

$$\text{苯} \xrightarrow[\text{加氢}]{+H_2} \text{环己二烯} \xrightarrow[\text{加氢}]{+H_2} \text{环己烯} \xrightarrow[\text{加氢}]{+H_2} \text{环己烷} \qquad (6\text{-}2)$$

(1) 环己烷的制备

环己烷氧化后可以得到环己酮,环己酮是制备己二酸的原料。

苯的催化加氢制环己烷以气-固-液三相法为主。

美国 UOP 公司用铂或钯催化剂,氧化铝为载体,并加有少量钾盐助催化剂,氢化在 $200\sim300℃$、3MPa 进行,苯转化率 100%,产品环己烷纯度可达 99.8%。此法的优点是用铂催化剂时,原料苯含硫量允许质量分数高达 300×10^{-6}。但铂催化剂费用高。

法国 IFP 公司,用骨架镍催化剂,在 $220\sim240℃$、3.92MPa 加氢。主反应器是搅拌锅式,用循环泵将悬浮态反应液经过外部换热器移去反应热。生成的环己烷以气态与惰性气体和过量的氢气一起从主反应器逸出,进入固定床后反应器,使气流中未转化的苯,在后反应器中,完全转化为环己烷,产品纯度 99.6% 以上,此法的优点是催化剂费用低,缺点是催化剂易自燃,而且要用含硫质量分数低于 2×10^{-6} 的无硫苯,否则催化剂会中毒。后来法国 IFP 公司又开发了金属配位催化剂 HC-102,其优点是不自燃。中国辽阳石油化纤公司采用 IFP 工艺,辽宁化工研究院开发了 HC-402-2 型金属配位催化剂,经长期工业化表明优于 HC-102 型催化剂。HC-402-2 型催化剂共有四个组分,第一组分有机酸镍是主催化剂,第二组分烷基铝是助催化剂,第三组分金属配位体能增加催化剂的稳定性,大大延长使用周期,第四组分促进剂可明显提高催化剂活性,加快氢化速度。

(2) 环己烯的制备

1989 年日本旭化成公司开发了 Ru-Zn 系催化剂,苯加氢转化率 40% 时,环己烯的选择性达到 80% 以上,率先实现了工业化;环己烯经水合生成环己醇,通过精馏得到精制环己醇,最后再与硝酸氧化生成己二酸。与苯的完全加氢成环己烷,再氧化成环己醇/酮混合物(即醇酮油,简称 KA 油),再氧化成己二酸的合成路线相比较,可节省原材料和能耗,是生产己二酸的最先进的方法。

$$\text{环己醇} \xrightarrow[\text{磷钨酸或硅钨酸/活性炭,160℃}]{\text{催化脱水}} \text{环己烯} + H_2O \qquad (6\text{-}3)$$

中国神马集团引进旭化成工艺 1998 年投产,该工艺以水为连续相、油为分散相,用 Ru-Zn 系催化剂,浓度 1.5%,采用流动的两级串联反应器,搅拌器转速 125r/min,在 $135℃$ 和 4.5MPa 加氢。

旭化成催化剂不用载体,而是在使用时加入 ZrO_2 作为分散体。郑州大学开发了 Ru-M-B/ZrO_2 载体型催化剂(M 代表过渡金属),增大了活性组分的分散度,提高了 Ru 的利用率。在 2001 年申请了专利,在 2003 年通过了中试。

加入水作为修饰剂,其作用可能是使环己烯比环己烷更易脱吸附,从而减少了深度加氢,提高了部分加氢的选择性。

中国科学院大连化学物理研究所开发的负载型纳米非晶态催化剂性能达到国际先进水平,有独创性,已通过验收。

6.2.3.2 硝基芳烃的催化氢化

还原硝基的方法多种多样,一般而言,最环保和简便的还原方法就是采用 Pd/C 或 Raney Ni(雷尼镍)催化剂进行氢化反应。硝基芳烃在不同条件下催化氢化时可以得到不同的产物,现分别叙述如下。

(1) 苯胺的制备

苯胺的生产最初采用铁粉还原法。此法环境污染严重、生产能力低、难连续化，国内外已相继淘汰。目前，苯胺的生产主要采用硝基苯的气-固相接触催化氢化法。国内外多采用常压流化床法。

$$
\underset{}{\text{C}_6\text{H}_5\text{NO}_2} + 3\text{H}_2 \longrightarrow \underset{}{\text{C}_6\text{H}_5\text{NH}_2} + 2\text{H}_2\text{O} \tag{6-4}
$$

流化床的工艺过程是：硝基苯经预热后，进入硝基苯蒸发器，用预热的氢气使硝基苯汽化，氢/硝基苯的摩尔比约 9∶1。混合气体经换热器预热后，从底部进入流化床反应器，使催化剂处于流化状态，在常压、240～370℃反应，生成苯胺，反应产物从流化床反应器的顶部逸出，经分离，过量氢循环使用，硝基苯转化率 99.5％以上，选择性 99％以上，得苯胺纯度 99.5％以上。

所用铜/硅胶催化剂粒度 30～140 目。催化剂活性下降的主要因素是催化剂表面的积碳、活性铜的聚结和原料中硫的毒化作用。在催化剂中加入 Cr_2O_3、MoO_3 可提高 Cu 在载体上的分散度，提高催化剂的活性、抗聚结能力，增加催化剂的稳定性。为了防止硫中毒，所用硝基苯必须是用无硫苯（石油苯）硝化而得。

吉林化学工业公司研究院开发成功的催化剂达到国际水平，具有活性高、选择性好、耐磨性好、强度高、寿命长等优点，每生产 4000t 苯胺，只消耗 1t 催化剂，已在国内推广使用。

1997 年，杨斌等提出用 Pd-Pt 双金属 PVP-Al_2O_3 双负载催化剂的硝基苯液相加氢法。硝基苯的转化率可达 100％，苯胺选择性 99.9％。

清华大学开发了两段流化床专利技术，用于兰州化学工业公司，实现了单套装置年产 7 万吨苯胺。其优点是：操作稳定，弹性大，硝基通量大，深度转化，提高了苯胺纯度，催化剂寿命长，成本低。

(2) 对氨基苯酚的制备

对氨基苯酚的生产最初采用对硝基苯酚或对亚硝基苯酚的还原等方法。但现在最先进的方法是硝基苯在强酸性介质中的还原转位法。

$$
\underset{}{\text{NO}_2} \xrightarrow[-\text{H}_2\text{O}]{+2\text{H}_2} \left[\underset{}{\text{NHOH}} \xrightarrow[\text{质子化}]{+\text{H}^+} \underset{}{\text{N}^+\text{H}_2\text{OH}} \right] \xrightarrow[\text{转位}]{-\text{H}^+} \underset{}{\text{NH}_2 \cdots \text{OH}} \tag{6-5}
$$

硝基苯的催化氢化转位法要求硝基苯在催化剂表面加氢时最先生成的苯基羟胺尽快地从催化剂表面脱吸附进入水相，未能立即脱吸附的苯基羟胺将进一步氢化生成副产物苯胺，而降低了反应的选择性。

所用催化剂主要是含 Pt 质量分数 1％～5％的 Pt/C，而 Pt/γ-Al_2O_3 催化剂的选择性不如 Pt/C。催化剂的研究重点是助催化剂的选择。

油相是硝基苯，水相是稀硫酸，为了使脱吸附的苯基羟胺顺利地进入水相，要优选表面活性剂和相转移催化剂。例如，硝基苯和稀硫酸在 Pt/C 催化剂、表面活性剂和季铵盐的存在下，在 82～86℃、压力略大于常压下氢化一定时间，硝基苯总转化率 75％～85％，反应液经分离后，对氨基苯酚的收率可达 79％，副产苯胺 15％。1985 年中国专利提出，选用季铵盐可将水/油（质量比）降低到（3～5）：1，对氨基苯酚/苯胺的选择性可提高到 30：1。1995 年王晓宾等提出费用低的 MoS_2/C 催化剂，在 135℃ 和 2.0MPa 氢化时，对氨基苯酚的最高收率可达 64.3%。

硝基苯氢化转位法的优点是成本低、工艺简单，在英、美、日等国已工业化。不足之处是催化剂费用高、反应的选择性有待进一步提高，反应物中含有对氨基苯酚、苯胺和硝基苯，分离工艺较复杂，并产生一定的废液。

（3）含卤芳胺的制备

卤代硝基苯的传统还原方法是铁粉还原法和硫化碱还原法，会产生高浓度有机废水和有毒污泥，处理成本比较高。卤代硝基芳烃加氢过程中最常用的金属是 Pt、Pd、Ru、Au、Ag、Ir 和 Ni，铂和钯的卤代硝基苯加氢活性最高。应用催化加氢法还原卤代芳香硝基化合物时，常常伴随氢解脱卤现象的发生，与钯相比，铂脱卤倾向较低；一般而言，最容易发生脱卤的是邻位硝基苯，其次是对位，而间位卤代硝基苯的选择性最好。另外，通过加入 $ZnCl_2$、$ZnBr_2$、ZnI_2、LiCl 等助催化剂可以抑制脱卤反应。

$$
\underset{X}{\underset{\big|}{\text{NO}_2\text{-}\bigcirc}} + 3H_2 \xrightarrow{\text{催化剂}} \underset{X}{\underset{\big|}{\text{NH}_2\text{-}\bigcirc}} + \text{NH}_2\text{-}\bigcirc + 2H_2O \qquad (6\text{-}6)
$$

（4）氢化偶氮苯的制备

氢化偶氮苯是医药、农药中间体，其传统生产方法为锌粉还原；国外的主要生产方法则是硝基苯的催化氢化法。此法是将硝基苯在氢氧化钠的醇溶液中，在 Pt/C 催化剂存在下进行氢化。甲醇或乙醇不仅能溶解氢化偶氮苯、甲醇钠或乙醇钠还能抑制苯胺的生成，缩短反应时间，提高收率。醇的用量约为硝基苯质量的 2.2～2.5 倍。醇可以回收循环套用。氢氧化钠的用量约为醇的质量的 10%，催化剂含钯的质量分数为 2%～4%，催化剂用量约为硝基苯质量的 0.4%～0.6%，氢化温度 30～90℃，最高不超过 120℃，氢压 0.2～1.2MPa。反应器为搅拌锅式，搅拌器转速为 800～1000r/min，装料系数为 50%～60%。在最佳条件下，氢化偶氮苯的收率大于 83%，产品含量大于 95%。此法具有收率高、成本低、三废少等优点，是目前最先进的方法。

$$
2\ \text{NO}_2\text{-}\bigcirc + 5H_2 \xrightarrow{\text{Pt/C}} \bigcirc\text{-}\underset{H}{\overset{H}{N}}\text{-}\underset{H}{\overset{H}{N}}\text{-}\bigcirc + 4H_2O \qquad (6\text{-}7)
$$

另外，硝基苯的强碱性还原制氢化偶氮苯也可以采用电化学还原等其他还原方法。

1993 年苏联提出了硝基苯电化学还原制氢化偶氮苯的新专利。所用电解槽是板框压滤机型，阴极是铅或钛，隔膜是阳离子交换氟树脂，阴极电解液是质量分数为 6%～8%氢氧化钠水溶液，内含氧化锌 2.7～5.3g/L，硝基苯与碱液的体积比 1：（1.5～1.2）。

最近还提出硝基苯在甲醇中用铝和氢氧化钠还原制氢化偶氮苯的方法。

（5）4-氨基二苯胺的制备

4-氨基二苯胺是生产多种性能优良的橡胶防老剂的重要中间体。20 世纪 90 年代又开发成功了将硝基苯与苯胺的混合物在一定条件下，在液相非均相催化氢化制 4-氨基二苯胺的方法，所用的催化剂可以是 Pt/C 或 Pd/C；反应介质可以是水、二乙二醇、二乙二醇二甲醚；添加剂可以是氢化抑制剂、强有机碱（季铵碱、氟化季铵盐）。例如，硝基苯、苯胺和四甲基氢氧化铵水溶液在 Pt/C 存在下，在高压釜中，在 80℃ 和 1.5MPa 氢压下反应，可得到 91.4% 的 4-氨基二苯胺。

另据报道改用两步法，4-氨基二苯胺的收率可达 95%～96%，改用固载在沸石上的催化剂，收率可达 100%。该法已经工业化。

$$(6\text{-}8)$$

6.3 化学还原

化学还原反应按照反应机理主要分为负氢离子转移还原反应和电子转移还原反应。

6.3.1 金属复氢化合物作为还原剂

金属复氢化物具有四氢铝离子（AlH_4^-）或四氢硼离子（BH_4^-）的复盐结构，这种复合负离子具有亲核性，可向极性不饱和键（ $\diagdown C{=}O$、$\diagdown C{=}N{-}$、$-N{=}O$ 和 $\diagdown S{=}O$ ）中带正电的碳原子进行亲核进攻，继而发生负离子转移而进行还原。由于四氢铝离子或四氢硼离子都有四个可供转移的负离子，还原反应可逐步进行，理论上 1mol 的硼氢化钠可还原 4mol 的羰基化合物。

$$(6\text{-}9)$$

但是对于极化程度比较弱的双键则一般不发生加氢反应。这类还原剂中四氢铝锂的还原能力较强，可被还原的官能团范围较广；四氢硼钠和四氢硼钾的还原能力较弱，可被还原的官能团范围较小，但还原选择性较好。这类还原剂价格很贵，目前多用于制药工业和香料工业。

6.3.1.1 复氢铝化物

常见的复氢铝化物包括四氢铝锂、二异丁基氢化铝（DIBAL-H）及红铝（Red-Al）。

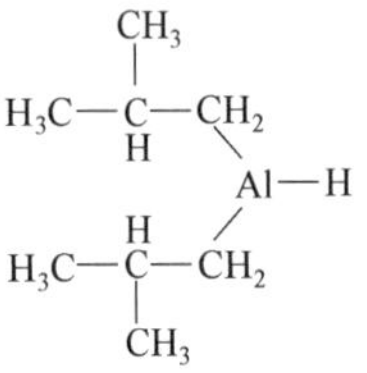

DIBAL-H 结构 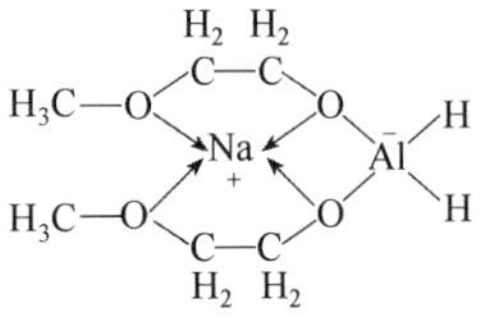　　　　　　　　Red-Al 的结构

四氢铝锂与 DIBAL-H 极为活泼，遇水、酸、含羟基或巯基的有机化合物会放出氢气，易燃易爆。一般要用无水乙醚或四氢呋喃等醚类溶剂。红铝（Red-Al，又名 Vitride® 还原剂），不仅与 $LiAlH_4$、DIBAL-H 的活性相当，而且对氧气有着惊人的稳定性，可长期保存而不会发生变质、燃烧。后处理使用冰水淬灭反应，会产生 $Al(OH)_3$ 胶状物，从胶状物中提取产品操作较困难。此外，多余胶状物的处理会产生环境污染。复氢铝化物的还原能力很强、用途更广泛，酯、酰氯和酸酐均可被还原。虽然还原能力较强，但价格比四氢硼钠和四氢硼钾贵，限制了它的使用范围。其应用实例列举如下。

(1) 酰胺羰基还原成氨亚甲基或氨甲基

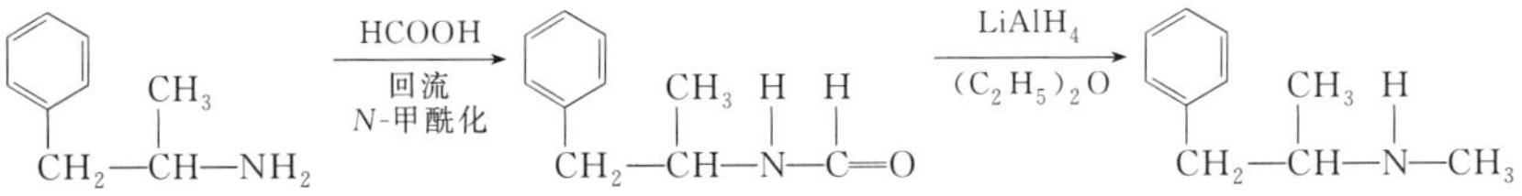

$$(6-10)$$

(2) 羧基还原成醇羟基

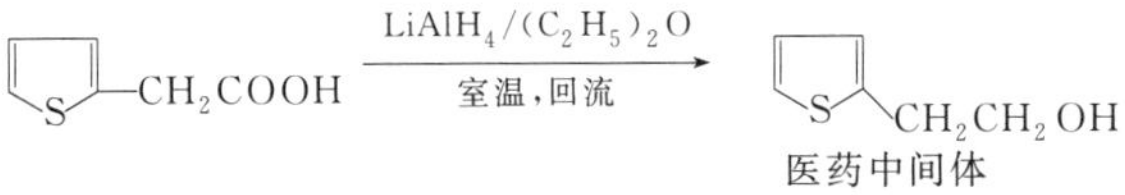

$$(6-11)$$

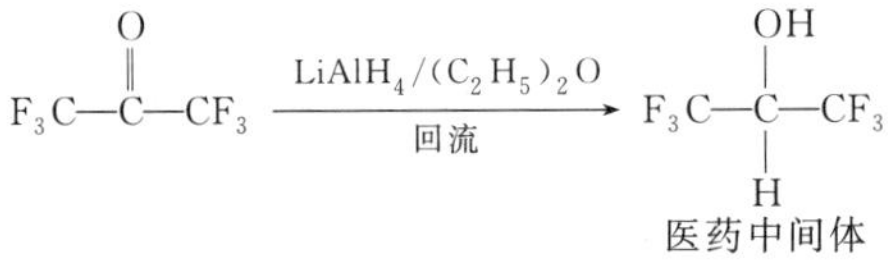

$$(6-12)$$

用氢化铝锂还原剂反应结束后，可加入乙醇、含水乙醚或 10% 氯化铵水溶液以分解未反应的氢化铝锂和还原物。用含水溶剂分解时，其水量应近于计算量，使生成颗粒状沉淀的偏铝酸锂便于分离。如加水过多，则偏铝酸锂进而水解成胶状的氢氧化铝，并与水和有机溶剂形成乳化层，致使分离困难，产物损失较大。

6.3.1.2 硼氢化物

四氢硼钠和四氢硼钾不溶于乙醚，在常温可溶于水且分解速度快、在甲醇和乙醇中缓慢分解，所以多用异丙醇或乙二醇二甲醚、二甲基甲酰胺等做反应溶剂。四氢硼钠比四氢硼钾价贵，但活性更高，较易潮解。其应用实例列举如下。

(1) 环羰基还原成环羟基

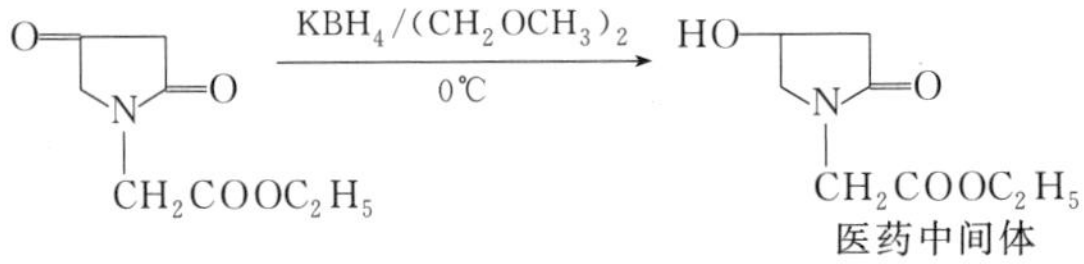

$$(6-13)$$

在此反应中，硼氢化钾仅选择性地还原了一个环羰基，而不影响另一个环羰基和羧酯基。

(2) 醛羰基还原成醇羟基

$$\text{(6-14)}$$

香料和医药中间体

(3) 亚氨基还原成氨基

$$\text{(6-15)}$$

医药中间体

$$\text{(6-16)}$$

为了拓展金属硼氢化物的应用，人们发现当有不同添加物时，金属硼氢化物的活性会增强，由此建立起金属硼氢化物新还原体系，如金属硼氢化物/Lewis 酸（LiBr、$MgCl_2$、$ZnCl_2$、$AlCl_3$ 等）、金属硼氢化物/卤素（碘）、金属硼氢化物甲醇等。

胺和羰基化合物缩合得到亚胺，然后通过还原剂［常用的有 $NaCNBH_3$、$NaBH(OAc)_3$ 等］还原生成相应的胺。

采用氢化硼钾（钠）还原剂反应结束后，可加稀酸、丙酮分解过量的还原剂。

6.3.2 活泼金属及其合金作为还原剂

6.3.2.1 铁粉还原

铁粉还原反应是通过电子的转移而实现的。铁是电子给体，被还原物的某个原子首先在铁粉的表面得到电子生成负离子自由基，后者再从质子给体（例如水）得到质子而生成产物。以芳香族硝基化合物被铁粉还原成芳伯胺的反应为例，其反应历程可简单表示如下。

$$Fe^{0} \longrightarrow Fe^{2+} + 2e \tag{6-17}$$

$$Fe^{0} \longrightarrow Fe^{3+} + 3e \tag{6-18}$$

$$Ar—NO_2 + 2e + 2H^+ \longrightarrow Ar—NO + H_2O \tag{6-19}$$

$$Ar—NO + 2e + 2H^+ \longrightarrow Ar—NHOH \tag{6-20}$$

$$Ar—NHOH + 2e + 2H^+ \longrightarrow Ar—NH_2 + H_2O \tag{6-21}$$

从反应历程可以看出，在含有电解质的弱酸性水介质中，还原后铁泥的主要成分是四氧化三铁，所以硝基被还原成氨基时的总反应式通常表示如下：

$$4Ar—NO_2 + 9Fe + 4H_2O \longrightarrow 4Ar—NH_2 + 3Fe_3O_4 \tag{6-22}$$

1mol 单硝基化合物被还原为芳伯胺时需要用 2.25mol 铁，但实际上要用 3～4mol 铁。这一方面与铁的质量有关，另一方面是因为有少量铁与水反应而放出氢气。因此要用过量的铁。一般采用干净、质软的灰色铸铁粉，因为它含有较多的碳，并含有硅、锰、硫、磷等元素，在含电解质（稀硫酸、盐酸、乙酸、氯化铵或氯化钙等）的水溶液中能形成许多微电池（碳正极，铁负极），促进铁的电化学腐蚀，有利于还原反应的进行。另外，灰色铸铁粉质脆，搅拌时容易被粉碎，增加了与被还原物的接触面积。铁粉的粒度以 60～100 目为宜。铁粉的活性还与铁粉的表面是否生成氧化膜等因素有关。铁粉还原是强烈的放热反应，反应温度一般为95～102℃，如果加料太快，反应过于激烈，会导致爆沸溢料。铁屑的相对密度比较大，需采用衬耐酸砖的球底钢槽和不锈钢制的快速螺旋桨式搅拌器，并直接用水蒸气加热。对于小批量生产也可以采用不锈钢制的反应器。

铁的给电子能力比较弱，这个特点使它成为选择性还原剂，在还原过程中，不易被还原的基团可不受影响。铁粉还原剂的主要应用范围如下。

(1) 芳环上的硝基还原成氨基

以铁粉为还原剂，在芳环上将硝基还原成氨基的方法曾在工业上获得广泛的应用，其优点是铁粉价廉，工艺简单。但此法副产的氧化铁铁泥中含有芳伯胺，废水量大有环境污染问题，我国逐渐改用氢气还原法。但是在制备水溶性的芳伯胺和某些小批量生产的非水溶性芳伯胺时，特别是在离氢源较远时，仍采用在电解质存在下的铁粉还原法。

此方法的重要实例可以举出以下重要染料中间体。

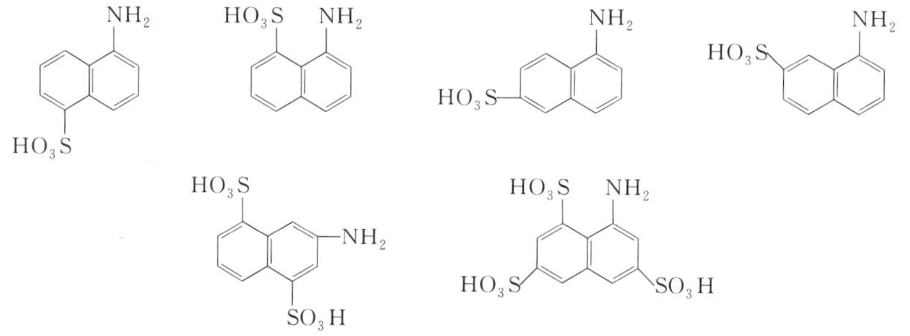

铁粉还原法还特别适用于以下硝基还原过程。

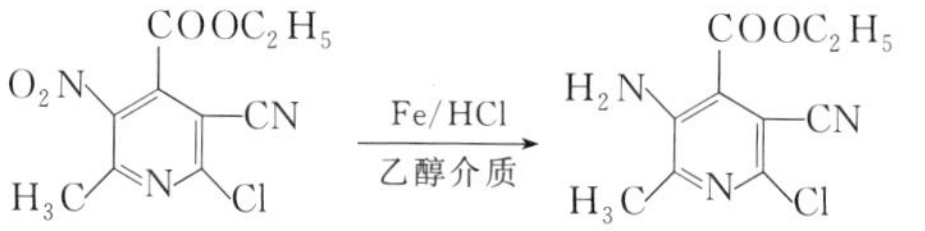

（6-23）

维生素 B₆

在上反应中，采用铁粉还原可避免发生氯基脱落、氰基还原、氰基或乙酯基的水解等副反应，收率可达90%，如果用氢气还原或 $SnCl_2/HCl$ 还原，则收率只有50%。

(2) 环羰基还原成环羟基

环羰基还原成环羟基通常采用铁粉还原法，例如：在无水吡啶介质中，在氯磺酸存在下，铁使羰基还原为羟基，然后羟基被氯磺酸反应成硫酸酯，然后水解脱去吡啶，中和，就得到水溶性的溶靛素 O4B。用类似的方法，可以将一系列还原染料进行还原——硫酸酯化制成可溶性还原染料。

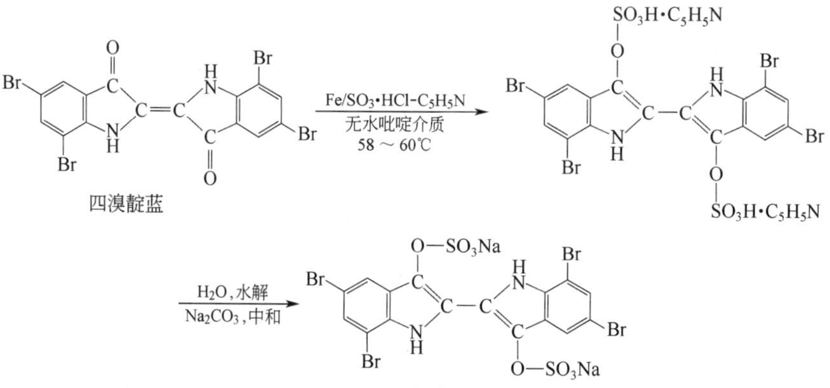

（6-24）

四溴靛蓝

溶靛素 O4B

(3) 芳磺酰氯还原成硫酚

芳磺酸相当稳定，不易被还原成硫酚，所以硫酚主要是由芳磺酰氯还原制得的。用铁粉-硫酸还原法的实例列举如下。

$$
\begin{array}{c}
\text{(氯苯磺酰氯)} \xrightarrow[105\sim110\,℃]{\text{Fe/过量稀硫酸}} \text{(氯苯硫酚)}
\end{array}
\tag{6-25}
$$

硫酚收率约 50%。硫酚容易被空气氧化成二硫化物，在存放或作为商品出售时应添加抗氧剂。

6.3.2.2 锌粉还原

锌粉还原也是电子转移还原。锌粉容易被空气氧化，使锌粉的表面被氧化锌膜所覆盖，而降低锌粉的活性，甚至不能达到使用效果。特别是在强碱性介质中还原时必须使用刚刚制得的新鲜锌粉，锌粉不宜存放时间过久，以免失效。

锌粉还原大都是在酸性介质中进行的，最常用的酸是稀硫酸。当被还原物或还原产物难溶于水时，可以加入乙醇或乙酸以增加其溶解度。有时也可以加入甲苯等非水溶性溶剂。锌粉容易与酸反应放出氢气，故一般要用过量较多的锌粉。

但在个别情况下，则需要用锌粉在强碱性介质中还原。

锌粉的还原能力比铁粉强一些，它的应用范围比铁粉广。但锌粉的价格比铁粉贵得多，因此它的使用受到很大限制，下面仅叙述锌粉还原的一些重要实例。

(1) 芳磺酰氯还原成芳亚磺酸

芳环上的磺酸基很难还原，因此芳亚磺酸通常都是由芳磺酰氯还原而得。芳磺酰氯分子中的氯相当活泼，容易被还原。用锌粉还原的实例列举如下。

$$
\begin{array}{c}
\xrightarrow[\text{收率约}90\%]{\text{Zn/H}_2\text{O}\quad 4\,℃}
\end{array}
\tag{6-26}
$$

用类似的温和反应条件还可以制备 3-羧基-4-羟基苯亚磺酸等有机中间体。芳亚磺酸不稳定，容易被空气氧化，制得后应立即用于下一步反应。

(2) 芳磺酰氯还原成硫酚

芳磺酰氯在较强的还原条件下，可以被还原为硫酚。如：

$$
\begin{array}{c}
\xrightarrow[\text{收率约}90\%]{\text{Zn/稀 H}_2\text{SO}_4\quad 8\sim70\,℃}
\end{array}
\tag{6-27}
$$

用类似的反应条件还可以制备 2-氰基-5-甲氧基苯硫酚等有机中间体。但制备苯硫酚的更经济的方法是将氯苯和硫化氢在 $580\sim600\,℃$ 的非催化气相反应。

(3) 碳硫双键还原-脱硫成亚甲基

碳硫双键比碳氧双键容易还原，用锌粉还原时可以选择性地只还原 C=S 键而不影响 C=O 键。例如：

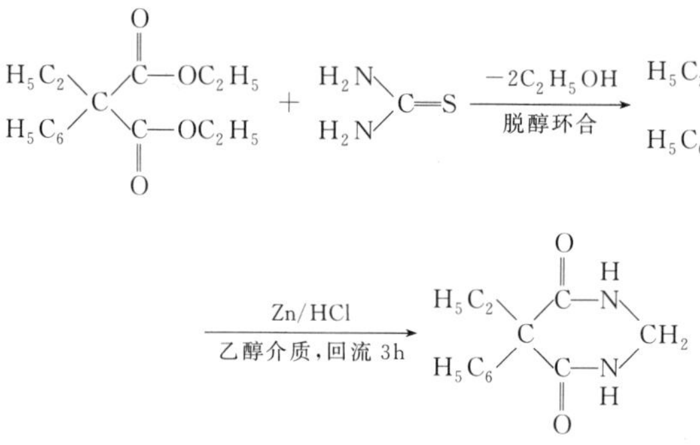

$$(6-28)$$

扑痫酮

(4) 羰基还原成羟基

当羰基容易还原时也可以用锌粉作还原剂，例如：

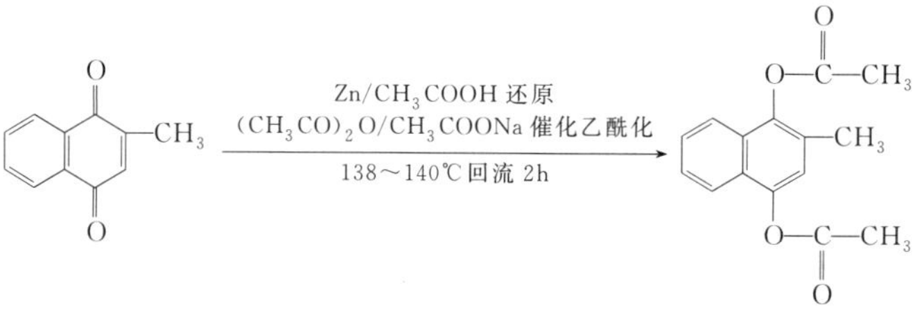

$$(6-29)$$

维生素 K_4

在这里锌粉还原法的优点是：羰基还原成羟基和羟基的乙酰化可以在同一个反应器中完成，不必分离出还原产物。

锌粉在氢氧化钠水溶液的强碱性介质中还可以将二苯甲酮还原为二苯甲醇，收率 98%。

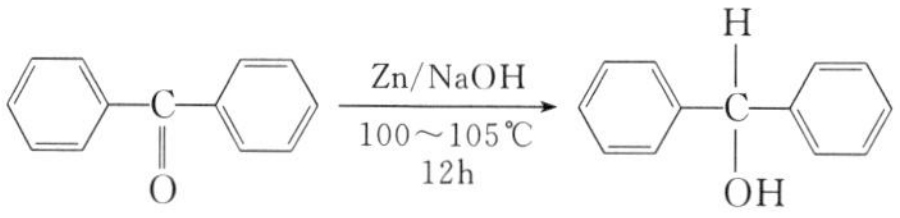

$$(6-30)$$

(5) 羰基还原成亚甲基

在一定的条件下，锌粉可以选择性地只将指定的羰基还原成亚甲基，而不影响其他羰基。例如：

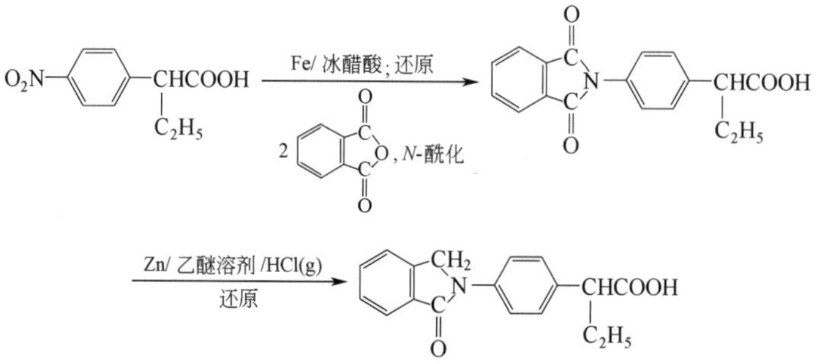

$$(6-31)$$

吲哚布芬（抗凝血药）

(6) 硝基化合物还原成氧化偶氮、偶氮和氢化偶氮化合物

锌粉在氢氧化钠水溶液的强碱性条件下，可以使硝基苯发生双分子还原反应，依次生成氧化偶氮苯、偶氮苯和氢化偶氮苯。

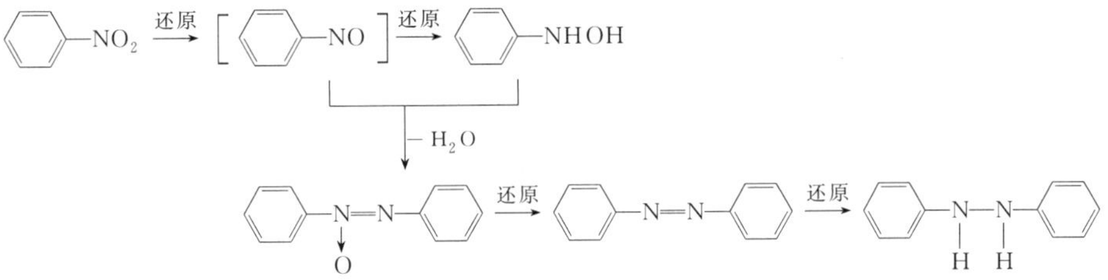

$$\text{(6-32)}$$

上述产物都是有用的中间体。氢化偶氮苯在强酸性介质中发生分子内重排反应而生成联苯胺

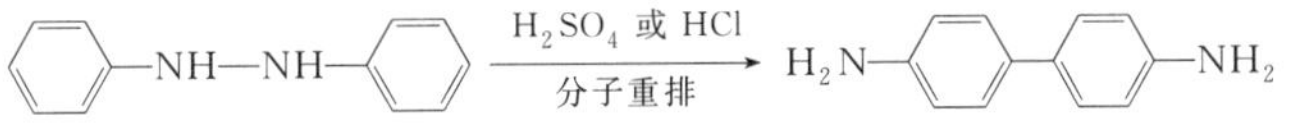

$$\text{(6-33)}$$

联苯胺曾经是重要的染料中间体，因发现它有强致癌性，世界各国已禁止生产和使用。但是对于联苯胺衍生物的致癌性仍有异议，并未禁用。利用上述方法可以从相应的硝基化合物制得一系列联苯胺衍生物，其中重要的有：

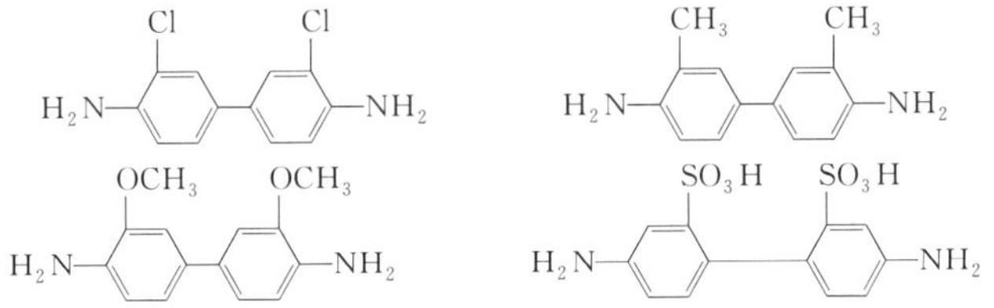

3,3′-二氯联苯胺是重要的有机颜料中间体，现在锌粉还原法已被新的还原法所代替。新开发的还原法有：H_2-Pd/C 法、水合肼法、葡萄糖（先还原至氧化偶氮化合物）-锌粉法、甲醛（先还原至氧化偶氮化合物）-锌粉法、甲醛（先还原至氧化偶氮化合物）-电解法和电解法等。据报道，高邮市磷肥厂采用甲醛（先还原至氧化偶氮化合物）-水合肼两步还原法，是我国目前最先进的方法。国内目前催化加氢法已解决了催化过程的脱氯问题，收率可达 90%，产品纯度可达 99% 以上。

6.3.3 低价元素化合物作为还原剂

6.3.3.1 硫化碱还原

所用硫化碱的种类主要有 Na_2S、Na_2S_2 和 NaHS，在个别情况下也用到（NH_4）$_2$S 和多硫化钠。各种硫化碱水溶液的碱性相差很大，如表 6-2 所示。

表 6-2　含 0.1mol/L 各种硫化碱水溶液的 pH 值

硫化碱	Na_2S	Na_2S_2	Na_2S_3	Na_2S_4	Na_2S_5	NaHS	（NH_4）$_2$S	（NH_4）HS
pH 值	12.6	12.5	12.3	11.8	11.5	10.2	<11.2	8.2

在还原反应中硫化碱中的 S^{2-} 是电子给体，反应介质水或醇是质子给体，反应后硫化碱被氧化成硫代硫酸钠。用不同的硫化碱还原时，反应介质的 pH 值是不同的。如以下反应式所示。

用 Na_2S：　　$4ArNO_2 + 6Na_2S + 7H_2O \longrightarrow 4ArNH_2 + 3Na_2S_2O_3 + 6NaOH$　　　(6-34)

用 Na_2S_2：　　$ArNO_2 + Na_2S_2 + H_2O \longrightarrow ArNH_2 + Na_2S_2O_3$　　　(6-35)

用 Na_2S_3：　　$ArNO_2 + Na_2S_3 + H_2O \longrightarrow ArNH_2 + Na_2S_2O_3 + S\downarrow$　　　(6-36)

用 NaHS：　　$4ArNO_2 + 6NaHS + H_2O \longrightarrow 4ArNH_2 + 3Na_2S_2O_3$　　　(6-37)

对于碱性较敏感的硝基化合物的还原不宜用 Na_2S。Na_2S_2 是最常用的硫化碱类还原剂，

Na_2S_2 是由硫化钠水溶液与硫黄反应而得。

用硫氢化钠作还原剂时，反应介质的碱性较低，而且反应过程中不产生游离氢氧化钠。所以 NaHS 特别适用于对碱性敏感的硝基化合物的还原。另外，NaHS 的还原能力比较温和，还特别适用于多硝基化合物的部分还原。

从 Na_2S、Na_2S_2 或 NaHS 作还原剂时副产的无机盐废液中，可回收硫代硫酸钠。

这类还原剂的特点是还原性温和，主要用于将芳环上的硝基还原为氨基。当芳环上有吸电基时使还原反应加速，有供电基时使还原反应变慢，由 Hammett 方程计算，间二硝基苯的还原速率比间硝基苯胺的还原速率快 1000 倍以上，因此当芳环上有多个硝基时，在适当条件下，可以选择性地只还原其中的一个硝基。对于硝基偶氮化合物可以只还原硝基而不影响偶氮基。另外，也可以用于将偶氮基还原成氨基。不适用于芳环上同时含有硝基和卤素的化合物，因为卤素易被硫取代。由于硫化碱还原产生大量三废，因此应用越来越少。

(1) 多硝基化合物的部分还原

对于芳香族多硝基化合物的部分还原通常采用 Na_2S_2、NaHS 或 $Na_2S+NaHCO_3$ 作还原剂，碱化碱的用量只需超过理论量的 $5\%\sim10\%$，还原温度 $40\sim80℃$，一般不超过 $100℃$，以避免发生完全还原副反应。有时还加入硫酸镁以降低还原介质的碱性。用部分还原法制得的重要有机中间体列举如下。

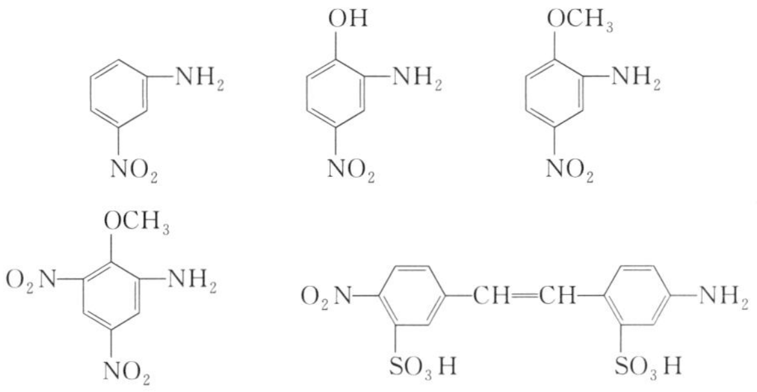

由前 4 个实例可以看出，在多硝基化合物的部分还原时，处于—OH 或—OR 等基团邻位的硝基可被选择性地优先还原，收率良好。

但是 2,4-二硝基甲苯在用二硫化铵进行选择性部分还原时得到的主要产物是 4-氨基-2-硝基甲苯，而不是 2-氨基-4-硝基甲苯。

(2) 硝基化合物的完全还原

单硝基化合物还原成芳伯胺，以及某些二硝基化合物还原成二氨基化合物，常常用硫化碱还原法代替传统的铁粉还原法。硫化碱还原法特别适用于所制得的芳伯胺容易与副产的硫代硫酸钠废液分离的情况。

完全还原时通常用 Na_2S 或 Na_2S_2 作还原剂，硫化碱的用量一般要超过理论量的 $10\%\sim20\%$，还原温度一般为 $60\sim110℃$，有时为了还原完全，缩短反应时间，可在 $125\sim160℃$ 在高压釜中反应。

用硝基完全还原法制得的有机中间体列举如下。

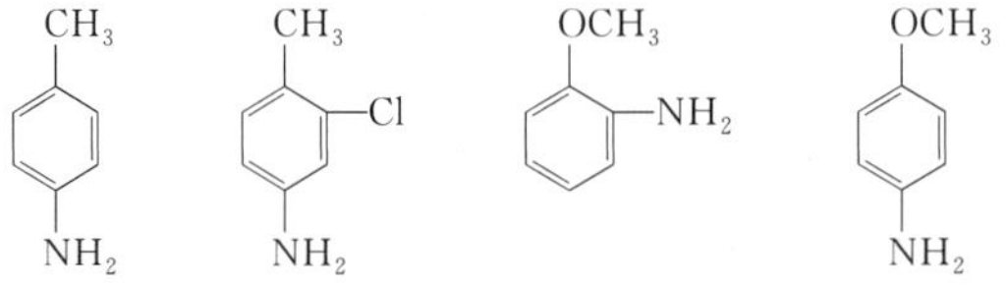

1-氨基蒽醌的制备最初采用蒽醌-1-磺酸的氨解法，后因制备蒽醌-1-磺酸时有汞害，改用以蒽醌为原料，经硝化、精制、还原得到产品。目前，工业生产采用硫化钠还原工艺，具有投资少、操作简单的特点，产生的含硫废水经处理后用于制备硫代硫酸钠副产品。但是由于硫化钠呈强碱性，高温还原时使得部分硝基蒽醌水解，对产品收率有一定影响。加入硫黄后可降低碱度，减少硫化钠用量，在提高收率的同时还降低了还原剂成本，减少了还原废渣。

6.3.3.2　次磷酸及其盐

次磷酸钠能用于还原胺化反应，且成本低廉，环境友好。次磷酸钠中的两个氢都参与了还原反应，所以反应仅需 0.5mol 的次磷酸钠。

$$(6-38)$$

大多数还原硝基的方法也会同时还原卤素，从而产生脱卤杂质。但是在碘盐催化作用下，使用亚磷酸可以还原硝基，使用次磷酸可以还原芳基酮，同时避免脱卤副反应，该方法在抗癌药物 Lonafarnib 的合成中已被很好地应用。

$$(6-39)$$

6.3.4　催化转移氢化

在金属催化剂存在下，用有机化合物代替氢气作为反应中的供氢体（hydrogen donor）进行的催化氢化反应称为催化转移氢化反应。该反应不用易燃易爆的氢气，不需要无水无氧的条件，还原剂用量易控制，操作更简便，安全性更高。

常用于氢转移反应的氢供体，主要包括甲酸、甲酸铵（容易升华，堵塞管道）、甲酸钠、甲酸和三乙胺等有机碱原位产生的甲酸盐类、水合肼（安全风险相对高）、环己烯、异丙醇、次磷酸钠等。供氢试剂用量一般较大，多为 2 到 10 以上的物质的量不等。

反应催化剂一般选择钯碳（5％或者 10％规格）、Raney 镍，催化剂用量一般比催化氢化反应大，一般至少 20％（质量分数）。反应溶剂一般选择水、醇类（甲醇、乙醇等），或者两者组合，也可以采用其它溶剂，例如乙酸乙酯等。

可以应用的还原反应包括：脂肪族和芳香族硝基化合物还原成相应的胺、还原双键（芳香醛酮成亚甲基、不对称还原羰基等）、还原胺化、氰基还原为甲基等，以及脱 N-Bn 和 N-Cbz（不影响肽链中对酸、碱敏感的其他保护基团，不影响氨基酸及肽的光学活性，有效避免其他脱保护基方法产生的外消旋作用）等氢解反应。相对于催化氢化加压反应，催化转移氢化反应具有条件温和、产率高、选择性较好、对底物构型有保持力的特点。

$$(6\text{-}40)$$

$$(6\text{-}41)$$

$$(6\text{-}42)$$

安全方面需要注意的是若采用甲酸类化合物为供氢体,除了原位产生氢气外,还要释放出二氧化碳气体;若采用水合肼为供氢体,则释放出氮气。

6.4 还原反应发展趋势

对于精细化学品的生产来说,希望还原反应具有良好的选择性、收率和质量;另外,还要求成本低、工艺尽可能简单。传统的还原反应大多使用化学还原剂,造成较严重的环境污染。随着对绿色还原方法的研究不断深入,一些新的更加环境友好的还原方法和工艺不断出现,特别是以氢气作还原剂的催化还原方法受到更加广泛的关注。

不同种类的氢化催化剂在反应中表现出不同的活性。不同型号催化剂之间区别很大,反应速率经常在 2~20 倍之间变化,催化剂选择的依据主要是通过实验筛选。

连续催化加氢技术具有生产效率高、产品质量稳定、反应条件恒定易控、劳动强度低、操作费用小、易实现自控的特点,其符合绿色化学的理念,具有环保、低碳、安全的优点,能够实现精细化工中间体的高效清洁生产。国外从 20 世纪 70 年代起已普遍采用连续加氢还原技术生产精细化工中间体,而国内连续加氢还原技术应用到大生产的技术并不多,主要原因在于新型加氢催化剂开发滞后、工艺设备落后以及工程放大问题。

工业中的反应器有釜式、滴流床、环流反应器以及近年来备受关注的新型反应器——微反应器。微反应器具有高效传热、多动能性、混合效果均匀、良好的传热和传质能力以及低能耗等优点。近年来,随着我国环保、安全要求日趋严格,将传统的生产精细化工中间体的连续化加氢反应器转变为集约化、安全环保的连续化加氢反应器已成为一种新趋势。

习 题

6-1 对以下还原操作进行评论。

(1) 在电解质存在下将硝基还原成氨基时,先加入全部被还原物,然后一次加入大部分或全部铁粉;

(2) 在电解质存在下将硝基还原成氨基时,先加入大部分铁粉,然后慢慢加入被还原物;

(3) 对苯醌在电解质存在下,用铁粉还原得对苯二酚;

(4) 四溴靛蓝在邻二氯苯中,在氯磺酸存在下用铁粉将羰基还原成羟基,同时使羟基硫酸化得溶靛素 O4B。

6-2 用锌粉将 Ar—SO_2Cl 还原成 Ar—SH 时，为何在强无机酸介质中进行？为何先低温，后高温？

6-3 写出还原脱溴时所用过的几种化学还原剂。

6-4 写出以下化合物与二硫化钠相作用时的主要产物。

(1) 2-氯硝基苯（邻位 NO_2、Cl）　(2) 3-氯硝基苯（间位 NO_2、Cl）　(3) 4-氯硝基苯（对位 NO_2、Cl）

6-5 写出制备以下产品的合成路线和主要工艺过程。

(1) 苯 $\longrightarrow$ 含 SO_3H、H_2N、NH_2、SO_3H 的联苯衍生物

(2) 氯苯 $\longrightarrow$ 含 Cl、OCH_3、NH_2、NO_2 的苯衍生物

6-6 150kg 氯苯用 450kg 氯磺酸在 35℃进行氯磺化，然后将氯磺化液慢慢滴入预先放有 350kg 铁粉的沸水中进行还原，然后用水蒸气蒸馏，得 100kg 对氯苯硫酚，写出各有关反应的反应式，以氯苯为基准，试计算 C_6H_5Cl、HSO_3Cl、Fe 的摩尔比和产品的收率，并进行讨论。

6-7 以下还原过程，除了用催化氢化法以外，还可以使用哪些化学还原剂？最好使用哪些化学还原剂？不宜使用哪些化学还原剂？

(1) 对氯硝基苯 $\longrightarrow$ 对氯苯胺

(2) 间氯硝基苯 $\longrightarrow$ 间氯苯胺

(3) 间二硝基苯 $\longrightarrow$ 间硝基苯胺

(4) 间二硝基苯 $\longrightarrow$ 间苯二胺

(5) 邻氯硝基苯 $\longrightarrow$ 2,2'-二氯氧化偶氮苯

(6) 萘磺酸硝基化合物 $\longrightarrow$ 萘磺酸氨基化合物

(7) 1-硝基萘 $\longrightarrow$ 1-萘胺

(8) $C_6H_5—CH=CH—CHO \longrightarrow C_6H_5—CH=CH—CH_2OH$

6-8 在用镍铝合金制备骨架镍时，为何制备条件不同，所制得的骨架镍催化剂的活性会有很大差别？

6-9 除了改变制备条件以外，还有什么其他方法来调整所制备的骨架镍的催化活性？

6-10 为什么工业催化氢化时，常用载体钯，而很少用还原钯黑和胶体钯？

6-11 写出顺丁烯二酸酐在催化氢化制 γ-丁内酯时，用膦-钌催化剂的优缺点和催化作用机理。

6-12 对以下三种生产四氢呋喃的方法进行评论：(1) 糠醛法；(2) 1,4-丁二醇法；(3) 1,4-丁二烯法。

6-13 2-丁烯-1,4-二醇是医药、农药中间体，写出其两种工业合成路线。

6-14 在顺丁烯二酸酐的氢化反应中，用事实说明铜、镍、铼-钯三种催化剂的活性对比。

6-15 用事实说明顺丁烯二酸酐催化加氢成 1,4-丁二酸酐和 1,4-丁二酸酐催化加氢成 γ-丁内酯这两步反应中哪个反应速率快？

6-16 写出生产 1,4-丁二醇的主要方法的名称，从原料、成本、三废治理等方面进行点评。

6-17 雷珀法制 2-丁炔-1,4-二醇时，所用 Cu_2C/C 和 CuC_2-Bi_2O_3/SiO_2 催化剂属于哪种类型的催化剂？

6-18 写出苯催化氢化制环己烷时所用有机酸镍的催化作用机理。

6-19 硝基苯液相催化氢化制苯胺时，为何用骨架镍催化剂？而不用钯/炭催化剂？

6-20 硝基苯的气-固相接触催化氢化制苯胺时，试写出：(1) 所用催化剂的制备方法；(2) 失活催化剂的活化方法；(3) 反应热的移除方法；(4) 如何减少催化剂的消耗定额？

6-21 在硝基苯的液相催化氢化-重排制对氨基苯酚时，试写出：(1) 反应步骤；(2) 有几个物相？(3) 哪些反应是在氢化催化剂表面进行的？哪些反应不是在催化剂表面进行的？(4) 为何硝基苯的转化率只保持 75%～80%？(5) 为何对氨基苯酚的收率只有 79%？(6) 如何使主反应顺利进行？(7) 如何减少副反应？(8) 为何用高活性的铂/炭催化剂？而不用骨架镍催化剂或钯/炭催化剂？(9) 应采用哪种类型的反应器？(10) 制备铂催化剂时，应选用哪种类型的载体：①内表面很小的载体；②内表面有很多微孔的载体；③内表面有许多粗孔的载体。(11) 对所述生产方法进行评论。

6-22 硝基苯在用电化学还原-重排法制对氨基苯酚时，试写出：(1) 阴极室的反应步骤和反应顺序；(2) 对阴极室电解液的要求；(3) 对阴极材料的要求；(4) 阳极室的反应；(5) 对阳极室电解液的要求；(6) 对阳极材料的要求；(7) 对隔膜的要求；(8) 电解槽的结构；(9) 对所述生产方法进行评论。

6-23 在硝基苯的催化氢化制氢化偶氮苯时，试写出：(1) 反应步骤；(2) 有几个物相；(3) 哪些反应是在催化剂表面进行的？哪些反应不是在催化剂表面进行的？(4) 为何硝基苯的转化率保持 100%？(5) 如何使主反应顺利进行？

6-24 硝基苯在不同条件下催化氢化可制得哪些产品？

6-25 写出由氯苯制备 4-乙酰氨基-2-苄基氨基苯甲醚的合成路线和各步反应的名称。

6-26 在苯的催化氢化制环己烯时，如何提高生成环己烯的选择性。

6-27 一般认为氧化是放热反应，还原是吸热反应，为什么硝基苯用氢气或铁粉还原时却是强放热反应？

6-28 乙炔加氢成乙烯、乙烯加氢成乙烷是放热反应还是吸热反应？

6-29 氢气钢瓶的容积是 40L，自重 50kg，充氢压力 15MPa，试回答：

(1) 按理想气体，在 25℃，试估算每个钢瓶可充氢多少千克？

(2) 按 van Der Waals 方程估算，每个钢瓶可充氢多少千克？

$$\left(p+\frac{n^2 a}{V^2}\right)(V-nb)=nRT$$

H_2 的 van Der Waals 常数是 $a=0.0742 Pa \cdot m^6/mol^2$，$b=2.66\times10^5 m^3/mol$。

(3) 将苯丙烯醛催化加氢制苯丙醛，耗氢量为理论量的 120%，每 9 个钢瓶一束，每批催化氢化用两束钢瓶，试计算可氢化多少千克苯丙烯醛？

(4) 进行评论。

参 考 文 献

[1] 唐培堃，冯亚青，王世荣. 精细有机合成工艺学. 简明版. 北京：化学工业出版社，2011.

[2] 陈立功，冯亚青. 精细化工工艺学. 北京：科学出版社，2018.

[3] 王林. 微反应器的设计与应用. 北京：化学工业出版社，2016.

[4] 王尚弟，孙俊全. 催化剂工程导论. 北京：化学工业出版社，2001.

[5] 胡跃飞. 现代有机合成试剂 (2)：还原反应试剂. 北京：化学工业出版社，2011.

[6] 姜麟忠. 催化氢化在有机合成中的应用. 北京：化学工业出版社，1987.

[7] 闻韧. 药物合成反应. 4 版. 北京：化学工业出版社，2017.

[8] 王珂，鄢冬茂，龚党生，等. 连续化加氢工艺和设备研究进展. 染料与染色，2019，56 (3)：51-59.

[9] 魏雅娜. 精细化工中催化加氢技术的运用. 化工设计通讯，2022，48 (6)：81-84.

[10] 尹泽群，张杰，张岩，等. 对氯硝基苯高选择性还原催化剂的研究进展. 石油化工，2021，50 (11)：1167-1173.

[11] 黄易旋，卓康基，徐娟，等. 绿色还原硝基芳烃催化剂和催化机理研究进展. 应用化工，2022，51 (6)：1793-1798.

［12］ 郭伟群. 加氢法制备邻氯苯胺的工艺研究. 中国氯碱，2010（4）：21-23.

［13］ 钱华，刘大斌，叶志文，等. Cr-Cu 硅胶催化间硝基甲苯气相制备间甲苯胺. 精细化工，2009，26（7）：720-723.

［14］ 明文勇，张前，段琦，等. 加氢催化还原芳硝基制芳胺催化剂的研究进展. 能源化工，2016，37（6）：46-51.

［15］ 刘鹏举. 贵金属催化剂合成 4020 防老剂的研究. 石油化工应用，2007，26（16）：16-19.

［16］ 郑冬松，田素素，吴传龙，等. 1-硝基蒽醌催化加氢制备-1-胺基蒽醌. 精细与专用化学品，2017，25（4）：29-32.

［17］ 刘迎新，刘晓爽，曾茂，等. 硝基苯催化加氢合成对氨基苯酚的研究进展. 石油化工，2018，47（1）：79-85.

［18］ 王一迪. 硝基氯化苯及其下游产业链投资分析. 氯碱工业，2015，51（12）：26-37，45.

［19］ 周亚利，朱静，赵春深，等. 还原法制备芳香胺的研究进展. 应用化工，2017，46（4）：784-787，793.

［20］ 田世炯，聂丽娟，路渊. 修饰后的硼氢化钠在有机合成中的应用. 江西化工，2011（3）：1-4.

［21］ 白银娟，路军，马怀让. 硼氢化钠在有机合成中的研究进展. 应用化学，2002，19（5）：409-415.

［22］ Dunetz J R，Berliner M A，Xiang Y，et al. Multikilogram Synthesis of a Hepatoselective Glucokinase Activator. Organic Process Research & Development，2012，16：1635-1645.

［23］ 刘元华，董秀琴，张绪穆. 镍催化均相不对称氢化反应研究进展. 有机化学，2020，40：1096-1104.

［24］ Uruno Y，Hashimoto K，Hiyama Y，et al. Process Development for the Synthesis of a Selective M1 and M4 Muscarinic Acetylcholine Receptors Agonist. Organic Process Research & Development，2017，21：1610-1615.

［25］ 马红，黄义争，徐杰. 现代催化化学讲座. 工业催化，2016，24（4）：81-112.

第7章

氧 化

·本章学习要求·

掌握的内容：氧化反应定义、分类、应用；空气液相氧化反应历程、氧化反应影响因素，重点产品制备；空气的气-固相催化氧化，醛类、羧酸和酸酐类、蒽的氧化制蒽醌、氨氧化制腈等。

熟悉的内容：过氧化氢、有机过氧化物化学氧化法的优缺点、主要品种。

了解的内容：其他化学氧化法的优缺点、主要品种。

7.1 概述

广义概念的氧化反应是失电子或氧化数增加的反应。狭义概念的氧化反应则是往有机分子中引入氧原子或脱去氢原子的反应。

7.1.1 氧化反应的分类

通常人们认为，氧化反应包括以下几个方面：

① 氧对底物的加成，如乙烯转化为环氧乙烷的反应；

② 脱氢，如烷→烯→炔、醇→醛、酮→酸等脱氢反应；

③ 从分子中除去一个电子，如酚的负离子转化成苯氧自由基的反应。

所以，利用氧化反应除了可以制得醇、醛、酮、羧酸、酚、环氧化合物和过氧化物等有机含氧的化合物以外，还可用来制备某些脱氢产物，例如环己二烯脱氢生成苯、乙苯催化脱氢生成苯乙烯。

7.1.2 氧化剂的种类

氧化剂的种类很多，其作用特点各异。一种氧化剂可以对多种不同的基团发生氧化反应；另外，同一种氧化产物也可以因所用氧化剂和反应条件的不同，得到不同的氧化产物。所以氧化反应因所用氧化剂的不同、被氧化底物的不同、反应机理的不同，所得到的产物也是不同的。

为了讨论上的方便，把空气和纯氧以外的氧化剂统称为"化学氧化剂"，并把用化学氧化剂的氧化方法统称为化学氧化法。化学氧化剂大致上可以分为以下几种类型。

① **金属元素的高价化合物**　例如 $KMnO_4$、MnO_2、$Mn_2(SO_4)_3$、CrO_3、$Na_2Cr_2O_7$、$K_2Cr_2O_7$、PbO_2、$Ce(SO_4)_2$、$Ce(NO_3)_4$、$Ti(NO_3)_3$、$SnCl_4$、$FeCl_3$ 和 $CuCl_2$ 等。

② **非金属元素的高价化合物**　例如 HNO_3、$NaNO_3$、N_2O_4、$NaNO_2$、SO_3、H_2SO_4、$NaClO$、$NaClO_3$ 和 $NaIO_4$ 等。

③ **其他无机高氧化合物**　例如臭氧、双氧水、过氧化钠、过碳酸钠、过硼酸钠、二氧化硒等。

④ **富氧有机化合物**　例如有机过氧化物、硝基苯、间硝基苯磺酸钠、2,4-二硝基氯苯、二甲基亚砜等。

⑤ **非金属元素**　例如卤素和硫黄等。

属于强氧化剂的主要有 $KMnO_4$、MnO_2、CrO_3、$Na_2Cr_2O_7$、HNO_3 等，它们主要用于制备羧酸和醌类，但是在温和条件下也可用于制备醛和酮，以及在芳环上直接引入羟基。其他的化学氧化剂大部分属于温和氧化剂，并且局限于特定的应用范围。

化学氧化法的主要缺点是：价格贵，有三废治理问题，由于上述缺点，以前曾使用化学氧化法的很多有机化工产品已改用空气（或纯氧）氧化法或电化学氧化法。但化学氧化法具有选择性好、反应条件温和、操作简便等优点，至今仍有广泛的应用。本节只叙述至今在工业上仍有广泛用途的化学氧化剂。关于在医药工业中和在实验室中所用的各种化学氧化剂，可查阅有关书目。

以空气和纯氧作为氧化剂时，究竟是采用液相氧化还是气-固相催化氧化，主要取决于原料和产品的沸点及稳定性。一般而言，高级烷烃氧化制仲醇，环烷烃氧化制醇、酮混合物，Wacker 法制醛或酮，制备烃类过氧化氢（如制异丙苯基过氧化氢），用过酸类、双氧水或烃类过氧化氢对烯烃进行环氧化反应等，均采用液相氧化技术。同为芳烃氧化，如目标产物是酸（如苯甲酸、对苯二甲酸、偏苯三酸），则多采用液相氧化；若目标产物是酸酐（顺丁烯二酸酐、邻苯二甲酸酐、均苯四甲酸二酐等），则多采用气-固相氧化。对少数反应，既可用液相氧化技术，也可用气-固相催化氧化技术，例如，乙烯氧酰化制醋酸乙烯等，则需根据技术经济性评估。

需要关注氧化工艺的安全性，因为：①反应原料及产品具有燃爆危险性；②反应气相组成容易达到爆炸极限，具有闪爆危险；③部分氧化剂具有燃爆危险性，如氯酸钾、高锰酸钾、铬酸酐等氧化剂，如遇高温或受撞击、摩擦以及与有机物、酸类接触，皆能引起火灾爆炸；④产物中易生成过氧化物，化学稳定性差，受高温、摩擦或撞击作用易分解、燃烧或爆炸。

通过对氧化反应釜温度、压力、氧化剂流量、反应物料的配比、可燃和有毒气体检测报警装置、过氧化物含量、搅拌系统的报警和联锁，采用紧急断料系统、紧急冷却系统以控制反应釜内温度和压力；紧急送入惰性气体的系统，配备安全阀爆破片等泄放安全设施是必须的。

7.2　空气液相氧化

空气液相氧化是在催化剂的作用下，液态有机物与空气中的氧气或直接与氧气在气液两相间进行氧化反应。该反应的温度适中，一般为 $100\sim250℃$ 之间。烃类的空气液相氧化在工业上可直接制得有机过氧化氢物、醇、醛、酮、羧酸等一系列产品。另外，有机过氧化氢物的进一步反应还可以制得酚类和环氧化合物等一系列产品。

7.2.1 氧化反应历程

自动氧化反应是自由基的链反应，其反应历程包括链的引发、链的传递和链的终止三个阶段。

(1) 链的引发

链引发是指被氧化物 R—H 在能量（热能、光辐射和放射线辐射）、可变价金属盐或自由基的作用下，发生 C—H 键的均裂而生成自由基 R· 的过程。例如式（7-1）～式（7-3）。

$$R-H \xrightarrow{\text{能量}} R\cdot + \cdot H \tag{7-1}$$

$$R-H + Co^{3+} \longrightarrow R\cdot + H^+ + Co^{2+} \tag{7-2}$$

$$R-H + \cdot X \longrightarrow R\cdot + HX \tag{7-3}$$

式中，X 是 Cl 或 Br，R 可以是各种类型的烃基（将在以后讨论）。R· 的生成给自动氧化反应提供了链传递物。一般而言，C—H 键的均裂是十分困难的，需要在较高的温度下才能进行。所以，对于烃的液相空气氧化反应一般采用引发剂或可变价金属催化剂来引发此反应。

加入引发剂是由于它们在较低的温度下就可以均裂而产生活泼的自由基，与被氧化物反应而产生烃基自由基，从而引发反应。例如常用引发剂偶氮二异丁腈（AIBN）的引发机理如下式所示。

$$NC(CH_3)_2CN = NC(CH_3)_2CN \longrightarrow 2NC\overset{\bullet}{C}(CH_3)_2 + N_2 \uparrow \tag{7-4}$$

常用的催化剂一般是可变价的金属盐类，如 Co、Cu、Mn、V、Cr、Pb 等金属盐，就是利用其电子转移而使被氧化物在较低的温度下产生自由基。

(2) 链的传递

链传递是指自由基 R· 与空气中的氧相作用生成有机过氧化氢物和再生成自由基 R· 的过程。

$$R\cdot + O_2 \longrightarrow R-O-O\cdot \tag{7-5}$$

$$R-O-O\cdot + R-H \longrightarrow R-O-OH + R\cdot \tag{7-6}$$

(3) 链的终止

自由基 R· 和 R—O—O· 在一定条件下会结合成稳定的化合物，从而使自由基湮灭。也可加入自由基捕获剂以终止反应。如：

$$2R\cdot \longrightarrow R-R \tag{7-7}$$

$$R\cdot + R-O-O\cdot \longrightarrow R-O-O-R \tag{7-8}$$

若所生成的过氧化氢物在反应条件下稳定，可成为最终产物；若不稳定可分解为醇、醛、酮、酸等产物，例如在金属催化剂存在下会发生以下的分解反应而生成醇、醛、酮或羧酸。所以，如要生产过氧化氢物，不宜采用可变价金属盐为催化剂。

当被氧化烃为 R—CH$_3$（伯碳原子）时，在可变价金属存在下，生成醇、醛、酸的反应式如下：

$$RCH_2-O-O-H + RCH_3 + Co^{2+} \longrightarrow RCH_2OH + R\overset{\bullet}{C}H_2 + \overset{\bullet}{O}H + Co^{3+} \tag{7-9}$$

$$R-CH_2-O-O\cdot + Co^{2+} \longrightarrow R-\overset{\overset{\textstyle H}{|}}{C}=O + OH^- + Co^{3+} \tag{7-10}$$

$$R-\overset{\overset{\textstyle H}{|}}{C}=O + Co^{3+} \longrightarrow R-\overset{\overset{\textstyle O}{\|}}{C}\cdot + H^+ + Co^{2+} \tag{7-11}$$

$$R\overset{\displaystyle O}{\underset{\displaystyle \|}{C}}\cdot \; +O_2 \longrightarrow R\overset{\displaystyle O}{\underset{\displaystyle \|}{C}}-O-O\cdot \tag{7-12}$$

$$R\overset{\displaystyle O}{\underset{\displaystyle \|}{C}}-O-O\cdot \; +RCH_3 \longrightarrow R\overset{\displaystyle O}{\underset{\displaystyle \|}{C}}-O-OH \; +R\dot{C}H_2 \tag{7-13}$$

$$R\overset{\displaystyle O}{\underset{\displaystyle \|}{C}}-O-OH \; +Co^{2+} \longrightarrow R\overset{\displaystyle O}{\underset{\displaystyle \|}{C}}-O\cdot \; +OH^- \; +Co^{3+} \tag{7-14}$$

$$R\overset{\displaystyle O}{\underset{\displaystyle \|}{C}}-O\cdot \; +RCH_3 \longrightarrow R\overset{\displaystyle O}{\underset{\displaystyle \|}{C}}-OH \; +R\dot{C}H_2 \tag{7-15}$$

如果被氧化的是烃类分子中的仲碳原子 R_2CH_2 或叔碳原子 R_3CH，则分解产物还可以是酮。实际上，烃基在自动氧化时生成醇、醛、酮、过氧化羧酸和羧酸等产物的反应是十分复杂的。

7.2.2 液相氧化的主要影响因素

(1) 引发剂和催化剂

在烃类的自动氧化制醇、醛、酮和羧酸时最常用的引发剂是可变价金属的盐类（Cu、Co、Pt、Ag、V 等），常用有钴和锰的乙酸盐、苯甲酸盐或环烷酸盐。有时还加入其他辅助引发促进剂（例如：溴化盐），采用能量或其他引发剂的方法则很少。

可变价金属盐类引发剂的优点是，按照反应式生成的低价金属离子可以被空气中的氧再氧化成高价离子，它并不消耗，能保持持续的引发作用。因此，这类引发剂又称作自动氧化催化剂。最常用的可变价金属是钴。最常用的钴盐是水溶性的醋酸钴，油溶性的油酸钴、萘酸钴和环烷酸钴。其用量一般是被氧化物的百分之几到万分之几。

应该指出：在不加入引发剂或催化剂的情况下，R—H 的自动氧化在反应初期进行得非常慢，通常要经过很长时间才能积累起一定浓度的自由基 R·，使氧化反应能以较快的速率进行下去。这段积累自由基 R· 的时间称作"诱导期"。加入引发剂或催化剂可以尽快积累起一定浓度的自由基 R·，从而缩短诱导期。

(2) 被氧化物的结构

烃分子中 C—H 键均裂成自由基 R· 和 H· 的难易程度与烃分子的结构有关。一般是叔 C—H 键（即 R_3C—H）最易均裂，其次是仲 C—H 键（即 R_2CH_2），最弱的是伯 C—H 键（即 R—CH_3 中的甲基）。另外，烯丙基与苄基上的 C—H 键也易被氧化。例如，间异丙基甲苯在自动氧化时，主要生成叔碳过氧化氢物。叔碳过氧化氢物和仲碳过氧化氢物在一定条件下是比较稳定的，可以作为最终产物，如果加入催化剂则生成相应的酮和醇。

$$\tag{7-16}$$

(3) 原料质量的影响

由于自由基捕获剂或阻聚剂易与自由基结合生成稳定的化合物，而使自由基销毁，造成链终止，使自动氧化的反应速率变慢。因此，在被氧化的原料中不应含有自由基的捕获剂，如酚、胺、醌、烯烃等类化合物。所以，在异丙基苯自动氧化制异丙苯过氧化氢物时，回收

使用的异丙苯中不应含有苯酚［来自苯异丙基过氧化氢物 CHP 的酸解，见式（7-20）］和
1-甲基苯乙烯（来自 CHP 热分解），如下述反应方程式所示。

$$\tag{7-17}$$

（4）氧化深度的影响

氧化深度通常以原料的单程转化率来表示。由于自动氧化反应是自由基反应，往往存在连串副反应和其他的竞争副反应。随着反应单程转化率的提高，往往会造成目的产物的分解或过度氧化，从而降低了反应的选择性。所以，对于未反应的原料经分离后可循环使用的反应来说，要控制适宜的单程转化率，即氧化深度；一般是将一种原料过量。例如，在异丙苯空气氧化制异丙苯过氧化氢物时，由于异丙苯易于循环利用，所以异丙苯投料过量，一般控制氧化反应的单程转化率为 $20\%\sim25\%$。

但是，由于未反应的原料不能回收使用，所以 2-甲基-5-硝基苯磺酸在锰盐或铁盐的存在下进行的自动氧化反应制 $4,4'$-二硝基二苯乙烯-$2,2'$-二磺酸时，则控制单程转化率接近 100%。

$$\tag{7-18}$$

7.2.3 空气液相氧化法的优缺点

空气液相氧化法的主要优点是：与化学氧化法相比，不消耗价格较贵的化学氧化剂；与空气气-固相接触催化氧化法相比，反应温度较低（$100\sim250\,℃$），反应的选择性好，可用于制备多种类型的产品，三废较少。

空气液相氧化法的缺点：在较低反应温度下氧化能力有限，由于单程转化率低，后处理操作复杂，反应液是酸性的，氧化反应器需要用优良的耐腐蚀材料；一般需要带压操作，以增加空气中氧在液相中的溶解度，提高氧化反应速率，缩短反应时间，并减少尾气中有机物的夹带损失。因此，空气液相氧化法的应用受到一定的限制。

7.2.4 空气液相氧化法的实例

7.2.4.1 烷基芳烃的氧化酸解制酚类

在这类反应中，最重要的实例是异丙苯的氧化酸解制苯酚。其反应式如下。

$$\tag{7-19}$$

$$\tag{7-20}$$

氧化反应在 $90\sim120℃$，常压至 $1.0MPa$ 进行。现行的方法是自催化法，即在反应条件下 CHP 会发生缓慢的热分解，产生自由基·OH［反应式 (7-21)］。

$$(7\text{-}21)$$

在正常连续生产时，所产生的·OH 就是引发剂，不需要另外加入引发剂。为了减少 CHP 的热分解损失，氧化液中 CHP 的浓度不宜过高，异丙苯的单程转化率一般不超过 $15\%\sim25\%$。此时 CHP 的选择性约 90%。应该指出，如果氧化温度超过 $120℃$，会导致 CHP 的剧烈连锁自动热分解而导致爆炸。为了减少 CHP 的分解损失，并避免爆炸危险，需要在较低温度下（$90℃$），使异丙苯快速氧化。据报道采用新型过渡金属配合物催化剂，可以使 CHP 的选择性提高到 93%。

CHP 的酸性分解最初采用硫酸作催化剂，后来改用强酸性阳离子交换树脂作催化剂，将 CHP 提浓液在 $60\sim90℃$ 连续地流过装有树脂催化剂的反应器，即得到含有苯酚和丙酮的酸解液。研究过的酸催化剂有：离子交换树脂、固体酸、黏土、沸石、金属氧化物等。据专利报道，用 SiO_2 固载的杂多酸催化剂能定量转化，收率大于 99%。

由于异丙苯法生产苯酚成本低、污染小，已完全代替曾经使用过的苯磺化碱熔法、氯苯法等其他苯酚生产方法。另外，采用氧化酸解法，还可以以间甲基异丙苯为原料生产间甲酚，以间二异丙苯为原料生产间苯二酚。

7.2.4.2 环烷烃的氧化制环烷醇/酮混合物

最重要的实例是环己烷氧化成环己醇/酮混合物。

$$(7\text{-}22)$$

环己基过氧化氢

$$(7\text{-}23)$$

环己醇/酮混合物进一步氧化得己二酸是生产己二酸的重要方法。由于环己醇和环己酮的自动氧化速率比环己烷快，所以在氧化时必须控制环己烷的低转化率。根据所用催化剂的不同有三种工业方法。

① **无催化剂法**　即自催化法，此法要用稀释的含氧 $10\%\sim15\%$ 的空气，在氧化时得环己基过氧化氢，单程转化率 $3\%\sim5\%$，然后在金属氧化物催化剂存在下加热分解得环己醇/酮混合物，醇/酮（摩尔比）约 $1/2$，选择性 $80\%\sim85\%$，我国主要采用此法。

② **硼酸法**　是以硼酸或硼酸酐为催化剂，使环己烷先氧化生成硼酸环己醇酯，然后水解成环己醇。该工艺的弱点在于：工业运行中回收硼酸非常复杂，增加公用工程消耗，成本高。

③ **钴盐催化法**　控制环己烷转化率 $4\%\sim6\%$，醇/酮约 $65/35$，选择性 90% 左右。

正在开发中的自动氧化催化剂还有：分子筛、均相过渡金属配合物、金属卟啉仿生催化剂、纳米金属氧化物催化剂等。

四氢萘在乙酸钴/2-甲基-5-乙基吡啶配合物催化剂的存在下在 $130℃$ 进行自动氧化，可制得四氢萘酮（转化率 20%，选择性 90%），后者在铂/粗孔硅胶催化剂存在下，在 $350℃$ 脱氢，可制得 1-萘酚：

$$\text{（自动氧化，分解）} \longrightarrow \text{（脱氢）} \longrightarrow \tag{7-24}$$

环十二烷自动氧化分解（偏硼酸，150～200℃）得十二烷醇和十二烷酮，它们是制备十二碳二酸（硝酸氧化法）和十二内酰胺（酮肟重排法）的中间体。

7.2.4.3 羧酸的制备

直链烷烃在自动氧化时首先生成仲烷基过氧化氢物，后者再经过一系列复杂反应，发生C—C 键的断裂，生成两个分子的羧酸，其总的反应式可简单表示如下：

$$R-CH_2-CH_2-R' \xrightarrow{\text{自动氧化}} R-\underset{\underset{O-O-H}{|}}{CH}-CH_2-R' \xrightarrow{\text{分解，氧化}} R-\overset{O}{\overset{\|}{C}}-OH + R'-\overset{O}{\overset{\|}{C}}-OH \tag{7-25}$$

液体石蜡（$C_{10}\sim C_{20}$ 直链烷烃混合物）在催化剂高锰酸钾存在下，在 110～130℃进行自动氧化，转化率约30%，经后处理、分馏，可得到 $C_5\sim C_6$ 酸、$C_7\sim C_9$ 酸、$C_{10}\sim C_{12}$ 酸、$C_{10}\sim C_{16}$ 酸、$C_{17}\sim C_{20}$ 酸和 $>C_{21}$ 酸等馏分。

甲苯液相空气氧化法可以制备苯甲酸。常用的催化剂为可溶性钴盐或锰盐，以乙酸为溶剂，反应温度为 165℃左右，压力为 0.6～0.8MPa，反应为放热反应。副产物主要有苯甲醛、苯甲醇、邻甲基联苯、联苯、对甲基联苯及酯类。添加溴化物可以显著提高甲苯液相氧化的转化率及苯甲醛的选择性。

对二甲苯的自动氧化制对苯二甲酸时，由于中间产物对甲基苯甲酸分子中的甲基难氧化，在工业上曾出现多种氧化法，其中最重要有两个。一个是以乙酸为溶剂，用钴锰盐和溴化物三组分催化剂，钴活性高，锰可提高选择性，溴化物可促进自由基的生成。

$$HBr + Co^{3+} \longrightarrow Br\cdot + H^+ + Co^{2+} \tag{7-26}$$

$$R-H + Br\cdot \longrightarrow R\cdot + HBr \tag{7-27}$$

用锆代替锰，催化剂可回收，并提高催化效率，降低反应温度。

其他比较重要的空气液相氧化工艺包括：高碳烷烃的氧化制高碳脂肪仲醇、某些芳醛的制备。

7.3 空气的气-固相催化氧化

工业上最价廉易得而且应用最广的氧化剂是空气。用空气做氧化剂时，反应也可以在气相进行。将有机物的蒸气与空气的混合气体在较高温（300～500℃）下通过固体催化剂，使有机物适度氧化生成目的产物的反应叫做气-固相催化氧化。气-固相催化氧化法在工业上主要用于制备某些醛类、羧酸、酸酐、醌类和腈类（氨氧化法）等产品。

在石油化工领域，最重要的应用是分子氧的直接氧化法用于乙烯的气-固相催化氧化制环氧乙烷，用银催化剂，最初用空气作氧化剂，后来为了简化工艺、提高收率，改用纯氧作氧化剂（用过度氧化副产的二氧化碳进行稀释）。

7.3.1 气-固相催化氧化的历程及影响因素

气-固相催化氧化过程，主要包括步骤如下。①扩散：反应物在气相与催化剂外表面之间扩散；②表面吸附：反应物被吸附在催化剂表面；③反应：吸附物在催化剂表面反应放热、产物吸附于催化剂表面；④脱附：氧化产物在催化剂表面脱附；⑤反扩散：脱附产物从催化剂内表面向其外表面扩散，产物从催化剂外表面扩散到气流主体。

其中①和⑤是物理传递过程，②、③和④为表面化学过程。物理传递过程的主要影响因素有反应物或产物的性质、浓度和流动速度，催化剂的结构、尺寸、形状、比表面积，反应温度和压力等。表面化学过程的主要影响因素有催化剂的表面活性，反应物浓度及其停留时间，反应温度和压力等。为防止深度氧化，应及时移走反应热，控制反应温度。

在工业生产中，通过开发高效能的催化剂（载体材料的结构设计、表面性质修饰、活性中心的调控以及活性粒子的尺度控制），选择合适的反应器，改善流体流动形式，提高气流速度，选择适宜的温度、压力以及停留时间，以提高过程的传质、传热效率，避免对催化剂表面积累造成的深度氧化，提高氧化反应的选择性和生产效率。

7.3.2　气-固相催化氧化法的优缺点

气-固相催化氧化的主要优点：①与化学氧化相比，它不消耗价格较贵的氧化剂。②与空气液相氧化相比，它反应速率快，生产能力大，可以使被氧化物基本上完全参加反应，不需要溶剂，后处理简单，设备投资费用低。例如邻二甲苯用空气液相氧化法制邻苯二甲酸酐，虽然收率高，但由于后处理复杂，设备腐蚀严重，投资大，而不能与邻二甲苯的气-固相催化法相竞争。③气-固相催化氧化反应通常都要求在较高的反应温度下进行，因此有利于反应热量的回收。

气-固相催化氧化法的主要缺点是：①由于反应温度较高，就要求反应原料在反应条件下具有足够的热稳定性，而且要求氧化产物也具有化学稳定性，避免发生其他副反应，例如，对二甲苯气-固相氧化制对苯二甲酸时，容易发生脱羧副反应，因此对二甲苯的氧化制对苯二甲酸不得不采用空气液相氧化法。②不易筛选出性能良好的催化剂。

7.3.3　气-固相催化氧化的实例

7.3.3.1　烯烃的氧化制醛

此法主要用于丙烯的氧化制丙烯醛。丙烯醛主要用于生产甘油和蛋氨酸等产品。

$$CH_2=CH-CH_3 \xrightarrow{O_2} CH_2=CH-CHO+H_2O \qquad (7-28)$$

为了避免双键的氧化和其他深度氧化副反应，并提高丙烯的转化率，催化剂的筛选非常重要。工业上广泛应用的丙烯醛催化剂以 Mo-Bi 元素为主，添加包括 W、Fe、碱金属和碱土金属元素等的复合金属氧化物催化剂。原料丙烯、空气和水蒸气的摩尔比约为 1:10:2，混合后进入固定床反应器，在 0.101～0.202MPa、350～450℃下进行反应，气-固接触时间约为 0.8s，丙烯醛的收率一般在 79% 以上。在最佳条件下，丙烯的转化率可达 97%，丙烯醛的收率可达 90%。

7.3.3.2　醇的氧化制醛

采用钼酸铁-氧化钼催化剂，用过量空气，将甲醇直接氧化成甲醛（强放热反应），在甲醇的爆炸下限以下操作，进气中甲醇的体积分数低于 6.7%。反应温度 350～450℃。此法的优点是：催化剂活性高、选择性好，甲醇转化率接近 100%，副反应少，甲醛收率高，催化剂不敏感、使用寿命长，可使用列管式固定床反应器或流化床反应器，容易制得含低甲醇的高浓度甲醛水溶液，成本低。缺点是：空压机动力消耗大，反应器体积大，投资大。

另外，从相应的醇利用脱氢氧化法还可以分别制得正丁醛、异戊醛和丁二醛等。

7.3.3.3　制备羧酸和酸酐

气-固相催化氧化法主要用于制备热稳定性好而且抗氧化性好的羧酸和酸酐。例如，从丁烯、丁烷、C_4 馏分或苯的氧化制顺丁烯二酸酐，从邻二甲苯或萘的氧化制邻苯二甲酸酐，从均四甲苯的氧化制均苯四甲酸二酐，从苊的氧化制 1,8-萘二甲酸酐，从 3-甲基吡啶的氧化制 3-吡啶甲酸（烟酸），以及从 4-甲基吡啶的氧化制 4-吡啶甲酸（异烟酸）等。

为了便于氧化产物的精制，要求被氧化原料基本上单程完全转化，而且氧化不足的中间体也尽可能得少。这就要求使用大大过量的空气，并使用高活性的五氧化二钒作主催化剂，至于助催化剂则是多种多样的。

(1) 顺丁烯二酸酐的制备

顺酐的生产有三种原料，即苯、丁烯馏分和丁烷馏分。丁烷馏分来自炼厂气、裂解气或油田伴生气，它的价格比苯低，有取代苯法的趋势。所用的氧化方法都是气-固相催化法。所用的催化剂都是 V_2O_5-P_2O_5 型，但助催化剂各不相同，催化剂的专利很多。所用的反应器可以是直径 6m 的流化床，也可以是直径 6m、有 13000 根列管的固定床，单台生产能力都在 1 万吨/年以上。这三种原料在我国均有采用。

我国以苯为原料的顺酐生产主要采取固定床反应的形式进行，其中所使用的催化剂以负载型催化剂为主要类型，一般采用 V-Mo 系负载型催化剂，即以 V_2O_5 和 MoO_3 为催化活性物质，并添加含 Na、P、Ni 或稀土元素等的化合物作为催化剂助剂，用惰性无孔材料作为载体，将催化活性物质与催化剂助剂一同负载到载体上而制得。采用大孔氧化铝作为载体，可利用其大孔道和大比表面积的结构特点，提升原料苯和产物顺酐的传质过程，从而提升催化剂的性能。

(2) 邻苯二甲酸酐的制备

由于萘的资源有限，于是开发了邻二甲苯氧化制苯酐的工艺。邻二甲苯在气-固相催化氧化时，中间产物邻甲基苯甲酸容易发生热脱羧副反应而影响收率。为了减少这个副反应，就要求使用表面型催化剂。但是表面涂层催化剂不耐磨损，不能使用流化床氧化器。根据所使用催化剂的不同，又分为低温低空速、高温高空速和低温高空速三种工艺，其中低温高空速工艺应用最广。该工艺所用催化剂的活性组分是 V_2O_5-TiO_2，载体是低比表面积的三氧化二铝或带釉瓷球等。催化剂可制成环形或球形。随着催化剂性能不同，列管外熔盐温度范围为 $355 \sim 390℃$，管内床层热点温度 $380 \sim 470℃$，各管内热点温度差 $10℃$。催化剂的负荷 $210g/(L \cdot h)$，接触时间约 1s。

7.3.3.4　氨氧化制腈类

氨氧化是指将具有甲基的有机物与氨和空气的混合物在催化剂存在下生成腈类的反应。

这类反应一般采用气-固相催化法。氨氧化最初用于从甲烷制氢氰酸、从丙烯制丙烯腈。后来又用于从甲苯及其取代衍生物制苯甲腈及其取代衍生物，从相应的甲基吡啶制氰基吡啶等，其主要产品有：

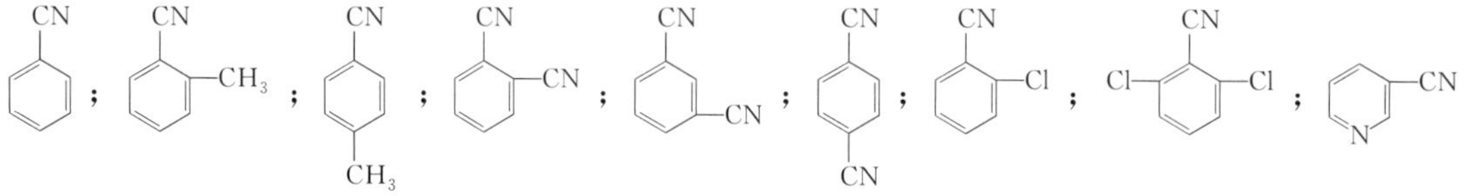

甲基芳烃的氨氧化用 V_2O_5 作主催化剂，另外还加入 P_2O_5、MoO_3、Cr_2O_3、BaO、SnO_2、TiO_2 等助催化剂，载体一般用硅胶或硅铝胶。不同的氨氧化过程，其催化剂的组成

和反应条件也各有差异。

目前研究最多的是 3-甲基吡啶的氨氧化制 3-氰基吡啶。例如 3-甲基吡啶/空气/NH_3 以摩尔比 1:32.6:4.6 在 360℃ 含有 V-Cr-P-O/SiO_2 催化剂的流化床中进行氨氧化，3-氰基吡啶（烟腈）的收率可达 97.2%，纯度可达 98%，烟腈经水解可制得烟酰胺和烟酸。烟酸的生产也可采用 3-甲基吡啶的空气气-固相接触催化直接氧化法，烟酸的收率约 90%。

7.4 化学氧化法

空气和纯氧以外的氧化剂统称为"化学氧化剂"，把使用化学氧化剂的氧化方法统称为化学氧化法。

7.4.1 过氧化氢作为氧化剂

过氧化氢俗称双氧水，是比较温和的氧化剂，它的最大优点是反应后变成水，不生成有害物，是环保型氧化剂。

使用双氧水氧化法的重要生产实例是苯酚的羟基化制邻苯二酚和对苯二酚。其生产工艺主要有：①法国罗纳-普朗克法，用磷酸和过氯酸为催化剂，用 70% 双氧水；②意大利的 Brichime 法，用 Fe、Co 盐混合物催化剂，用 60% 双氧水；③日本宇部兴产法，用硫酸和甲乙酮催化剂，60% 双氧水；④意大利埃尼法，用钛硅分子筛 TS-1 催化剂，低浓度双氧水。前三种方法用高浓度双氧水，第四种方法虽然克服了用高浓度双氧水和转化率低的缺点，但催化剂价格太贵。国内正在开发的新催化剂有烷基吡啶杂多酸盐催化剂、由 $TiCl_4$ 制得的分子筛、Ti-ZSM-5 分子筛、二氧化锆、稀土金属改性的二氧化锆等。另外，正在开发的方法还有苯酚过氧酸（或过氧酮）氧化法和 1,2-环己二醇的催化脱氢法、苯用双氧水的氧化法等。

双氧水法用钛硅 TS-1 分子筛催化剂，H_2O_2 转化率可达 100%，环氧丙烷选择性 96.8%。考虑到双氧水运输费用高，又开发了蒽醌原位生产双氧水法，将丙烯和氧气的混合物通入到含乙基蒽醌的蒽氢醌氧化段中，蒽氢醌与氧作用产生双氧水和乙基蒽醌，双氧水在 TS-1 催化剂存在下，将丙烯氧化成环氧丙烷，然后乙基蒽醌在 Pd/C 催化剂存在下加氢成蒽氢醌，完成催化循环，目前虽然还有不少困难，但是有发展前景。

双氧水直接氧化丙烯制备环氧丙烷的工艺装置设计简单、环境污染小、生产过程中只产生目标产品环氧丙烷和水及少量丙二醇副产物。缺点是溶剂甲醇会使环氧丙烷开环，导致环氧丙烷的收率降低，且过氧化氢不便于储运，需配套建设过氧化氢装置，增加了生产投资费用。因此，目前制备环氧丙烷的主要工艺包括氯醇法、共氧法和过氧化氢直接氧化法，占比分别为 28%、42% 和 28%。氯醇法污染大，逐步淘汰中；过氧化氢直接氧化法需要联产叔丁醇或苯乙烯，受联产产品市场行情影响，而且设备造价高、工艺复杂；未来过氧化氢直接氧化法会逐渐替代氯醇法。双氧水还用于制备多种有机过氧化物。例如，乙酸制过乙酸、丁二酸酐制过氧化丁二酸、苯甲酰氯制过氧化二苯甲酰、氯代甲酸酯制过氧化二碳酸酯等。

$$2R\!-\!O\!-\!\overset{\overset{O}{\|}}{C}\!-\!Cl + H_2O_2 + 2NaOH \xrightarrow[5\sim15℃]{氧化} R\!-\!O\!-\!\overset{\overset{O}{\|}}{C}\!-\!O\!-\!O\!-\!\overset{\overset{O}{\|}}{C}\!-\!O\!-\!R + 2NaCl + 2H_2O \qquad (7\text{-}29)$$

双氧水还可以与不饱和酸或不饱和酯发生氧化加成反应生成环氧化合物。例如，从顺丁烯二酸酐的环氧化-水解制 2,3-二羟基丁酸（酒石酸）。

$$\text{(7-30)}$$

工业上以 TS-1 分子筛为催化剂，将环己酮及氨用过氧化氢为氧化剂，一步法制备环己酮肟是极其有意义的绿色工艺。

7.4.2 有机过氧化物作为氧化剂

某些有机过氧化物（例如：苯乙基过氧化氢、叔丁基过氧化氢和过氧乙酸等）比较稳定，可以用作温和的氧化剂。采用有机过氧化物的共氧化法，可以减少三废污染，其最重要的实例是以丙烯为原料，环氧化制备环氧丙烷。

环氧丙烷的制备方法之一是采用氯醇法，即丙烯先用次氯酸加成氯化制成氯丙醇，然后用氢氧化钙水解得环氧丙烷。氯丙醇法存在三废治理问题、设备腐蚀性问题。该工艺的优点是工艺简单，投资少。

$$\text{(7-31)}$$

用苯乙基过氧化氢时，联产的 α-苯乙醇可以加入酸性催化剂进行脱水反应，联产苯乙烯；用叔丁基过氧化氢时，联产物是叔丁醇，叔丁醇经过脱水反应生成异丁烯；用过氧乙酸时，联产物是乙酸。乙苯共氧法占全球产能的 33%，异丁烷共氧法约占全球产能的 18%。该工艺的缺点是流程长，投资大；优点是三废少。

$$\text{(7-32)}$$

$$\text{(7-33)}$$

$$\text{(7-34)}$$

有机过氧化物作为氧化剂的应用范围很广，例如有机过氧酸可以将杂环上的二价硫氧化成四价硫。

$$\text{(7-35)}$$

所用的有机过氧酸可以是过氧乙酸、过氧苯甲酸或间氯过氧苯甲酸。

另外在精细有机合成中还用到臭氧化反应，详见参考文献。

ε-己内酯是一种用途广泛的有机合成中间体，是以环己酮为原料、用过氧酸氧化制备得到的。

7.4.3 硝酸作为氧化剂

硝酸用作氧化剂时，硝酸被还原为 NO_2 和 N_2O_3。

$$2HNO_3 \longrightarrow [O]+H_2O+2NO_2\uparrow \tag{7-36}$$

$$2HNO_3 \longrightarrow 2[O]+H_2O+N_2O_3\uparrow \tag{7-37}$$

在钒催化剂存在下进行氧化时，硝酸可以被还原成无毒的 N_2O，并提高硝酸的利用率。

$$2HNO_3 \longrightarrow 4[O]+H_2O+N_2O\uparrow \tag{7-38}$$

硝酸氧化法的主要优点是硝酸价廉，对某些氧化反应选择性好，收率高，工艺简单。

硝酸氧化法的重要实例是环己醇/酮混合物（KA 油）的开环氧化制己二酸。

$$\tag{7-39}$$

硝酸氧化法的缺点是释放的氧化亚氮在大气中会形成酸雨，破坏臭氧层，需采用催化分解技术处理，然后排放。另外，对于设备的腐蚀也比较严重。

为此己二酸的生产正致力于开发环保型氧化法。所用的原料有环己烷、环己烯和 KA油，所用的氧化剂有空气、氧气和双氧水。空气液相氧化法的难点是高活性、高选择性催化剂的筛选。

硝酸氧化法的其他实例还有：二苯甲烷的氧化制二苯甲酮、环十二醇/酮混合物的氧化制十二碳二酸和乙醛的氧化制乙二醛。乙二醛的生产国内也有工厂采用乙二醇的空气气-固相催化氧化法，但成本比乙醛法高。

7.4.4 高价金属化合物作为氧化剂

高锰酸的钠盐容易潮解，因此总是制成不易潮解的钾盐。高锰酸钾氧化能力很强，主要用于将甲基、伯醇基或醛基氧化成羧基。

在酸性水介质中，锰由 +7 价被还原成 +2 价，氧化能力太强，选择性差，只适用于制备个别非常稳定的氧化产物，但锰盐难于回收，工业上很少使用酸性氧化法。

在中性或碱性水介质中，锰由 +7 价被还原为 +4 价，也有很强的氧化能力。

$$2KMnO_4+H_2O \longrightarrow 3[O]+2MnO_2+2KOH \tag{7-40}$$

碱性氧化法的优点：选择性好，生成的羧酸以钾盐的形式溶于水中，产品的分离精制简便，副产的二氧化锰有广泛的用途。

用高锰酸钾在中性或碱性介质中进行氧化时，操作非常简便，只要在 $40\sim110℃$，将稍过量的固体高锰酸钾慢慢加入含被氧化物的水溶液或水悬浮液中，氧化反应就可以顺利完成。过量的高锰酸钾可以用亚硫酸钠将它破坏掉。过滤出不溶性的二氧化锰后，将羧酸盐水溶液用无机酸进行酸化析出，就得到相当纯净的羧酸。用高锰酸钾氧化时，如果生成的氢氧化钾会引起副反应，可以向反应液中加入硫酸镁以抑制其碱性。

$$2KOH+MgSO_4 \longrightarrow K_2SO_4+Mg(OH)_2 \tag{7-41}$$

例如在用高锰酸钾使 3-甲基-4-硝基乙酰苯胺氧化成 2-硝基-5-乙酰氨基苯甲酸时，要加入硫酸镁以抑制乙酰氨基的水解。

$$\tag{7-42}$$

二氧化锰可以是天然的软锰矿的矿粉（MnO_2 质量分数 $60\% \sim 70\%$），也可以是用高锰酸钾氧化时的副产物。二氧化锰是温和氧化剂，可用于制备醛类、醌类或在芳环上引入羟基等。二氧化锰氧化一般是在各种浓度的硫酸中使用。

$$MnO_2 + H_2SO_4 \longrightarrow [O] + MnSO_4 + H_2O \tag{7-43}$$

用二氧化锰氧化时，副产的含硫酸锰和稀硫酸的废水很难治理，因此工业上已很少采用。

7.5 氧化反应发展趋势

对于精细化工产品的生产来说，希望氧化反应具有良好的选择性、收率和质量；另外，还要求成本低、工艺尽可能简单。传统的氧化反应经常使用金属氧化物作为氧化剂，大量的重金属排放到环境中造成较严重的环境污染。随着对绿色化学的研究不断深入，一些新的更加绿色的氧化方法和工艺不断出现，特别是以双氧水、氧气作氧化剂的催化氧化方法受到更加广泛的关注。

以分子氧为氧源的烃类氧化难度较大。控制氧化反应深度，提高目的产物选择性一直是烃类选择氧化研究中最具挑战性的难题，解决选择性难题的途径主要是研制高效催化体系。过渡金属催化活化 C—H 键方面有很多成功的案例，其中一些反应是在非常温和的条件下进行，尤其是高效仿生催化体系的开发，获得了十分可喜的成果。另一方面，高选择性的多相催化剂也不断得以研究，包括对固体材料的结构设计、表面性质修饰、活性中心的调控以及活性粒子的尺度控制。

对于强放热的氧化反应，多数氧化反应还是气体参与的非均相反应，在反应器设计时，传热传质问题显得尤为重要。将传统釜式氧化工艺改进为连续流工艺，可以提高其本质安全化水平和生产效率。例如，膜反应器可实现强化传质、传热，可精确控制反应温度和反应时间，提高反应的转化率与产物选择性，减少污染，提高生产率、降低成本，特别是能有效提高生产安全性。

习　题

7-1　列出以下化合物在空气液相氧化时由难到易的次序。

7-2　写出以下空气液相氧化过程中，各反应原料的大致单程转化率。

7-3　写出以下空气液相氧化过程各用什么引发剂或催化剂？

(1) 苯乙基 CH_2CH_3 ⟶ 苯基-CHCH₃ 带 OOH

(1) ⟶ $C_6H_5-CHCH_3$ 的过氧化氢物（OOH）

(2) 苯乙基 CH_2CH_3 ⟶ 苯基-CO-CH₃

(5) 对二甲苯（CH_3，CH_3）⟶ 对甲基苯甲酸（$COOH$，CH_3）　（无溶剂法或乙酸溶剂法）

(3) $C_{10}\sim C_{20}$ 正构烷烃混合物 ⟶ 脂肪酸混合物

(4) $C_{10}\sim C_{20}$ 正构烷烃混合物 ⟶ 脂肪醇混合物

(6) 对二甲苯（CH_3，CH_3）⟶ 对苯二甲酸（$COOH$，$COOH$）　（乙酸溶剂法）

(7) $CH_2\!=\!CH_2 \longrightarrow CH_3-CHO$

7-4　$C_{10}\sim C_{20}$ 直链烷烃混合物在空气液相氧化制脂肪醇时，由 C_{20} 主要生成哪些结构的脂肪醇？

7-5　$C_{10}\sim C_{20}$ 直链烷烃混合物在空气液相氧化制脂肪酸时，由 C_{20} 可以生成哪些结构的脂肪酸？

7-6　列表写出以下四个氧化反应在化学变化、操作方程、催化剂、氧化剂、原料的单程转化率等方面的对比。

(1) $CH_2\!=\!CH_2 \longrightarrow CH_2-CH_2$（环氧，$O$）

(2) $CH_2\!=\!CH_2 \longrightarrow CH_3CHO$

(3) $CH_2\!=\!CH-CH_3 \longrightarrow CH_2-CH-CH_3$（环氧，$O$）

(4) $CH_2\!=\!CH-CH_3 \longrightarrow CH_2\!=\!CH-CHO$

7-7　甲醇的脱氢氧化制甲醛时，试回答以下问题。（1）为何热效应小？（2）催化剂起什么作用？（3）为何用绝热反应器？

7-8　甲醇的氧化制甲醛时，试回答以下问题。（1）为何热效应大？（2）为何空气用量多？（3）为何用列管式固定床反应器？（4）为何甲醇的单程转化率低于甲醇的脱氢氧化法，而甲醛收率高于甲醇的脱氢氧化法？

7-9　萘的气-固相催化氧化法制邻苯二甲酸酐时，当萘和空气的质量比分别为 1:25 和 1:10 时，试分别计算其相应的 $O_2/C_{10}H_8$（摩尔比）、氧的过量百分数、萘在空气中的体积分数，并进行讨论。

7-10　邻二甲苯的气-固相催化氧化制苯酐时，当邻二甲苯和空气的质量比分别为 1:33 和 1:22 时，试分别计算其相应的 O_2/C_8H_{10}、氧的过量百分数，并进行评论。

7-11　在制备苯酐时，邻二甲苯法中邻二甲苯的消耗定额是 920kg(100%)，试计算理论收率和质量收率，并进行讨论。

7-12　用高锰酸钾将甲基氧化成羧基时，为了控制介质的 pH 值呈弱碱性，除了加入硫酸镁以外，还可以选用哪些廉价的化学试剂？

7-13　用 $KMnO_4$ 将 $-CH_3$、$-CH_2OH$、$-CHO$ 氧化成 $-COOH$ 时，在操作条件上有何不同？

7-14　简述由甲苯制备以下芳醛的主要工业合成路线和各步反应的名称。

(1) 苯甲醛 CHO

(2) 邻氯苯甲醛 CHO，Cl

(3) 邻磺基苯甲醛 CHO，SO_3H

(4) 苯甲醛二磺酸 CHO，SO_3H，SO_3H

7-15　简述由对硝基甲苯制备以下化合物时的合成路线、各步反应的名称和主要的反应条件。

(1) 对硝基苯甲酸 COOH，NO_2

(2) 对硝基苯甲醛 CHO，NO_2

(3) 对氨基苯甲醛 CHO，NH_2

(4) O_2N—苯环—$CH\!=\!CH$—苯环—NO_2，SO_3H，SO_3H

7-16　简述对苯二酚的几种工业生产方法。

7-17　简述制备以下产品的合成路线和主要工艺过程。

(1) 甲苯（CH_3）⟶ O_2N—苯环—CN，NH_2

(2) 间二甲苯（CH_3，CH_3）⟶ 间苯二甲胺（CH_2NH_2，CH_2NH_2）

(3) （间二甲苯结构式）⟶（间苯二甲酸结构式）

(4) $n\text{-}C_4H_{10} \longrightarrow$ （酒石酸结构式：HO—CH—COOH / HO—CH—COOH）

7-18 在制备己二酸时，为何要将环己烷先氧化成环己醇/环己酮的混合物，然后再氧化成己二酸，而不将环己烷直接氧化成己二酸？

7-19 对于由甲苯制备间硝基苯甲酸的两条合成路线进行评论。

7-20 用甲醇脱氢氧化法制甲醛，假设进料甲醇-空气混合物中甲醇的体积分数为 60%，试计算：(1) 进料中甲醇/氧（摩尔比）；(2) 甲醇过量百分数（按氧化反应计）。

7-21 用甲醇氧化法制甲醛，假设进料甲醇-空气混合物中甲醇的体积分数为 6.5%，试计算：(1) 甲醇/氧（摩尔比）；(2) 氧过量百分数。

参考文献

[1] 唐培堃，冯亚青，王世荣. 精细有机合成工艺学. 简明版. 北京：化学工业出版社，2011.
[2] 陈立功，冯亚青. 精细化工工艺学. 北京：科学出版社，2018.
[3] 闻韧. 药物合成反应. 4 版. 北京：化学工业出版社，2017.
[4] 王林. 微反应器的设计与应用. 北京：化学工业出版社，2016.
[5] 任兰会，高爽. C—H 键氧化生成酮的研究进展. 有机化学，2017，37：1338-1351.
[6] 孙威，龙小柱，李乐. 石蜡制备高碳醇工艺条件研究. 当代化工，2016，45（12）：2797-2799，2802.
[7] 蔡力宏，梁雪美. 高碳醇的市场应用及煤基费托合成高碳醇的生产工艺. 合成材料老化与应用，2017，46（6）：123-127.
[8] 聂明文. 对苯二甲酸合成技术研究进展. 乙醛醋酸化工，2014（6）：20-25.
[9] 陈建设，王淑娟，李金兵，等. 环氧乙烷银催化剂的研究进展. 石油化工，2015，44（7）：893-899.
[10] 徐保明，许庆博，唐强，等. 钴盐催化甲苯液相选择氧化反应研究进展. 应用化工，2017，46（12）：2451-2454.
[11] 左轶，刘民，郭新闻. 钛硅分子筛的合成及其催化氧化反应研究进展. 石油学报（石油加工），2015，31（2）：343-359.
[12] 冯亚青，张尚湖，周立山，等. 催化氨氧化法制备 2-氰基吡嗪的研究. 高校化学工程学报，2003，17（4）：397-399.
[13] 马红，黄义争，徐杰. 现代催化化学讲座. 工业催化，2016，24（4）：81-112.
[14] 谭捷. 苯氧化法合成顺丁烯二酸酐技术研究进展. 精细与专用化学品，2022，30（3）：45-47.
[15] 李绪根，王建芝，刘捷，等. 微反应器在精细化工领域氧化反应中的应用进展. 化学与生物工程，2022，39（8）：1-9.
[16] 王枝阔，滕忠华，余志群. 连续流氧化反应技术研究进展. 浙江化工，2022，53（3）：29-35.
[17] 李新，余志群. 苄位 C—H 键选择性氧化研究进展. 浙江化工，2022，54（6）：16-22.
[18] 史延强，夏玥穜，温朗友，等. 过氧化氢及其基本有机化学品绿色合成技术. 化工进展，2021，40（4）：2048-2059.
[19] 殷鹏镇，吴芹，黎汉生. 甲基芳烃液相选择性催化氧化催化剂研究进展. 化工进展，2023，42（6）：2916-2943.
[20] 张益峰，吴中，孙富安，等. 阳离子交换树脂催化过氧化氢异丙苯连续分解制苯酚工艺. 离子交换与吸附，2018，34（6）：481-489.

第8章

重氮化和重氮盐的反应

·本章学习要求·

掌握的内容： 重氮化反应的定义、重氮化反应动力学、重氮化反应历程、重氮化影响因素及重氮化方法。偶合反应的特点、影响因素；重氮基还原为芳肼的条件及影响因素。

熟悉的内容： 重氮基转化为氢基、氨基、卤素、氰基的条件。

了解的内容： 重氮基的其他转化反应。

8.1 概述

含有伯氨基的有机化合物在无机酸的存在下与亚硝酸钠作用生成重氮盐的反应称作重氮化，例如：

$$R-NH_2 + NaNO_2 + 2HCl \longrightarrow R-N_2^+Cl^- + NaCl + H_2O \qquad (8-1)$$

脂链伯胺生成的重氮盐极不稳定，很易分解放出氮气而转变成正碳离子 R^+，脂链正碳离子的稳定性很差，容易发生取代、重排、异构化和消除等反应，得到成分复杂的产物，因此没有实用价值。

脂链上的苄基伯胺经重氮化-分解生成的正碳离子不能发生重排、消除等副反应，可以进行正常的取代反应而制得某些有用的产品，但应用实例很少。

脂环伯胺经重氮化-分解生成的正碳离子可以发生重排反应得到一些有用的扩环产品、缩环产品和环合产品，但应用实例也不多。

芳环伯胺和芳杂环伯胺的重氮盐的重氮正离子和强酸负离子生成的盐一般可溶于水、呈中性，因全部离解成离子，不溶于有机溶剂。但含有一个磺酸基的重氮化合物则生成在水中溶解度很低的内盐。

干燥的芳重氮盐不稳定，受热或摩擦、撞击时易快速分解放氮而发生爆炸，因此残留有芳重氮盐的设备在停止使用时必须清洗干净，以免干燥后发生爆炸事故。

某些芳重氮盐可以制备成稳定的形式，例如氯化芳重氮盐与氯化锌的复盐、芳重氮-1,5-萘二磺酸盐。重氮化合物对光不稳定，在光照下易分解。某些稳定重氮盐可以用于印染行业或用作感光材料，特别是感光复印纸。

芳环伯胺和芳杂环伯胺的重氮盐在水溶液中、低温下一般比较稳定，但是具有很高的反应活性。这类重氮盐的反应可以分为两大类。一类是重氮基转化为偶氮基或肼基，并不脱落氮原子的反应。另一类是重氮基被其他取代基所置换，同时脱落两个氮原子放出氮气的反应。通过这些重氮盐的反应可制得一系列有机中间体。本章只介绍这类重氮化反应和这类重氮盐的某些重要反应。

8.2 重氮化

8.2.1 反应历程

反应动力学证明，芳伯胺在无机酸中用亚硝酸钠进行重氮化时，重氮化的主要活泼质点与无机酸的种类和浓度有密切关系。

在稀盐酸中进行重氮化时，主要活泼质点是亚硝酰氯（ON—Cl），它是按以下反应生成：

$$NaNO_2 + HCl \longrightarrow ON—OH + NaCl \tag{8-2}$$

$$ON—OH + HCl \rightleftharpoons ON—Cl + H_2O \tag{8-3}$$

在稀盐酸中进行重氮化时，如果加入少量溴化钠或溴化钾，则主要的活泼质点是亚硝酰溴（ON—Br），它是按以下反应生成：

$$NaBr + HCl \rightleftharpoons NaCl + HBr \tag{8-4}$$

$$ON—OH + HBr \rightleftharpoons ON—Br + H_2O \tag{8-5}$$

在稀硫酸中进行重氮化时，主要活泼质点是亚硝酸酐（即三氧化二氮 ON—NO_2），它是按以下反应生成：

$$2ON—OH \rightleftharpoons ON—NO_2 + H_2O \tag{8-6}$$

在浓硫酸中进行重氮化时，主要的活泼质点是亚硝基正离子（ON$^+$），它是按以下反应生成：

$$ON—OH + 2H_2SO_4 \rightleftharpoons ON^+ + 2HSO_4^- + H_3O^+ \tag{8-7}$$

上述各种重氮化活泼质点的活泼性次序是：

$$ON^+ > ON—Br > ON—Cl > ON—NO_2 > ON—OH$$

因为重氮化质点是亲电性的，所以被重氮化的芳伯胺是以游离分子态，而不是以芳伯胺盐或芳伯胺合氢正离子态参加反应的。

$$Ar—NH_2 + HCl \rightleftharpoons Ar—NH_2 \cdot HCl \rightleftharpoons Ar—NH_3^+ \cdot Cl^- \tag{8-8}$$

重氮化的反应历程是 N-亚硝化-脱水反应，可简单表示如下：

$$\tag{8-9}$$

由上述反应历程可以看出，在稀硫酸中重氮化时，亚硝酸酐的亲电性弱，重氮化速率比较慢，所以重氮化反应一般是在稀盐酸中进行的。有时为了加速反应，可在稀盐酸中加入少量的溴化钠或溴化钾。当芳伯胺在稀盐酸中难于重氮化时，则需要在浓硫酸介质中进行重氮化。对于不同化学结构的芳伯胺，需要采用不同的重氮化方法，这将在以后详细叙述。

8.2.2 一般反应条件

(1) 反应温度

重氮化反应一般在 $0\sim10\,^{\circ}\mathrm{C}$ 进行，温度高容易加速重氮盐的分解。当重氮盐比较稳定时，重氮化反应可以在稍高的温度下进行。例如，对氨基苯磺酸的重氮化可在 $15\sim20\,^{\circ}\mathrm{C}$ 进行，1-氨基萘-4-磺酸的重氮化可在 $30\sim35\,^{\circ}\mathrm{C}$ 进行。

重氮化是强放热反应，为了保持适宜的反应温度，在稀盐酸或稀硫酸介质中重氮化时，可采取直接加冰冷却法，在浓硫酸介质中重氮化时则需要用冷冻氯化钙水溶液或冷冻盐水间接冷却。

(2) 无机酸的用量和浓度

按照反应式 (8-1)，在水介质中重氮化时，理论上 1mol 一元芳伯胺需要 2mol 盐酸或 1mol 硫酸，但实际上要用 2.5～4mol 盐酸或 1.5～3mol 硫酸，使反应液始终保持强酸性，pH 值始终 <2 或始终对刚果红试纸呈酸性（变蓝）。如果酸量不足，会导致芳伯胺溶解度下降、重氮化反应速率下降，甚至导致生成的重氮盐与尚未重氮化的芳伯胺相作用而生成重氮氨基化合物或氨基偶氮化合物等副产物。

$$\mathrm{Ar-N_2^+Cl^- + H_2N-Ar \longrightarrow Ar-N=N-NH-Ar + HCl} \tag{8-10}$$

$$\mathrm{Ar-N_2^+Cl^- + Ar-NH_2 \longrightarrow Ar-N=N-Ar-NH_2 + HCl} \tag{8-11}$$

在稀盐酸中重氮化时，为了使被重氮化的芳伯胺和生成的重氮盐完全溶解，介质中盐酸的浓度是很低的。应该指出，亚硝酸钠与浓盐酸相作用会放出氯气，影响反应的顺利进行。

$$\mathrm{2NO_2^- + 2Cl^- + 4H^+ \longrightarrow 2NO\uparrow + Cl_2 + 2H_2O} \tag{8-12}$$

在稀硫酸中的重氮化，一般只用于能生成可溶性芳伯胺硫酸盐、可溶性重氮酸性硫酸盐或不希望有氯离子存在的情况。应该指出，稀硫酸质量分数超过 25% 时，三氧化二氮的逸出速度将超过重氮化速度。

在浓硫酸介质中重氮化时，硫酸的用量应该能使亚硝酸钠、芳伯胺和反应产物重氮盐完全溶解或反应物料不致太稠。所用的浓硫酸一般是质量分数 98% 和 92.5% 的工业硫酸。

另外，某些芳伯胺的重氮化不能使用无机酸，而需要使用酸性较弱的有机酸或无机酸的重金属盐，这将在重氮化方法中叙述。

(3) 亚硝酸钠的用量

亚硝酸钠的用量必须严格控制，只稍微超过理论量。当加完亚硝酸钠溶液并经过 5～30min 后，反应液仍可使碘化钾淀粉试纸变蓝，即可认为亚硝酸钠已经微过量，芳伯胺已经完全重氮化，达到反应终点。

$$\mathrm{2HNO_2 + 2KI + 2HCl \longrightarrow I_2 + 2KCl + 2H_2O + 2NO} \tag{8-13}$$

但重氮化完毕后，过量的亚硝酸会促进重氮盐的缓慢分解，并且不利于重氮盐的进一步反应，制备目的产物。因此，在重氮化完毕后应在低温搅拌一定时间，使过量的亚硝酸完全分解为亚硝酸酐逸出，或向反应液中加入适量尿素或氨基磺酸使过量的亚硝酸完全分解。

$$\mathrm{H_2N-\overset{\overset{\displaystyle O}{\|}}{C}-NH_2 + 2HNO_2 \longrightarrow CO_2\uparrow + 2N_2\uparrow + 3H_2O} \tag{8-14}$$

$$\mathrm{H_2N-SO_3H + HNO_2 \longrightarrow H_2SO_4 + N_2\uparrow + H_2O} \tag{8-15}$$

但过多地加入尿素或氨基磺酸，有时会产生破坏重氮盐的副作用。

$$Ar\text{—}N_2^+Cl^- + H_2N\text{—}SO_3H + H_2O \longrightarrow Ar\text{—}NH_2 + N_2\uparrow + H_2SO_4 + HCl \qquad (8\text{-}16)$$

当然，当亚硝酸过量较多时，也可以补加少量芳伯胺原料，将过量的亚硝酸消耗掉。

应该指出：在稀盐酸中或稀硫酸中重氮化时，如果亚硝酸钠用量不足，或亚硝酸钠溶液的加料速度太慢，已经生成的重氮盐会与尚未重氮化的芳伯胺相作用，生成重氮氨基化合物或氨基偶氮化合物，见式（8-10）和式（8-11）。

（4）重氮化试剂的配制

亚硝酸钠在水中的溶解度很大，在稀盐酸或稀硫酸中重氮化时，一般可用质量分数 30%～40% 的亚硝酸钠水溶液，以利于向芳伯胺的稀无机酸水溶液中快速地加入亚硝酸钠水溶液。

在浓硫酸中重氮化时，通常要将干燥的粉状亚硝酸钠慢慢加入浓硫酸中配成亚硝酰硫酸溶液。

$$NaNO_2 + 2H_2SO_4 \longrightarrow ON^+ + Na^+ + 2HSO_4^- + H_2O \qquad (8\text{-}17)$$

应该指出：上述反应是强烈的放热反应，加料温度不宜超过 60℃，在 70～80℃ 使亚硝酸钠完全溶解后，要冷却到室温以下才能使用。

8.2.3 重氮化方法

根据所用芳伯胺化学结构的不同和所生成的重氮盐性质的不同，需要采用不同的重氮化方法。下面只叙述几种常用的重氮化方法。

（1）碱性较强的芳伯胺的重氮化

碱性较强的芳伯胺包括不含其他取代基的芳伯胺，芳环上含有甲基、甲氧基等供电基的芳伯胺，芳环上只含有一个卤基的芳伯胺以及 2-氨基噻唑、2-氨基吡啶-3-甲酸等芳杂环伯胺。这些芳伯胺的特点是在稀盐酸或稀硫酸中生成的胺盐易溶于水，胺盐主要以胺合氢正离子的形式存在，游离胺的浓度很低，因此重氮化反应的速率慢。另外，生成的重氮盐不易与尚未重氮化的游离胺相作用。其重氮化方法通常是先在室温将芳伯胺溶解于过量较少的稀盐酸或稀硫酸中，加冰冷却至一定温度，然后先快后慢地加入亚硝酸钠水溶液，直到亚硝酸钠微过量为止。此法通常称作正重氮化法。

（2）碱性较弱的芳伯胺的重氮化

碱性较弱的芳伯胺包括芳环上有强吸电基（例如硝基、氰基）的芳伯胺和芳环上含有两个以上卤基的芳伯胺等。这类芳伯胺的特点是在稀盐酸或稀硫酸中生成的胺盐溶解度小，已溶解的胺盐有相当一部分以游离胺的形式存在，因此重氮化反应速率快。但是生成的重氮盐容易与尚未重氮化的游离芳伯胺相作用。其重氮化方法通常是先将这类芳伯胺溶解于过量较多、浓度较高的热的盐酸中，然后加冰快速稀释并降温至一定温度，使大部分胺盐以很细的沉淀析出，然后迅速加入稍过量的亚硝酸钠水溶液，以避免生成重氮氨基化合物。当芳伯胺完全重氮化后，再加入适量尿素或氨基磺酸，将过量的亚硝酸破坏掉。必要时应将制得的重氮盐溶液过滤以除去副产的重氮氨基化合物。

为了避免加热溶解，也可以将粉状被重氮化的芳伯胺用适量冰水搅拌打浆或在砂磨机中打浆（必要时可加入少量表面活性剂），然后向其中加入适量浓盐酸，再加入亚硝酸钠水溶液进行重氮化。

（3）碱性很弱的芳伯胺的重氮化

属于碱性很弱的芳伯胺有 2,4-二硝基苯胺、2-氰基-4-硝基苯胺、1-氨基蒽醌、2-氨基苯并噻唑等。这类芳伯胺的特点是碱性很弱，不溶于稀无机酸，但能溶于浓硫酸，它们的浓硫酸溶液不能用水稀释，因为它们的酸性硫酸盐在稀硫酸中会转变成游离胺析出。这类芳伯胺在浓硫酸中并未完全转变为酸性硫酸盐，仍有一部分是游离胺，所以在浓硫酸中很容易重氮化，而且生成的重氮盐也不会与尚未重氮化的芳伯胺相作用而生成重氮氨基化合物。其重氮化方法通常是先将芳伯胺溶解于4~5倍质量的浓硫酸中，然后在一定温度下加入微过量的亚硝酰硫酸溶液。为了节省硫酸用量，简化工艺，也可以向芳伯胺的浓硫酸溶液中直接加入干燥的粉状亚硝酸钠。

（4）氨基芳磺酸和氨基芳羧酸的重氮化

属于氨基芳磺酸和氨基芳羧酸的芳伯胺有苯系和萘系的单氨基单磺酸、联苯胺-2,2′-二磺酸、4,4′-二氨基二苯乙烯-2,2′-二磺酸和1-氨基萘-8-甲酸等。这类芳伯胺的特点是它们在稀无机酸中形成内盐，在水中溶解度很小，但它们的钠盐或铵盐则易溶于水。其重氮化方法通常是先将胺类悬浮在水中，加入微过量的氢氧化钠或氨水，使氨基芳磺酸转变成钠盐或铵盐而溶解，然后加入稀盐酸或稀硫酸使氨基芳磺酸以很细的颗粒沉淀析出，接着立即加入微过量的亚硝酸钠水溶液，必要时可加入少量胶体保护剂，例如拉开粉（二丁基萘磺酸）。另一种重氮化方法是先将氨基芳磺酸的钠盐在微碱性条件下与微过量的亚硝酸钠配成混合水溶液，然后放到冷的稀无机酸中。这种重氮化方法称作"反重氮化法"。得到的芳重氮盐单磺酸通常都形成内盐，不溶于水，可过滤出来，将湿滤饼进行下一步处理。

苯系和萘系的单氨基多磺酸和苯系单氨基单羧酸一般易溶于稀盐酸和稀硫酸，可采用通常的正重氮化法。

（5）氨基酚类的重氮化

苯系和萘系的邻位或对位氨基酚在稀盐酸和稀硫酸中容易被亚硝酸氧化成醌亚胺型化合物。这类芳伯胺的重氮化要在中性到弱酸性介质中进行。在1-氨基-2-羟基萘-4-磺酸的重氮化时（中性介质）还要加入少量硫酸铜。这类芳伯胺生成的重氮化合物并不含有无机酸负离子，而具有二氮醌或重氮氧化物的结构。

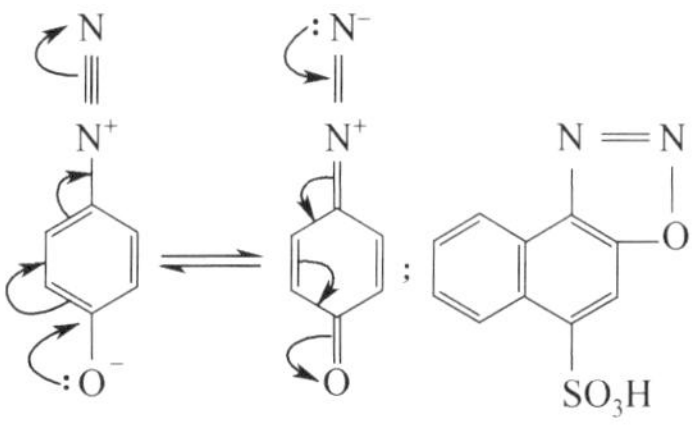

但是苯环上含有吸电基（例如硝基、磺基、羧基或氯基）的邻位或对位氨基酚不容易被氧化，可以用通常的正重氮化法或钠盐-酸析-重氮化法。

（6）二胺类的重氮化

二胺类的重氮化指的是在一个苯环上有两个氨基的化合物的重氮化。

邻苯二胺类和萘系迫位二胺类的特点是在重氮化时先是一个氨基被重氮化，接着这个重氮基与尚未重氮化的邻位或迫位氨基相作用，而生成不具有偶合能力的偶氮亚氨基杂环化合物。例如：

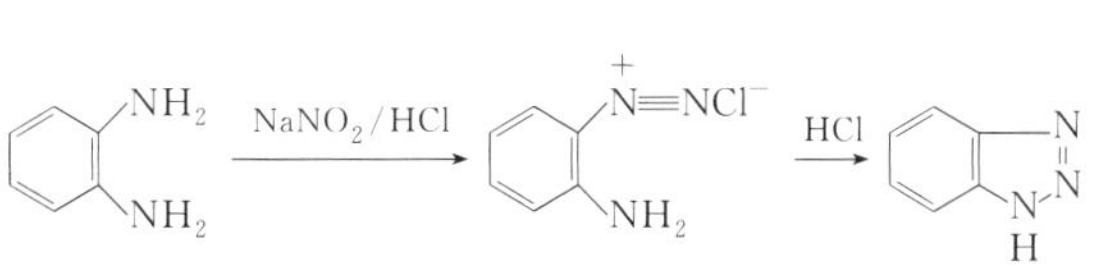

(8-18)

但是邻苯二胺在乙酸中用亚硝酰硫酸处理时，可以成功地双重氮化。

间苯二胺的特点是它特别容易与生成的重氮盐偶合而生成偶氮染料。为了避免偶合副反应，要先将间苯二胺在弱碱性到中性条件下与稍过量的亚硝酸钠配成混合水溶液，然后将混合液快速地放入到过量较多的稀盐酸中进行重氮化。

对位二胺类的特点是用一般方法进行重氮化时容易被亚硝酸氧化成对苯醌亚胺或对苯醌，使反应复杂化。因此，当需要用对位二胺类作重氮组分制双偶氮染料时，常改用对乙酰氨基芳伯胺或对硝基芳伯胺为起始原料。

8.2.4 重氮盐的结构

重氮化合物兼有酸和碱的特性，它既可以与酸生成盐，又可以与碱生成盐。在水介质中，重氮盐的结构转变如下所示。

其中亚硝胺和亚硝胺盐比较稳定，而重氮盐、重氮酸和重氮酸盐则比较活泼，所以重氮盐的反应一般是在强酸性到弱碱性介质中进行的，其 pH 值与目的反应有关。

8.2.5 重氮化设备

重氮化一般采用间歇操作，重氮化水溶液的体积很大，重氮化反应器的容积可达 $10\sim20m^3$，甚至更大。某些金属或金属盐，如铜、镍或铁能加速重氮盐的分解，因此重氮化反应器不宜直接用金属材料。大型重氮化反应器最初采用木桶、衬耐酸砖的钢槽，现在已有体积 $20m^3$ 或更大的塑料制重氮化槽。间歇操作的优点是操作简单，可以直接加冰冷却，更换产品灵活。

连续重氮化反应器可以采用串联反应器组或槽式-管式串联法。其优点是反应物停留时间短，可在 $10\sim30℃$ 进行重氮化，也适用于悬浮液的重氮化。对于难溶的芳伯胺可以在砂磨机中进行连续重氮化。进入 21 世纪后，连续流重氮化反应技术逐渐兴起，将连续流反应技术应用于重氮化反应，可以提高反应效率，降低由于重氮盐累积造成安全事故的可能性。利用连续流反应返混小的特点，能够有效提高反应的选择性，可通过增加反应器数量或者扩大反应器尺寸，实现生产规模的放大。

8.2.6 重要实例——邻氨基苯甲酸甲酯重氮盐

邻氨基苯甲酸甲酯（MA）重氮盐是生产糖精的主要中间体。生产过程中的重氮化反应是将邻氨基苯甲酸甲酯与亚硝酸钠水溶液混合均匀，然后在低温和不断搅拌下，将邻氨基苯甲酸甲酯与亚硝酸钠的混合液（简称甲酯混合液）缓慢加入盐酸溶液中，发生重氮化反应生成邻氯重氮苯甲酸甲酯重氮盐。

传统的生产过程中重氮化反应是在反应釜内进行的，工艺为：①在重氮釜内加入配比量的水和盐酸；②在甲酯混合釜内加入配比量的水、亚硝酸钠和邻氨基苯甲酸甲酯，搅拌均匀；③将甲酯混合液缓慢加入重氮釜中与盐酸发生重氮化反应，得到的重氮液用泵输送至下一工序使用。

管式反应器工艺为：①在盐酸计量罐内加入配比量的盐酸；②在甲酯混合液釜内加入配

比量的水、亚硝酸钠和邻氨基苯甲酸甲酯，搅拌均匀；③将甲酯混合液和盐酸按一定的配比用泵打入管式反应器中进行重氮化反应，反应得到的重氮液输送至下一工序使用。

采用管式反应器与釜式反应器结合使用是将两种物料先进入管式反应器中进行反应，反应后的物料再进入釜式反应器中进行进一步反应，这样既利用了管式反应器中物料浓度不随时间变化和单位体积换热面积较大的特点，又解决了物料在管式反应器中流速快、物料停留时间短导致的反应不完全的问题。工艺为：①在盐酸计量罐内加入配比量的盐酸；②在甲酯混合釜内加入配比量的水、亚硝酸钠和邻氨基苯甲酸甲酯，搅拌均匀；③将甲酯混合液和盐酸按一定的配比用泵打入管式反应器中进行重氮化反应，反应后的液体再进入釜式反应器中进行进一步反应。

最新的工艺是采用微反应器连续反应，最佳工艺反应条件为 n(MA)：n(亚硝酸钠)：n(盐酸)＝1∶1.15∶2.67、反应温度 34.62℃、停留时间 45.07s，此条件下 MA 重氮盐收率为 92%。

8.3 重氮盐的反应

8.3.1 重氮盐的偶合反应

重氮盐与芳环、杂环或具有活泼亚甲基的化合物反应，生成偶氮化合物的反应叫做偶合反应。偶合是制备偶氮染料必不可少的反应，但是在制备某些有机中间体时也要用到偶合反应。

在进行偶合反应时，重氮盐以亲电试剂的形式对酚类或胺类的芳环上的氢进行亲电取代而生成偶氮化合物。

$$Ar—N_2^+ X^- + Ar'—OH \longrightarrow Ar—N=N—Ar'—OH + HX \tag{8-19}$$

$$Ar—N_2^+ X^- + Ar'—NH_2 \longrightarrow Ar—N=N—Ar'—NH_2 + HX \tag{8-20}$$

参与偶合反应的重氮盐称为重氮组分，与重氮盐相反应的酚类和胺类称作偶合组合。常用的偶合组分如下。

① **酚类** 如苯酚、萘酚及其衍生物。

苯酚　　　　　萘酚　　　　色酚衍生物(2-羟基-3-萘甲酰胺)

② **胺类** 如苯胺、萘胺及其衍生物。

苯胺　　　　　萘胺

③ **氨基萘酚磺酸** 如 H-酸、J-酸、γ-酸等。

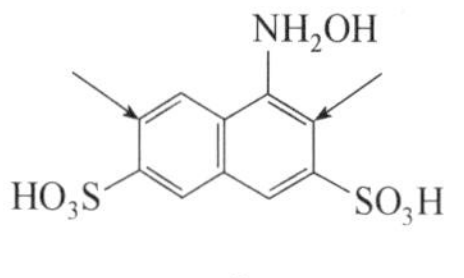

H-酸 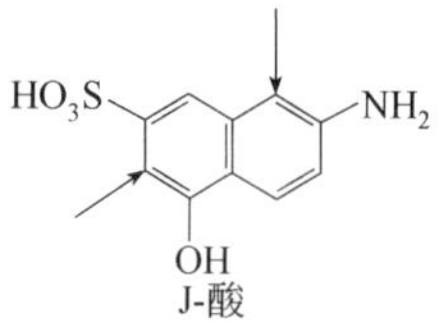　　　　　　　　J-酸 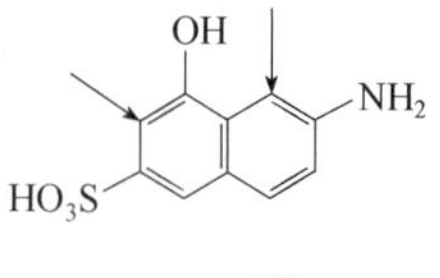　　　　　　　　γ-酸

④ **含有活泼亚甲基的化合物** 如乙酰乙酰芳胺、吡唑啉酮及吡啶酮衍生物。

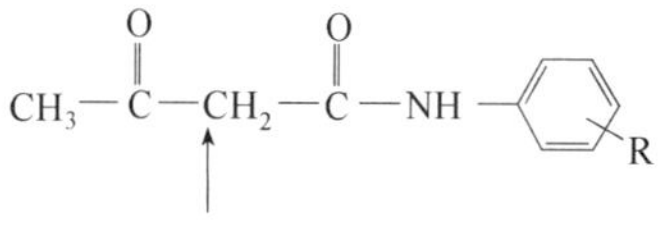

乙酰乙酰芳胺 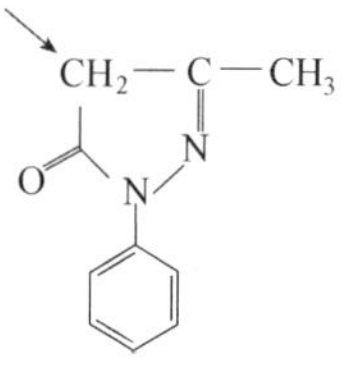　　　　　　　吡唑啉酮 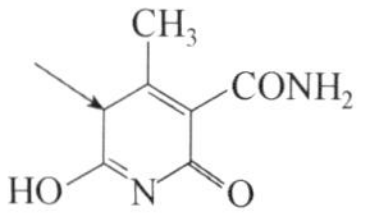　　　　吡啶酮

动力学研究结果认为，重氮盐和酚类在碱性介质中偶合时，参加反应的具体形式是重氮盐阳离子 ArN_2^+ 和酚盐阴离子 ArO^-；在酸性介质中与胺类偶合时，参加反应的具体形式是重氮盐阳离子 ArN_2^+ 和芳胺分子 $ArNH_2$。偶合历程是：

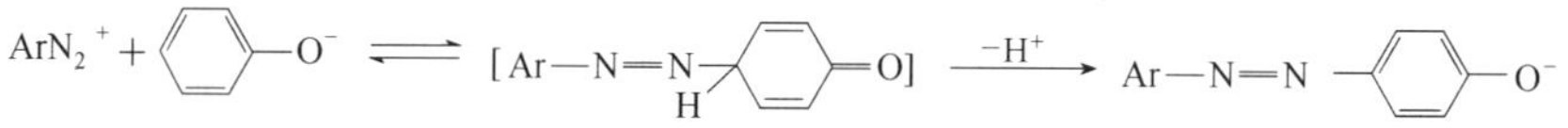

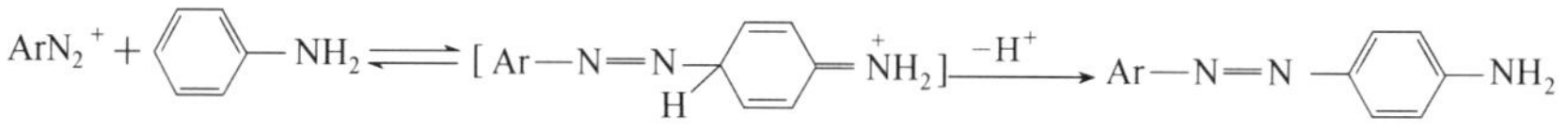

偶合反应的难易取决于反应物的结构和反应条件。重氮盐的芳环上有吸电基时，能使 $-N_2^+$ 上的正电荷增加，偶合能力增强。反之，芳环有供电基时，则使偶合能力减弱。一般地，重氮盐的亲电能力较弱，它们只能与芳环上具有较大电子云密度的酚类或胺类进行偶合。

重氮组分的取代基对偶合反应的难易程度为：

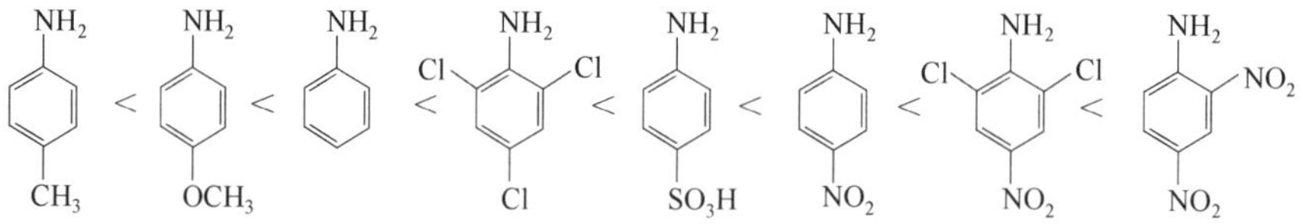

偶合时偶氮基通常进入偶合组分中—OH、—NH_2、—NHR 或—NR_2 等基团的对位，当对位被占据时，则进入邻位。

偶合组分的取代基对偶合反应的难易程度为：

$$ArO^- > ArNR_2 > ArNHR > ArNH_2 > ArOR > ArNH_3^+$$

偶合时，通常是将重氮盐水溶液放入到冷的含偶合组分的水溶液中而完成。偶合介质的 pH 值取决于偶合组分的结构。偶合组分是胺类时，要求介质的 pH 值为 4～7（弱酸性）；偶合组分是酚类时，要求介质的 pH 值为 7～10。偶合组分中同时含有氨基和羟基时，则在酸性偶合时，偶氮基进入氨基的邻、对位；在碱性偶合时，偶氮基进入羟基的邻、对位。

pH 值对酚和芳胺偶合速率的影响如图 8-1 所示。

偶合反应可采取间歇操作，也可采取连续操作，最新的工艺技术是采用微反应器的连续工艺，例如：以 3-氨基-4-甲氧基苯甲酰苯胺（红色基 KD）为重氮组分、N-(4-氯-2,5-二甲氧苯基)-3-羟基-2-萘酰胺（色酚 AS-LC）为偶合组分，利用管状微型混合器分别进行重氮化反应及偶合反应，在反应温度为 20℃、$n(HCl):n(红色基 KD)=2.5:1.0$ 的条件下连续化合成了颜料红 146，总收率达到 97.0%。与间歇法相比，连续化工艺不仅提高了反应收率，而且降低了能耗与材料成本，提高了综合生产效率。

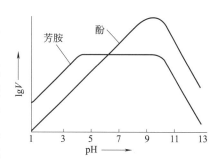

图 8-1 pH 值对酚和芳胺偶合速率的影响

8.3.2 重氮基还原成肼基

重氮盐在盐酸介质中用强还原剂（氯化亚锡或锌粉）进行还原时可以得到芳肼。

$$Ar{-}N^+{\equiv}NCl^- \xrightarrow[SnCl_2 \text{ 或 } Zn]{+2H_2} Ar{-}NH{-}NH_2 \cdot HCl \tag{8-21}$$

但是工业上最实用的还原剂是亚硫酸钠和亚硫酸氢钠。这时整个反应实际上是先发生 N-加成磺化反应（Ⅰ）和（Ⅱ），然后再发生水解-脱磺基反应（Ⅲ）和（Ⅳ），而得到芳肼盐酸盐，当芳环上有磺基时，则生成芳肼磺酸内盐。

$$Ar{-}N^+{\equiv}NCl^- \xrightarrow[N\text{-加成磺化（Ⅰ）}]{+Na_2SO_3/-NaCl} \underset{\text{重氮-}N\text{-磺酸钠}}{Ar{-}N{=}N{-}SO_3Na} \xrightarrow[N\text{-加成磺化（Ⅱ）}]{+NaHSO_3} \underset{\underset{\text{芳肼-}N,N'\text{-二磺酸二钠}}{SO_3Na}}{Ar{-}N{-}NHSO_3Na}$$

$$\xrightarrow[-NaHSO_4]{+H_2O} \underset{\text{芳肼-}N\text{-磺酸钠}}{Ar{-}NH{-}NHSO_3Na} \xrightarrow[-NaHSO_4]{+H_2O,\ +HCl} \underset{\text{芳肼盐酸盐}}{Ar{-}NHNH_2 \cdot HCl} \tag{8-22}$$

（水解-脱磺基（Ⅲ））　　　　　　　　　（水解-脱磺基（Ⅳ））

N-加成磺化反应（Ⅰ）和（Ⅱ）要在弱酸性或弱碱性水介质（pH 值 6~8）中进行。如果酸性太强，会失去氮原子，并发生硫原子与芳环相连生成亚磺酸等一系列副反应，使芳肼的收率下降。如果在强碱性水介质中还原，则重氮盐将发生被氢置换而失去两个氮原子的副反应。N-加成磺化的反应条件一般是 $NaHSO_3/ArNH_2$（摩尔比）为（2.08~2.80）:1；pH 值 6~8；温度 0~80℃；时间 2~24h。当芳环上有吸电基时，$NaHSO_3/ArNH_2$（摩尔比）较大，反应时间较长。必要时可在重氮盐完全消失后，加入少量锌粉使重氮-N-磺酸钠完全还原。

芳肼-N,N'-二磺酸的水解-脱磺基反应（Ⅲ）和（Ⅳ）是在 pH<2 的强酸性水介质中在 60~90℃，加热数小时而完成的。芳环上有吸电基时水解脱磺基较难。

重氮盐还原成芳肼的具体操作大致如下：在反应器中先加入水、亚硫酸氢钠和碳酸钠配成混合溶液，保持 pH 值 6.5~8，一定温度下向其中加入重氮盐的酸性水溶液、酸性水悬浮液或湿滤饼，并保持一定的 pH 值；然后逐渐升温至一定的温度，保持一定时间进行 N-加成磺化；然后加入浓盐酸或硫酸，再升温至一定温度，保持一定时间，进行水解-脱磺基反应，即得到芳肼。芳肼可以盐酸盐或硫酸盐的形式盐析出来，也可以芳肼磺酸内盐的形式析出。另外，也可以将芳肼盐酸盐、硫酸盐的水溶液直接用于下一步反应。

重要的芳肼可列举如下。

NHNH$_2$ ... (芳肼类化合物结构式)

由以上实例可以看出，用上述方法制备芳肼时，芳环上的硝基可以不受影响。

苯肼的生产已有连续操作的报道，收率接近理论量。最近采用微通道反应取得好的效果。如，3,4-二甲基苯肼盐酸盐是一种重要的医药中间体，其制备方法：以 3,4-二甲基苯胺为原料在微通道反应，经过重氮，还原，成盐，一步合成 3,4-二甲基苯肼盐酸盐。最佳工艺条件为重氮化反应温度 5℃，停留时间 54s；还原反应温度 85℃，停留时间 38s；成盐温度 25℃，停留时间 18s，此条件下收率为 85.7%，纯度 99.2%。连续流合成工艺可有效解决传统半间歇工艺中重氮化反应对温度的高敏感性，避免了反应温度控制困难、高潜在热失控风险带来的安全隐患。

8.3.3 重氮基被氢置换——脱氨基反应

将重氮盐用适当的温和还原剂进行还原时，可使重氮基被氢置换（脱氨基反应），并放出氮气。最常用的还原剂是乙醇和丙醇，其反应历程是游离基型，可简单表示如下：

$$Ar-N_2^+X^- \longrightarrow Ar\cdot + X\cdot + N_2\uparrow \tag{8-23}$$

$$Ar\cdot + CH_3CH_2OH \longrightarrow Ar-H + CH_3\dot{C}HOH \tag{8-24}$$

$$CH_3\dot{C}HOH + X\cdot \longrightarrow CH_3\underset{X}{CHOH} \longrightarrow CH_3CHO + HX \tag{8-25}$$

或

$$Ar-N_2^+ + CH_3\dot{C}HOH \longrightarrow Ar\cdot + CH_3\overset{+}{C}HOH + N_2\uparrow \tag{8-26}$$

$$CH_3\overset{+}{C}HOH \longrightarrow CH_3CHO + H^+ \tag{8-27}$$

总的反应式可以写成：

$$Ar-N_2^+X^- + CH_3CH_2OH \longrightarrow Ar-H + CH_3CHO + HX + N_2\uparrow \tag{8-28}$$

Cu^{2+} 和 Cu^+ 对脱氨基反应有催化活性。在乙醇中还原时，还会发生重氮基被乙氧基置换生成芳醚的离子型副反应。

$$Ar-N_2^+X^- + CH_3CH_2OH \longrightarrow Ar-OCH_2CH_3 + HX + N_2\uparrow \tag{8-29}$$

上述两个反应与芳环上的取代基和醇的种类有关，当芳环上有吸电基（例如硝基、卤基、羧基等）时，脱氨基反应收率良好。而未取代的重氮苯及其同系物，则主要生成芳醚。用甲醇代替乙醇有利于生成芳醚的反应，而用丙醇则主要生成脱氨基产物。

用次磷酸还原时，不论芳环上有吸电基或供电基，脱氨基反应都可得到良好的收率。其反应历程也是游离基型，可简单表示如下：

$$Ar\cdot + H_3PO_2 \longrightarrow Ar-H + H_2\dot{P}O_2 \tag{8-30}$$

$$Ar-N_2^+ + H_2\dot{P}O_2 \longrightarrow Ar\cdot + H_2PO_2^+ + N_2\uparrow \tag{8-31}$$

$$H_2PO_2^+ + H_2O \longrightarrow H_3PO_3 + H^+ \tag{8-32}$$

总反应式可表示如下：

$$Ar-N_2^+X^- + H_3PO_2 + H_2O \longrightarrow Ar-H + H_3PO_3 + HX + N_2\uparrow \tag{8-33}$$

用次磷酸进行还原是在室温或较低温度下将反应液长时间放置而完成的，加入少量的 $KMnO_4$、$CuSO_4$、$FeSO_4$ 或 Cu 可大大加速反应。按反应式（8-33），1mol 重氮盐只需用 1mol 次磷酸，但实际上要用 5mol，甚至 $10\sim15$mol 次磷酸才能得到良好的收率。

重氮基置换为氢，如果在酸性介质中进行，也可以用氧化亚铜或甲酸作还原剂，如果在碱性介质中进行，可以用甲醛、亚锡酸钠作还原剂，但不宜用于制备含硝基的化合物。在个别情况下也可以用氢氧化亚铁、亚硫酸钠、亚砷酸钠、甲酸钠或葡萄糖作还原剂。

重氮化时所用的酸最好是硫酸，而不宜使用盐酸。

脱氨基反应的用途：先利用氨基的定位作用将某些取代基引入到芳环上指定的位置，然后再脱去氨基，以制备某些不能用简单的取代反应制备的化合物。例如，在 $0\sim5$℃向 2,6-二氯-4-硝基苯胺-异丙醇-水的溶液中加入浓硫酸，然后滴加亚硝酸钠水溶液进行重氮化，搅拌 0.5h 后，加入硫酸铜，升温回流 2h，得 3,5-二氯硝基苯，收率 85%～88%，含量 90%～95%。另外，也可将 2,6-二氯-4-硝基苯胺在浓硫酸中 50℃下重氮化，然后将重氮盐放入乙醇中，在一价铜催化剂存在下，于 70℃加热 2h，得 3,5-二氯硝基苯，收率 92%～93%。

8.3.4 重氮基被羟基置换——重氮盐的水解

重氮盐的水解属于 S_N1 历程，当将重氮盐在酸性水溶液中加热煮沸时，重氮盐首先分解成芳正离子，后者受到水的亲核进攻，而在芳环上引入羟基。

$$Ar-N_2^+X^- \xrightarrow{\text{慢}} Ar^+ + X^- + N_2\uparrow \tag{8-34}$$

$$Ar^+ + :\overset{H}{\underset{H}{O}} \xrightarrow{\text{快}} \left[Ar-\overset{+}{\underset{H}{O}}{}^{H} \right] \longrightarrow Ar-OH + H^+ \tag{8-35}$$

由于芳正离子非常活泼，可以与反应液中的亲核试剂相反应。为了避免芳正离子与氯负离子相反应生成氯化副产物，芳伯胺的重氮化要在稀硫酸介质中进行。为了避免芳正离子与生成的酚负离子相反应生成二芳基醚等副产物，最好是将生成的可挥发性酚立即用水蒸气蒸出，或者向反应液中加入氯苯等惰性有机溶剂，使生成的酚立即转入到有机相中。

为了避免重氮盐与水解生成的酚发生偶合反应生成羟基偶氮染料，水解反应要在适当浓度的硫酸中进行。通常是将冷的重氮盐水溶液滴加到沸腾的稀硫酸中。

水解的难易与重氮盐的结构有关。水解温度一般在 $102\sim145$℃，可根据水解的难易确定水解温度，并根据水解温度来确定所用硫酸的浓度，或加入硫酸钠来提高沸腾温度。加入硫酸铜对于重氮盐的水解有良好的催化作用，可降低水解温度，提高收率。

当用其他方法不易在芳环上的指定位置形成羟基时，可采用重氮盐的水解法。

用重氮盐水解法制得的重要苯系酚类有：

萘系的酚类中，只有 1-萘酚-8-磺酸的制备采用重氮盐的水解法。

$$\text{(8-36)}$$

因为 1,8-萘磺酸重氮内盐和 1,8-萘磺酸内酯都比较稳定，所以将 1-氨基萘-8-磺酸在质量分数 10% 的硫酸中打浆，然后在 $50\sim55℃$ 慢慢加入质量分数 30% 的亚硝酸钠水溶液，即可同时完成重氮化和重氮盐的水解反应。

8.3.5 重氮基被卤原子置换

当不能用直接卤化法将卤基引入到芳环上的指定位置时，或者直接卤化时卤化产物很难分离精制时，可采用重氮基被卤基置换的方法。重氮基置换成不同的卤原子时，所采用的方法各不相同。

8.3.5.1 重氮基被氯或溴置换

在氯化亚铜或溴化亚铜的存在下，重氮基被氯或溴置换的反应称作 Sandmeyer 反应。这个反应要求芳伯胺重氮化时所用的卤氢酸和卤化亚铜分子中的卤原子要与引入到芳环上的卤原子相同。例如：

$$\text{Ar}-\text{NH}_2 \xrightarrow{\text{NaNO}_2/\text{HCl}} \text{Ar}-\overset{+}{\text{N}}\equiv\text{NCl}^- \xrightarrow{\text{CuCl/HCl}} \text{Ar}-\text{Cl}+\text{N}_2\uparrow \qquad \text{(8-37)}$$

Sandmeyer 反应的历程比较复杂，一般认为首先是重氮盐正离子与亚铜盐负离子生成了配合物

$$\text{CuCl}+\text{Cl}^- \underset{}{\overset{\text{快}}{\rightleftharpoons}} [\text{CuCl}_2]^- \qquad \text{(8-38)}$$

$$\text{Ar}-\overset{+}{\text{N}}\equiv\text{N}+[\text{CuCl}_2]^- \underset{}{\overset{\text{慢}}{\rightleftharpoons}} \text{Ar}-\overset{+}{\text{N}}\equiv\text{N}\cdot\text{CuCl}_2^- \qquad \text{(8-39)}$$

然后配合物经电子转移生成芳自由基 Ar·

$$\text{Ar}-\overset{+}{\text{N}}\equiv\text{N}\cdot\text{CuCl}_2^- \xrightarrow{\text{慢}} \text{Ar}-\text{N}\equiv\text{N}\cdot+\text{CuCl}_2 \qquad \text{(8-40)}$$

$$\text{Ar}-\text{N}\equiv\text{N}\cdot \longrightarrow \text{Ar}\cdot+\text{N}_2\uparrow \qquad \text{(8-41)}$$

最后芳自由基 Ar· 与 CuCl_2 反应生成氯代产物并重新生成催化剂 CuCl。

$$\text{Ar}\cdot+\text{CuCl}_2 \longrightarrow \text{Ar}-\text{Cl}+\text{CuCl} \qquad \text{(8-42)}$$

氯化亚铜不溶于水，但易溶于盐酸中，亚铜离子的最高配位数是 4，氯化亚铜在盐酸中主要以 $[\text{CuCl}_2]^-$ 一价复合负离子存在，它具有很高的反应活性。如果溶液中 Cl^- 浓度高，酸性低，则生成 $[\text{CuCl}_4]^{3-}$ 三价配位负离子，它的配位数已经饱和，而不能再与重氮盐正离子形成配合物。氯化亚铜的用量一般是重氮盐当量的 $1/5\sim1/10$。

形成配合物的反应速率与重氮盐的结构有关。芳环上有吸电基时，有利于重氮盐端基正氮离子与 $[\text{CuCl}_2]^-$ 的结合，而加快反应速率。芳环上已有取代基对反应速率的影响按以下顺序递减：

$$p\text{-NO}_2 > p\text{-Cl} > \text{H} > p\text{-CH}_3 > p\text{-OCH}_3$$

配合物 $\text{Ar}-\overset{+}{\text{N}}\equiv\text{N}\cdot\text{CuCl}_2^-$ 除了按上述历程生成氯化产物以外，还可以经由以下反应生成偶氮化合物或重氮基被氢置换等副产物。

$$\text{Ar}-\overset{+}{\text{N}}\equiv\text{N}\cdot\text{CuCl}_2^-+\text{CuCl}_2^- \xrightarrow{\text{还原}} \text{Ar}^-+\text{N}_2\uparrow+2\text{Cu}^{2+}+4\text{Cl}^- \qquad \text{(8-43)}$$

$$\text{Ar}-\overset{+}{\text{N}}\equiv\overset{+}{\text{N}}+\text{Ar}^- \longrightarrow \text{Ar}-\text{N}\equiv\text{N}-\text{Ar} \qquad \text{(8-44)}$$

$$Ar^- + H^+ \longrightarrow Ar-H \tag{8-45}$$

Sandmeyer 反应一般有两种操作方法。一种是将冷的重氮盐水溶液慢慢滴入卤化亚铜-卤氢酸水溶液中,滴加速度以立即分解放出氮气为宜,这种方法使 $[CuCl_2]^-$ 对重氮盐处于过量状态,适用于反应速率较快的重氮盐。另一种方法是将重氮盐水溶液一次加入冷的卤化亚铜-卤氢酸水溶液中,低温反应一定时间后,再慢慢加热使反应完全。这种方法使重氮盐对 $[CuX_2]^-$ 处于过量状态,适用于配位速度和电子转移速度较慢的重氮盐。

除了采用氯化亚铜或溴化亚铜以外,也可以将铜粉加入冷的重氮盐的卤氢酸水溶液中进行重氮基被氯(或溴)置换的反应,这个反应称作 Gattermann 反应。

重氮基被氯基或溴基置换的反应可用于制备许多有机中间体,例如:

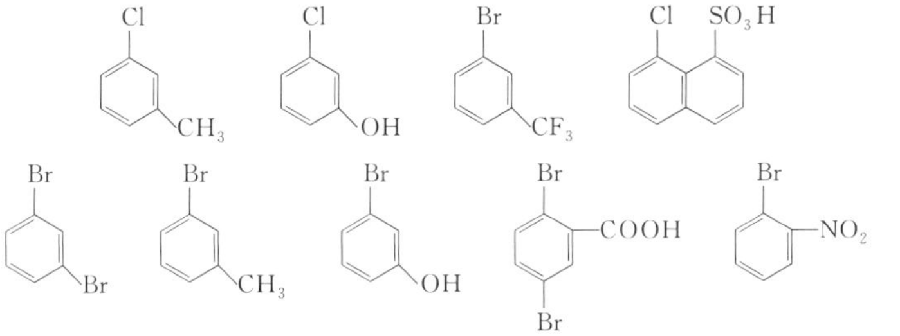

Sandmeyer 反应最新技术是采用微反应器的连续流反应。在芳环上引入卤素或氰基、氟基等的反应在形成重氮盐后都面临着中间体不稳定,由于反混容易形成大量偶合副产物。在微反应器中进行连续流反应,与常规釜式反应器相比,产率提高了约 20%。

8.3.5.2 重氮基被碘置换

当目的在于使重氮基被碘置换时,也可以采用 Sandmeyer 反应。但碘氢酸容易被氧化成碘,所以重氮化时不能在碘氢酸中进行,而要在乙酸中进行,然后再加入碘化亚铜-碘氢酸水溶液,进行碘置换反应。更简便的方法是将芳伯胺在稀硫酸或稀盐酸中重氮化,然后向重氮液中加入碘化钾或碘化钠,或者将重氮液倒入碘化钠水溶液中,即可完成碘置换反应。这可能是一部分碘化钾被氧化成元素碘,后者与 I^- 形成了 I_3^-,I_3^- 亲核能力强,所以不需要亚铜盐催化。其反应历程可能是兼有离子型和自由基型的亲核置换反应。

$$I^- + I_2 \longrightarrow I_3^- \tag{8-46}$$

$$Ar-\overset{+}{N}{\equiv}N + I_3^- \longrightarrow Ar-\overset{+}{N}_2 \cdot I_3^- \longrightarrow Ar-I + I_2 + N_2\uparrow \tag{8-47}$$

式(8-46)和式(8-47)中,元素碘起着催化剂的作用。但是对于速度很慢的碘置换反应,仍需加入铜粉催化。

重氮基被碘置换的反应可用于制备以下产品。

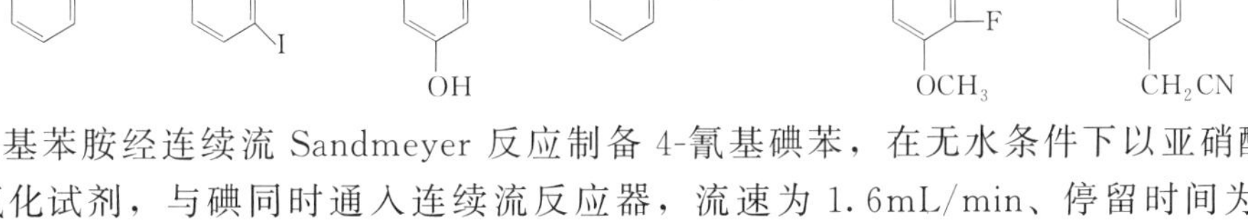

4-氰基苯胺经连续流 Sandmeyer 反应制备 4-氰基碘苯,在无水条件下以亚硝酸异戊酯作为重氮化试剂,与碘同时通入连续流反应器,流速为 1.6mL/min、停留时间为 25min、反应温度为 60℃下,4-碘苯甲腈的分离收率达 91%。

8.3.5.3 重氮基被氟置换

重氮基被氟置换的反应主要有三种方法。

(1) Schiemann（希曼反应）

将芳伯胺在稀盐酸中重氮化，然后加入氟硼酸（或氟氢酸和硼酸）水溶液，滤出水溶性很小的重氮氟硼酸盐，水洗、乙醇洗、低温干燥，然后将干燥的重氮氟硼酸盐加热至适当温度，使发生分解反应，逸出氮气和三氟化硼气体，即得到相应的氟置换产物。

$$Ar—\overset{+}{N_2} \cdot Cl^- + HBF_4^- \longrightarrow Ar—\overset{+}{N_2} \cdot BF_4^- \downarrow + HCl \tag{8-48}$$

$$Ar—\overset{+}{N_2} \cdot BF_4^- \xrightarrow{\text{加热分解}} Ar—F + BF_3 \uparrow + N_2 \uparrow \tag{8-49}$$

重氮氟硼酸盐的热分解必须在无水、无醇条件下进行，有水则重氮盐水解成酚类和树脂状物，有乙醇则使重氮基被氢置换。

应该指出：重氮氟硼酸盐的热分解是快速的强烈放热反应，一旦超过分解温度，即产生大量的热，使物料温度升高，分解加速，这种恶性循环可在短时间内产生大量气体，甚至发生爆炸事故。为了便于控制分解温度和气体的逸出速度，曾提出过许多种方法。例如，局部加热引发法、加入惰性有机溶剂法、加入砂子法，以及将重氮氟硼酸盐慢慢加入热的反应器中边分解、边蒸出等。

重氮氟硼酸盐从水中析出的收率与苯环上的取代基有关。一般地，在重氮基的邻位有取代基时，重氮氟硼酸盐溶解度较大，收率低。对位有取代基时，溶解度小，收率高。间位取代基对重氮氟硼酸盐的溶解度影响较小。苯环上有羟基和羧基等时，使重氮氟硼酸盐溶解度增加，收率下降，必要时可以用芳伯胺的相应的醚（或羧酸酯）为原料，在重氮化和分解氟化后，再将醚基（或酯羧基）水解成羟基（或羧基）。

为了降低重氮盐的溶解度，可以用六氟磷酸或氟硅酸代替氟硼酸，但六氟磷酸和氟硅酸价格贵，热分解条件苛刻。无水重氮氟硼酸盐的热分解收率与苯环上的取代基有关。苯环上无取代基或有供电基时，一般收率较好，苯环上有吸电基时收率较低。另外，热分解的收率还与重氮盐中负离子的种类有关。例如，从邻溴苯胺制邻溴氟苯时，如果用重氮氟硼酸盐，热分解收率只有37%；改用重氮六氟磷酸盐，在165℃热分解，则收率可达73%～75%。

无水氟硼酸盐热分解法虽然操作麻烦，但适用范围广。

以邻氟苯胺作为原料合成邻二氟苯的连续流反应，分两步进行，重氮化反应在恒温油浴中进行，反应器内径为8mm管，四氟硼酸、盐酸和邻氟苯胺的摩尔流量比为1.2∶1.8∶1，重氮化反应温度为20℃，氟化脱氮温度为200℃，两步停留时间分别为10s和2min，最终主产物的收率从釜式的78.6%提升到90%，纯度为99.6%。

间二氟苯的连续流合成工艺，与传统釜式工艺相比，反应时间从1h缩短到40s，反应温度从-14～-5℃提升到0℃，盐酸的用量从12mol减少到3.6mol，分离收率从65%提升到85%。

(2) 无水氟化氢法

20世纪40年代德国用无水氟化氢法生产氟苯。将无水氟化氢（沸点19.5℃）用冷冻盐水冷却，在搅拌下，向其中加入干燥的苯胺盐酸盐，温度不超过10℃，然后加入干燥的亚硝酸钠进行重氮化，再在40℃以下进行分解氟化（因含水、氟化钠和重氮盐使氟化氢溶液沸点升高）。

$$Ar—NH_2 \cdot HCl + HF \longrightarrow Ar—NH_2 \cdot HF + HCl \tag{8-50}$$

$$Ar—NH_2 \cdot HF + HF + NaNO_2 \longrightarrow Ar—\overset{+}{N_2} \cdot F^- + NaF + 2H_2O \tag{8-51}$$

$$Ar—\overset{+}{N_2} \cdot F^- \xrightarrow{\text{分解}} Ar—F + N_2 \uparrow \tag{8-52}$$

逸出的氮气中含有氟化氢，经冷冻盐水冷却使部分氟化氢冷凝回收，冷的氮气再经水洗脱净 HF 后排放。液态反应物静置分层后，上层粗氟苯精制后收率约 80%，下层含水和氟化钠的液态氟化氢用硫酸处理，蒸馏、得到纯度 95% 以上的无水液态氟化氢（含 HCl），可循环使用。例如，2-氯-6-氨基甲苯在铵离子存在下，0℃于氟化氢中直接重氮化，原料与无水氟化氢配比（1∶10）~（1∶20），将重氮盐于 40~80℃分解，得到 2-氯-6-氟甲苯，收率 83%。

（3）水介质铜粉催化分解氟化法

将固体 2-羧基-5-氯苯重氮氟硼酸盐湿滤饼放于适量水中，加入少量氯化亚铜，在 80~90℃搅拌 2h，可制得 2-羧基-5-氯氟苯，按所用 2-羧基-5-氯苯胺计，收率可达 71%。将芳伯胺在氟硼酸水溶液中加入亚硝酸钠水溶液进行重氮化，然后向重氮盐悬浮液中加入铜粉进行分解氟化，可简化工艺。但是只有当重氮基的邻、对位有吸电基（—COOH、—Cl、—NO$_2$、—CHO、—C—CH$_3$（上方标 O））时，才能得到较好的收率。苯环上无其他取代基时收率很低。重氮基的对位有供电基（—CH$_3$、—OH）时，收率几乎为零。

用芳伯胺的重氮化、分解氟化法制得的重要产品可列举如下。

8.3.6 重氮基被氰基置换

将重氮盐与氰化亚铜的配合物在水介质中作用，可以使重氮基被氰基置换，这个反应也称作 Sandmeyer 反应。氰化亚铜的配位盐水溶液是由氯化亚铜或氰化亚铜溶于氰化钠水溶液而配得。

$$CuCl + 2NaCN \longrightarrow Na[Cu(CN)_2] + NaCl \qquad (8-53)$$

$$CuCN + NaCN \longrightarrow Na[Cu(CN)_2] \qquad (8-54)$$

上述氰化反应的历程还不太清楚，一般简单表示如下：

$$Ar-\overset{+}{N}\equiv N-Cl^- + Na[Cu(CN)_2] \longrightarrow Ar-CN + CuCN + NaCl + N_2\uparrow \qquad (8-55)$$

由式（8-55）可以看出：亚铜离子并不消耗，只起催化作用。NaCN/CuCl/ArNH$_2$ 的摩尔比约为（1.8~2.6）∶（0.25~0.44）∶1；NaCN/CuCl 的摩尔比约为（4~7）∶1，最低为（2.5~3）∶1。

重氮基被氰基置换的反应必须在弱碱性介质中进行，因为在强酸性介质中不仅副反应多，而且还会逸出剧毒的氰化氢气体。在弱碱性介质中不存在 CuCl$_2^-$，不易发生重氮基被氯置换的副反应，因此芳伯胺的重氮化可以在稀盐酸或稀硫酸中进行。

为了使氰化介质保持弱碱性，可在氰化亚铜配位盐水溶液中预先加入适量的碳酸氢钠、碳酸钠、碳酸氢铵或氢氧化铵，然后在一定温度下向其中加入强酸性的重氮盐水溶液。反应温度一般是 5~45℃，加料完毕后，必要时可适当提高反应温度。

为了使氰化反应中生成的 N$_2$（和 CO$_2$）顺利逸出，需要较强的搅拌和适当的消泡措施。

除了氰化亚铜配位盐以外，也可以用四氰氨铜配位盐 Na$_2$Cu(CN)$_4$NH$_3$ 或氰化镍配位盐 NaCNNiSO$_4$。

含有铜氰配位盐的废液最好能循环使用。不能使用时应进行无毒化处理。早期用硫黄或多硫化钠溶液处理，使 CN$^-$ 转变为无毒的 SCN$^-$，铜离子则转变成硫化铜沉淀，并加以回收。

更好的方法是在强碱性条件下用次氯酸钠水溶液或氯气处理,将 CN⁻ 氧化成 CNO⁻,并使铜离子转变成氢氧化铜沉淀。

重氮基被氰基置换的重要实例如下。

重氮基置换成氰基的方法合成路线长,有含氰废水需要处理,不是最好的方法。重氮盐法制备芳腈外,还有氨氧化法、卤代烃的氰化法、醛肟脱水法和酰胺脱水法。工业上主要以氨氧化法合成腈类化合物,其原料易得,工序简单,氨氧化法对催化剂的要求较高。卤代烃的氰化法使用剧毒重金属氰化物作为氰基化试剂,三废污染严重,后处理成本较高,工业上应用较少。醛肟脱水法中醛与含氮试剂在催化剂的作用下反应生成腈类化合物,反应中醛容易生成肟,需对肟进一步脱水生成腈,选择性较差,产物收率较低。酰胺脱水法以酰胺类化合物为起始原料,在催化剂的作用下脱水生成腈,反应步骤简单,与其他方法相比,其原子经济性较高,副产物为水,环保无污染,符合绿色化学发展原则。

8.3.7 重氮基的其他转化反应

重氮基与一些低价含硫化合物作用可以使重氮基被含硫基置换。例如,将冷的重氮盐酸盐水溶液倒入冷的 Na₂S₂-NaOH 水溶液中,将生成二硫化物 Ar—S—S—Ar 进行还原,可得到相应的硫酚。用此方法可以制备 2-甲基-4-氯苯硫酚等苯硫酚衍生物。

重氮化-氯磺酰化反应得到含磺酰氯基化合物,如 2-氰基-3-甲基苯胺为原料,在连续流反应器中进行重氮化-氯磺酰化反应,得到 2-氰基-3-甲基苯磺酰氯,收率为 95%,纯度为 95%。2-(氯磺酰基)苯甲酸甲酯的制备采用半连续重氮化-氯磺酰化工艺,连续流将重氮化步骤的反应时间从 30min 缩短至 20s,收率为 95%,纯度为 98%。在适当条件下,重氮基可以被许多含碳基置换,如重氮基被醛基置换,制备醛基化合物。例如,由 2,3-二氯苯胺的重氮盐制备 2,3-二氯苯甲醛。重氮盐在弱碱性溶液中用铜粉或一价铜还原时,将发生脱氮-偶联反应,生成对称的联芳基衍生物。

上述重氮基的转化实际应用较少,有更合理的制备路线。

8.4 重氮化及偶合反应发展趋势

连续流重氮化反应技术逐渐兴起。将连续流反应技术应用于重氮化反应,可以提高反应效率,降低由于重氮盐累积造成安全事故的可能性。利用连续流反应返混小的特点,能够有效提高反应的选择性。可通过增加反应器数量或者扩大反应器尺寸,实现生产规模的放大。

采用微反应器进行连续流重氮化反应合成重氮盐中间体及利用连续化偶合反应制备偶氮染料、颜料,都具有产率高、能耗低、反应条件精确控制以及原子经济性高等许多优点。微反应器技术使重氮化及偶合反应过程变得更经济、更快速、更安全、更环保，所以具有很高的工业应用价值。将微反应器技术与人工智能结合以提高实时监测及自动控制能力等是重氮化及偶合反应的发展趋势。

习　题

8-1　简述制备以下化合物的合成路线、重氮化和重氮基转化的工艺过程，并进行讨论或说明。

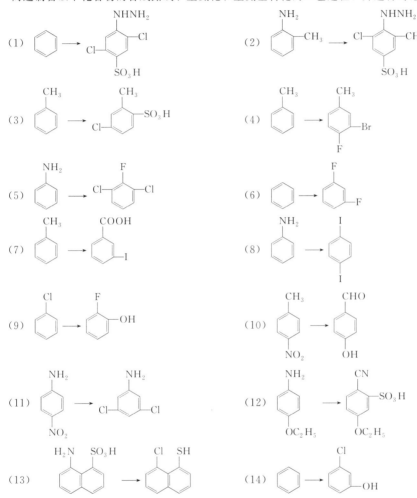

8-2　在重氮基的各种转化反应中，哪些反应用亚铜盐催化？可制得哪些类型的产物？各用什么重氮化试剂？各用什么反应剂？并写出主要反应条件。可列表作简要说明。

8-3　哪些重氮基转化反应，其相应的重氮化反应不宜在盐酸中进行？

8-4　重氮化和重氮基的转化反应可采用微反应器连续反应的优势是什么？

参 考 文 献

[1]　唐培堃，冯亚青，王世荣. 精细有机合成工艺学. 简明版. 北京：化学工业出版社，2011.

[2]　化工百科全书编委会. 化工百科全书：第2卷，396. 北京：化学工业出版社，1991.

[3]　徐克勋. 精细有机化工原料及中间体手册. 北京：化学工业出版社，1998：3-353，3-354，3-621，3-622.

[4]　陈芬儿. 有机药物合成法：第一卷. 北京：中国医药科技出版社，1999：191（3），086（4），265（5），123（2）.

［5］ ［苏］伏洛茹卓夫 H H. 中间体及染料合成原理. 熊啟渭，高榕，等，译. 北京：高等教育出版社，1958：417.

［6］ 陈芬儿. 有机药物合成法：第一卷. 北京：中国医药科技出版社，1999：012 (5).

［7］ 王犇，王超，尹进华. 微反应器内邻氨基苯甲酸甲酯的连续重氮化工艺. 化工进展，2021，40 (10)：5678-5691.

［8］ 王海平，宋博，潘璐. 浅谈糖精生产中的重氮化反应器. 化工管理，2017 (14)：74-75.

［9］ 杨林涛，刘东，王永华. 微通道反应器在重氮化偶合反应中的应用研究. 染料与染色，2017 (2)：57-62.

［10］ 乐型茂，朱相武，周嘉第，等. 连续流重氮化反应技术研究进展. 浙江化工，2022，53 (3)：13-28.

［11］ 张万圣，张跃，严生虎，等. 2,4-二硝基-6-溴苯胺连续重氮化的工艺研究. 化学工程，2021，49 (7)：56-60.

［12］ 王犇，尹进华，王超. 微反应器内邻氨基苯甲酸甲酯的连续重氮化工艺. 化工进展，2021，40 (10)：2020-2203.

［13］ 王旭东，周雪琴，童立音. 颜料红 146 的连续化合成工艺. 化学工程与工艺，2022，39 (7)：1-7.

［14］ 卢兵，陈争一，潘亮，等. 3,4-二甲基苯肼盐酸盐的连续流合成工艺研究. 冶金与材料，2022，42 (2)：63-64.

［15］ 赵霞，佟一凡，郑先才，等. 由取代的苯基重氮盐转化为三氟甲硫基苯的方法：CN110483350B. 2021-01-05.

［16］ 黄鹏，陈权弟，朱小吒，等. 一种制备 5-氨基苯并咪唑酮的合成方法：CN113121447A. 2021-07-16.

［17］ 乐型茂，朱相武，周嘉第，等. 连续流重氮化反应技术研究进展. 浙江化工，2022，53 (3)：17-27.

［18］ 余志群，谢霄轩，苏为科. 管式重氮化制备 2,5-二氯苯酚的方法及专用装置：CN106187711A. 2016-12-07.

［19］ 王根林，丁克鸿，王刚，等. 一种重氮化制备 3,5-二氟-4-氨基苯方法：CN106117067A. 2016-11-16.

［20］ 张少平，漆定超，高永亮，等. 芳香重氮盐放氮反应在化工合成中的意义研究. 当代化工研究，2021，21：51-52.

［21］ 中天桂，王仁远，王成云，等. 苯胺重氮盐与间苯二酚的偶合反应，染料与染色，2010，3：28-30.

［22］ 张合杰，张东江. 色酚 AS 偶氮颜料（一）. 上海染料，2014，1：19-23.

［23］ 叶锦岑，孙庆传，侯振明. 2,5-二甲基对苯二胺的合成方法：CN111116383A. 2020-05-08.

［24］ 芦鹏程，李姚姚，金楠. 连续流反应技术在偶氮染料及其中间体合成中的研究进展. 浙江化工，2023，12：24-31，54.

第9章

氨 基 化

·本章学习要求·

掌握的内容：醇羟基的氨解，芳环上卤素的氨解、反应历程、催化剂和影响因素，芳环上羟基的氨解。

熟悉的内容：氨基化剂，羰基化合物的胺化氢化，环氧烷类的加成胺化，脂肪族卤素衍生物的氨解。

了解的内容：芳环上磺基的氨解，芳环上硝基的氨解，芳环上氢的直接胺化。

9.1 概述

氨基化包括氨解和胺化，氨解指的是氨与有机化合物发生复分解而生成伯胺的反应，氨解反应的通式可简单表示如下：

$$R-Y+NH_3 \longrightarrow R-NH_2+HY \qquad (9-1)$$

式中，R可以是脂基或芳基；Y可以是羟基、卤基、磺基或硝基等。

胺化是指氨与双键加成生成胺的反应。广义上，氨基化还包括所生成的伯胺进一步反应生成仲胺和叔胺的反应。

脂肪族伯胺的制备主要采用氨解和胺化法。其中最重要的是醇羟基的氨解，其次是羰基化合物的胺化氢化法，有时也用到脂链上的卤基氨解法。另外，脂肪胺也可以用脂羧酰胺或脂腈的加氢法来制备。

芳伯胺的制备主要采用硝化-还原法。但是，如果用硝化-还原法不能将氨基引入到芳环上的指定位置或收率较低时，则需要采用芳环上取代基的氨解法。其中最重要的是卤基的氨解，其次是酚羟基的氨解，有时也用到磺基或硝基的氨解。

9.2 氨基化剂

氨基化所用的反应剂主要是液氨和氨水。有时也用到气态氨或含氨基的化合物，例如尿素、碳酸氢铵和羟胺等。气态氨只用于气-固相接触催化氨基化。含氨基的化合物只用于个别氨基化反应。下面介绍液氨和氨水的物理性质和使用情况。

9.2.1 液氨

氨在不同温度下的压力如表 9-1 所示。

表 9-1　氨在不同温度下的压力

温度/℃	−33.35	−10	0	25	50	100	132.9（临界）
压力/MPa	0.1013	0.291	0.430	1.003	2.032	6.261	11.375

氨在常温、常压下是气体。将氨在加压下冷却，使氨液化，即可灌入钢瓶，以便贮存、运输。液氨的临界温度是 132.9℃，这是氨能保持液态的最高温度。但是，液氨在压力下可溶解于许多液态有机化合物中。因此，如果有机化合物在反应温度下是液态的，或者氨解反应要求在无水有机溶剂中进行，则需要使用液氨作氨基化剂。这时即使氨基化温度超过132.9℃，氨仍能保持液态。另外，有机反应物在过量的液氨中也有一定的溶解度。

液氨主要用于需要避免水解副反应的氨基化过程。例如，2-氰基-4-硝基氯苯的氨解制2-氰基-4-硝基苯胺时，为了避免氰基的水解，要用液氨在甲苯或苯溶剂中进行氨解。

$$(9-2)$$

2-氰基-4-硝基苯胺是制分散染料等的中间体，原料 2-氰基-4-硝基氯苯是由邻氯甲苯经氨氧化得邻氯苯腈，再经混酸硝化而制得的。苯酐在 25℃、1MPa 液氨下反应可制备邻羧基苯甲酰胺，为减少液氨用量，工业上采用类似于双锥干燥器的定制反应器，其翻滚的运动形式，提升了混合效果，大大减少液氨用量，在降低成本的同时缩短了挥发氨时间，提高了生产效率。反应后过量的液氨可以通过降膜吸收回收为氨水或者硫酸铵。

用液氨进行氨基化的缺点是：操作压力高，过量的液氨较难再以液态氨的形式回收。

9.2.2 氨水

在不同压力和不同温度下，氨在水中的溶解度如表 9-2 所示。

表 9-2　氨在水中的溶解度/（$kgNH_3$/kg 溶液）

压力/MPa	温度/℃							
	0	10	20	30	40	60	80	100
0.1013	0.438	0.378	0.325	0.275	0.228	0.140	0.062	
0.2026	0.566	0.483	0.418	0.363	0.314	0.225	0.141	0.067
0.3030	0.702	0.568	0.487	0.424	0.371	0.280	0.195	0.115
0.4045	0.830	0.656	0.547	0.473	0.414	0.318	0.234	0.154
0.6060		0.791	0.681	0.564	0.490	0.379	0.292	0.214
0.8090		0.935	0.670	0.560	0.429	0.336	0.257	
1.013			0.824	0.630	0.473	0.372	0.290	

由表 9-2 可以看出，在一定的压力下，随着温度的升高，氨在水中的溶解度逐渐下降，为了减少和避免氨水在贮存运输中的挥发损失，工业氨水的质量分数一般为 25%。升高压力，氨在水中的溶解度增加。因此，用氨水的氨基化反应可在高温、高压下进行。这时甚至

可以向 25％氨水中通入一部分液氨或氨气以提高氨水的浓度。

对于液相氨基化过程，氨水是最广泛使用的氨基化剂。它的优点是操作方便，过量的氨可用水吸收，回收的氨水可循环使用，适用面广。另外，氨水还能溶解芳磺酸盐以及氯蒽醌氨解时所用的催化剂（铜盐或亚铜盐）和还原抑制剂（氯酸钠、间硝基苯磺酸钠）。氨水的缺点是对某些芳香族被氨解物溶解度小，水的存在特别是升高温度时会引起水解副反应。因此，生产上往往采用较浓的氨水作氨解剂，可以减少反应的废水量，并适当降低反应温度。

用氨水进行的氨基化过程，应该解释为是由 NH_3 引起的，因为水是很弱的"酸"，它和 NH_3 的氢键缔合作用不很稳定。

$$H:\overset{H}{\underset{H}{N}} + H_2O \rightleftharpoons H:\overset{H}{\underset{H}{N}}: + H:O:H \rightleftharpoons NH_4^+ + OH^- \tag{9-3}$$

由于 OH^- 的存在，在某些氨解反应中会同时发生水解副反应。

9.3 醇羟基的氨解

醇和氨在加压的条件下，在催化剂（如 Al_2O_3 等）存在下加热反应，可以使醇羟基被氨基置换，其反应历程可参见文献。

此法是制备 $C_1 \sim C_8$ 低碳脂肪胺的重要方法，因为低碳脂肪醇价廉易得。

氨与醇作用时，首先生成伯胺，伯胺可以与醇进一步作用生成仲胺，仲胺还可以与醇作用生成叔胺。所以氨与醇的氨解反应总是生成伯、仲、叔三种胺类的混合物。

$$NH_3 \underset{-H_2O}{\overset{+ROH}{\rightleftharpoons}} RNH_2 \underset{-H_2O}{\overset{+ROH}{\rightleftharpoons}} R_2NH \underset{-H_2O}{\overset{+ROH}{\rightleftharpoons}} R_3N \tag{9-4}$$

$$2R_3N \underset{-NH_3}{\overset{+NH_3}{\rightleftharpoons}} 3R_2NH \underset{-3NH_3}{\overset{+3NH_3}{\rightleftharpoons}} 6RNH_2 \tag{9-5}$$

上述氨解反应是可逆的，而伯、仲、叔三种胺类的市场需要量又不一样，因此可根据市场需要，调整氨和醇的摩尔比和其他反应条件，并将需要量小的胺类循环回反应器，以控制伯、仲、叔三种胺类的产量。

醇羟基不够活泼，所以醇的氨解要求较强的反应条件。反应温度较高，并且伴有结炭、焦油、腈的生成等副反应发生。醇的氨解有三种工业方法，即气-固相接触催化脱水氨解法、气-固相临氢接触催化胺化氢化法和高压液相氨解法。

9.3.1 气-固相接触催化脱水氨解

此法主要用于甲醇的氨解制二甲胺。在三种甲胺中需要量最大的是二甲胺，其次是一甲胺，三甲胺用量很少。工业上一般用具有脱水功能的酸性催化剂，在 $350 \sim 500℃$ 和 $0.5 \sim 5MPa$ 反应，这类催化剂的主要成分是 $SiO_2\text{-}Al_2O_3$，并加有少量各种助催化剂。这类催化剂属于平衡型催化剂，化学平衡与压力无关，但是在压力下操作，可增加反应器中物料的通过量。为了调整三种甲胺的产量，要将多余的一甲胺和三甲胺返回到氨解反应器中，典型的进料组成和出料组成见表 9-3。

表 9-3　甲醇氨解时的进料和出料组成(摩尔分数)/%

组分	氨	甲醇	一甲胺	二甲胺	三甲胺
进料	40.1	29.6	6.8	0	23.5
出料	0	0	20.6	23.8	55.6

由于三种甲胺的沸点相差很小（一甲胺-6.32℃，二甲胺6.88℃，三甲胺3℃），反应产物要用加压精馏、共沸精馏和萃取精馏五塔分离。

为了减少三甲胺的生成量，20世纪70年代又开发了分子择型催化剂，它们是丝光沸石型分子筛，其晶体结构内的孔穴直径约50nm，结晶颗粒间的孔隙直径约100～2000nm，一甲胺、二甲胺和三甲胺的分子尺寸分别为41nm、49nm和69nm，甲醇和氨在50nm的孔穴内可以生成一甲胺和二甲胺，但是二甲胺则难于和甲醇反应生成三甲胺。日本和美国在工业上已采用新型催化剂，由于这种催化剂不能使多余的三甲胺转化为二甲胺，因此要用双反应器系统，第一反应器装有平衡催化剂，使多余的三甲胺转化为一甲胺和二甲胺，然后补充甲醇和氨进入第二反应器，在择型催化剂存在下进行氨解，三个组分的比例为7∶86∶7。

我国多家研究单位致力于高效二甲胺择型催化剂的研究，各种改性丝光沸石的催化性能如表9-4所示。上海石油化工研究院开发了以氧化铝和丝光沸石为主体经过改性的A-6型平衡催化剂，具有活性高、二甲胺产量高、副反应少、催化剂用量少、使用寿命长等特点，仍使用原来的绝热固定床反应器（并装有气体均布构件）和五塔分离装置。

表 9-4　些分子筛催化剂的催化性能

催化剂	转化率/%	产率/%				
		一甲胺	二甲胺	三甲胺	甲醚	其他
SiO₂-Al₂O₃	90.4	8.6	13.2	63.9	4.3	
H-ZSM-5	86.5	7.6	21.2	56.7	1.0	0.1
Na型丝光沸石	85.5	9.1	30.4	44.5	0.9	0.6
H型丝光沸石	86.0	15.9	38.2	31.0	0.9	
Mg型丝光沸石	90.9	19.1	49.6	21.9	0.2	
LaH型丝光沸石	94.5	19.4	55.3	19.2		0.7
Cu型丝光沸石	82.1	12.6	17.3	48.4	3.0	0.8

注：反应条件　温度为400℃，催化剂的生产能力为4.8mL/(min·mg催化剂)，氨/醇的摩尔比为1∶1。

用类似的方法还可以从乙醇和氨制得一乙胺、二乙胺和三乙胺。另外，也可以采用乙醇（或乙醛）的气-固相临氢催化胺化氢化法（见9.3.2和9.4）、氯乙烷的氨解法和乙腈的气-固相接触催化加氢法来生产一乙胺、二乙胺和三乙胺。

9.3.2　气-固相临氢接触催化胺化氢化

C_2～C_4等低碳醇在高温脱水氨解时，会涉及反应物的热稳定性、反应的选择性等问题，因此又开发了气-固相临氢接触催化胺化氢化法。此法是将醇、氨和氢的气态混合物在200℃左右，常压或不太高的压力下通过Cu-Ni催化剂而完成的。其整个反应过程包括：醇的脱氢生成醛（或酮）、醛（或酮）的加成胺化、羟基胺的脱水和烯亚胺的加氢生成胺等步骤。

(1) 伯胺的生成

$$CH_3CH_2OH \xrightarrow[\text{脱氢}]{-H_2} \underset{\text{醛}}{CH_3-\overset{O}{\overset{\|}{C}}-H} \xrightarrow[\text{加成胺化}]{+NH_3} \underset{\text{羟基胺}}{CH_3-\overset{OH}{\underset{H}{\overset{|}{C}}}-NH_2} \xrightarrow[\text{脱水}]{-H_2O} \underset{\text{烯亚胺}}{CH_3-\overset{H}{\overset{|}{C}}=NH} \xrightarrow[]{+H_2} \underset{\text{伯胺}}{CH_3CH_2NH_2}$$

(9-6)

(2) 仲胺的生成

$$CH_3CH_2NH_2 \xrightarrow[\text{加成胺化}]{+CH_3CHO} CH_3CH_2\overset{H}{\underset{}{\overset{|}{N}}}-\overset{OH}{\underset{}{\overset{|}{C}}}H-CH_3 \xrightarrow[\text{脱水}]{-H_2O} CH_3CH_2N=CH-CH_3 \xrightarrow[\text{加氢}]{+H_2} (CH_3CH_2)_2NH$$

(9-7)

(3) 叔胺的生成

$$(CH_3CH_2)_2NH \xrightarrow[\text{加成胺化}]{+CH_3CHO} (CH_3CH_2)_2N\overset{\overset{\displaystyle OH}{|}}{-}CH-CH_3 \xrightarrow[\text{脱水}]{-H_2O} (CH_3CH_2)_2N-CH=CH_2 \xrightarrow[\text{加氢}]{+H_2} (CH_3CH_2)_3N$$

$$(9\text{-}8)$$

在催化剂中，铜主要是催化醇的脱氢生成醛或酮，镍主要是催化烯亚胺的加氢生成胺。催化剂的载体主要用三氧化二铝，另外也可以用浮石或酸性白土。反应产物是伯、仲、叔三种胺类的混合物。为了控制伯、仲、叔三种胺类的生成比例，可以采用调整醇和氨的摩尔比、反应温度、空速以及将副产的胺再循环等措施。

9.3.3 高压液相氨解

对于 $C_8 \sim C_{18}$ 醇，由于氨解产物的沸点相当高，所以不采用气-固相接触催化脱水氨解法，而改用液相氨解法，催化剂一般用骨架镍或三氧化二铝，反应一般在常压～0.7MPa、90～190℃进行，调整氨/醇（摩尔比），可以分别得到以伯胺、仲胺或叔胺为主的氨解产物。例如用此法可以制备 2-乙基己胺、三辛胺、双十八胺和十八胺等产物。另外，十八胺也可以由硬脂酸的氨化脱水、加氢而得。

$$CH_3(CH_2)_{16}COOH \xrightarrow[\substack{\text{催化剂}\\350℃}]{+NH_3/-2H_2O} CH_3(CH_2)_{16}CN \xrightarrow[\text{骨架镍}]{+2H_2} CH_3(CH_2)_{16}CH_2NH_2 \qquad (9\text{-}9)$$

关于脂肪胺的制备又开发了脂肪醇的液相临氢催化胺化法。

关于叔丁胺的生产最初采用异丁烯-氢氰酸法、甲基叔丁基醚-氢氰酸法，异丁烯的催化胺化法已经工业化，甲基叔丁基醚的催化胺化法优点是不使用剧毒物氢氰酸，但该法选择性较低，分离过程复杂。

9.4 羰基化合物的胺化氢化

醛和酮等羰基化合物在加氢催化剂的存在下，与氨和氢反应可以得到脂肪胺。其反应历程与醇的胺化氢化相同（见 9.3.2）。该反应可以在气相进行，也可以在液相进行。要求催化剂具有胺化、脱水和加氢三种功能，镍、钴、铜和铁等多种金属对该反应均有催化活性。其中以镍的活性最高，可以是骨架镍或载体型，载体可以是 Al_2O_3、硅胶等，也可以加入铜等助催化剂。不同催化剂对丙酮加氢胺化生成异丙胺的反应活性如表 9-5 所示。

表 9-5 不同催化剂对丙酮加氢胺化的反应活性

催化剂	$Ni\text{-}Al_2O_3$	$Ni\text{-}SiO_2$	新鲜骨架镍	再生骨架镍	$Cu\text{-}SiO_2$
相对活性	3.7	2.1	1.4	1.2	1.0

当以醛、酮为原料时，因无需脱氢，反应条件一般比醇的胺化要温和，温度 100～200℃，稍有压力，醛（或酮）和氢及氨的摩尔比一般为 1:(1～3):(1～5)。调节氢氨比可以改变产品中伯胺、仲胺和叔胺的比例。

甲乙酮在骨架镍催化剂存在下在高压釜中，在 160℃ 和 3.9～5.9MPa 与氨和氢反应可制得 1-甲基丙胺。

将乙醛、氨、氢的气态混合物以 1:(0.4～3):5 的摩尔比，在 105～200℃ 通过催化剂，可得到一乙胺、二乙胺和三乙胺的混合物。所用催化剂以铝式高岭土为载体，以镍为主催化剂，以铜、铬为助催化剂。

碳基化合物的胺化氢化，除了氢气外，还可以采用其它还原剂如，硼氢化物、硼烷和甲酸等。加入手性催化剂还可以制得手性胺类化合物。

9.5 环氧烷类的加成胺化

环氧乙烷分子中的环氧结构化学活性很强。它容易与氨、胺、水、醇、酚或硫醇等亲核物质作用，发生开环加成反应而生成乙氧基化产物。环氧乙烷与氨作用时，根据反应条件的不同，可得到不同的产物。乙醇胺类衍生物可用于脱硫脱硝剂。

环氧乙烷与氨发生放热反应可生成三种乙醇胺的混合物。

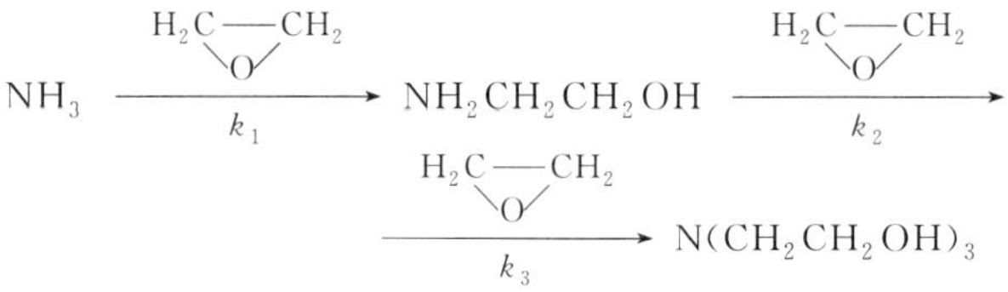

$$NH_3 \xrightarrow[k_1]{\underset{O}{H_2C-CH_2}} NH_2CH_2CH_2OH \xrightarrow[k_2]{\underset{O}{H_2C-CH_2}} NH(CH_2CH_2OH)_2$$

$$\xrightarrow[k_3]{\underset{O}{H_2C-CH_2}} N(CH_2CH_2OH)_3 \tag{9-10}$$

反应产物中各种乙醇胺的生成比例取决于氨与环氧乙烷的摩尔比，如表 9-6 所示。

表 9-6　氨/环氧乙烷（摩尔比）与各种乙醇胺生成量的关系

氨/环氧乙烷（摩尔比）	各种乙醇胺的相对生成量(摩尔分数)/%			氨/环氧乙烷（摩尔比）	各种乙醇胺的相对生成量(摩尔分数)/%		
	一乙醇胺	二乙醇胺	三乙醇胺		一乙醇胺	二乙醇胺	三乙醇胺
10	61～75	21～27	4～12	1	4～12	约 37	65～69
2	25～31	38～52	23～26	0.5	5～8	7～15	75～78

由表 9-6 可以看出，氨过量越多，一乙醇胺相对含量越高。但是在用等摩尔比的氨与环氧乙烷时，产物中三乙醇胺的相对含量已很高，这说明环氧乙烷与胺的反应速率（k_2，k_3）比它与氨的反应速率（k_1）快。为了得到高含量一乙醇胺要加大氨与环氧乙烷的摩尔比，开发新的催化剂，加入 CO_2 或 $(NH_4)_2CO_3$ 可以提高一乙醇胺的选择性。

环氧乙烷与氨在无水条件下反应速率很慢，要用离子交换树脂催化剂，水能大大加速反应，最初使用 25% 氨水，反应可在常压下进行。但为了便于产物的分离，现在都采用含氨 90%～99.5% 的浓"氨水"在 60～150℃、2～12MPa 进行反应，胺化的反应热很大，其生产工艺已由釜式串联连续法、循环塔式连续法、管式恒温连续法发展为绝热柱塞流管式连续法，并利用反应热进行反应产物的减压闪蒸分离。

另外，环氧乙烷还能与三乙醇胺分子中的羟基发生乙氧基化反应而生成其他副产物。

环氧丙烷和环氧丁烷等环氧化合物也可发生加成胺化反应。

环氧烷类的加成胺化的反应速率随着环氧烷类碳原子数的增加而降低，即环氧乙烷＞环氧丙烷＞环氧丁烷。

与环氧烷类似，氮杂环丙烷及其衍生物开环也可得到胺类化合物。

9.6 脂肪族卤素衍生物的氨解

因为脂胺的制备通常可以用醇的氨解、羰基化合物的胺化氢化、—CN 基和—CONH₂基的加氢等合成路线，所以卤基氨解法在工业上只用于相应的卤素衍生物价廉易得的情况。

一般说来，碳原子数少的卤烷进行氨解反应比较容易，可用氨水作氨解剂。碳原子数多的卤烷的活性较低，需要用氨的醇溶液或液氨作氨解剂。卤烷的活性大小依次为 R—I＞R—Br＞R—Cl＞R—F。叔卤代烷氨解时，易发生消除副反应，不宜采用叔卤代烷的氨解制叔胺。在制备脂肪族伯胺时常常采用过量很多的氨水，以减少仲胺和叔胺的生成。

9.6.1 从二氯乙烷制亚乙基多胺类

二氯乙烷很容易与氨水反应，首先生成氯乙胺，然后进一步与氨作用生成乙二胺（亚乙基二胺）。由于乙二胺具有两个无位阻的伯氨基，它们容易与氯乙胺或二氯乙烷进一步作用而生成二亚乙基三胺、三亚乙基四胺和更高级的多亚乙基多胺以及哌嗪（对二氮己环）等副产物。

$$
\text{ClCH}_2\text{CH}_2\text{Cl} \xrightarrow{\text{NH}_3} \text{ClCH}_2\text{CH}_2\text{NH}_2 \cdot \text{HCl} \xrightarrow{\text{NH}_3} \underset{\text{乙二胺二盐酸盐}}{\text{H}_2\text{NCH}_2\text{CH}_2\text{NH}_2 \cdot 2\text{HCl}}
$$

$$
\text{H}_2\text{NCH}_2\text{CH}_2\text{NH}_2 \xrightarrow[\text{或 ClCH}_2\text{CH}_2\text{Cl，NH}_3]{\text{ClCH}_2\text{CH}_2\text{NH}_2} \underset{\text{二亚乙基三胺}}{\text{H}_2\text{NCH}_2\text{CH}_2\text{NHCH}_2\text{CH}_2\text{NH}_2}
$$

$$
\begin{array}{c}\text{ClCH}_2\text{CH}_2\text{NH}_2 \\ + \\ \text{H}_2\text{NCH}_2\text{CH}_2\text{Cl}\end{array} \xrightarrow[\text{环合}]{-\text{HCl}} \underset{\text{哌嗪}}{\text{HN}\bigcirc\text{NH} \cdot 2\text{HCl}} \tag{9-11}
$$

因为各种多亚乙基多胺都有很多用途，在工业上常常同时联产乙二胺和各种多亚乙基多胺。

二氯乙烷法的优点是原料价廉易得，缺点是乙二胺二盐酸盐腐蚀性强、设备投资大、能耗大、有含氯化钠废水，污染大，该工艺逐渐被淘汰。1960 年以后又开发成功了单乙醇胺的氨化氢化法。此法主要用含镍和其他金属的多金属组成催化剂，催化剂的载体可以是氧化铝、硅胶、硅酸铝、氧化钛、氧化锆等。为了维持催化剂的寿命和活性，反应要在氢气存在下进行，一般采用固定床反应器，在 200～300℃、10～25MPa 进行，反应时除了生成乙二胺以外，还联产二亚乙基三胺、三亚乙基四胺、N-羟乙基乙二胺、N-羟乙基二亚乙基三胺、哌嗪、N-氨乙基哌嗪和 N-羟乙基哌嗪等，反应产物的组成可以用反应条件来调整。此法的优点是不排放污染物、无腐蚀、投资少，全世界有 1/3 的乙二胺用此法生产。另据报道，改用 NH_4Cl 交换后的 MOR 分子筛为载体，并加入活性氧化铝制成的强固体酸催化剂，反应可在常压、340℃进行，并提高对乙二胺的选择性。

另一个生产方法是环氧乙烷与氨反应生成乙醇胺，然后进一步与氨反应生成乙二胺的一步法，美国已有生产装置。

9.6.2 从氯乙酸制氨基乙酸

β-卤代酸与氨水作用主要发生脱卤化氢的消除反应生成不饱和酸，而只发生极少的氨解反应。但是，α-卤代酸与氨水作用则很容易发生氨解反应生成 α-氨基酸。不过就是使用大大过量的氨水，也会同时生成一些仲胺和叔胺副产物。在这类反应中，最重要的是氯乙酸与氨水作用制氨基乙酸（甘氨酸）。

$$
\text{NH}_3 \xrightarrow[\text{30～50℃，常压}]{\text{ClCH}_2\text{COOH}} \underset{\text{氨基乙酸}}{\text{H}_2\text{NCH}_2\text{COOH}} \xrightarrow{\text{ClCH}_2\text{COOH}} \underset{\text{亚氨基二乙酸}}{\text{HN}\begin{array}{l}\diagup\text{CH}_2\text{COOH}\\ \diagdown\text{CH}_2\text{COOH}\end{array}} \xrightarrow{\text{ClCH}_2\text{COOH}} \underset{\text{氮三乙酸}}{\text{N(CH}_2\text{COOH})_3} \tag{9-12}
$$

当用氨水作氨解剂时，氯乙酸和氨的摩尔比需要高达1:60才能将仲胺和叔胺的生成量压低到30%以下。如果在反应液中加入六亚甲基四胺（乌洛托品）作催化剂，可以减少氨的用量，并减少仲胺和叔胺的生成量。此法的优点是工艺过程简单，基本上无公害。缺点是产生大量的含盐废水，环保处理成本高，催化剂乌洛托品不能回收，精制用甲醇消耗定额高，采用新的催化法可使甲醇消耗定额降低。

另外，氨基乙酸的制备还可以采用氰醇的氨解水解法。

$$
\underset{\substack{| \\ H}}{\overset{\substack{H-C=O}}{}} \quad \xrightarrow[\text{亲核加成}]{NaCN+H_2SO_4} \quad \underset{\substack{| \\ H}}{\overset{\substack{OH \\ | \\ H-C-CN}}{}} \quad \xrightarrow[\text{氨解}]{NH_3} \quad \underset{\substack{| \\ H}}{\overset{\substack{NH_2 \\ | \\ H-C-CN}}{}} \quad \xrightarrow[\text{水解}]{H_2O} \quad \underset{\substack{| \\ H}}{\overset{\substack{NH_2 \\ | \\ H-C-COOH}}{}} \quad (9\text{-}13)
$$

甲醛　　　　　　　　　氰醇　　　　　　氨基乙腈　　　　　氨基乙酸

氰醇法的优点是成本低、产品易精制，适合于大规模生产，国外多采用此法。但此法要用剧毒的氰化钠，反应条件苛刻。

最近提出的制备氨基乙酸的新方法还有：尿素-氯乙酸的氨解-水解法、用三烷基胺使氯乙酸分子中的氯活化法、乙醇胺的脱氢氧化法和 $H_2O/NH_3/CO_2/HOCH_2CN$ 法等，其中乙醇胺的脱氢氧化法污染小，应用前景广阔。

9.7　芳环上卤基的氨解

9.7.1　反应历程

卤基氨解属于亲核取代反应。当芳环上没有强吸电基（例如硝基、磺基或氰基）时，卤基不够活泼，它的氨解需要很强的反应条件，并且要用铜盐或亚铜盐作催化剂。当芳环上有强吸电基时，卤基比较活泼可以不用铜催化剂，但仍需在高压釜中在高温高压下氨解。

(1) 卤基的非催化氨解

它是一般的双分子亲核取代反应（S_N2）。对于活泼的卤素衍生物，如芳环上含有硝基的卤素衍生物，一般属于这类反应历程。其反应速率与卤化物的浓度和氨水的浓度成正比。

$$
r_{\text{非催化氨解}} = k_1 c(ArX) c(NH_3) \tag{9-14}
$$

(2) 卤基的催化氨解

其反应速率与卤化物的浓度和铜离子的浓度成正比。

$$
r_{\text{催化氨解}} = k_2 c(ArX) c(Cu^+) \tag{9-15}
$$

氯苯、1-氯萘、对氯苯胺等，在没有铜催化剂存在时，在235℃、加压下与胺不会发生反应，而在铜催化剂存在时，上述卤化物与氨水加热到200℃时，能反应生成相应的芳胺。因此，催化氨解的反应历程可能是铜离子在大量氨水中完全生成铜氨配离子，卤化物首先与铜氨配离子生成配合物；然后这个配合物再与氨反应生成芳伯胺，并重新生成铜氨配离子。

$$
Cu^+ + 2NH_3 \underset{}{\overset{\text{快}}{\rightleftharpoons}} [Cu(NH_3)_2]^+ \tag{9-16}
$$

$$
Ar-X + [Cu(NH_3)_2]^+ \xrightarrow{\text{慢}} [Ar\cdots X\cdots Cu(NH_3)_2]^+ \tag{9-17}
$$

$$[\text{Ar}\cdots\text{X}\cdots\text{Cu}(\text{NH}_3)_2]^+ + 2\text{NH}_3 \xrightarrow{\text{快}} \text{ArNH}_2 + \text{NH}_4\text{X} + [\text{Cu}(\text{NH}_3)_2]^+ \qquad (9\text{-}18)$$

在上述反应中，生成配合物的反应（9-17）是最慢的控制步骤。但是在配合物中，卤素的活泼性提高了，从而加快了它与氨的氨解反应（9-18）的速率。

应该指出，催化氨解的反应速率虽然与氨水的浓度无关，但是伯胺、仲胺和酚的生成量，则取决于氨、已生成的伯胺和 OH^- 的相对浓度。

$$[\text{Ar}\cdots\text{X}\cdots\text{Cu}(\text{NH}_3)_2]^+ + \text{Ar}-\text{NH}_2 \longrightarrow \text{Ar}-\text{NH}-\text{Ar} + \text{HX} + [\text{Cu}(\text{NH}_3)_2]^+ \qquad (9\text{-}19)$$

$$[\text{Ar}\cdots\text{X}\cdots\text{Cu}(\text{NH}_3)_2]^+ + \text{OH}^- \longrightarrow \text{Ar}-\text{OH} + \text{X}^- + [\text{Cu}(\text{NH}_3)_2]^+ \qquad (9\text{-}20)$$

为了抑制仲胺和酚的生成量，一般要用过量很多的氨水。

在卤基氨解时，一般都用芳族氯衍生物为起始原料，只有在个别情况下才用溴衍生物。

9.7.2　催化剂

一价铜，例如氯化亚铜，它的催化活性高，但价格较贵。它主要用于卤素很不活泼或者生成的芳伯胺在高温容易被氧化的情况。为了防止一价铜在氨解过程中被氧化成二价铜，并减少一价铜的用量，有时可以用 $\text{Cu}^+/\text{Fe}^{2+}$、$\text{Cu}^+/\text{Sn}^{2+}$ 复合催化剂。

二价铜，例如硫酸铜，主要用于防止有机卤化物中其他基团被还原的情况。例如 2-氯蒽醌的氨解制 2-氨基蒽醌时，使用二价铜催化剂可防止羰基被还原。

9.7.3　影响因素

(1) 卤化物的结构

工业上采用的卤化物绝大多数是氯化物，根据 C—X 键能的数据（见 3.1.2.2），可知溴的置换比氯容易。但在铜催化剂存在下的气相氨解，则是氯苯的活性高于溴苯，主要是由于溴化亚铜比氯化亚铜难分解。

当芳环上卤素原子的邻、对位有吸电基（第二类定位基）时，氨解速率增大。吸电基作用越强，数目越多，氨解反应越容易。例如：均用 30％氨水作氨解剂，氯苯的氨解条件为，200～230℃，7MPa，0.1mol 的 Cu^+ 催化剂；4-硝基氯苯为 170～190℃，3～3.5MPa；2,4-二硝基氯苯为 115～120℃，常压。

(2) 氨解剂

对于液相氨解反应，氨水仍是应用范围最广的氨解剂，使用氨水时应注意氨水的用量及浓度。每摩尔芳族卤化物氨解时，氨的理论用量是 2mol。实际上，氨的用量要超过理论量好几倍或更多。一般间歇氨解时，氨的用量为 6～15mol，连续氨解时约为 10～17mol。这不仅是为了抑制生成二芳基仲胺和酚的副反应，同时还是为了降低反应生成的氯化铵在高温时对不锈钢材料的腐蚀作用。当氯化铵和氨的摩尔比为 1:10 时，腐蚀作用就很弱了。氨水中含有氯化铵时介质的 pH 值与温度的关系如图 9-1 所示。

另外，过量的氨水在高温下还能溶解较多的固态芳族卤化物和氨解产物，改善反应物的流动性，

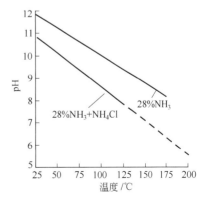

图 9-1　氨水的 pH 值与温度的关系

并提高反应速率。这对于邻位和对位硝基氯苯的连续氨解是非常重要的。工业氨解时，一般使用25%的工业氨水。但有时为了加快氨解速率或为了减少卤基水解副反应，需要使用浓度更高的氨水。这时可以在压力下向工业氨水中通入液氨或氨气。使用更浓的氨水时，在相同温度下，要比使用25%氨水的操作压力高得多（见表9-2）。因此，在生产上应根据氨解反应的难易，反应温度的限制和高压釜耐压强度等因素来选择适宜的氨水浓度或使用铜催化剂。

9.7.4 重要实例

(1) 硝基苯胺类的制备

从邻（或对）硝基氯苯及其衍生物的氨解，可以制得相应的邻（或对）硝基苯胺及其衍生物。例如：

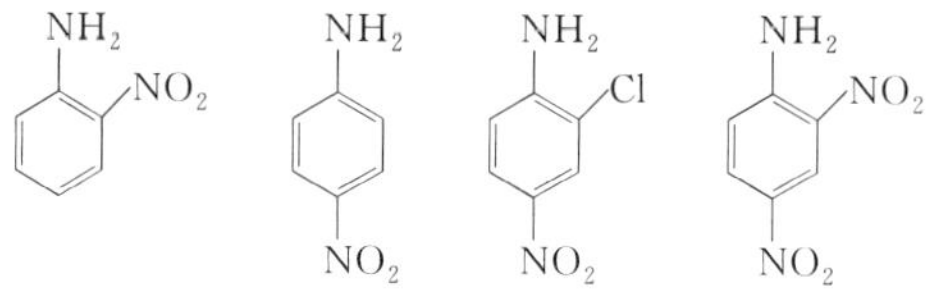

由于邻（或对）位硝基的存在，氯基比较活泼，氨解时可以不用铜催化剂。其氨解过程可以采用高压釜间歇操作法，也可以采用高压管道连续操作法。生产邻硝基苯胺的工艺参数如表9-7所示。

表 9-7　高压釜间歇法和高压管道连续法生产邻硝基苯胺的工艺参数

工　艺　参　数	高压釜法	高压管道法	工　艺　参　数	高压釜法	高压管道法
氨水浓度/(g/L)	250	300～320	反应时间/min	420	15～20
邻硝基氯苯/氨(摩尔比)	1：8	1：15	收率/%	98	98
反应温度/℃	170～175	230	产品熔点/℃	69～69.5	69～70
压力/MPa	3.5～4	15	生产能力/[kg/(h·L)]	0.012	0.600

从表9-7可以看出，两方法的收率和产品质量基本相同。连续法的优点是投资少、生产能力大；缺点是技术要求高、耗电多、需要回收的氨多。生产规模不大时一般用间歇法。

据报道，在高压釜中进行邻硝基氯苯的氨解时，如果加入适量相转移催化剂四乙基氯化铵，只要在150℃反应10h，邻硝基苯胺的收率就可达98.2%，如不加上述催化剂，则收率仅为33%。

(2) 2-氨基蒽醌的制备

2-氨基蒽醌的生产一般均采用2-氯蒽醌的氨解法。

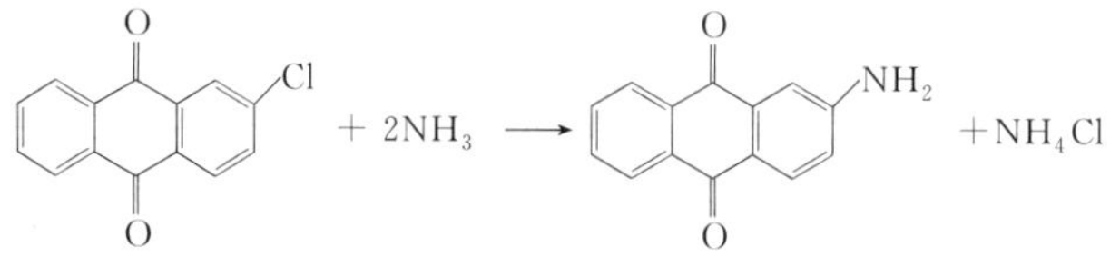

$$+ 2NH_3 \longrightarrow + NH_4Cl \tag{9-21}$$

由于氯基不够活泼，需要加入硫酸铜作催化剂。因为原料和产品在反应温度下在氨水中的溶解度都很小，产品的熔点又非常高（302℃），在反应温度下仍然是固体，所以较难实现管道化连续生产。目前国内外大都采用高压釜间歇法。2-氯蒽醌∶氨∶硫酸铜的摩尔比为1∶(15～17)∶0.09。氨解温度210～218℃，压力约5MPa，时间5～10h，收率可达88%以上。在这里反应温度正好略高于原料 2-氯蒽醌的熔点（208～211℃），可使 2-氯蒽醌处于熔融状态，而有利于反应的进行。关于 2-氯蒽醌的制备见 14.2.1（1）。

2-氨基蒽醌的制备还曾经采用过蒽醌-2-磺酸的氨解法（见 9.9）。此法的优点是所用高压釜不需用不锈钢衬套，操作压力低；缺点是蒽醌磺化和氨解的收率低。现在已不采用。

9.8　芳环上羟基的氨解

此法可用于苯系、萘系和蒽醌系羟基化合物的氨解。但是，其反应历程和操作方式却各不相同。酚类的氨解方法一般有三种，一是气相氨解法；二是液相氨解法；三是萘系布赫勒（Bucherer）反应。

9.8.1　苯系酚类的氨解

苯系一元酚的羟基不够活泼，它的氨解需要很强的反应条件。苯系多元酚的羟基比较活泼，可在较温和的条件下氨解，但是工业应用价值小。苯系酚类的氨解主要用于苯酚的氨解制苯胺和间甲酚的氨解制间甲苯胺。由于所用原料和产品的沸点都不太高，上述氨解过程采用气-固相接触催化氨解法，而且未反应的酚类要用共沸精馏法分离回收。

(1) 苯胺的制备

苯胺的生产主要采用硝基苯的加氢还原法。后又开发了苯酚气相氨解法制苯胺的工艺路线，并于 20 世纪 70 年代投入大规模生产。

$$\text{C}_6\text{H}_5\text{OH} + NH_3 \xrightarrow[\text{气-固相接触催化}]{\text{氨解}} \text{C}_6\text{H}_5\text{NH}_2 + H_2O \qquad (9\text{-}22)$$

此方法是苯酚和过量的氨（摩尔比为 1∶20）经混合、汽化、预热，在 400～480℃，0.98～3.43MPa 的压力下，通过固定床反应器进行氨解反应，生成的苯胺和水经冷凝进入氨回收塔，塔顶出来的氨气经分离器除氮、氢后，回收利用，产物先进干燥塔中脱水，再进精馏塔，塔顶为产物苯胺，塔釜为含二苯胺的重馏分，塔中分离出来的苯酚-苯胺共沸物，可返回反应器中继续反应，所用催化剂可以是 Al_2O_3-SiO_2 或 MgO-B_2O_3-Al_2O_3-TiO_2，另外也可以含有 CeO_2、V_2O_5 或 WO_3 等催化组分。使用新开发的催化剂，可延长使用周期，省去催化剂的连续再生，降低反应温度，减少苯胺和过量氨的分解损失。当苯酚的转化率为 98% 时，生成苯胺的选择性为 87%～90%，可减少苯酚-苯胺共沸物的循环处理量。与苯的硝化-还原方法相比，此方法的优点是催化剂寿命长，三废少，不需要将原料氨氧化成硝酸，不消耗硫酸。缺点是要有廉价的苯酚，反应产物的分离精制比较复杂。

(2) 间甲苯胺的制备

间甲苯胺最初是由间硝基甲苯的还原法制得的。但是，在甲苯的一硝化产物中，间位体的含量只有 4% 左右，影响了间甲苯胺的产量和价格。后采用间甲酚的氨解法生产间甲苯胺，该方法与苯酚的氨解法相似。原料间甲酚是由间甲基异丙苯［见 10.4.1.2（2）］的氧化-酸解法制得的。

(3) 2,6-二异丙基苯胺的制备

2,6-二异丙基苯胺的制备有两类生产方法，一类是苯胺的邻位选择性异丙基化（见 10.4.2）；另一类是 2,6-二异丙基苯酚（见 10.4.3）的氨解法。

9.8.2 萘酚衍生物的氨解

萘环上 β 位的氨基一般不能用硝化-还原法、氯化-氨解法或磺化-氨解法来引入。但是，萘环上 β 位的羟基却容易通过磺化-碱熔法来引入。因此，将萘环上 β 位羟基转化为 β 位氨基的方法就成为从 2-萘酚制备 2-萘胺衍生物的主要方法。从 2-萘酚的氨解可以制得 2-萘胺，但 2-萘胺是强致癌物，已禁止生产。

2-萘酚及其衍生物的氨解必须采用 Bucherer 反应。

(1) Bucherer 反应历程

某些萘酚衍生物在亚硫酸盐存在下，可以在较温和的条件下与氨水作用而转变为相应的萘胺衍生物。实验证明，2-萘酚的氨解历程很可能是：2-萘酚先从烯醇式互变异构为酮式，它与亚硫酸氢铵按两种方式发生加成反应生成醇式加成物，然后再与氨发生氨解反应生成胺式加成物，胺式加成物发生消除反应脱去亚硫酸氢铵生成亚胺式的 2-萘胺，最后再互变异构为 2-萘胺。

(2) 适用范围

Bucherer 反应主要用于从 β-萘酚磺酸制备相应的 β-萘胺磺酸，但并不是所有萘酚磺酸的羟基都能容易地置换成氨基。通过实验总结出以下规律。

① 羟基处于 1 位时，2 位和 3 位的磺基对氨解反应有阻碍作用，而 4 位的磺基则使氨解反应容易进行。

② 羟基处于 2 位时，3 位和 4 位磺基对氨解反应有阻碍作用，而 1 位磺基则使氨解反应容易进行。

③ 羟基和磺基不在同一环上时，磺基对这个羟基的氨解影响不大。

应该指出：Bucherer 反应是可逆的，因此有时也用于从萘胺衍生物的水解制备相应的萘酚衍生物，例如 1-氨基萘-4-磺酸的水解制 1-萘酚-4-磺酸 [见 12.4 (3)]。这时，磺基位置的影响也遵守上述规则。

(3) 吐氏酸

吐氏酸 (2-萘胺-1-磺酸) 是由 2-萘酚经低温磺化 (见 4.1.4.1)，然后氨解而制得的。

$$
\text{OH} \xrightarrow{\text{磺化}} \overset{SO_3H}{\underset{OH}{}} \xrightarrow{\text{氨解}} \overset{SO_3H}{\underset{NH_2}{}} \quad \text{吐氏酸} \tag{9-23}
$$

为了使氨解产物吐氏酸中 2-萘胺副产物的含量低于 0.1%，各国相继做了很多工作。一种方法是加强分离措施，例如用硝基苯萃取磺化物水溶液中未磺化的 2-萘酚，再用甲苯萃取氨解物水溶液中的副产 2-萘胺 (由 2-萘酚-1-磺酸中未除净的 2-萘酚氨解而生成的) 可使产物中 2-萘胺的含量降低到 0.013%。另一种方法是调整氨解的反应条件，抑制未磺化的 2-萘酚的氨解。2-萘酚-1-磺酸：NH_3：SO_2 的摩尔比为 1：(8~9)：(3~5)，温度为 120~126℃时，反应 2h，生成的吐氏酸中 2-萘胺的含量可降低到 0.01%~0.06%。现已用连续氨解法生产吐氏酸。

(4) γ 酸

γ 酸 (2-氨基-8-萘酚-6-磺酸) 是由 2-萘酚先在 78~80℃用低浓度发烟硫酸磺化得 2-萘酚-6,8-二磺酸二钾盐 [G 盐，见 4.1.1.8 (2)]，然后在常压，240~250℃碱熔得 2,8-二羟基萘-6-磺酸钠 [见 12.3.2.2 (2)]，最后将 2 位羟基在 140℃、0.7MPa 氨解而得。国外生产方法是先氨解后碱熔，氨解压力高，但成本略低，反应条件为压力 2.2～2.5MPa，温度 180～185℃。

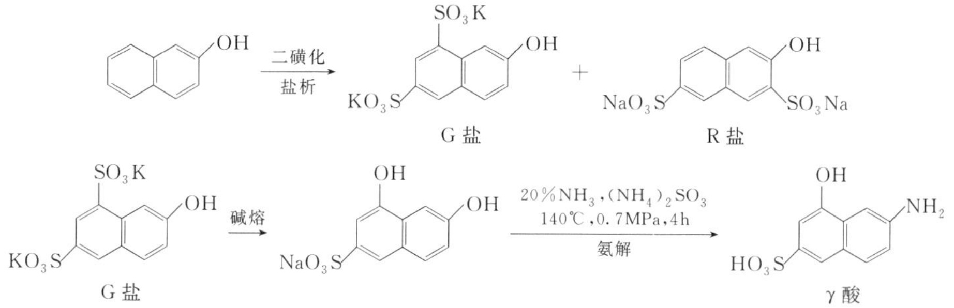

(9-24)

9.8.3　羟基蒽醌的氨解

蒽醌环上的氨基一般可以通过硝基还原法、氯基氨解法或磺基氨解法来引入。一个特殊的例子是从 1,4-二羟基蒽醌的氨解制 1,4-二氨基蒽醌。

蒽醌环上的羟基与苯环和萘环上的羟基不同，它的氨解条件比较特殊。它要求将 1,4-二羟基蒽醌在 20%氨水中先用强还原剂保险粉（$Na_2S_2O_4$）还原成隐色体，然后在 94～95℃、0.37～0.41MPa 进行氨解。得到的产品是 1,4-二氨基蒽醌的隐色体。其反应历程可能如下：

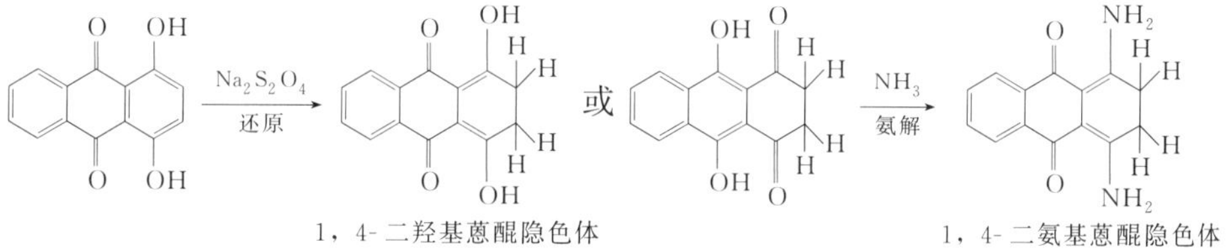

(9-25)

所得到的 1,4-二氨基蒽醌隐色体可以直接使用，也可以用温和氧化剂将其氧化成 1,4-二氨基蒽醌。效果最好的氧化剂是硝基苯。

9.9　芳环上磺基的氨解

磺基的氨解也是亲核取代反应。苯环和萘环上磺基的氨解相当困难，但是蒽醌环上的磺基，由于 9,10 位两个羰基的活化作用，比较容易被氨解。此法现在主要用于从蒽醌-2,6-二磺酸的氨解制 2,6-二氨基蒽醌。

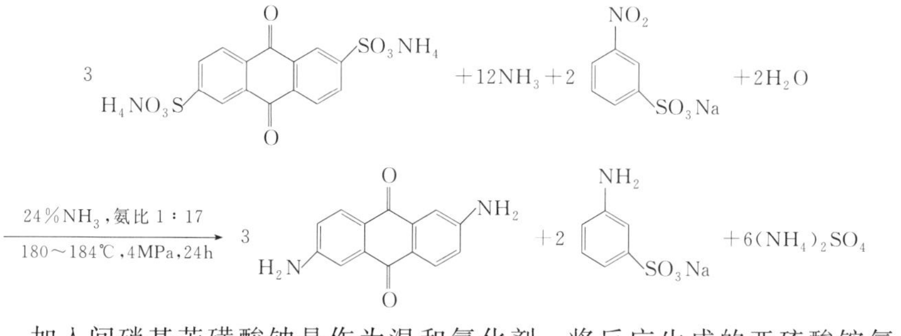

(9-26)

在这里，加入间硝基苯磺酸钠是作为温和氧化剂，将反应生成的亚硫酸铵氧化成硫酸铵，以避免亚硫酸铵与蒽醌环上的羰基发生还原反应。

从蒽醌-2-磺酸的氨解可以制得 2-氨基蒽醌，但成本比 2-氯蒽醌的氨解法高，现在已不采用。此法还可用于从蒽醌-1-磺酸、蒽醌-1,5-二磺酸和蒽醌-1,8-二磺酸的氨解制 1-氨基蒽醌、1,5-二氨基蒽醌和 1,8-二氨基蒽醌。此法虽然产品质量好、工艺简单，但是在蒽醌磺化制备 α-位蒽醌磺酸时要用汞作定位剂，为防止汞污染，现在许多工厂已改用蒽醌的硝化还原法生产上述氨基蒽醌。

9.10　芳环上硝基的氨解

用硫化碱还原制 1-氨基蒽醌时分离步骤太多，收率低，产品质量不高。因此，又开发了 1-硝基蒽醌氨解法。蒽醌分子中的硝基，由于受蒽醌分子中羰基的吸电效应，使得环上的硝基活性变大，可以与氨水发生氨解反应。例如，1-硝基蒽醌与过量的 25% 氨水在氯苯中于 150℃ 和 1.7MPa 压力下反应 8h，可得到收率为 99.5% 的 1-氨基蒽醌，其纯度达 99%。此法对设备要求高，氨的回收负荷大。反应中生成的亚硝酸铵干燥时有爆炸危险性，因此，在出料后必须用水冲洗反应器。采用醇类的水溶液，可使氨解反应的压力和温度下降，降低亚硝酸铵分解的危险性，也可以采用其他有机溶剂如醚类、烃类等。另外，在氨解过程中加入少量卤化铵，可促使反应进行。

$$\qquad\qquad\qquad (9\text{-}27)$$

9.11　芳环上氢的直接胺化

9.11.1　用羟胺的亲核胺化

有实用价值的直接胺化法是以羟胺为胺化剂。按照反应条件又可以分为亲核胺化和亲电胺化两种方法。

当芳环上有强吸电子基时，它在碱性介质中可以在温和条件下与羟胺发生亲核取代反应。这时羟胺是以亲核试剂 NH_2OH 或 —NHOH 的形式进攻芳环的。在亲核取代反应中强吸电子基使它邻位和对位碳原子活化，所以氨基进入吸电子基的邻位或对位。例如：

$$\qquad\qquad\qquad (9\text{-}28)$$

$$\qquad\qquad\qquad (9\text{-}29)$$

2,6-二氰基-4-硝基苯悬浮在二乙二醇中，加热到 120℃，并迅速冷却到 15℃，加入羟胺盐酸盐，并加入氢氧化钠的甲醇溶液，25℃反应 2h，过滤，洗涤，干燥得到 2,6-二氰基-4-硝基苯胺，收率为 80%。

9.11.2 用羟胺的亲电胺化

在浓硫酸介质中（有时加入钒盐或钼盐催化剂），芳香族原料在 100～160℃与羟胺反应可以向芳环上直接引入氨基。

$$ArH + NH_2OH \longrightarrow Ar-NH_2 + H_2O \tag{9-30}$$

在浓硫酸中羟胺可能是以 NH_2^+ 或 NH_2^+ 配合物的形式向芳环发生亲电进攻。

$$NH_2OH \Longrightarrow NH_2^+ + OH^- \tag{9-31}$$

因此它是一个亲电取代反应。当引入一个氨基后，反应容易继续进行下去，可以在芳环上引入多个氨基。例如蒽醌用羟胺进行胺化时将得到 1-氨基蒽醌、2-氨基蒽醌和多氨基蒽醌的混合物。

苯和卤代苯在上述条件下与硫酸羟胺反应时，将在芳环上同时引入氨基和磺基，从氯苯可制得 3-氨基-4-氯苯磺酸，收率 84%。

9.11.3 用氨基钠的胺化

含氮杂环化合物与氨基钠在 100℃以上共热，而后用水处理反应物，可得到含氮杂环氨基化合物（Chichibabin 反应）。已被工业上采用来合成 2-氨基吡啶和 2,6-二氨基吡啶以及用于合成喹啉、异喹啉、嘧啶、苯并咪唑、苯并噻唑等含氮杂环的氨基化合物。

$$\tag{9-32}$$

将氨基钠加入干燥的甲苯中，加热回流，加吡啶同时通入微量氮气，继续回流 6h。反应结束，经后处理，2-氨基吡啶的收率为 66%～70%。

9.11.4 用氨的催化胺化

用直接胺化法制备芳胺可以大大简化工艺，减少污染，绿色环保。因此多年来不断有人从事研究。例如从苯与氨直接胺化可得苯胺，从苯胺直接胺化可得苯二胺的混合物。采用的催化剂为 Ni-Zr-稀土元素混合物，所用的稀土元素有 La、Y、Ho、Dy、Sm 等。

$$\tag{9-33}$$

但直接胺化法中苯的转化率低和催化剂寿命短，该方法尚未能在工业上应用。

9.12 氨基化反应发展趋势

除了前述的氨基化反应外，还可通过 C—N 键胺化反应制备胺类化合物，C—N 键胺化反应一般包括两种方法：卤代烷烃或卤代杂芳烃与胺化试剂交叉偶联反应，这类反应具有反应收率高、选择性好、底物普适性高且应用广泛等优点，但是需要对底物进行预官能团化，并且不可避免地产生定量的卤代物副产物；碳氢化合物与胺化试剂直接 C—H 胺化反应，大量的碳氢化合物可以作为反应底物，此反应不需要预先上功能性官能团，具有步骤简单及原子经济性高等优点。通过 C—N 键交叉偶联反应制备芳胺衍生物，C—N 偶联反应的催化剂经历了从钯、铜到多种过渡金属，催化剂的配体趋向简单有效，甚至无配体的催化体系也不断涌现，还出现了一些无过渡金属催化的 C—N 偶联胺化反应，另外反应条件由苛刻变得温和。

氨基化未来的生产技术及工艺的发展要符合安全、环保和低碳节能规范。是以经济性、可持续发展性以及普适性为目标，力求降低原料及生产过程中的成本，降低能耗，减少环境污染。

未来的发展重点应集中在以下几个方面：①构建经济、绿色的高分散负载型金属催化剂，通过载体与金属的协同作用，提高催化剂的反应活性和选择性；②优化反应工艺条件，实现温和条件下的高效氨基化；③深入研究催化氨基化反应机理，分析非均相催化剂与其反应性能的构效关系，探索其催化活性中心对反应的作用规律；④开发无金属催化剂以及不对称胺化催化剂。

习　题

9-1　醇羟基的气-固相接触催化氨解与气-固相接触催化胺化氢化有何重要不同点？试列表说明。

9-2　醇羟基的气-固相接触催化氨解为何需要较高的反应温度和压力？

9-3　醇羟基的气-固相接触催化胺化氢化为何可以在较低的温度和压力下进行？

9-4　醇羟基的气-固相接触催化氨解与液相氨解有何重要不同点？试列表说明。

9-5　醇羟基的胺化氢化与醛或酮的胺化氢化有何重要不同点？试列表说明。

9-6　写出从乙烯制备以下脂肪胺的合成路线和各步反应的名称。

(1) $CH_3CH_2NH_2$；　　　　　(2) $HOCH_2CH_2NH_2$；　　　　　(3) $H_2NCH_2CH_2NH_2$；

(4) H_2NCH_2COOH；　　　　(5) $CH_3CH(NH_2)COOH$

9-7　写出由丙烯制 2-烯丙胺的合成路线，并作扼要说明。

9-8　写出由对硝基氯苯制备 2-氯-4-硝基苯胺的两条合成路线，并进行评论。

9-9　简述从蒽醌制备 1-氨基蒽醌的三条合成路线，并进行评论。

9-10　写出由萘制备以下 2-氨基萘二磺酸的合成路线，并进行扼要说明。

9-11　间甲苯酚、2,8-二羟基萘-6-磺酸和 1,4-二羟基蒽醌三种羟基化合物的氨解，有何重要不同点？试列表说明。

9-12　写出制备苯胺的方法，并进行比较。

参 考 文 献

[1] 吴育飞. 氨基乙酸合成与分离的研究进展. 河北化工, 2002, 2: 7-9.
[2] 李速延, 周晓奇. 苯胺生产技术研究进展. 工业催化, 2006, 14 (12): 7-10.
[3] 陈立功, 李阳, 闫喜龙. 醇、酮的催化胺化反应的研究及其推广应用. 天津科技, 2006, 33 (3): 27-36.
[4] 孙果宋, 李华锋, 王俊, 等. 环氧乙烷深加工产品生产技术进展. 精细化工, 2010, 27 (10): 937-941.

[5]　范景新，于海斌，臧甲忠，等. 甲胺合成研究进展. 工业催化，2013，21（5）：7-10.

[6]　史爱娥. 叔丁胺合成技术研究进展. 化学工程师，2006，6：28-31.

[7]　陈颖，赵越超，梁宏宝，等. 以 MDEA 为主体的混合胺溶液吸收 CO_2 研究进展. 应用化工，2014，43（3）：531-534.

[8]　张福来，王日杰. 合成胺的工业化过程. 天津化工，2003，17（3）：23-27.

[9]　李丽，邵百祥. 甲醇气相胺化制甲胺的工艺技术. 精细与专用化学品，2004，12（24）：7-9.

[10]　周奇杰. 300t/a 一乙胺联产工艺技术总结. 精细化工中间体，2003，33（4）：36-37.

[11]　王树清，高崇，朱石生. 由高级脂肪醇和氨气一步法合成十八胺的研究. 精细石油化工进展，2003，4（3）：14-15.

[12]　李运玲，李秋小，张明慧，等. 合成脂肪醇催化胺化制叔胺的反应研究. 日用化学工业，2005，35（2）：78-80.

[13]　傅桂萍. 异丁醇的催化氨化研究. 浙江化工，2005，36（12）：11，12.

[14]　黄朝晖，尹笃林. 叔丁胺的催化合成及其在精细化工中的应用. 工业催化，2005，13（1）：33-36.

[15]　罗铭芳，李鑫钢，徐世民. 乙醇胺生产工艺进展. 现代化工，2004，24（2）：16-18.

[16]　黄伟，金汉强，杨晓丽，等. 强固体酸催化合成乙二胺的研究. 应用化工，2002，31（5）：25-27，36.

[17]　张林雅，赵地顺. 氨基乙酸的合成及应用. 河北化工，2003，3：7-10，18.

[18]　蔡振云，卢祖国，白传伟. 改性 RaneyCu 催化一乙醇胺脱氢合成甘氨酸. 精细化工，2003，20（3）：187-189.

[19]　丁斌，韩楚文. 改进的氨解工艺合成邻苯二胺. 染料工业，2002，39（5）：39，40.

[20]　刘东志，张伟，李永刚，等. 1-氨基蒽醌合成工艺进展. 染料工业，1999，36（3）：19-22.

[21]　张盈珍，柯于勇，周贤敏. 二甲胺选择性合成催化剂的制备. 精细石油化工，1994，5：78.

[22]　倪俊，冯亚青，周立山. N-β-羟乙基乙二胺的合成研究. 精细石油化工，1999，4：20-22.

[23]　李立冬，杨永，吴玉芹，等. C—N 偶联反应制备芳胺研究进展. 化学研究与应用，2015，27（12）：1796-1804.

[24]　俞杰，龙奕华，李汪涛，等. 伯胺类化合物合成研究进展. 高校化学工程学报，2021，35（6）：955-965.

[25]　孙义明，丁奇峰，于杨，等. 钴催化 C—H 胺化反应的研究进展. 有机化学，2019，39，3363-3374.

[26]　王诗晴，孙斌，赵俊琦，等. 脂肪醇胺化反应非均相催化剂研究进展. 石油炼制与化工，2023，54（7）：137-144.

[27]　吴静航，陈臣举，梁杰，等. 羰基化合物直接还原胺化合成伯胺催化剂研究进展. 化工进展，2022，41（6）：2981-2992.

[28]　潘嘉晟，王耀锋，马爽爽，等. 脂肪伯胺的合成及工业化研究进展，过程工程学报. 2021，21（8）：905-917.

第10章

烃 化

· 本章学习要求 ·

掌握的内容：N-烃化、O-烃化和C-烃化的反应机理及差异，尤其是烯烃对芳烃的C-烃化机理、区域选择性；重要烃化剂的特点和性能；催化剂的催化机制及典型产品的生产工艺。

熟悉的内容：各类烃化反应的影响因素；串联反应的特点与控制；可逆反应的特点与异构化；醇的催化氨解和催化胺化，气固相接触催化反应器；C-烃化催化剂的属性与反应选择性；烃化反应的安全与环保。

了解的内容：N-芳基化和O-芳基化；用醇进行N-烃化的现状与发展趋势；用卤烷进行烃化反应的三废与环保；C-烃化用催化剂的现状、特点与发展趋势；固体酸催化剂的特点与优势。

10.1 概述

烃化指的是在有机分子中碳、硅、氮、磷、氧或硫等原子上引入烃基的反应总称。引入的烃基可以是烷基、烯基、炔基或芳基，也可以是有取代基的烃基，例如羟乙基、氰乙基、羧甲基等。

本书只讨论氨基氮原子上的N-烃化、羟基氧原子上的O-烃化和芳环碳原子上的C-烃化。关于脂链中亚甲基和甲基上的酸性活泼氢被烃基取代的反应，将在第13章缩合中叙述。

烃化剂的类型很多，常用的烃化剂主要有以下几种。

① **卤烷** 如氯甲烷、碘甲烷、氯乙烷、溴乙烷、氯乙酸和氯苄等。

② **醇类** 如甲醇、乙醇、正丁醇、十二碳醇等。

③ **酯类** 如硫酸的二甲酯和二乙酯、磷酸的三甲酯和三乙酯、碳酸二甲酯等。

④ **不饱和烃** 如乙烯、丙烯、高碳 α-烯烃、丙烯腈、丙烯酸甲酯和乙炔等。

⑤ **环氧化合物** 如环氧乙烷和环氧丙烷等。

⑥ **醛和酮** 如甲醛、乙醛、丁醛、苯甲醛、丙酮和环己酮等。

卤烷、醇类和酯类是亲核取代反应型的烃化剂。而不饱和烃、环氧化合物、醛和酮则是亲核加成反应型的烃化剂。

10.2　N-烃化

有机分子中氨基上的氢原子被烃基取代的反应称 N-烃化。氨和烃化剂作用生成脂肪族的伯胺、仲胺和叔胺以及生成芳胺的反应称作氨基化，在第 9 章已经叙述过了，这里主要介绍芳胺的 N-烃化。

10.2.1　用醇类的 N-烷化

随着石油化工的发展，醇的来源日益丰富。醇为 N-烷化剂除了产品外只生成水，是环保型的烷基化剂。然而羟基是较差的离去基团，所以醇的 N-烷化通常是在催化剂的作用下进行的。近些年来，醇的催化氨解和催化胺化已逐渐取代以卤代烃为 N-烷化剂的生产工艺。三乙胺、乙二胺的生产就是典型的成功案例。用甲醇、乙醇进行的芳胺 N-烷化有液相烷化法和气-固相接触催化烷化法。

10.2.1.1　液相烷化法

液相烷化有多种方法：

(1) 强酸催化法

所用的强酸主要是浓硫酸。此外，也可以用浓盐酸、三氯化磷等。以甲醇或乙醇为烃化剂，强酸催化的 N-烷化是可逆的连串反应。此法在工业上曾用于生产 N,N-二甲基苯胺。强酸催化法有大量的无机盐废液需处理，要用耐酸高压釜、间歇操作，设备投资大，生产能力低，对单烷化的选择性差，此工艺已被淘汰。

(2) 临氢烷化法

在 Pd/C、骨架镍及过渡金属负载型催化剂和氢气存在下，芳胺与乙醇的 N-乙基化反应按图 10-1 的历程进行。

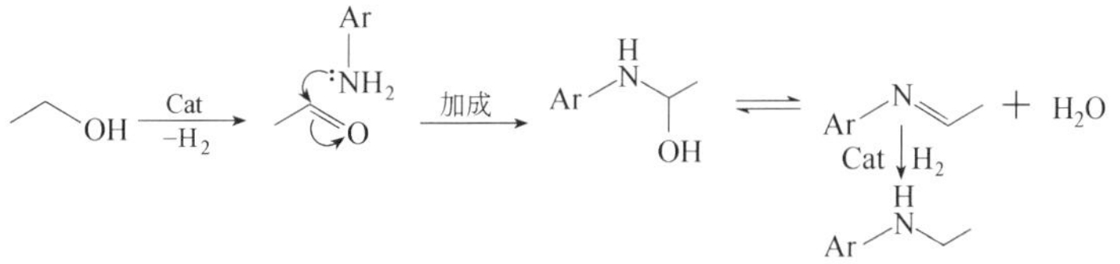

图 10-1　芳胺与乙醇的临氢烷基化

此法对芳胺的单烷基化有很高的选择性，因为所用催化剂具有催化加氢的功能，因此也可以用芳香族硝基化合物为起始原料，例如大连理工大学吴祖望等人将间硝基甲苯、氢气和乙醇在骨架镍存在下进行临氢还原烷化，间甲苯胺的转化率大于 97%，N-乙基间甲苯胺的选择性可达 95%，此法也可用于从 3-(β-羟乙基砜基)硝基苯制备 3-(β-羟乙基砜基)-N-乙基苯胺。

Yoshihisa Watanabe 等报道：芳伯胺和伯醇在钌配合物催化剂前体的作用下，在 150～180℃进行 N-烷化时，用等摩尔比的伯醇可得到高收率的 N-单烷基芳胺，用过量的醇则主要得到 N,N-二烷基芳胺。同样，在临氢条件下，钯、铑、铱等贵金属配合物，均能高效催化芳胺与醇的 N-烷化。

(3) 电解 N-烷化法

Ohtani B. 等报道：苯胺和乙醇在电解槽中在一定条件下反应，可得到 N-乙基苯胺，收率可达 91%～96%，电流效率可达 65%。

10.2.1.2　气-固相接触催化烷化法

气-固相接触催化 N-烷化的催化剂主要有两大类。第一类是沸石分子筛、氧化铝等，例如 γ-氧化铝是工业上常用的 N,N-二烷基化催化剂，其催化机理是酸催化下醇的氨解。第二类是金属或金属氧化物负载型催化剂（Cu-Zn/γ-Al$_2$O$_3$），催化机理类似于临氢 N-烷化，反应条件温和，而且单烷化产物的选择性远高于沸石分子筛，这也是普遍采用此类催化剂的缘由。沸石分子筛的优点是不需要临氢操作，催化剂费用低，可在接近常压下操作，连续化生产，生产能力大，副产物少，收率高，产品纯度高，废水少，生产成本低。

蓟州区化工总厂年产 N,N-二甲基苯胺 6000t，采用南开大学与天津瑞凯科技发展有限公司并发的新型纳米型催化剂，苯胺转化率接近 100%，N,N-二甲基苯胺选择性 95% 以上。

苯胺与甲醇制 N-甲基苯胺工业上大多采用铜基催化剂。宁波师范学院章哲彦等人开发了 C 系列催化剂，在制备 N-甲基苯胺时，甲醇/苯胺（摩尔比）2：3，温度 230℃，空速 0.73h^{-1}，苯胺转化率 93.3%，N-甲基苯胺选择性 96.7%。C 系列催化剂用于制备 N-乙基苯胺时，苯胺转化率 92.0%，N-乙基苯胺选择性 82.7%。

关于用间甲苯胺与乙醇的气相单烷基化制 N-乙基间甲苯胺，太原化工集团公司用固载金属氧化物作催化剂前体，在列管式反应器中，在 230～250℃先用乙醇还原，然后醇/胺按 1.4：1 的摩尔比在 230～235℃通过催化剂，间甲苯胺转化率 95.3%，N-乙基间甲苯胺选择性 85.8%，副产少量乙酸乙酯。宁波师范学院章哲彦等研究的 ZAC-02 催化剂，曾进行中试，在 270℃，间甲苯胺转化率 84% 时，N-乙基间甲苯胺选择性 96%。湘潭大学化工学院研究的复合金属氧化物催化剂，小试醇/胺按 5：1 的摩尔比，在 250℃通过催化剂，间甲苯胺转化率 96% 以上，N-乙基间甲苯胺选择性 93% 以上，有工业化前景。

10.2.2　用卤烷的 N-烷化

10.2.2.1　烷化剂

卤烷是传统的烷化剂，但烷化反应是串联反应，反应的选择性差，且有大量含盐废水生成，污染严重。只有当相应的醇不易获得时，才考虑用卤烷作烷化剂，例如氯苄和氯乙酸等。

卤烷是比醇类活泼的烷化剂，对于某些难烷化的芳胺，常常用卤烷作烷化剂。例如间氨基苯磺酸的 N,N-二乙基化，N-酰基芳胺的 N-烷化等。当烷基相同时，各种卤烷的活泼性次序是：R—I＞R—Br＞R—Cl；当烷基不同时，卤烷的活泼性随烷基碳链的增长而减弱。

在各种卤烷中，氯烷价廉易得，是最常用的烷化剂，例如氯甲烷和氯乙烷等。当氯烷不够活泼时，才使用溴烷，例如溴代十八烷。苯胺和各种甲苯胺的 N,N-二乙基化，在生产规模不大时，常用溴乙烷作烷化剂。碘烷非常贵，只用于制备季铵盐和质量要求很高的烷基芳胺。

10.2.2.2　主要影响因素

(1) 烷化剂用量

由于以卤烷为烃化剂的 N-烃化是不可逆的串联反应，所以烃化剂与芳胺的摩尔比能极大地影响仲胺和叔胺的选择性，如下式所示

$$ArNH_2 + Alk—X \longrightarrow ArNHAlk + HX \tag{10-1}$$

$$ArNHAlk + Alk—X \longrightarrow ArN(Alk)_2 + HX \tag{10-2}$$

在生产仲胺时，为了抑制串联副反应，卤烷与芳胺的摩尔比通常少于 1，所余芳伯胺回收套用；而稍过量的卤烷就能高收率地产出叔胺。

(2) 缚酸剂

用卤烷烷化时生成的卤化氢会与芳胺成盐，而芳胺的盐难于烷化，因此，在 N-烷化时通常要加入与卤烷等当量的缚酸剂，例如 NaOH、Na$_2$CO$_3$、NaHCO$_3$、Ca(OH)$_2$ 和 MgO等。但是，用活泼的卤烷，在无水状态下烷化时可以不加缚酸剂，烷化完毕后，再用碱处理，得到游离胺。这种方法可以避免卤烷的水解。

(3) 温度和压力

卤烷是比较活泼的烷化剂，烷化温度一般不超过 100℃，而且常常可以在水介质中烷化。但是当芳环上有吸电基时，则需要较高的烷化温度。当使用低沸点的卤烷（例如氯甲烷和氯乙烷）时，N-烷化反应要在高压釜中进行。

(4) 相转移催化剂

例如 1,8-萘内酰亚胺，由于分子中羰基的吸电效应，使氮原子上电子云密度降低，很难 N-烷化。但 N 上氢酸性增强，易与氢氧化钠或碳酸钠形成钠盐。

$$
\begin{array}{c}
\text{O=C—N—H} \\
\end{array}
+ \text{NaOH} \rightleftharpoons
\begin{array}{c}
\text{O=C—N}^{-}\text{Na}^{+} \\
\end{array}
+ \text{H}_2\text{O}
\qquad (10\text{-}3)
$$

因此，可以利用相转移催化剂，使 1,8-萘内酰亚胺负离子与季铵正离子形成离子对，萃取到有机相，在温和的条件下与溴乙烷或氯苄反应。当用氯丙腈作烷化剂时，为了避免水解副反应，可以用无水碳酸钠使 1,8-萘内酰亚胺形成钠盐，并且用能使钠离子溶剂化的溶剂（例如 N-甲基-2-吡咯烷酮），以利于 1,8-萘内酰亚胺负离子被季铵正离子带入有机相（固-液相转移催化）。

10.2.2.3 重要实例

(1) N,N-二乙基间氨基苯磺酸钠

在镀银高压釜中加入间氨基苯磺酸钠水溶液和氯乙烷，两者的摩尔比为 1：(2.8～3.1)，密闭，升温至釜内压力升至 1.4～1.5MPa，用高压计量泵逐渐打入氢氧化钠水溶液，保持反应液呈近中性，最后升温至 130～140℃，压力 2.0～2.5MPa，直到反应液中游离胺含量下降至 3g/L 以下，将烷化液用氢氧化钠水溶液处理，静置分层，下层为 NaOH-NaCl水溶液，上层为 N,N-二乙基间氨基苯磺酸钠水溶液，分出后可直接用于碱熔制 N,N-二乙基间羟基苯胺。

(2) N-乙基-N-苄基苯胺

向质量分数 59% N-乙基苯胺、40% N,N-二乙基苯胺和 1% 苯胺的混合物中滴加过量5% 的氯苄，并随时滴加氢氧化钠水溶液，调整成碱性，然后在 100℃ 保温 12h，静置，分去水层后，减压蒸馏，即得到 N,N-二乙基苯胺和 N-乙基-N-苄基苯胺两个产品。按 N-乙基苯胺计，目标产物的理论收率 92%。

10.2.3 用酯类的 N-烷化

硫酸二烷基酯、芳磺酸烷基酯和磷酸三烷基酯等强酸的烷基酯都是活泼的 N-烷化剂。这类烷化剂的沸点都很高，N-烷化可以在常压和不太高的温度下进行。但是酯的价格比相应的卤烷或醇贵得多，因此它们主要用于制备价格贵、产量小的 N-烷化产物。

其中，硫酸二甲酯是常用的甲基化试剂，使用硫酸二甲酯的 N-甲基化，一般是在水介质中缚酸剂存在下进行，或者在无水有机溶剂中进行。反应温度都不太高。硫酸二甲酯进行 N-甲基化的选择性高，能选择性实现含有酚羟基的芳胺的 N-甲基化，或选择性使多元芳胺中电子云密度最高的氨基甲基化。例如：

$$(10\text{-}4)$$

医药中间体

$$(10\text{-}5)$$

硫酸二甲酯是剧毒物，能通过呼吸道或皮肤接触使人中毒或致死，因此近些年来人们用碳酸二甲酯代替硫酸二甲酯进行 N-甲基化，尽管反应活泼性低，但碳酸二甲酯是绿色甲基化试剂。

10.2.4 用环氧化合物的 N-烷化

最重要的环氧化合物是环氧乙烷（沸点 10.73℃），其次是环氧丙烷（沸点 33.9℃）。它们都容易与氨基氮原子发生亲电加成 N-烷化反应。

环氧乙烷与芳伯胺的反应式如下：

$$\mathrm{ArNH_2} \xrightarrow[k_1]{\overset{\mathrm{CH_2-CH_2}}{\underset{O}{}}} \mathrm{ArNHCH_2CH_2OH} \xrightarrow[k_2]{\overset{\mathrm{CH_2-CH_2}}{\underset{O}{}}} \mathrm{ArN(CH_2CH_2OH)_2} \qquad (10\text{-}6)$$

上述反应又称作"N-羟乙基化"。由于一羟乙基化和二羟乙基化的反应速率常数 k_1 和 k_2 一般相差不大，因此在用芳伯胺与环氧乙烷反应制 N-单-β-羟乙基衍生物时，就是使用低于理论量的环氧乙烷，也容易生成一定数量的 N,N-双-β-羟乙基衍生物。为了制得较纯的 N-单-β-羟乙基衍生物，必须严格控制反应条件，确保较低的单程转化率。

在用芳伯胺与环氧乙烷制备 N,N-双-β-羟乙基衍生物时，或用 N-烷基芳仲胺与环氧乙烷制备 N-烷基-N-β-羟乙基衍生物时，也必须严格控制环氧乙烷的用量，因为过量的环氧乙烷有可能生成 N-聚乙二醇衍生物。

$$\mathrm{ArN(CH_2CH_2OH)_2} + 2n\ \overset{\mathrm{CH_2-CH_2}}{\underset{O}{}} \longrightarrow \mathrm{ArN[(CH_2CH_2O)_nCH_2CH_2OH]_2} \qquad (10\text{-}7)$$

N-羟乙基化的难易与氨基氮原子的碱性有关。氮原子的碱性越强，其亲核能力越强，亲核加成反应越容易进行。脂肪胺碱性较强，较易 N-羟乙基化，不需用酸性催化剂。芳胺碱性较弱，较难 N-羟乙基化，一般要用酸性催化剂，常用的酸可以是盐酸或乙酸，它们的作用是生成亲电试剂 $^+\mathrm{CH_2CH_2OH}$。

$$\overset{\mathrm{CH_2-CH_2}}{\underset{O}{}} \xrightarrow[\text{质子化}]{\mathrm{H^+}} \overset{\mathrm{CH_2-CH_2}}{\underset{\overset{+}{O}H}{}} \xrightarrow{\text{开环}} {}^+\mathrm{CH_2CH_2OH} \qquad (10\text{-}8)$$

对于苯胺的苯环上有供电基的苯胺衍生物，羟乙基化可在较低的温度（5～75℃）下进行，甚至可在常压下向反应液中通入环氧乙烷气体进行羟乙基化。对于苯环上有吸电基的苯胺衍生物，羟乙基化要在较高的温度下（90～150℃）进行。

环氧乙烷的沸点只有 10.73℃，通常是将环氧乙烷气体慢慢通入高压釜中，在 0.2～0.6MPa 进行反应。

环氧乙烷的爆炸限很宽（空气的体积分数 3%～98%），所以在向反应器中通入环氧乙烷以前或以后，都必须用氮气置换出反应器中的空气或环氧乙烷气体。

利用环氧乙烷 N-烷化制得的典型中间体如下所示。

某些叔胺与环氧乙烷作用可以制得季铵盐，例如：

$$
\underset{CH_3}{\overset{CH_3}{C_{18}H_{37}-N:}} \xrightarrow[\substack{异丙醇介质 \\ 45\sim55℃}]{HNO_3} \left[\underset{CH_3}{\overset{CH_3}{C_{18}H_{37}-N-H}}\right]^{+} NO_3^{-} \xrightarrow[\substack{异丙醇介质 \\ (9\pm5)℃, 约0.3MPa}]{CH_2-CH_2 \ O} \left[\underset{CH_3}{\overset{CH_3}{C_{18}H_{37}-N-CH_2CH_2OH}}\right]^{+} NO_3^{-}
$$

(10-9)

此类产品是合成纤维和塑料的静电消除剂和聚丙烯腈纤维的染色匀染剂。

10.2.5 用烯烃的 N-烷化

当烯烃分子中烯双键的 α 位没有吸电基时，芳伯胺的 N-烷化很难进行，而芳环上的 C-烷化则较易进行（见 10.4.2）。但是当烯双键的 α 位有吸电基，例如氰基、羰基、羧基、羧酸酯基，则较易发生 N-烷化反应。最常用的烯烃类 N-烷化剂是丙烯腈和丙烯酸甲酯。

丙烯腈分子中氰基的吸电作用可以使双键中 β 位碳原子带有部分正电荷，较易与氨基氮原子发生亲电加成反应，即 Aza-Michael 加成。

$$
\overset{\delta^+}{CH_2}=CH-C\equiv N^{\delta^-}
$$

丙烯腈（沸点 77.3℃）是较弱的 N-烷化剂，通常需要加入酸性催化剂或碱性催化剂。最常用的酸催化剂是无水三氯化铝、乙酸、盐酸、硫酸、硫酸铜、氯化锌和三氯化铁等。最常用的碱催化剂是三甲胺或三乙胺。丙烯腈容易发生自身聚合副反应，有时需要加入对苯二酚等自由基聚合阻聚剂。

芳伯胺单氰乙基化比二氰乙基化的反应速率常数大得多（$k_1 \gg k_2$）。

$$
Ar-NH_2 \xrightarrow[k_1]{CH_2=CHCN} \underset{H}{Ar-N-CH_2CH_2CN} \xrightarrow[k_2]{CH_2=CHCN} Ar-N(CH_2CH_2CN)_2 \tag{10-10}
$$

因此，控制适当的反应条件，可以得到高收率的单氰乙基化产物。

例如，苯胺与丙烯腈以 1:(1.2～1.3) 的摩尔比，在少量盐酸、对苯二酚和水的存在下，回流 30h，可得到 N-氰乙基苯胺，收率 90%～96%。加入氯化锌可缩短反应时间。赵莹等提出，芳胺的 N-氰乙基化用无水三氯化铝效果好。

用过量的丙烯腈可以在氮原子上引入两个氰乙基，例如苯胺与丙烯腈按 1:(2.5～2.8) 的摩尔比。在氯化铜和乙酸存在下，90～110℃ 回流，或在高压釜中在 120～140℃ 反应，可制得 N,N-二(氰乙基)苯胺。

用丙烯酸甲酯（沸点 80.5℃）可以在氨基氮原子上引入一个或两个 β-甲氧基羰基乙基（—CH_2CH_2COOCH_3）：

$$Ar-NH_2 \xrightarrow[k_1]{CH_2=CHCOOCH_3} Ar-N-CH_2CH_2COOCH_3 \xrightarrow[k_2]{CH_2=CH_2COOCH_3} Ar-N(CH_2CH_2COOCH_3)_2$$
$$\underset{H}{|}$$

$$(10-11)$$

其反应条件与用丙烯腈的 N-烷化相似,例如苯胺与丙烯酸甲酯按 $1:(3\sim4)$ 的摩尔比,在乙酸和对苯二酚存在下,在高压釜中,在 $120\sim125℃$ 反应,可制得 N,N-二(β-甲氧基羰基乙基)苯胺。然而脂肪伯胺与丙烯腈或丙烯酸甲酯的 N-烷化极易发生,在室温下不加催化剂就可得到二加成产物。

10.2.6　N-芳基化(芳氨基化)

芳伯胺 $ArNH_2$ 与含有反应性基团的芳香族化合物 $Ar'-Y$ 相作用生成二芳基仲胺的反应称作 N-芳基化或芳氨基化。其反应通式如下:

$$Ar-NH_2+Y-Ar' \longrightarrow Ar-NH-Ar'+HY \qquad (10-12)$$

$Ar'-Y$ 中的 Y 可以是 Cl、Br、NH_2、OH、NO_2 或 SO_3H 等。考虑到 $Ar'-Y$ 的结构常常比 $Ar-NH_2$ 的结构复杂得多,通常把这类反应称作芳氨基化。

10.2.6.1　卤素化合物的芳氨基化

卤素化合物的芳氨基化反应的通式可表示如下:

$$Ar'-X+H_2N-Ar \longrightarrow Ar'-NH-Ar+HX \qquad (10-13)$$

式中的 X 可以是 Cl 或 Br。在这类反应中,$Ar-NH_2$ 是亲核试剂,$Ar'-X$ 是亲电试剂。因此,在 $Ar'-X$ 中,芳环的电子云密度越低,反应越容易进行。一般地,在卤基的邻位或对位有硝基、磺酸基或羰基等吸电基时,卤基较活泼,反应较易进行。常用的卤素化合物如下:

① **硝基氯苯的衍生物**　如邻硝基氯苯、对硝基氯苯、2-氯-5-硝基苯磺酸、2,4-二硝基氯苯、邻氯苯甲酸等,它们主要用于制备二苯胺衍生物。

② **苯系溴或碘衍生物**　如 4-甲氧基溴苯、4-三氟甲基溴苯、4-三氟甲基碘苯、对甲基碘苯等。

③ **四氯苯醌**　主要用于制备含有两个芳氨基的染料中间体。

④ **蒽醌系和稠环系的氯衍生物和溴衍生物**　如 1,4,5,8-四氯蒽醌、1-氨基-4-溴蒽醌-2-磺酸(溴氨酸)、3-溴苯绕蒽酮和 3,9-二溴苯绕蒽酮等。主要用于制备含芳氨基或含氮杂环的蒽醌系染料和稠环系染料。

为了消除反应生成的 HCl、HBr 或 HI 的不利影响,通常要加入缚酸剂,常用的缚酸剂有 MgO、Na_2CO_3、K_2CO_3、CH_3COONa 等。如果芳环上的卤素不够活泼、所用芳胺不够活泼或要求反应在较温和的条件下进行时,还需要加入催化剂,最常用的催化剂是硫酸铜、氯化亚铜和铜粉。当反应较难进行时,甚至需要在无水和高温(200℃左右)下,在惰性溶剂中反应,或是无溶剂固相反应。为了简化产品的分离精制,卤素衍生物和芳伯胺的摩尔比接近 1:1。但是,如果芳伯胺的分子量比较小,沸点比较低,也可以用过量较多的芳伯胺作溶剂,反应完毕后再回收。

如图 10-2 所示,为了使对硝基氯苯的芳氨基化反应能在温和的条件下按计量比反应,可以其磺酸衍生物为原料以提高其反应活泼性,反应后经铁粉还原和磺酸的酸性水解得到 4,4'-二氨基二苯胺。

事实上,对硝基氯苯与过量苯胺的芳氨基化则需要在无水状态下,在氧化铜和碳酸钾的存在下在170℃→215℃下常压反应14h，4-硝基二苯胺的收率可达90.6％。

另外，以氯化亚铜和1,10-邻菲咯啉催化剂和固体氢氧化钾缚酸剂存在下，由二苯胺及其衍生物与对甲基碘苯反应，可制得4-甲基三苯胺、4,4′-二甲基三苯胺或4,4′,4″-三甲基三苯胺，产品用于制备电荷传输材料。

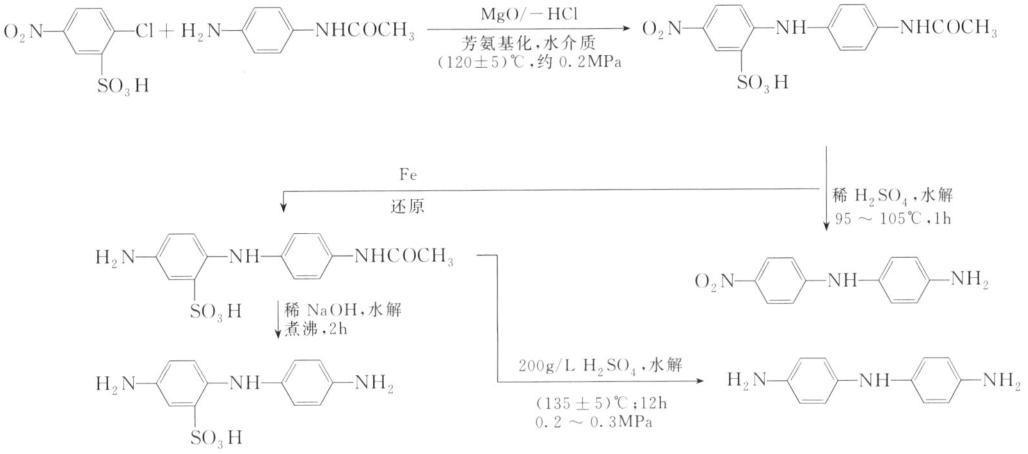

图10-2 2-氯-5-硝基苯磺酸与对氨基乙酰苯胺的芳氨基化及其衍生化

溴氨酸与苯胺在水介质中，在碳酸钠和硫酸铜的存在下，在80～95℃反应5h，可制得酸性蒽醌艳蓝（C.I.酸性蓝25）。

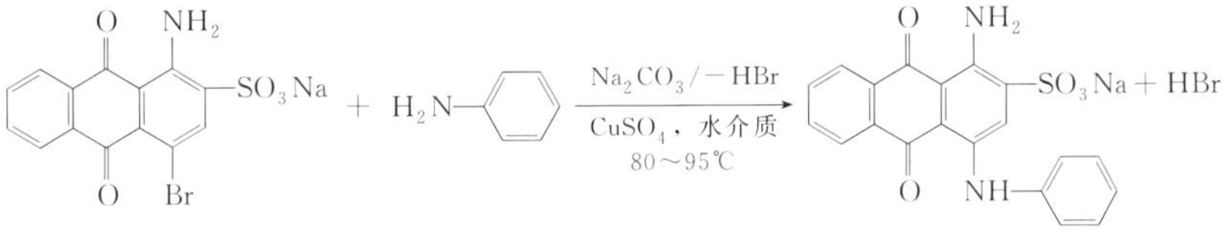

(10-14)

10.2.6.2 芳伯胺的芳氨基化

芳伯胺的芳氨基化反应的通式可表示如下：

$$Ar'-NH_2 + H_2N-Ar \longrightarrow Ar'-NH-Ar + NH_3 \qquad (10-15)$$

通式中的两个芳伯胺可以相同，也可以不同，其中沸点较低的一种芳伯胺常常要过量很多倍，以利于使沸点较高的另一种芳伯胺反应完全，并缩短反应时间。反应完毕后，过量的沸点较低的芳伯胺可以回收使用，有时过量的芳伯胺还起着溶剂或介质的作用。

这类反应通常是在酸性催化剂的存在下进行的。有时甚至要用适量的酸来中和反应生成的氨。常用的酸性催化剂有：盐酸、硫酸、磷酸、对氨基苯磺酸、三氯化铝、三氟化硼及其配合物、氟硼酸铵、三氯化磷和亚硫酸氢钠等。

(1) 二苯胺

由两分子苯胺相反应而得，其反应式如下：

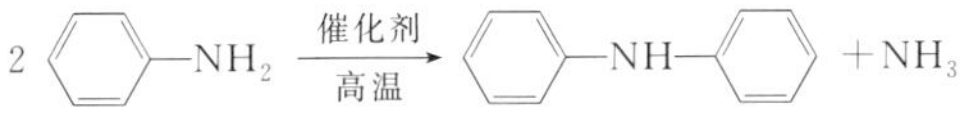

(10-16)

工业上最初采用苯胺盐酸盐法、液相三氯化铝催化法，后来又开发了气-固相三氯化铝催化法、气-固相氧化铝催化法、液相氟硼酸铵催化法、液相氟硼酸配位盐催化法、苯胺和苯酚脱水法和苯酚氨解联产苯胺和二苯胺等多种方法。

气-固相氧化铝催化法采用固定床反应器，在400～465℃，常压至微压下接触时间90s，在450℃时苯胺转化率44％，二苯胺收率98％。20世纪80年代已在日本、美国等国工业化。

抚顺石油化工研究院开发了 FD-20 催化剂，活性组分是氢型改性 β 沸石，用固定床反应器，在临氢状态下，在 4.0MPa 和 320℃，苯胺以 $0.2h^{-1}$ 的空速通过催化剂，苯胺转化率 24%，二苯胺选择性 99.3%，催化剂寿命可达 1580h，达到国际先进水平，已在海安化肥厂投产，生产能力 2000t/a。

2021 年天津大学陈立功课题组报道了以硝基苯、环己酮、苯酚为原料，以 Pd-Ni 二元催化剂催化，高选择性地得到了二苯胺。

(2) N-苯基-1-萘胺-8-磺酸（苯基周位酸）

将 1-萘胺-8-磺酸、苯胺和浓硫酸按 1:7.4:0.3 的摩尔比，在 155～160℃ 反应 10h，然后在减压下蒸出大部分苯胺，然后将剩余反应物用水稀释、中和，用水蒸气蒸出残余的苯胺，用活性炭脱色、用精盐盐析，即得到目的产物，收率约 90%。

$$\text{HO}_3\text{S} \quad \text{NH}_2 \xrightarrow{\quad H_2N \quad / \quad NH_3 \quad} \text{HO}_3\text{S} \quad \text{NH—C}_6\text{H}_5 \tag{10-17}$$

(3) N-苯基-2-氨基-5-萘酚-7-磺酸（N-苯基 J 酸）

将 2-氨基-5-萘酚-7-磺酸（J 酸）、苯胺和亚硫酸氢钠按 1:1.77:1.70 的摩尔比，在水中于 104～106℃ 回流 6h 用浓硫酸酸化，除去二氧化硫，过滤出产品，水洗后即为工业品苯基 J 酸，过滤母液含有未析出的苯基 J 酸，未反应的 J 酸与过量的苯胺，调整酸度后可反复使用三次。此法与只用稍过量苯胺的传统方法相比，可缩短反应时间、降低原料消耗定额、提高产品纯度。

$$\text{HO}_3\text{S} \quad \text{NH}_2 + H_2N \quad \xrightarrow{\text{NaHSO}_3 \text{ 催化}} \text{HO}_3\text{S} \quad \text{NH} \quad + NH_3 \tag{10-18}$$

10.2.6.3 酚类的芳氨基化

酚类芳氨基化反应的通式可表示如下：

$$Ar'-OH + H_2N-Ar \longrightarrow Ar'-NH-Ar + H_2O \tag{10-19}$$

常用的酚类有苯酚、间苯二酚、对苯二酚、2-萘酚和 1,4-二羟基蒽醌等。这类反应是在酸性催化剂的存在下，高温下完成的。

(1) 2-甲基-3′-羟基二苯胺

将间苯二酚与过量的邻甲苯胺在催化剂存在下，在 260℃ 反应，然后蒸出过量的邻甲苯胺，粗品经碱洗、水洗、脱水得到工业品。使用沈阳化工研究院新研制的 DW-8 型催化剂，以间苯二酚计，产品的理论收率可提高到 97%。

$$\text{HO} \quad \text{OH} + H_2N \quad \text{CH}_3 \xrightarrow[\text{260℃}]{\text{催化剂}} \text{HO} \quad \text{NH} \quad \text{CH}_3 + H_2O \tag{10-20}$$

(2) 2-氯-4′-羟基二苯胺

将对苯二酚与邻氯苯胺按 1:(1.0～1.1) 的摩尔比在邻二氯苯中和磷酸的存在下，在 170℃ 反应 8h，然后用水蒸气蒸出邻二氯苯和过量的邻氯苯胺，将析出的粗产品进行减压蒸馏即得到工业品。以对苯二酚计产品的理论收率可达 95.8%。

$$\text{HO} \quad \text{OH} + H_2N \quad \text{Cl} \longrightarrow \text{HO} \quad \text{NH} \quad \text{Cl} + H_2O \tag{10-21}$$

10.2.7　N-烃化反应发展趋势

近年来，人们主要围绕新型催化剂、新合成方法及其应用进行研究并取得了一定的进展。

开发了高效、高选择性和可再生的 N-烃化反应催化剂。其中，过渡金属配合物作为第一候选催化剂已受到了广泛的关注，并可以通过调控金属和配体的种类和结构来调节催化剂的稳定性、转化数和选择性。近年来，由于 Ru、Ir 和 Pd 等贵金属的奇高价格、毒性和稀缺性，人们也加强了对价廉易得过渡金属（如 Fe、Co、Ni 等）催化剂的开发和性能优化，并取得令人鼓舞的成就。此外，基于有机小分子的无金属催化也得到了人们的普遍关注，List 等人因此获得了 2021 年的诺贝尔化学奖。在非均相催化剂方面，通过进一步调控和优化金属与载体的相互作用，分子筛、石墨烯碳材料的掺杂改性等使得新型催化剂获得了快速发展，有望在 N-烃化反应中找到实际应用。另外，通过选择适宜的催化剂和控制反应条件，也能实现 N-基团的有序烃基化，这对于复杂分子的构建以及多步串联反应的顺序控制具有重要意义。

开发新型的 N-烃化方法也是精细有机合成中的重要课题。近年来，研究人员致力于发展可持续、更加高效且对环境友好的 N-烃化方法，如以一氧化碳、二氧化碳及生物质等为烃基化试剂的来源；以硅烷或硼烷作为还原剂的烃化方法具有反应条件温和的优点和巨大的应用前景。另外，开发长寿命、能再生的催化剂，建立无溶剂或溶剂能循环使用，能源能综合利用的清洁绿色 N-烃化方法依然是 N-烃化反应的重要发展方向。

N-烃化反应在天然产物合成中也扮演着重要的角色。运用 N-烃化反应可以实现复杂分子的构建和合成步骤的简化。此外，开发新的 N-烃化方法和策略，以应用于天然产物合成和新药创制也是当前的研究热点。

10.3　O-烃化

醇羟基或酚羟基的氢被烃基取代生成二烷基醚、烷基芳基醚或二芳基醚的反应称作 O-烃化，其中包括 O-烷化（亦称烷氧基化）和 O-芳基化（亦称芳氧基化）两类。

10.3.1　用醇类的 O-烷化

两个分子相同的醇脱水可以制得对称二烷基醚，例如甲醚、乙醚、丙醚、异丙醚、正丁醚、正戊醚、异戊醚和正己醚等。但是这些醚也可以采用醇与相应的烯烃或氯烷反应而得。

甲醇和乙醇能对活泼的酚进行 O-烷化，典型案例如下。

(1) 间甲基苯甲醚

将间甲酚和甲醇按 1∶4 的摩尔比配成混合液，在 225℃ 和压力下流经高岭土（硅酸铝）催化剂，间甲酚的转化率可达 65%，间甲基苯甲醚的选择性 90%。

$$\text{(间甲酚)} + CH_3OH \longrightarrow \text{(间甲基苯甲醚)} + H_2O \tag{10-22}$$

(2) 对羟基苯甲醚

将对苯二酚、甲醇、硫酸和碘化氢以 1∶13.6∶0.22∶0.01 的摩尔比回流 4h，在反应过程滴加 0.13mol 双氧水，对苯二酚的转化率可达 68.98%，对羟基苯甲醚的选择性 93.77%。对苯二酚如果用硫酸二甲酯进行单甲基化，则产品收率只有 47.18%。

$$\text{对苯二酚} + CH_3OH \xrightarrow[HI, H_2O_2]{H_2SO_4} \text{对羟基苯甲醚} + H_2O \tag{10-23}$$

(3) β-萘甲醚

2-萘酚与甲醇在浓硫酸存在下 *O*-烷化制 β-萘甲醚收率只有 62%～72%。但是加入 4A 分子筛，β-萘甲醚的收率可提高到 90%，并可减少硫酸的用量。

10.3.2 用卤烷的 *O*-烷化

用卤烷的 *O*-烷化是亲核取代反应，卤烷是亲电试剂，对于底物醇或酚而言，它们的负离子 R—O⁻ 的反应活性远远大于醇或酚本身的活性。因此，通常都是先将醇或酚与氢氧化钠、氢氧化钾或金属钠相作用生成醇钠或酚钠，然后再与卤烷反应。

当酚和卤烷都比较活泼时，*O*-烷化可以在水介质中进行，必要时可加入相转移催化剂。当醇和卤烷都不活泼时，要先将醇制成醇钠或醇钾，再与卤烷反应，以避免卤烷的水解副反应。但是，在个别情况下，可不用缚酸剂，而改用酸性催化剂。

由于氯烷价廉易得，工业上一般都用氯烷。当氯烷不够活泼时则使用溴烷。卤烷的种类很多，应用范围很广。

(1) 用氯甲烷的 *O*-烷化

在高压釜中加入氢氧化钠水溶液和对苯二酚，压入氯甲烷（沸点 −23.7℃）气体，密闭，逐渐升温至 120℃ 和 0.39～0.59MPa，保温 3h，直到压力下降至 0.22～0.24MPa 为止。产品对苯二甲醚的收率可达 83%。

$$\text{对苯二酚} \xrightarrow[-2H_2O]{2NaOH} \text{对苯二酚钠} \xrightarrow[-2NaCl]{2CH_3Cl} \text{对苯二甲醚} \tag{10-24}$$

在 *O*-甲基化时，为了避免使用高压釜，或者为了使反应在温和的条件下进行，常常改用碘甲烷（沸点 42.5℃）或硫酸二甲酯或苯磺酸甲酯作 *O*-甲基化剂。

(2) 用氯乙酸的 *O*-烷化

将苯酚、氯乙酸和氢氧化钠（摩尔比 1：2：3）在甲苯-水介质中在相转移催化剂的存在下，在 85℃ 反应 6h，分离出水相，用盐酸酸化，即析出苯氧乙酸，收率 84%。

$$\text{苯酚} + ClCH_2COOH + 2NaOH \xrightarrow[85℃, 6h]{\text{甲苯-水介质，相转移催化剂}} \text{苯氧乙酸钠} + 2H_2O + NaCl \tag{10-25}$$

用此法可合成 4-氯苯氧乙酸、2,4-二氯苯氧乙酸、4-甲基苯氧乙酸和萘氧乙酸等一系列植物生长调节剂。

(3) 用 3-氯丙烯的 *O*-烷化

3-氯丙烯在碱性条件下可以只发生氯基置换反应而不影响双键。

例如，将苯酚、甲醇钠的甲醇溶液和少量碘化钠放于反应器中，在 40～50℃ 滴加 3-氯丙烯，然后在 50℃ 保温 1h，在 60℃ 保温 6h，可制得丙烯基苯基醚。

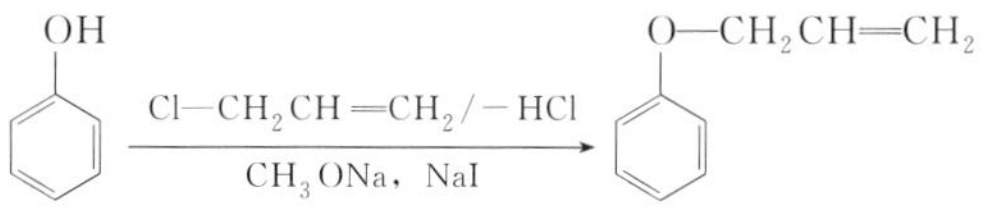

$$\text{(10-26)}$$

由于苯酚的酸性强于甲醇，在甲醇钠作用下生成酚钠，而酚氧负离子比甲醇的活性高得多，所以甲醇不发生 O-烷化反应，碘化钠的催化作用可能使 3-氯丙烯转变成活泼的 3-碘丙烯，因为碘并不消耗，所以只用很少量的碘化钠。

（4）用环氧氯丙烷的 O-烷化

环氧氯丙烷分子中的氯和环氧基都很活泼，为了提高 O-烷化的选择性，就需要抑制环氧加成开环的副反应，需要很温和的反应条件，有时甚至需要用路易斯酸催化剂。例如：

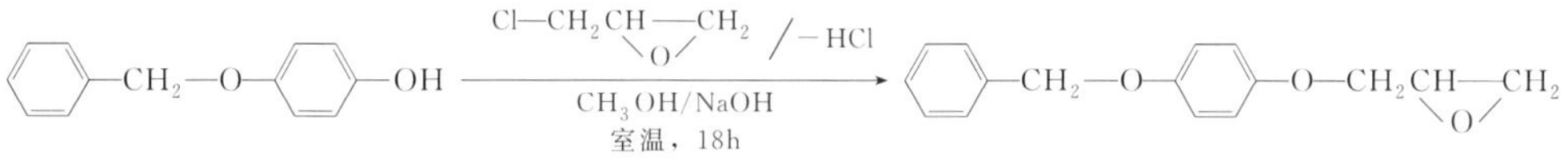

$$\text{(10-27)}$$

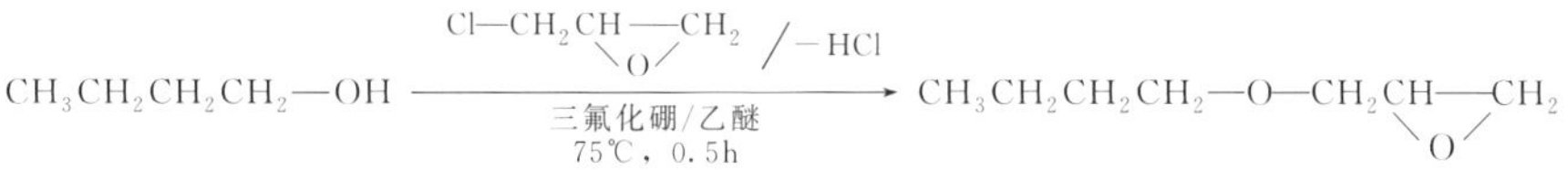

$$\text{(10-28)}$$

10.3.3 用酯类的 O-烷化

硫酸酯和芳磺酸酯是传统的活泼烷化剂，可以在高温和常压下使用，对于规模小、附加值高的产品，常常使用这类烷化剂，尤其是硫酸二甲酯。例如：

$$\text{(10-29)}$$

然而这类烷化剂有基因毒性，在药物等合成中已限制其使用，用碳酸二烷基酯，尤其是碳酸二甲酯代替。

10.3.4 用环氧烷类的 O-烷化

（1）反应历程

醇或酚用环氧乙烷的 O-烷化是在醇羟基或酚羟基的氧原子上引入羟乙基。这类反应是在酸或碱的催化作用下完成的。其反应历程如图 10-3、图 10-4 所示。

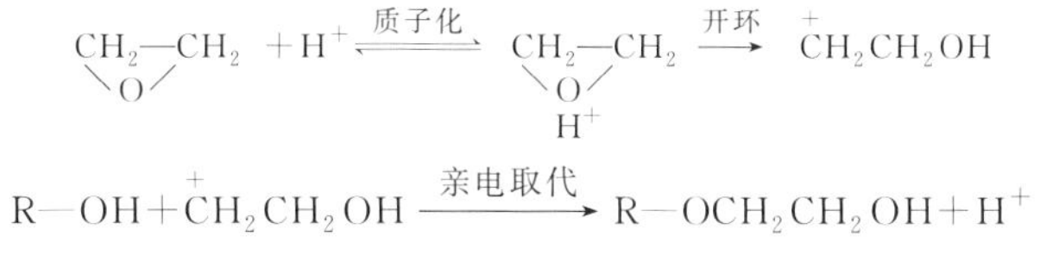

图 10-3　环氧乙烷酸催化亲核加成机理

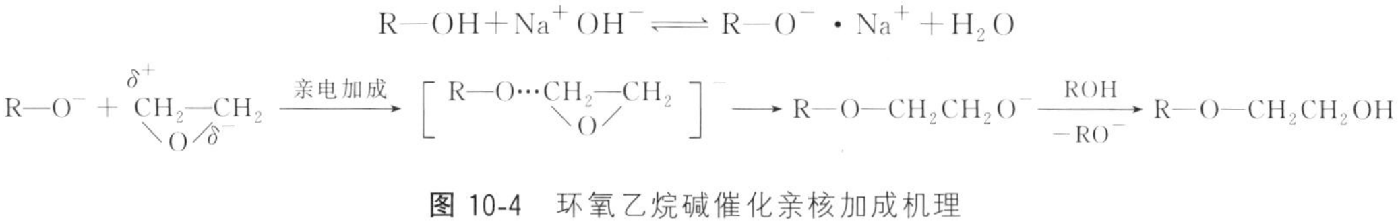

图 10-4　环氧乙烷碱催化亲核加成机理

（2）产品类型

醇或酚在羟乙基化时，生成的一乙二醇单醚中的醇羟基还可以与环氧乙烷作用生成二乙二醇单醚、三乙二醇单醚等含有不同个数羟乙基（亦称氧乙烯基）的聚乙二醇单醚，它们也称作聚氧乙烯醚，因此反应产物总是混合物。

$$R-OH \xrightarrow{C_2H_4O} R-O-CH_2CH_2OH \xrightarrow{C_2H_4O} R-O-CH_2CH_2O-CH_2CH_2OH$$

$$\xrightarrow{(n-2)C_2H_4O} R-O(CH_2CH_2O)_n H \tag{10-30}$$

另外，醇或酚与环氧丙烷反应时，可在羟基氧原子上引入一个或几个 1-甲基羟乙基（亦称氧丙烯基）而生成 1,2-丙二醇的单醚。

$$R-OH \xrightarrow{C_3H_6O} R-O-CH_2\underset{\underset{CH_3}{|}}{C}HOH \xrightarrow{(n-1)C_3H_6O} R-O(CH_2\underset{\underset{CH_3}{|}}{C}HO)_n H \tag{10-31}$$

(3) 催化剂

对上述反应催化剂的要求是活性高、选择性好（分子量分布窄）、热稳定性好、易分离、无毒、无腐蚀性、成本低。酸性催化剂的类型很多，对于低碳醇的多羟乙基化，我国开发的酸性催化剂有南开大学的改性 ZSM-5 分子筛、天津石油化学公司研究院的 MTZ 烷基磺酸盐和天津第三石油化工厂的 DH 系列膨润土催化剂等，杂多酸效果好，但价格贵，已有工业化的案例。碱性催化剂虽然选择性差，但活性高，价廉，反应条件温和。加入多元酸作助催化剂效果好，国内仍有多家工厂使用，例如氢氧化钠、氢氧化钾、乙酸钠、醇铝等。大连理工大学成功开发酸碱双功能催化剂。

(4) 重要实例

① 低碳醇的乙二醇单烷基醚 由 $C_1 \sim C_6$ 醇的羟乙基化而得，可根据市场需要，调整醇和环氧乙烷的摩尔比，在催化剂的存在下，$150 \sim 200℃$ 和一定压力下进行羟乙基化，然后减压精馏分离出一乙二醇单烷基醚、二乙二醇单烷基醚、三乙二醇单烷基醚等产品，它们被用作溶剂、清洁剂、汽车刹车液和有机中间体，已有万吨级生产装置。

② 高碳醇聚氧乙烯醚 高碳伯醇和高碳仲醇与适量的环氧乙烷在氢氧化钠等催化剂的存在下，在高温和压力下进行羟乙基化可制得一系列的非离子型表面活性剂。例如：

$$C_xH_{2x+1}CH_2OH + n\ CH_2\underset{\diagdown O \diagup}{-}CH_2 \xrightarrow[160\sim180℃，高压]{NaOH 催化} C_xH_{2x+1}CH_2O(CH_2CH_2O)_n H \tag{10-32}$$

式中 $x = 11 \sim 17$；即实际上所用高碳醇是混合物；$n = 15 \sim 16$，n 实际上是不同羟乙基化产物的平均值。

由于各种羟乙基化产物的沸点都很高，不宜用减压精馏法分离，因此在羟乙基化时必须优选反应条件，把产品的分子量分布控制在适当的范围，以保证产品的质量。

③ 聚氧乙烯-聚氧丙烯烷基醚 将丁醇与环氧乙烷和环氧丙烷的混合物相作用，可制得聚氧乙烯-聚氧丙烯基丁醚。其化学结构可用下式来表示：

$$C_4H_9-O-(CH_2CH_2OCH_2\underset{\underset{CH_3}{|}}{-}CHO)_{n+m}-H$$

式中，$n+m = 30 \sim 40$；n 表示氧乙烯基数的平均值，m 表示氧丙烯基数的平均值。

控制先通入的和后来接着通入的环氧乙烷和环氧丙烷的摩尔比（n/m）和总物质的量（$n+m$），可制得一系列嵌段型高分子聚醚。它们是高效的非挥发性润滑剂、石油破乳剂和表面活性剂。

④ 壬基酚聚氧乙烯醚 由壬基酚与适量的环氧乙烷反应，可制得一系列非离子表面活性剂（下式中，一般 $n = 7 \sim 10$）。

$$C_9H_{19}\!-\!\!\!\boxed{}\!\!\!-OH + n\ CH_2\!-\!CH_2 \xrightarrow{\text{NaOH 或 KOH 催化}} C_9H_{19}\!-\!\!\!\boxed{}\!\!\!-O\!\!-\!(CH_2CH_2O)_n H \qquad (10\text{-}33)$$

⑤ **2-苯氧基乙醇**　例如将苯酚、环氧乙烷和三乙基苄基氯化铵按 $1:(0.96\sim1.00):$ 0.01 的摩尔比在高压釜中 $140℃$ 和 $1.52MPa$ 反应 $1h$，可制得 2-苯氧基乙醇，收率 93%。

$$\boxed{}^{OH} + CH_2\!-\!CH_2 \longrightarrow \boxed{}^{OCH_2CH_2OH} \qquad (10\text{-}34)$$

其中季铵盐或三乙胺的作用是抑制产品中醇羟基的进一步羟乙基化。

10.3.5　用醛类的 O-烷化

醛与醇在酸的催化作用下可以发生脱水 O-烷化反应，生成醛缩二醇（acetal，亦称醛缩醇或缩醛），但此反应为可逆反应。

$$R\!-\!\!\overset{H}{\underset{}{C}}\!=\!O + 2HO\!-\!R' \overset{H^+ 催化}{\underset{}{\rightleftharpoons}} R\!-\!\overset{}{\underset{}{C}}\!\overset{OR'}{\underset{OR'}{H}} + H_2O \qquad (10\text{-}35)$$

例如，质量分数为 98% 的甲醇（沸点 $64.7℃$）和质量分数为 36% 的甲醛水溶液在少量硫酸存在下，按一定比例分别连续地打入反应精馏塔中，反应生成的产物甲醛缩二甲醇（亦称二甲氧基甲烷，沸点 $41.5℃$）即从塔顶连续蒸出。

$$\overset{H}{\underset{H}{C}}\!=\!O + 2\ HOCH_3 \xrightarrow{H^+ 催化} H_2C\overset{OCH_3}{\underset{OCH_3}{}} + H_2O \qquad (10\text{-}36)$$

用上述反应还可制得乙醛缩二甲醇、乙醛缩二乙醇等产品。但此类产品稳定性差，酸性条件下易水解。

醛与多元醇反应可以制得环状缩醛。例如，山梨醇与二分子苯甲醛脱水 O-烷化可制得 1,3,2,4-双-O-(苯亚甲基)山梨醇。它是有广泛用途的新型增稠剂和胶凝剂。

$$ \qquad (10\text{-}37)$$

山梨醇　　　　　　　　　　　　　1,3,2,4-双-O-(苯亚甲基)山梨醇

10.3.6　用烯烃和炔烃的 O-烷化

醇羟基用烯烃的 O-烷化

烯双键中含有叔碳原子的烯烃在酸的存在下，容易质子化生成叔碳正离子，后者很容易与醇羟基发生亲电取代 O-烷化反应。所用的酸性催化剂可以是聚苯乙烯磺酸型树脂、苯酚磺酸型树脂等强酸性大孔阳离子交换树脂、杂多酸或硫酸等。

最重要的实例是甲醇用异丁烯的 O-烷化。

$$H_2C\!=\!C(CH_3)_2 + H^+ \xrightarrow{\text{质子化}} {}^+C(CH_3)_3 \qquad (10\text{-}38)$$

$$CH_3\!-\!O\!-\!H +\,^+C(CH_3)_3 \xrightarrow{O\text{-烷化}} CH_3\!-\!O\!-\!C(CH_3)_3 + H^+ \qquad (10\text{-}39)$$

产品甲基叔丁基醚（沸点 $55.3℃$）是重要的汽油添加剂（辛烷值 $115\sim135$），并且可以代替异丁烯作引入叔丁基的 C-烷化剂。世界年产量已超过 1000 万吨，所用的原料是含异丁烯的 C_4 馏分，所用催化剂是改性磺酸型阳离子交换树脂，它有三种功能：①催化异丁烯的醚化；②催化直链丁烯的异构化为异丁烯；③催化丁二烯的加氢异构化并抑制副反应。正在开发的新催化剂有氢型 β-沸石分子筛和 $H_3PW_{12}O_4/C$、$H_4SiW_{12}O_{40}/C$ 固载杂多酸。此反应热效应不大，在 $60\sim80℃$ 和 $0.5\sim1.0MPa$ 进行。所用反应器：第一代是管式固定床反应器，第二代是筒式膨胀床反应器，外循环除热，第三代是催化反应精馏反应器。我国采用混相床催化精馏工艺。甲醇稍过量，异丁烯转化率大于 99.4%，甲醇选择性接近 100%，总收率大于 98%。最新的工艺是丁烷异构化脱氢成异丁烯，再与甲醇醚化的联合工艺，异丁烯转化率可达 99.5% 以上。

同样，还可以制备乙基叔丁基醚（胆结石直接溶解剂）和甲基叔戊基醚（高辛烷值汽油添加剂）。

10.3.7　O-芳基化（烷氧基化和芳氧基化）

O-芳基化指的是醇或酚与芳香族卤素化合物等相作用生成烷基芳基醚或二芳基醚的反应。对于芳香族卤素化合物而言，也称作烷氧基化或芳氧基化。这里只介绍应用较多的苯系卤素化合物的烷氧基化和芳氧基化。

10.3.7.1　苯基烷基醚的制备

如前所述，苯基烷基醚最常用的制备方法是苯酚用卤烷的 O-烷化，但是当制备在邻位或对位有硝基的苯基烷基醚时，则可以采用以邻位或对位硝基氯苯或其衍生物为起始反应物与相应的醇进行 O-芳基化（即烷氧基化）的方法。这是因为邻位或对位硝基氯苯类化合物容易制备，而且分子中的氯基比较活泼，容易与醇羟基发生 O-芳基化反应。

$$\qquad (10\text{-}40)$$

式中，$-NO_2$ 在氯基的邻位或对位；R＝H、Cl、NO_2 等取代基；Alk—OH 可以是甲醇、乙醇等。

在用无水甲醇进行甲氧基化时，氯基水解的副反应少。但在用质量分数为 95% 的工业乙醇时，容易发生水解副反应。加入相转移催化剂可以促进烷氧基化反应，减少水解副反应，并且可以降低反应温度，可在常压下回流完成。所用的相转移催化剂可以是季铵盐、聚苯乙烯固载聚乙二醇-600 和聚氯乙烯-多烯多胺树脂等。当 R 是邻位或对位的硝基等吸电基时，氯基相当活泼，烷氧基化时可以不用相转移催化剂。

烷氧基化后，将硝基还原可制得相应的邻位或对位氨基苯基烷基醚。例如：

$$\qquad (10\text{-}41)$$

10.3.7.2　二苯醚类的制备

氯苯衍生物和苯酚衍生物的 O-芳基化反应可用以下通式表示：

$$\text{(10-42)}$$

上式中所用的缚酸剂可以是 Na_2CO_3、K_2CO_3、$NaOH$、KOH 等。

当 R^1 或 R^2 是邻位或对位硝基时，氯基比较活泼，O-芳基化反应可在较温和的条件下进行。水的存在会引起氯基水解副反应，可在反应液中加入少量甲苯，利用共沸蒸馏法蒸出水分，在无水条件下加入聚乙二醇-600 等相转移催化剂，可降低反应温度、缩短反应时间、提高产品的收率。

当 R^3 或 R^4 不是强吸电基时，对反应的难易影响不大。但是，当 R^3 或 R^4 是硝基时，使酚羟基的活性下降，要求较高的反应温度。

例如对硝基氯苯与等摩尔比的邻氯苯酚在甲苯和聚乙二醇-600 的存在下回流，滴加质量分数为 50% 的氢氧化钠水溶液，并分离出反应体系中的水，然后逐渐蒸出甲苯，在 160℃ 反应 6～8h，得 2′-氯-4-硝基二苯醚，收率约 83%。

$$\text{(10-43)}$$

当 R^1 和 R^2 都不是强吸电基时，氯基不够活泼，O-芳基化时需要加入铜催化剂和相转移催化剂。例如氯苯/间甲酚/氢氧化钠水溶液按 5.5∶1∶1 的摩尔比先在 100～133℃ 共沸蒸出水分，然后加入氯化亚铜和三（3,6-二氧代辛基）胺，在 135℃ 回流 6h，间甲酚的转化率 89%，3-甲基二苯醚（农药中间体）的收率 97%。

$$\text{(10-44)}$$

用类似的方法可以从氯苯和苯酚制备二苯醚。

当芳环的氯不够活泼时，则需要改用芳香族溴化物，例如：

$$\text{(10-45)}$$

农药中间体

10.3.8 O-烃化反应发展趋势

醚类化合物是天然产物和药物中普遍存在的结构单元，作为有机合成中通用的合成中间体和溶剂，O-烃化的高效转化长期以来一直是精细有机合成中的难点和热点。近年来，在催化剂的开发、选择性的提高、反应条件的优化以及应用于复杂有机分子合成等方面，O-烃化反应得到了广泛的研究，并取得了一定的进展。

过渡金属催化剂是 O-烃化反应的传统催化剂，如卤化物与醇的交叉偶联等，已经得到了深入的研究和广泛的应用。而无过渡金属催化的 O-烃化反应因其成本低、绿色环保，近年来取得了巨大进展。开发环境温度下活性更高的新型催化剂（包括但不限于光氧化还原催化剂、电化学催化剂和新开发的电子光催化剂）或绿色试剂（如易得、原子经济性高、副产物少的酰胺化反应偶联试剂）也具有重要意义。

发展高选择性的 O-烃基化方法，抑制副反应的发生。当然，探索合适的反应条件，如反应溶剂、温度和反应时间等也是 O-烃基化的研究重点。此外，通过理论计算和控制实验进一步探索 O-烃基化反应的机理，以更好地理解其反应路径和关键步骤，有助于开发更有效的催化系统。O-烃基化反应在天然产物和复杂有机分子的合成中扮演着重要的角色。通过 O-烃基化反应实现功能基团的引入、构建复杂的分子骨架和改善药物性能等也得到了广泛的研究。

10.4 芳环上的 C-烷化

这里只讨论芳环上的氢被烷基取代的 C-烷化反应。芳环上 C-烷化时最重要的烷化剂是烯烃，其次是卤烷、醇、醛和酮。

10.4.1 烯烃对芳烃的 C-烷化

烯烃是价廉易得的烷化剂，应用范围很广。

10.4.1.1 反应历程和动力学

烯烃对芳烃的 C-烷化反应属于 Freidel-Crafts 反应（简称付氏反应），是典型的芳香族亲电取代反应。所用催化剂应为 B 酸而非 L 酸，新制得的升华无水三氯化铝对于用烯烃的 C-烷化并无催化作用，然而工业三氯化铝因与空气中的水蒸气反应总是含有一定量的氯化氢，在液态芳烃中 HCl 能与 $AlCl_3$ 形成配合物，这个配合物能使烯烃质子化，成为烷基正离子，它是活泼的烷化质点，能与芳烃发生亲电取代反应，在芳环上引入烷基，如图 10-5 所示。

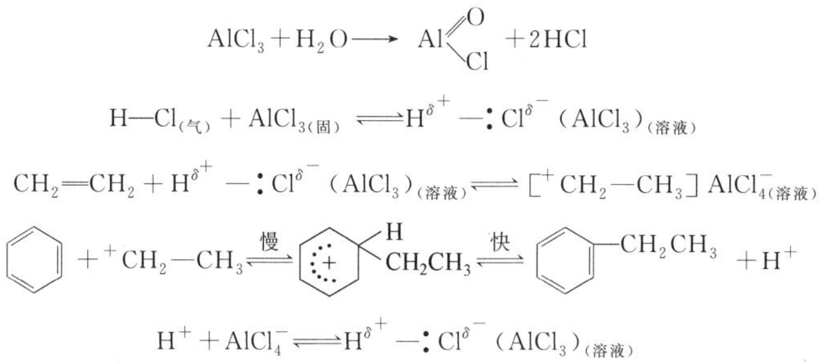

图 10-5 三氯化铝催化的烯烃对芳烃的 C-烷化机理

在 C-烷化过程中，H^{δ^+}—$\ddot{:}Cl^{\delta^-}$（$AlCl_3$）并不消耗，因此只要有少量的无水三氯化铝即可使 C-烷化反应顺利进行。

其他的酸性催化剂，例如固体磷酸、氟化氢、BF_3-H_3PO_4、硅酸铝、硫酸、硫酸-活化蒙脱土、阳离子交换树脂、沸石分子筛、固载杂多酸等，催化机制均为烯烃的质子化生成烷基正离子。

对于多碳烯烃，质子总是加到烯双键中含氢较多的碳原子上（Markovnikov 规则），例如：

$$CH_3-CH=CH_2 + H^+ \rightleftharpoons CH_3-\overset{+}{C}H-CH_3 \tag{10-46}$$

$$(CH_3)_2C=CH_2 + H^+ \rightleftharpoons (CH_3)_3C^+ \tag{10-47}$$

因此，在用烯烃进行 C-烷化时，总是在芳环引入带支链的烷基。例如异丙基、叔丁基等。

在反应条件下，烷基正离子会发生氢转移-异构化反应。例如：

$$\underset{\text{伯碳正离子}}{CH_3—CH_2—\overset{+}{C}H_2} \xrightleftharpoons[\text{（氢转移重排）}]{\text{异构化}} \underset{\text{仲碳正离子}}{CH_3—\overset{+}{C}H—CH_3} \qquad (10\text{-}48)$$

烷基正离子的异构化是可逆的，总的平衡趋势是使烷基正离子转变为更加稳定的结构。一般规律是伯重排为仲、仲重排为叔。对于多碳直链仲碳正离子，一般规律是正电荷从靠边的仲碳原子逐步转移到居中的仲碳原子上。例如用直链 α-十二烯和苯制十二烷基苯时，烷化产物中各异构体的百分含量如表 10-1 所示。

表 10-1　用直链 α-十二烯和苯制十二烷基苯时的异构体分布/%

苯在十二烷基中的位置	催化剂			苯在十二烷基中的位置	催化剂		
	HF	AlCl₃	H₂SO₄		HF	AlCl₃	H₂SO₄
1	0	0	0	4	16	16	13
2	20	32	41	5	23	15	13
3	17	22	20	6	24	15	13

应该指出，在生成的烷基苯中，苯环与烷基相连的碳原子上的电子云密度比苯环上其他碳原子的高，H^+ 或 $HCl \cdot AlCl_3$ 较易进攻苯环中与烷基相连的碳原子，重新生成原来的 σ 配合物，并进一步脱去烷基正离子而转变成起始原料，即该反应是可逆反应。

还应该指出，在芳环上引入烷基后，烷基使芳环活化。例如，在苯环上引入简单的烷基（例如乙基和异丙基）后，它进一步烷化的速率比苯快 1.5～3.0 倍。因此，在苯的一烷化时，生成的单烷基苯容易进一步生成二烷基苯和多烷基苯。因此，C-烷化反应是一串联反应。

10.4.1.2　重要实例

(1) 异丙苯

异丙苯是氧化-酸解法生产苯酚、丙酮的重要中间体。异丙苯是由苯用丙烯进行 C-烷化而制得。C-烷化的生产工艺有液相 $AlCl_3$-HCl 催化法、$AlCl_3$-有机配合物均相催化法、气-固相固体磷酸催化法、气-固相分子筛催化法和液相分子筛催化法等。所用苯要预先脱硫，以免影响催化剂的活性。所用丙烯的体积分数约 50%～60%，其余为丙烷等惰性气体。

我国最早采用的液相 $AlCl_3$ 法副产的二异丙苯可以返回烷化器进行脱烷基反应和烷基转移反应转变为异丙基苯，但有氢氧化铝废渣，而且体系腐蚀性强，后来燕山石化引进了固体磷酸工艺，对环境保护和腐蚀性有明显改善，但催化剂无烷基转移功能，副产的二异丙苯需要烷基转移装置使其转变为异丙苯。后来燕山石化又引进了美国 UOP 沸石分子筛代替固体磷酸。近年来我国自主开发了多种沸石分子筛催化剂，其中燕山石化与北京服装学院开发的 FX-01 催化剂液相反应，与 UOP 工业水平相当，主要反应条件为苯/丙烯（摩尔比）1/6，在 160～175℃、3.0MPa 反应，丙烯转化率 100%，异丙苯选择性 95% 以上，按消耗的苯计收率 98.7% 以上，纯度 99.9% 以上，烷化液中异丙苯含量约 20%。另外，上海石油化工研究所开发的 M-98 催化剂，不仅具有良好的烷基化性能，也具有良好的烷基转移功能，中国石油化工研究院还开发了液相硅胶固载杂多酸催化剂，具有烷基转移功能。

上海高桥石化用沸石催化剂生产异丙苯，已建成国内最大生产装置，年产苯酚-丙酮 20 万吨。

(2) 异丙基甲苯

甲苯用丙烯进行 C-烷化而得，生成的邻、间、对三种异丙基甲苯的沸点相差很小，难分离，一般是将异构体混合物直接氧化-酸解制成混合甲酚再分离。C-烷化的方法有三种。

① **AlCl₃-HCl-多异丙基甲苯配位催化法** 甲苯/丙烯（摩尔比）为（1.7~2.5）：1，在 85~110℃反应，烷化液中约含甲苯20%（质量分数）、混合异丙基甲苯55%、二异丙基甲苯19%、三异丙基甲苯3%。混合异丙基甲苯中约含邻位5%、间位60%~65%、对位 30%~35%。适于制间甲酚。

② **固体磷酸催化法** 在甲苯/丙烯（摩尔比）（11~8）：1，200℃和3~3.5MPa下反应。所得混合异丙基甲苯中邻、间、对的百分含量分别约为42.4%、27.0%和30.6%。如欲生产低邻位产品，还需经AlCl₃配位催化剂进行异构化和转移烷化。

③ **用 ZSM 系分子筛催化剂** 甲苯/丙烯（摩尔比）6.25：1，在260℃和3.5MPa反应，邻/间/对异丙基甲苯的生成比例为5.3：63.7：31.0。

1987年大连理工大学用锌改性ZSM-5分子筛催化剂，可实现高对位选择性（98%）。

最近中国石油化工科学研究院又开发了一系列杂多酸催化剂。

（3）十二烷基苯

十二烷基苯是生产合成洗涤剂十二烷基苯磺酸钠的中间体。由苯制备十二烷基苯的烷化剂现在都采用 C_{10}~C_{14} 的直链 α-烯烃和内烯烃。

在C-烷化时，无论是采用端烯烃还是内烯烃，产品直链十二烷基苯中异构体的分布基本相同。催化剂目前主要采用无水氟化氢，反应在35~40℃、0.4~0.6MPa进行，所用氟化氢的质量分数要求在98.5%以上，烯烃/苯/HF的摩尔比约为1：（2~10）：（5~1）。上述非均相反应可采用锅式串联反应器，也可以采用脉冲筛板塔式反应器。HF和烷基苯分离后可循环使用。HF法的优点是生产能力大、质量好、收率高、HF消耗少。缺点是腐蚀性强，要用铜镍合金材料在压力下操作，技术要求高。

人们发现HF法2-苯基烷烃含量只有15%，UOP公司和Peter公司又开发了氟改性硅铝分子筛催化剂，苯与烯烃在160℃、1.5MPa反应烯烃转化率90%以上，活性与HF相当，但2-苯基烷烃含量超过25%，工艺流程简单、投资少。但因反应温度高，催化剂需频繁再生，要采用双固定床反应器连续生产，一个反应器烷化，另一个反应器用苯冲洗使催化剂再生，每24h切换一次。

为了克服上述缺点、降低反应温度、提高2-苯基烷烃含量，许多单位正在开发各种分子筛、离子交换蒙脱土、固载杂多酸、离子液体、固载离子液体等新型催化剂。

（4）3,3-二苯基丙腈

将苯基丙烯腈与苯在三氯化铝催化剂的存在下，40℃，搅拌8h，可制得3,3-二苯基丙腈，后者经加氢还原可制得3,3-二苯基丙胺，它是合成心痛平药物的中间体。

$$C_6H_5CH\!=\!CHCN \xrightarrow[\text{C-烷化}]{C_6H_6/AlCl_3} (C_6H_5)_2CHCH_2CN \xrightarrow[\text{加氢}]{H_2/Al-Ni} (C_6H_5)_2CHCH_2CH_2NH_2$$

(10-49)

10.4.2 烯烃对芳胺的 C-烷化

芳胺在用烯烃进行C-烷化时，如果用质子酸、Lewis酸或酸性氧化物作催化剂，则烷基优先进入芳环上氨基的对位。如果用烷基铝类催化剂，则烷基择优地进入氨基的邻位。

（1）4,4′-双叔辛基二苯胺（橡胶防老剂OD）

将二苯胺与过量的二异丁烯在硅酸铝催化剂存在下，在0.3~0.5MPa和130~155℃反应，然后蒸出未反应的二异丁烯和二苯胺，将粗品在异丙醇中重结晶，即得到目标产品。二苯胺转化率 80%。产品中含质量分数 90%～97% 的 4,4'-双叔辛基二苯胺、3%～8% 4-单叔辛基二苯胺和 1%～2% 二苯胺。

$$(10\text{-}50)$$

由上式可以看出，用多碳烯烃对芳胺进行 C-烷化时，苯环和烯双键中含氢少的碳原子相连，即在苯环上引入的烷基是叔烷基。由于叔烷基的空间位阻的影响，当用过量 50% 的二异丁烯时，叔烷基也只进入芳环上氨基的对位，而不进入邻位。要在氨基的对位引入伯烷基则要用醇类作 C-烷化剂 [见 10.4.5 (2)]。

(2) 4,4'-双(α-甲基苄基)二苯胺

将二苯胺和蒙脱土催化剂加热至 125℃，然后在搅拌下向料液下层通入苯乙烯蒸气得到目标产品，也是橡胶防老剂。

$$(10\text{-}51)$$

(3) 2,6-二乙基苯胺

为了将乙基引入到苯胺的两个邻位，要用乙烯作烷化剂，并且用三苯胺铝、三乙基铝或二乙基氯化铝等催化剂。在高压釜中加入苯胺和催化剂，在高温高压下通入过量的乙烯，即得到 2,6-二乙基苯胺。

$$(10\text{-}52)$$

只用三苯胺铝催化时，收率只有 87%，改用二乙基氯化铝催化剂，收率可提高到 97.9%，并可降低高压釜的操作压力、缩短反应时间。在这里，过量的乙烯并不进入苯环上氨基的对位，2,6-二乙基苯胺是重要的农药中间体，国外有万吨级生产装置。

用类似的方法，可以从邻甲苯胺制得 2-甲基-6-乙基苯胺。但是，用苯胺和丙烯制备 2,6-二异丙基苯胺时选择性差，还有待开发选择性好、活性高的催化剂。

10.4.3 烯烃对酚类的 C-烷化

由以下实例可以看出，用烯烃对酚类进行 C-烷化时，如果用质子酸、Lewis 酸、酸性氧化物等催化剂时，烷基优先进入酚羟基的对位。如果改用三苯酚铝类催化剂，则烷基择优地进入酚羟基的邻位。而用丙烯酸酯作烷化剂时，则要用醇钾或醇钠作催化剂。分别举例如下。

(1) 对叔丁基苯酚

由苯酚用异丁烯在酸性催化剂存在下进行 C-烷化而得。工业上曾经用过的催化剂有：H_2SO_4、$AlCl_3$、$SiO_2\text{-}Al_2O_3$ 等，但现在都已改用强酸性阳离子交换树脂、沸石分子筛、杂多酸等新型催化剂。例如在常压和 110℃向含催化剂的苯酚中通入异丁烯气体，直到烷化液中对叔丁基苯酚的质量分数大于 60% 为止，将烷化液减压精馏，即得到对叔丁基苯酚，

副产少量的邻叔丁基苯酚和 2,4-二叔丁基苯酚，未反应的苯酚可以回收使用。此法的优点是流程短、无腐蚀和污染、产品质量好、不含水分、色泽好。

$$\text{OH}\text{苯酚} + CH_2=CH(CH_3)_2 \xrightarrow{\text{催化剂}} \text{对叔丁基苯酚} \tag{10-53}$$

不难看出，烷基优先进入位阻小的酚羟基的对位，当对位被占据时，烷基也可以进入酚羟基的邻位。

使用酸性催化剂制得的 C-烷基酚还可以列举如下。

异丁烯（沸点 $-6.8\,℃$）是经由甲基叔丁基醚（沸点 $55.3\,℃$，见 10.3.6）分离、醚解而得，因此在酸催化 C-烷化时用甲基叔丁基醚代替异丁烯，具有原料运输方便、成本低、流程短、操作简便、安全等优点，已用于工业生产。

（2）2,6-二叔丁基苯酚

在高压釜中加入苯酚，用氮气置换空气后，加入有机铝催化剂和理论量的异丁烯，升温至 $130\sim135\,℃$，在 $1.6\sim1.8$ MPa 下保温 4h。苯酚的转化率 97.9%，2,6-二叔丁基苯酚的收率 85.5%，选择性 87.3%。

使用有机铝邻位选择性催化剂制得的 C-烷基酚还可以列举如下。

（3）3-(3,5-二叔丁基-4-羟基苯基）丙酸甲酯

该产品是制备一系列受阻酚抗氧剂的中间体。由 2,6-二叔丁基苯酚在碱催化下，用丙烯酸甲酯进行 C-烷化而得。

$$(CH_3)_3C\text{—}\underset{OH}{\bigcirc}\text{—}C(CH_3)_3 + CH_2=CH\text{—}\overset{O}{\overset{\|}{C}}\text{—}OCH_3 \xrightarrow{\text{碱性催化剂}} (CH_3)_3C\text{—}\underset{OH}{\bigcirc}\text{—}C(CH_3)_3 \\ CH_2\text{—}CH_2\text{—}\overset{O}{\overset{\|}{C}}\text{—}OCH_3 \tag{10-54}$$

向熔融的 2,6-二叔丁基苯酚中滴入质量分数 5% 叔丁醇钾的叔丁醇溶液，蒸出叔丁醇，然后在 $60\sim90\,℃$ 滴加丙烯酸甲酯，并在 $110\,℃$ 反应 1h，即得到目的产物。收率可达 95%。如改用价廉的甲醇钠催化剂，则收率只有 84%。但此反应不是芳香族亲电取代反应，而是迈克尔加成反应。

10.4.4 卤烷对芳环的 C-烷化

在不宜使用烯烃或醇为 C-烷化剂时，可以用卤烷作 C-烷化剂。其重要实例列举如下。

(1) 用苄基氯的 C-烷化

苄基氯比较活泼，在酸性催化剂的存在下，可在温和的条件下向芳环上引入苄基。例如，在反应器中加入苯和氯化锌水溶液，然后在 70℃滴加苄基氯，并在 70～75℃保温 10h，即得到医药中间体二苯甲烷，收率 95%。

$$\text{〇-CH}_2\text{Cl} + \text{〇} \xrightarrow[70\sim75℃]{\text{ZnCl}_2 \text{ 水溶液}} \text{〇-CH}_2\text{-〇} + \text{HCl} \tag{10-55}$$

用同样的方法可以从 4-氯苄基氯和苯制得医药中间体 4-氯二苯甲烷。

(2) 用氯乙酸的 C-烷化

氯乙酸也是比较活泼的 C-烷化剂，可在芳环上引入羧甲基，通常不用无水三氯化铝或无水氯化锌作催化剂，而用铝粉作催化剂。例如，在反应器中加入精萘、氯乙酸和铝粉，然后在 185～218℃搅拌 15h，即得到农药和医药中间体萘乙酸，收率 50%～70%。

$$\text{萘} + \text{ClCH}_2\text{COOH} \xrightarrow[185\sim218℃]{\text{铝粉}} \text{萘-CH}_2\text{COOH} + \text{HCl} \tag{10-56}$$

在上述反应中，真正的催化剂可能是氯乙酸铝。

(3) 用四氯化碳的 C-烷化

用四氯化碳作烷化剂，目的在于制备二苯甲烷和三苯甲烷衍生物。

将氟苯和四氯化碳在无水三氯化铝存在下，在 $-5\sim0℃$ 反应 3h，即生成二(4-氟苯基)二氯甲烷，将反应物在水中加热，即水解制成医药中间体 4,4′-二氟二苯甲酮。

$$2\text{F-〇} + \text{CCl}_4 \xrightarrow[-5\sim0℃]{\text{AlCl}_3} \text{F-〇-}\overset{\text{Cl}}{\underset{\text{Cl}}{\text{C}}}\text{-〇-F} + 2\text{HCl} \tag{10-57}$$

$$\text{F-〇-}\overset{\text{Cl}}{\underset{\text{Cl}}{\text{C}}}\text{-〇-F} + \text{H}_2\text{O} \xrightarrow{\text{加热}} \text{F-〇-}\overset{}{\underset{\text{O}}{\text{C}}}\text{-〇-F} + 2\text{HCl} \tag{10-58}$$

用类似的方法，将苯和四氯化碳按 1:0.5 摩尔比在三氯化铝存在下，在 5～10℃反应 1.75h，可制得二苯基二氯甲烷。

另外，将苯和四氯化碳在三氯化铝存在下，将反应温度改为由 25℃逐渐升至 70℃，则生成的产物是三苯基氯甲烷。后者在氢氧化钠乙醇溶液中回流水解，即得到三苯基甲醇。

$$3\text{C}_6\text{H}_6 + \text{CCl}_4 \xrightarrow[25\sim70℃]{\text{AlCl}_3} (\text{C}_6\text{H}_5)_3\text{CCl} + 3\text{HCl} \tag{10-59}$$

$$(\text{C}_6\text{H}_5)_3\text{CCl} + \text{NaOH} \xrightarrow[\text{回流}]{\text{NaOH}} (\text{C}_6\text{H}_5)_3\text{C—OH} + \text{NaCl} \tag{10-60}$$

(4) 用氯代叔丁烷的 C-烷化

在芳环上引入叔丁基时，一般用异丁烯（沸点 −6.8℃）作 C-烷化剂。但是在制备小批量精细化工产品时常用氯代叔丁烷作 C-烷化剂。例如，萘和氯代叔丁烷在无水三氯化铝存在下，在 30℃反应，得到 2,6-二叔丁基萘和 2,7-二叔丁基萘混合物。

$$\text{萘} \xrightarrow[\text{AlCl}_3 \cdot 30℃]{(\text{CH}_3)_3\text{CCl}} (\text{CH}_3)_3\text{C-萘-C(CH}_3)_3 + (\text{CH}_3)_3\text{C-萘-C(CH}_3)_3 \tag{10-61}$$

将精制的异构体混合物用氯磺酸磺化、碳酸钠中和，得到 2,6-二叔丁基萘磺酸钠和 2,7-二叔丁基萘磺酸钠的混合物，它是非麻醉性强效镇咳药。

10.4.5 醇对芳环的 C-烷化

在芳环上引入甲基时，可以用甲醇，在芳环上引入其他烷基时，用醇类作烷化剂的实例则较少，因为醇类不如相应的烯烃和卤烷活泼。

(1) 醇对芳烃的 C-烷化

① **对二甲苯** 对二甲苯的需求量很大，莫比尔公司成功开发了甲苯用甲醇进行 C-烷化的新方法，所用的催化剂是改性 ZSM-5 分子筛（烷基铵型分子筛）。当甲苯/甲醇（摩尔比）为 1∶1，在 $400 \sim 600℃$ 反应时，甲苯的转化率 37%，二甲苯的理论收率 100%，混合二甲苯中对二甲苯含量约占 97%。

$$+CH_3OH \xrightarrow{\text{催化剂}} +H_2O \tag{10-62}$$

此法的优点是：可利用价廉易得的甲苯直接得到对二甲苯，选择性高，副反应少，分离提纯容易，与甲苯的歧化法（制苯和混合二甲苯）相比，可节省投资 60%。

应该指出，如果改用碱金属改性的沸石催化剂，则主要发生甲苯的侧链烷基化，生成乙苯和苯乙烯。

$$\xrightarrow[\text{侧链烷基化}]{CH_3OH/-H_2O} \xrightarrow[\text{脱氢}]{-H_2} \tag{10-63}$$

但是要用此法制备苯乙烯，催化剂的活性和选择性还有待改进。

② **拉开粉 BX**（Nekal BX） 商品名又称渗透剂 BX。将丁醇、仲辛醇和萘按 $2.0∶0.2∶1$ 的摩尔比混合，在 $40 \sim 45℃$ 加入 12.6mol 质量分数 100% 的硫酸，在 $50 \sim 58℃$ 反应 4h，静置，除去下层废硫酸；油层用水稀释，用氢氧化钠中和、喷雾干燥就得到目的产物。

$$+2C_4H_9OH+H_2SO_4 \longrightarrow \overset{SO_3H}{\underset{}{\bigcirc}}-(C_4H_9)_2+3H_2O \tag{10-64}$$

(2) 醇对芳胺的 C-烷化

苯胺与醇在酸性催化剂的作用下，液相 N-烷化时，如果温度太高，烷基会从氮原子上转移到芳环上。例如，苯胺、正丁醇和无水氯化锌按 $1.2∶1.0∶1.0$ 的摩尔比先在 210℃和 $1.0 \sim 1.5MPa$ 保温 4h，然后在 270℃和 3.0MPa 保温 8h，烷化液经处理除去氯化锌后，各组分质量分数约为：对正丁基苯胺 $62\% \sim 70\%$、邻位和间位正丁基苯胺 $6\% \sim 8\%$、二丁基苯胺 $10\% \sim 13\%$、未反应苯胺 $13\% \sim 16\%$。精馏得到对正丁基苯胺。按苯胺计，收率 53%。另外，对正丁基苯胺也可由正丁苯的硝化、分离、还原制得。用类似的方法可以制得对十二烷基苯胺。

(3) 醇对酚类的 C-烷化

酚和醇在硫酸的存在下加热，一般只发生酚羟基的 O-烷化而生成酚醚。但是，在用叔丁醇或异丁醇时，它们在硫酸存在下加热可脱水成异丁烯，并与酚类发生 C-烷化反应。例如，将二甲苯、邻苯二酚和磷酸加入反应器中，加热至回流，慢慢加入叔丁醇，再回流 2h，可制得对叔丁基邻苯二酚。

$$\text{（10-65）}$$

苯系酚类用甲醇进行气-固相接触催化反应时，如果用 Fe_2O_3、V_2O_5、Al_2O_3、MgO、Cr_2O_3 等作催化活性组分，甲基主要进入羟基的邻位，例如从苯酚可制得邻甲酚和 2,6-二甲酚，从间甲酚可制得 2,3,6-三甲酚，从 3,5-二甲酚制得 2,3,5-三甲酚，但是，如果改用 HY 沸石分子筛催化剂，则甲基主要进入羟基的对位，例如从苯酚可制得对甲酚，副产邻甲酚和苯甲醚。

10.4.6 醛对芳环的 C-烷化

(1) 醛对芳烃的 C-烷化

醛对芳烃的 C-烷化，因所用催化剂的不同，可得到不同类型的产物。

在硫酸、磺酸、乙酸等催化剂的存在下，醛与芳烃发生脱水反应生成二芳基甲烷衍生物。例如，甲醛与邻二甲苯按 1∶8 的摩尔比在硫酸、对甲苯磺酸或乙酸的存在下，在 $120\sim140℃$ 反应 140min，可制得二(3,4-二甲基苯基)甲烷，它是高温合成材料的中间体。

$$\text{（10-66）}$$

用类似的方法，可以从甲醛和甲苯制得 $4,4'$-二甲基二苯基甲烷，它是高温载热体。又如三氯乙醛、苯和浓硫酸按 1∶3∶1 的摩尔比混合，在 $0\sim10℃$ 滴入发烟硫酸，可制得二苯基三氯乙烷，它是农药和医药中间体。

$$\text{（10-67）}$$

当三氯乙醛和苯按 1∶9.45 的摩尔比，在 $40℃$ 左右，慢慢加入无水三氯化铝反应，则主要产物是三氯甲基苄醇，它是合成香料中间体。

$$\text{（10-68）}$$

用甲醛在稀盐酸中进行 C-烷化，则向芳环上引入氯甲基。例如，将均三甲苯、浓盐酸和质量分数 37% 的甲醛水溶液在 $55℃$ 反应 5.5h，可制得 2,4,6-三甲基苯基氯甲烷，它是医药中间体。

$$\text{（10-69）}$$

但有时氯甲基化反应不能在稀盐酸中进行。例如医药中间体对叔丁基苯基氯甲烷的制备是将叔丁基苯、多聚甲醛、乙酸、盐酸和无水氯化锌加于反应器中，在 $65\sim85℃$ 向其中滴加三氯化磷（与盐酸中的水结合）而完成的。

(2) 醛对芳胺的 C-烷化

醛类与芳胺在酸性催化剂存在下可发生脱水 C-烷化反应而生成二芳基甲烷或三芳基甲

烷衍生物。例如，甲醛、苯胺、盐酸按 $1:2:2$ 的摩尔比在水溶液中 $55\sim60℃$ 反应 4h，即发生脱水 C-烷化反应，生成 $4,4'$-二氨基二苯基甲烷，精品收率 57%。

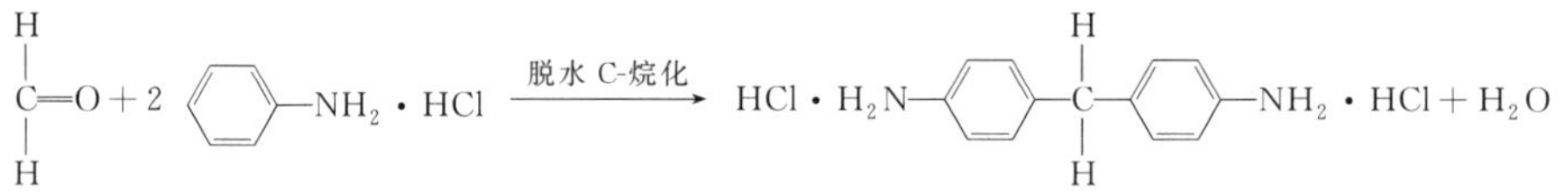

(10-70)

又如，苯甲醛与大过量的苯胺在盐酸催化剂存在下，在 $140\sim150℃$ 保温 1h，蒸出反应生成的水，经后处理回收苯胺后，得 $4,4'$-二氨基三苯甲烷，按苯甲醛计，收率 $93\%\sim96\%$。

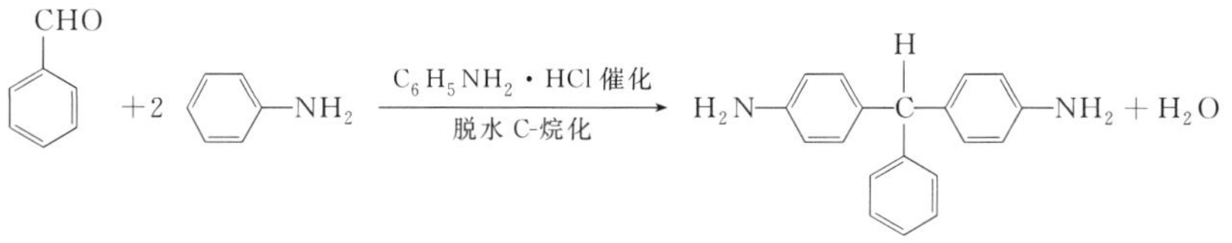

(10-71)

另外，苯甲醛与等摩尔比的对氯苯胺在二氯甲烷中在 $C_6H_5BCl_2$ 和三乙胺存在下，室温反应，主要生成 2-氨基-5-氯二苯基甲醇，是农药中间体，精制后收率 26%。

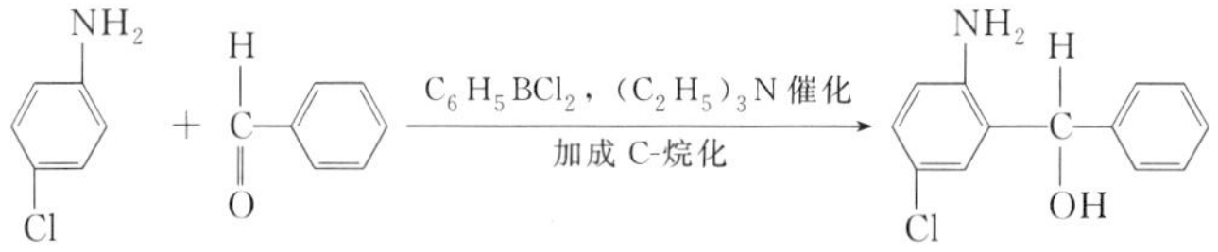

(10-72)

(3) 醛对酚类的 C-烷化

仅以甲醛与苯酚的反应为例，在不同的反应条件下，可制得多种产品。

将甲醛水溶液与大过量的苯酚在乙酸锌存在下，pH 值 $5\sim6$，缓慢加热，回流 1h，甲醛几乎完全发生加成 C-烷化，主产品邻羟甲基苯酚是香料、农药、医药中间体，收率为 53%。

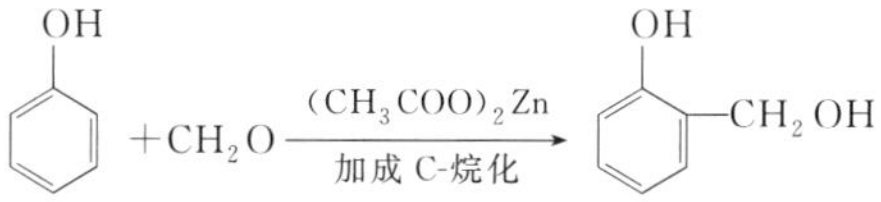

(10-73)

如果将甲醛、苯酚和氢氧化钠按 $3:1:1$ 的摩尔比在水中，室温避光反应 $6\sim7h$，生成 2,4,6-三羟甲基苯酚钠，收率 95%；用乙酸中和后，精品 2,4,6-三羟甲基苯酚收率 $60\%\sim70\%$。产品用于制酚醛型冠醚聚合物。

当将甲醛与大过量的苯酚在磷酸（或硫酸、盐酸、活化陶土等）存在下，在 80℃ 左右反应，即发生脱水 C-烷化反应，生成二羟基二苯甲烷。甲醛转化率 90%，$4,4'$-异构产物、$2,4'$-异构产物和 $2,2'$-异构产物之比约为 $55:37:8$。有机相经中和、过滤、蒸馏，即得到 $4,4'$-二羟基二苯甲烷，商品名双酚 F，用于制备多种树脂。

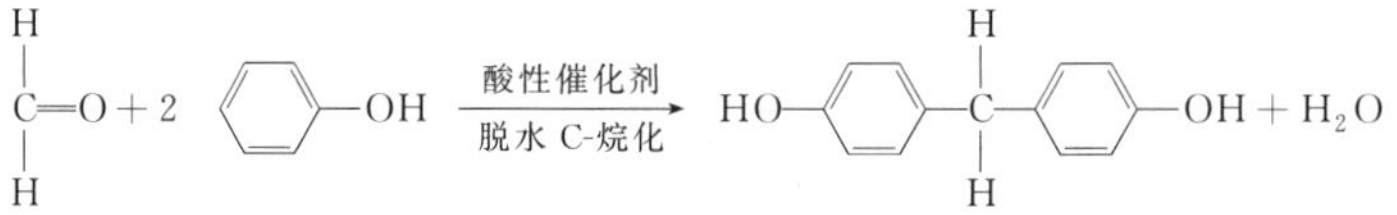

(10-74)

事实上，甲醛与过量苯酚在酸性介质中反应，最后得到线型热塑性酚醛树脂。而过量甲醛与苯酚在碱性介质中反应，则得到热固性酚醛树脂。

10.4.7 酮对芳环的 C-烷化

酮不如醛活泼，它们只能对芳胺和酚类进行 C-烷化，反应都是在强酸性催化剂存在下进行的。

（1）酮对芳胺的 C-烷化

经典实例是 1,1-二(4'-氨基苯基)环己烷的制备。将环己酮、苯胺和浓盐酸按 1∶3.5∶3.0 的摩尔比在 125℃和 0.25MPa→0.18MPa 加热 10h，即得到目的产物，按消耗的苯胺计，收率 77%。

$$(10-75)$$

用同样的方法可制得 1,1-二(4'-氨基-3'-甲基苯基）环己烷和 1,1-二(4'-氨基-3'-甲氧基苯基）环己烷。

（2）酮对酚类的 C-烷化

最重要的实例是 2,2-双(4'-羟基苯基)丙烷（商品名双酚 A）的制备。广泛采用的间歇法是将丙酮和苯酚按 1∶8 的摩尔比与被氯化氢饱和的循环液在常压和 50～60℃搅拌 8～9h，然后分离回收氯化氢、未反应的丙酮和苯酚，然后精制，即得到目的产物。

$$(10-76)$$

连续操作法以改性阳离子交换树脂为催化剂，丙酮和苯酚按 1∶(8～14) 的摩尔比连续地进入一台或多台绝热反应器，在尽可能低的温度下停留 1h，约有 50% 的丙酮转化。烷化液经分离、精制即得到双酚 A。

天津双孚精细化工公司用天津大学与中石化联合开发的技术，用改性催化剂，气-液-固多段悬浮床反应-汽提新工艺，已用于万吨级生产装置。

10.4.8　芳烃 C-烃化反应发展趋势

芳烃的 C-烃化在固体酸催化剂的开发方面已取得了长足的进步。近年来，人们依然聚焦于新型碳碳偶联催化剂的开发、反应选择性的提高以及生产工艺环境友好和可持续性发展等方面，在芳烃 C-烃化领域已取得了重要的研究进展，为精细有机合成提供了更有力的工具。

研究人员一直致力于开发高效、高选择性和长寿命的 C-烃化催化剂。过渡金属催化交叉偶联反应的发展为引入各种芳基、乙烯基和烷基提供了有效的方法，钯、铜、铂和氮掺杂碳材料等催化剂已被用于 C-烃化反应。近年来的研究工作主要集中在建立 C—H 键氧化活化"直接偶联"方法上，该方法不需要有机金属或有机卤化物底物，具有更高的原子经济性和环境友好，极具生命力。通过催化剂的合理设计、反应条件和反应路径的优化，可以实现特定位置的可控烃基化。

芳烃 C-烃化反应不仅用于药物、精细化学品、功能化学品和高端化学品的合成，也可以通过芳烃 C-烃化反应实现特定功能基团的定向引入，改善功能化学品的各项性能。芳烃 C-烃化的传统催化剂难以回收、污染环境，所以寻求低毒绿色催化剂、利用可再生资源，建立清洁的 C-烃化工艺一直是此领域的重要课题。由于芳烃 C-烃化反应是串联可逆的芳香族亲电取代反应，如何开发高原子经济性反应，最大限度地降低副产品的产生也是此领域的永恒主题。最近报道的涉及转移氢化（氢借用或氢自转移）的 C-烷基化方法代表了芳烃 C-烃化反应的最新进展。

习　题

10-1　甲醇分别与苯胺、苯酚或甲苯相作用，可分别发生哪些类型的反应？各生成什么主要产物？采用什么反应方式？用什么催化剂？列表说明。

10-2　氯乙酸分别与苯胺、苯酚或萘相作用，可分别发生哪些类型的反应？各生成什么主要产物？并列出其主要反应条件。

10-3　一氯苄分别与苯胺、苯酚或苯相作用，可发生哪些类型的反应？生成什么主要产物？并列出其主要反应条件。

10-4　丙烯分别与苯胺、苯酚或苯相作用，可发生哪些类型的反应，生成什么主要产物？用什么催化剂？并列出其主要反应条件。

10-5　甲醛分别与苯胺、苯酚或甲苯相作用，可发生哪些类型的反应？生成什么主要产物？并列出其主要反应条件。

10-6　列表简述制备以下二苯胺衍生物的实用合成路线、所用原料、反应类型，并列出芳氨基化的主要反应条件和有关后续反应。

（1）H_2N—⟨苯环⟩—NH—⟨苯环⟩—OCH_3

（2）⟨蒽醌结构，含 NH_2、SO_3H、NH—⟨苯环⟩—OCH_3⟩

（3）⟨萘结构，HO_3S、NH—⟨苯环⟩—CH_3⟩

（4）⟨萘结构，NH—⟨苯环⟩—OCH_3、HO_3S、OH⟩

（5）HO—⟨苯环⟩—NH—⟨苯环⟩—F

（6）⟨萘结构，OH、HO_3S、NH—⟨苯环⟩—$COOH$⟩

10-7　简述由苯制备 4-氨基二苯胺生产中曾经采用过的 5 条合成路线，并进行扼要评论。

10-8　简述由苯胺制备 N-羟乙基-N-氰乙基苯胺的工艺过程，并进行讨论。

10-9　简述制备 N-异丙基-N'-苯基对苯二胺的工艺过程。

10-10　简述由基本原料制备 1-(4'-苄氧基苯氧基)-2,3-环氧丙烷的合成路线和各步反应的主要反应条件。

10-11　简述由苯或甲苯制备对叔丁基苯甲醛的工艺过程并进行讨论。

10-12　丙烯酸甲酯分别与苯胺或 2,6-二叔丁基苯酚相作用，各属于什么类型的反应？各制得什么主要产物？并列表写出其主要反应条件。

10-13　写出由氯苯制备 3-氨基-4-甲氧基苯磺酸的两条可用于工业生产的合成路线、各步反应的名称，并进行比较。

10-14　写出由甲苯制备 4-氨基-3-甲基苯酚的两条可用于工业生产的合成路线，并进行讨论。

10-15　写出由甲苯制 2-叔丁基-5-甲基-4,6-二硝基苯甲醚（葵子麝香）的合成路线和各步反应的名称。

10-16　在以下反应中，环氧乙烷各属于哪种类型的试剂？

（1）$C_6H_5OH + CH_2{-}CH_2 \xrightarrow{NaOH} C_6H_5OCH_2CH_2OH$ （环氧乙烷）

（2）$C_2H_5OH + CH_2{-}CH_2 \xrightarrow{BF_3} C_2H_5OCH_2CH_2OH$ （环氧乙烷）

228　精细有机合成（第四版）

10-17 为什么说烯与苯的衍生物发生的 C-烷化反应是串联、可逆的？

10-18 为什么烯烃为 C-烷化剂的 C-烷化反应总是有带支链的烷化产物？

10-19 混合三甲苯在 C-烷化的反应条件下重整生成均三甲苯的依据是什么？

参考文献

[1] Sun M，Du X B，Wang H B，et al. Reductive amination of triacetoneamine with *n*-butylamine over Cu-Cr-La/γ-Al$_2$O$_3$. Catalysis Letters，2011，141（11）：1703-1708.

[2] Sun M，Du X B，Kong X J，et al. The reductive amination of cyclohexanone with 1,6-diaminohexane over alumina B modified Cu-Cr-La/γ-Al$_2$O$_3$. Catalysis Communications，2012，20：58-62.

[3] Liu C，Liu D，Zhang W，et al. Nickel-catalyzed aromatic C—H alkylation with secondary or tertiary alkyl-bromine bonds for the construction of indolones. Organic Letters，2013，15（24）：6166-6169.

[4] 刘文义. N-甲基苯胺. 精细与专用化学品，2004，12（17）：12.

[5] 李国龙，莫剑涛，黄良，等. 常压气固催化间甲苯胺 N-乙基化研究. 精细化工中间体，2002，32（2）：15-16.

[6] 田庆伟. 相转移催化合成 N,N-二乙基苯胺的研究. 化学工业与工程，2004，21（1）：73-74.

[7] 杨志，赵莹，李姣娟，等. 无水 AlCl$_3$ 催化合成 N-氰乙基间氯苯胺的研究. 精细化工中间体，2004，34（2）：31-32.

[8] 王世荣，徐国辉，薛金强，等. 甲基取代三苯胺类化合物的合成. 精细化工，2005，22（10）：721-723.

[9] 王顺农，宋丽芝，艾抚宾，等. 二苯胺合成用催化剂的再生研究. 精细石油化工进展，2003，4（8）：5-7.

[10] 宋丽芝，吕志辉，艾抚宾. 合成二苯胺新型催化剂的研制及应用. 工业催化，2003，11（3）：35-38.

[11] 周松涛. 二苯胺连续合成工艺的改进. 氮肥与合成气，2002，30（11）：13-15.

[12] 宋丽芝，吕志辉，艾抚宾. 二苯胺的合成工艺及应用进展. 辽宁化工，2002，31（10）：439-441.

[13] 梅来宝，周卓华. 苯胺气相缩合生成二苯胺 γ-Al$_2$O$_3$ 注 Mo 注 N 催化剂的研究. 石油化工，2002，31（10）：803-806.

[14] Jafarzadeh M，Sobhani S H，Gajewski K，et al. Recent advances in C/N-alkylation with alcohols through hydride transfer strategies. Organic & Biomolecular Chemistry，2022，20：7713-7745.

[15] Stiniya S，Saranya P V，Anilkumar G. An overview of iron-catalyzed N-alkylation reactions. Applied Organometallic Chemistry，2021，35（12）：e6444.

[16] Pothikumar R，Bhat V T，Namitharan K. Pyridine mediated transition-metal-free direct alkylation of anilines using alcohols via borrowing hydrogen conditions. Chemical Communications，2020，56：13607-13610.

[17] Banik A，Ahmed J，Sil S，et al. Mimicking transition metals in borrowing hydrogen from alcohols. Chemical Science，2021，12：8353-8361.

[18] Cabrero-Antonino J R，Adam R，Beller M. Catalytic reductive N-alkylations using CO$_2$ and carboxylic acid derivatives：recent progress and developments. Angewandte Chemie International Edition，2019，58：12820.

[19] Schutyser W，Renders T，Van den Bosch S，et al. Chemicals from lignin：an interplay of lignocellulose fractionation, depolymerisation, and upgrading. Chemical Society Reviews，2018，47（3）：852-908.

[20] Dimakos V，Taylor M S. Recent advances in the direct O-arylation of carbohydrates. Organic & Biomolecular Chemistry，2021，19（3）：514-524.

[21] Zhang R，Song C Y，Sui Z，et al. Recent advances in carbon-nitrogen/carbon-oxygen bond formation under transition-metal-free conditions. The Chemical Record，2023，23（5）：e202300020.

[22] Liu W，Li J，Querard P，et al. Transition-metal-free C—C, C—O, and C—N cross-couplings enabled by light. Journal of the American Chemical Society，2019，141（16）：6755-6764.

[23] Palanychamy P，Lim S，Yap Y H，et al. Critical review of the various reaction mechanisms for glycerol etherification. Catalysts，2022，12（11）：1487.

[24] Wu J J，Darcel C. Iron-catalyzed hydrogen transfer reduction of nitroarenes with alcohols：synthesis of imines and aza heterocycles. The Journal of Organic Chemistry，2021，86（1）：1023-1036.

[25] Mandigma M J P，Domański M，Barham J P. C-alkylation of alkali metal carbanions with olefins. Organic & Biomolecular Chemistry，2020，18（39）：7697-7723.

[26] Guo X X，Gu D W，Wu Z X，et al. Copper-catalyzed C—H functionalization reactions：efficient synthesis of heterocycles. Chemical Reviews，2015，115（3）：1622-1651.

[27] 陈立功，冯亚青. 精细化工工艺学. 北京：科学出版社，2018.

第11章

酰 化

·本章学习要求·

掌握的内容：N-酰化、O-酰化和C-酰化的反应机理及差异，尤其是酰氯对芳烃的C-酰化机理、区域选择性；主要酰化剂酰氯、酸酐、羧酸，酯的反应活性、特点和性能；酰化催化剂的催化机制及典型产品的生产工艺。

熟悉的内容：各类酰化反应的影响因素和酰化反应的选择性；特殊酰化试剂（如光气、三聚氯氰、双乙烯酮）的属性、特点和用途；芳烃的羟甲基化、氯甲基化和甲酰化；C-酰化催化剂的属性与反应选择性；酰化反应的安全与环保。

了解的内容：C-羧基化和酯化反应；异氰酸酯的现状和发展趋势；用酰氯进行酰基化反应的三废与环保；C-酰化用催化剂的现状、特点与发展趋势；固体酸催化剂的特点与优势。

11.1 概述

酰基指的是从含氧的有机酸或无机酸的分子中除去一个或几个羟基后所剩余的基团。例如：

酸类	分子式	相应的酰基	结构式
碳酸	$HO-\overset{\text{O}}{\underset{\|\|}{C}}-OH$	羧基	$HO-\overset{\text{O}}{\underset{\|\|}{C}}-$
		羰基	$-\overset{\text{O}}{\underset{\|\|}{C}}-$
甲酸	$H-\overset{\text{O}}{\underset{\|\|}{C}}-OH$	甲酰基	$H-\overset{\text{O}}{\underset{\|\|}{C}}-$
乙酸	$CH_3-\overset{\text{O}}{\underset{\|\|}{C}}-OH$	乙酰基	$CH_3-\overset{\text{O}}{\underset{\|\|}{C}}-$
苯甲酸	$C_6H_5-\overset{\text{O}}{\underset{\|\|}{C}}-OH$	苯甲酰基	$C_6H_5-\overset{\text{O}}{\underset{\|\|}{C}}-$
苯磺酸	$C_6H_5-\overset{\text{O}}{\underset{\|\|}{\underset{\text{O}}{S}}}-OH$	苯磺酰基	$C_6H_5-\overset{\text{O}}{\underset{\|\|}{\underset{\text{O}}{S}}}-$

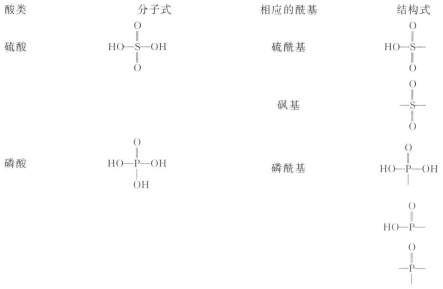

酸类	分子式	相应的酰基	结构式
硫酸		硫酰基	
		砜基	
磷酸		磷酰基	

酰化指的是有机分子中碳原子、氮原子、磷原子、氧原子或硫原子上的氢被酰基取代的反应。氮原子上的氢被酰基取代的反应称 N-酰化，生成的产物是酰胺。羟基氧原子上的氢被酰基取代的反应称 O-酰化，生成的产物是酯，故又称酯化。碳原子上的氢被酰基取代的反应称 C-酰化，生成产物是醛、酮或羧酸。本章只讨论 N-酰化、O-酰化和 C-酰化。

11.1.1 酰化剂

最常用的酰化剂主要如下。

① **羧酸** 如甲酸、乙酸和乙二酸等。

② **酸酐** 如乙酐、甲乙酐、顺丁烯二酸酐、邻苯二甲酸酐、1,8-萘二甲酸酐以及二氧化碳（碳酸酐）和一氧化碳（甲酸酐）等。

③ **酰氯** 如碳酸二酰氯（光气）、乙酰氯、苯甲酰氯、三聚氰酰氯、苯磺酰氯、三氯氧磷（磷酸三酰氯）和三氯化磷（亚磷酸三酰氯）等。某些酰氯不易制成工业品，可用相应的羧酸和三氯化磷、亚硫酰氯或无水三氯化铝在无水介质中作酰化剂。

④ **羧酸酯** 如乙酰乙酸乙酯、氯乙酸乙酯、氯甲酸三氯甲酯（双光气）和二(三氯甲基)碳酸酯（三光气）等。

⑤ **酰胺** 如尿素和 N,N-二甲基甲酰胺等。

⑥ **其他** 如乙烯酮和双乙烯酮等。

11.1.2 酰化剂的反应活性

酰化是亲电取代反应，酰化剂是以亲电质点参加反应的，其反应历程将在以后各节讨论。这里只综述各类酰化剂的反应活性与结构的关系。

最常用的酰化剂是羧酸、相应的酸酐或酰氯。在引入碳酰基时，酰基碳原子上的部分正电荷越多，酰化能力越强。因此，羧酸、相应的酸酐和酰氯的活泼性次序是：

$$
\underset{\text{羧酸}}{R-\overset{\displaystyle O}{\overset{\|}{C}}-OH} < \underset{\text{酸酐}}{R-\overset{\displaystyle O}{\overset{\|}{C}}-O-\overset{\displaystyle O}{\overset{\|}{C}}-R} < \underset{\text{酰氯}}{R-\overset{\displaystyle O}{\overset{\|}{C}}-Cl}
$$

当 R 相同时，酸酐与相应的羧酸相比，前者的酰基碳原子上所连接氧原子上的氢被吸电性的碳酰基所取代，所以酸酐比相应的羧酸活泼。在酰氯分子中，酰基碳原子与电负性相当高的氯原子相连，所以酰氯比相应的酸酐和羧酸活泼。

在脂肪族酰化剂中，其反应活性随碳链的增长而变弱。因此，只有向氨基氮原子或羟基氧原子上引入甲酰基、乙酰基或羧甲酰基时才能使用价廉易得的甲酸、乙酸或乙二酸作酰化剂。在引入长碳链的脂酰基时，则需要使用活泼的羧酰氯作酰化剂。

当 R 是芳环时，由于芳环的共轭效应，使酰基碳原子上的部分正电荷分散到芳环上，从而使酰化剂的反应活性降低。因此，在引入芳羧酰基时也要用活泼的芳羧酰氯作酰化剂。当脂链上或芳环上有吸电基时，酰化剂的活性增强，而有供电基时则活性减弱。

由弱酸衍生的酯也可以用作酰化剂，从结构上看它们的活性比相应羧酸还弱，但是在酰化时不生成水，而是生成醇。羧酰胺也是弱酰化剂，只有在个别情况下才使用。

由强酸构成的酯，例如硫酸二甲酯和苯磺酸甲酯，则是烷化剂（见 10.2.3），而不是酰化剂，这是因为强酸的酰基吸电性很强，使酯分子中烷基碳原子上电子云密度大幅降低的缘故。

11.2　N-酰化

N-酰化是制备酰胺的重要方法。被酰化的胺可以是脂胺，也可以是芳胺；可以是伯胺，也可以是仲胺。前述各类酰化剂在 N-酰化中都有应用。

11.2.1　反应历程

用羧酸或其衍生物作酰化剂时，酰基取代伯氨基氮原子上的氢，生成羧酰胺时的反应历程可简单表示如下：

$$(11\text{-}1)$$

酰化剂　伯胺　　　　　　　过渡态　　　　　羧酰胺

首先是酰化剂的碳酰基中带部分正电荷的碳原子向伯氨基氮原子上的未共用电子对作亲电进攻 Z 负离子离去形成酰胺阳离子，再脱去质子而生成羧酰胺。

在酰化剂 R—C—Z 分子中，—Z 可以是—OH（羧酸）、—O—C—R（羧酸酐）、—Cl（羧酸氯）或—OR（羧酸酯）。

酰基是吸电基，它使酰胺分子中氨基氮原子上的电子云密度降低，不容易再与亲电性的酰化剂质点相作用，即不容易生成 N,N-二酰化物。所以在一般情况下容易制得较纯的酰胺。

11.2.2　用羧酸的 N-酰化

羧酸价廉易得，但反应活性弱，一般只有在引入甲酰基、乙酰基、羧甲酰基时才使用甲酸、乙酸或乙二酸作酰化剂，在个别情况下也可用苯甲酸作酰化剂。羧酸类酰化剂一般只用于碱性较强的胺或氨的 N-酰化。

用羧酸的 N-酰化是可逆反应，首先是羧酸与胺或氨生成铵盐，然后脱水生成酰胺。

$$\underset{\substack{\parallel\\O}}{R-C}-OH + H_2N-R' \underset{\text{成盐}}{\rightleftharpoons} \underset{\substack{\parallel\\O}}{R-C}-O^- \cdot H_3\overset{+}{N}-R' \underset{+H_2O}{\overset{-H_2O}{\rightleftharpoons}} \underset{\substack{\parallel\quad\vert\\O\quad H}}{R-C-N}-R' \tag{11-2}$$

式中，R 和 R′可以是氢、烷基或芳基。

为了使酰化反应尽可能完全，并且只用过量不太多的羧酸，必须除去反应生成的水。脱水的方法主要有以下几种。

(1) 反应精馏脱水酰化法

此法主要用于乙酸（沸点 118℃）与芳胺的 N-酰化。例如将含水乙酸和苯胺加热至沸腾，反应中通过精馏塔连续除去水至反应结束。在 160～210℃ 减压蒸出未反应的乙酸和苯胺，即得到 N-乙酰苯胺。N-乙酰苯胺的需要量很大，也可以采用多釜串联连续酰化法。

用类似的酰化法还可以制得以下酰胺化合物：

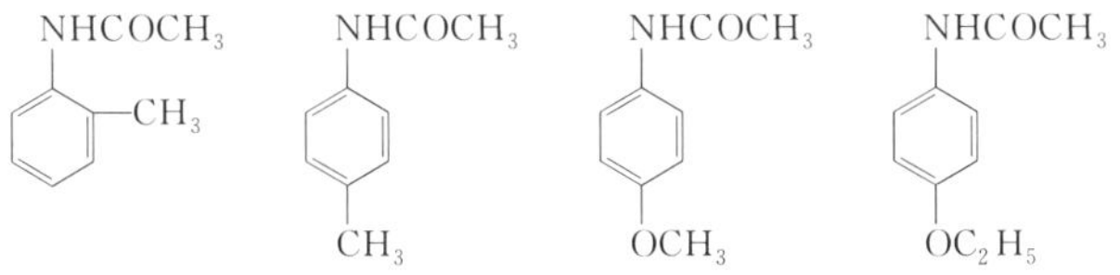

(2) 溶剂共沸蒸馏脱水酰化法

此法主要用于甲酸（沸点 100.8℃）与芳胺的 N-酰化。因为甲酸和水的沸点非常接近，一般不能用精馏法分离出反应生成的水，所以必须加入甲苯、二甲苯等与水共沸的有机溶剂，通过共沸除去反应生成的水。用此法可以制得以下酰胺。

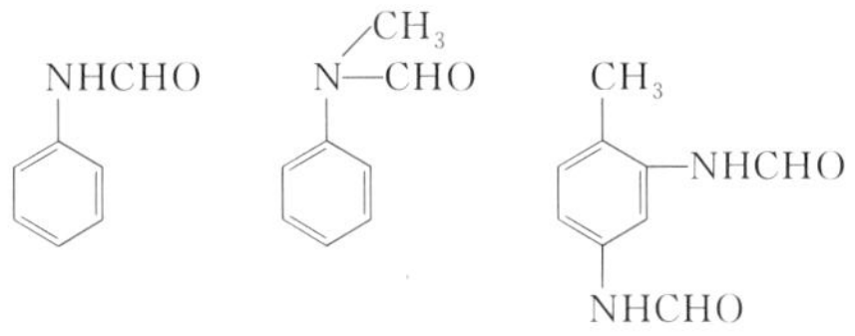

(3) 高温熔融脱水酰化法

此法可用于稳定铵盐的脱水。例如，向冰醋酸中通入氨气，使生成乙酸铵，然后逐渐加热到 180～220℃ 进行脱水，即得到乙酰胺。用同样的方法还可以制得丙酰胺和丁酰胺。

另外，此法还可用于高沸点羧酸和芳胺的 N-酰化。例如，将苯甲酸和苯胺的混合物先在 180～190℃ 反应，直到不再蒸出水和苯胺，然后升温至 225℃，使反应接近完全，粗品用盐酸处理，除去未反应的苯胺；再用氢氧化钠水溶液处理，除去未反应的苯甲酸，粗品再用乙醇重结晶，即得工业品 N-苯甲酰苯胺。

应该指出，用羧酸 N-酰化时反应温度高，容易生成焦油物，使产品颜色变深，而且反应不易完全。对于小批量的精细化工 N-酰化过程，为了简化工艺，常常不用羧酸，而改用价格较贵的乙酐、甲乙酐或苯甲酰氯作酰化剂，有时也可以用羧酸加三氯化磷或亚硫酰氯的酰化法。

11.2.3 用酸酐的 N-酰化

在酸酐中最常用的是乙酐，用乙酐的 N-酰化反应如下式所示：

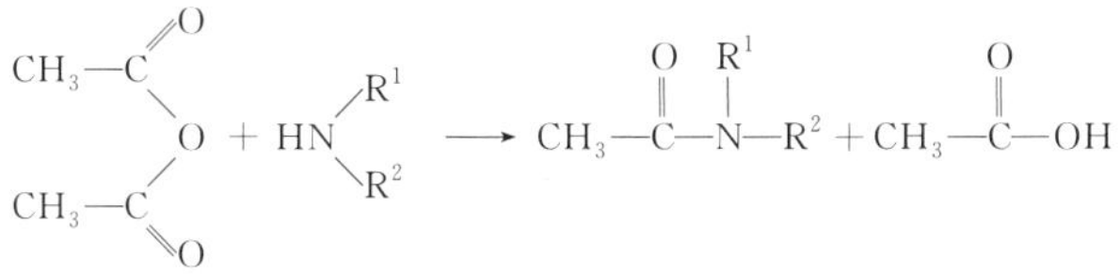

$$\underset{\substack{\vert\\CH_3-C\\ \parallel\\O}}{\overset{\substack{O\\\parallel\\CH_3-C\\ \vert}}{}}O + HN\overset{R^1}{\underset{R^2}{}} \longrightarrow \underset{\substack{\parallel\quad\vert\\O\quad R^2}}{CH_3-C-N}R^1 + \underset{\substack{\parallel\\O}}{CH_3-C}-OH \tag{11-3}$$

式中，R^1 可以是氢、烷基或芳基；R^2 可以是氢或烷基。这个反应不生成水，因此是不可逆的。反应生成的乙酸可以起溶剂的作用。乙酐比较活泼，乙酰化反应一般在 $20\sim90℃$ 即可顺利进行。乙酐的用量一般只需要过量 $5\%\sim50\%$。用乙酐 N-酰化的实例相当多，这里只举出一些不同操作方式的实例。

如果被酰化的胺和酰化产物的熔点都不太高，在乙酰化时可以不另加溶剂。例如，在搅拌和冷却下，将乙酐加入间甲苯胺中，然后在 $60\sim65℃$ 保温 2h，即得到间甲基乙酰苯胺。

如果被酰化的胺和酰化产物的熔点都比较高，就需要另外加入苯或溶剂石脑油等非水溶性惰性有机溶剂，例如将对氯苯胺在 $80\sim90℃$ 溶解于石脑油中，慢慢加入乙酐，在 $80\sim85℃$ 保温 2h，冷却至 $15\sim20℃$，过滤、水洗、干燥，即得到对氯乙酰苯胺。

更简便的方法是用乙酸或过量较多的乙酐作溶剂，例如将 3-氨基-N,N-二甲基苯胺、乙酸和乙酐按 $1:1:1.1$ 的摩尔比在 $60℃$，保温 30min，然后将反应物在搅拌下倒入水中，过滤出固体，用乙醇和水重结晶，即得到 N,N-二甲基-3-乙酰氨基苯胺，熔点 $84\sim86℃$，收率 93%。

如果被酰化的胺和酰化产物可溶于水，而 N-乙酰化速率比乙酐的水解速率快得多，乙酰化反应也可以在水介质中进行。例如，在水中加入块状或熔融态间苯二胺和盐酸，溶解后加入乙酐，胺：盐酸：乙酐（摩尔比）为 $1:1:1.05$，在 $40℃$ 搅拌 1h，然后加精盐盐析，就得到间氨基乙酰苯胺盐酸盐。

$$(11\text{-}4)$$

氨基酚类在 N-乙酰化时，控制适当的反应条件，可以只让氨基乙酰化，而不影响羟基，例如，在水中加入 2-氨基-8-萘酚-6-磺酸（γ 酸）湿滤饼和氢氧化钠水溶液，调至弱酸性，然后在 $22\sim30℃$ 加入稍过量的乙酐，然后用精盐盐析，就得到 N-乙酰基 γ 酸。

$$(11\text{-}5)$$

如果氨基酚分子中的羟基也会被乙酰化，可在乙酰化后，将酯选择性水解。例如，在水中加入 1-氨基-8-萘酚-3,6-二磺酸单钠盐湿滤饼和氢氧化钠水溶液，调 pH $6.7\sim7.1$，使全溶，在 $30\sim35℃$ 加入乙酐，H 酸：乙酐（摩尔比）$1:1.47$，保温 0.5h，直到反应液中游离 H 酸 $\leqslant0.1\%$（质量分数）为终点，然后，加入碳酸钠调 pH $7\sim7.5$，升温至 $95℃$，保温 20min，然后冷却至 $15℃$，就得到 N-乙酰基 H 酸水溶液。

$$(11\text{-}6)$$

环状羧酸酐，例如顺丁烯二酸酐、丁二酸酐、邻苯二甲酸酐、1,8-萘二甲酸酐和苊四甲酸二酐等，在 N-酰化时，根据反应条件的不同，可生成羧酸酰胺或内二酰亚胺。

一氧化碳是甲酸的酸酐，它虽然不活泼，但是可以从合成气（CO 和 H$_2$ 的混合物）中分离出来，成本低，适用于在大型生产中作为甲酰化剂。例如，将无水二甲胺和甲醇钠的甲醇溶液连续地压入喷射环流反应器中，在 110～120℃ 和 1.5～5MPa 与一氧化碳反应，即得到 N,N-二甲基甲酰胺。

$$CO+HN(CH_3)_2 \xrightarrow{\text{甲醇钠甲醇溶液}} H-\overset{\displaystyle O}{\overset{\displaystyle \|}{C}}-N(CH_3)_2 \tag{11-7}$$

用类似的方法还可以制备 N-甲基甲酰胺和甲酰胺。

11.2.4 用酰氯的 N-酰化

用酰氯进行 N-酰化的反应可用以下通式来表示：

$$R-NH_2+AcCl \longrightarrow R-NHAc+HCl \tag{11-8}$$

式中，R 表示烷基或芳基，Ac 表示各种酰基。这类反应是不可逆的。酰氯是比相应的酸酐更活泼的酰化剂，许多酰氯比相应的酸酐容易制备，因此常常用酰氯作酰化剂。最常用的酰氯是羧酰氯、芳磺酰氯、三聚氰酰氯和光气。

11.2.4.1 用羧酰氯的 N-酰化

羧酰氯一般是由相应的羧酸与亚硫酰氯、三氯化磷、五氯化磷、草酰氯或光气相作用而制得的。

高碳脂羧酰氯亲水性差，而且容易水解，其 N-酰化反应要在无水惰性有机溶剂中较高温度（95～160℃）下进行，而且要用吡啶或三乙胺等叔胺作缚酸剂。

丙酰氯等低碳脂羧酰氯的 N-酰化反应速率较快，可在水介质中进行，为了减少酰氯水解的副反应，最好在滴加酰氯的同时加入碱，如氢氧化钠水溶液、碳酸钠水溶液、固体碳酸钠或氢氧化钙，控制反应液的 pH 值始终在 7～8 左右。

苯甲酰氯及其衍生物的反应活性比低碳脂羧酰氯差一些，但一般不易水解，反应一般可在水介质中进行，在个别情况下需要在无水氯苯中进行，缚酸剂一般用碳酸钠。羧酰氯的用量一般是理论量的 110%～150%。

在芳羧酰氯中最常用的是苯甲酰氯和对硝基苯甲酰氯。当然，也会用到其他苯甲酰氯。例如，在水中加入粉状间硝基苯胺（熔点 114℃）和石灰乳，在 60～62℃ 滴加熔融的间硝基苯甲酰氯（熔点 37℃），然后加入盐酸酸化，在 60℃ 过滤，水洗至中性，即得到 3,3′-二硝基苯甲酰苯胺。当胺∶酰氯的摩尔比为 1∶1.12 时，间硝基苯胺的转化率大于 90%；当胺∶酰氯摩尔比为 1∶1.23 时，间硝基苯胺的转化率可达 94%。

$$\tag{11-9}$$

11.2.4.2 用芳羧酸加三氯化磷的 N-酰化

为了芳羧酰氯的分离纯化和贮运，可以在羧酸酰化过程中加入三氯化磷在线生成芳羧酰氯。例如，2-羟基萘-3-甲酸（2,3-酸）与苯胺反应制 2-羟基萘-3-甲酰苯胺。商品名为色酚AS，是染料中间体。如果用其他芳伯胺代替苯胺，可制得一系列色酚如下。

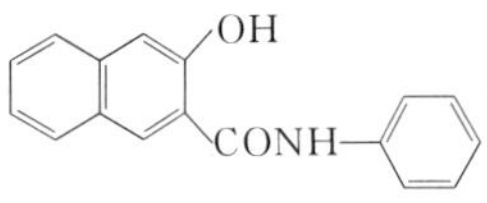

色酚 AS 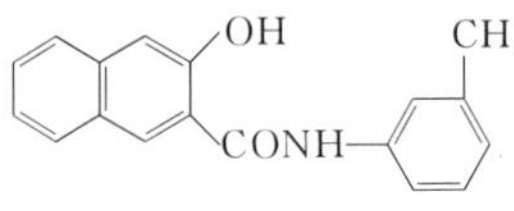　　　　　色酚 AS-D 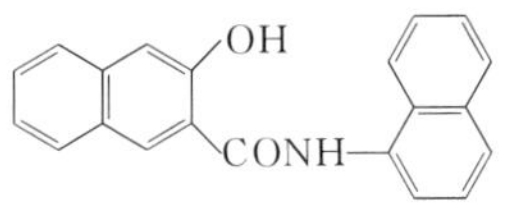　　　　　色酚 AS-BO

根据反应时 2,3-酸的形态，可分为酸式酰化法和钠盐酰化法两种。

(1) 酸式酰化法

将 2,3-酸和 1/8 的三氯化磷加入于氯苯中，升温至 65℃加入苯胺，然后在 72℃滴加其余的三氯化磷-氯苯溶液，然后在 130℃回流 1h，并用水吸收逸出的氯化氢。反应完毕后，将反应物加入水中，用碳酸钠中和至 pH 8 以上，蒸出氯苯和过量的苯胺，然后过滤，热水洗，干燥，就得到色酚 AS，总反应式可简单表示如下。

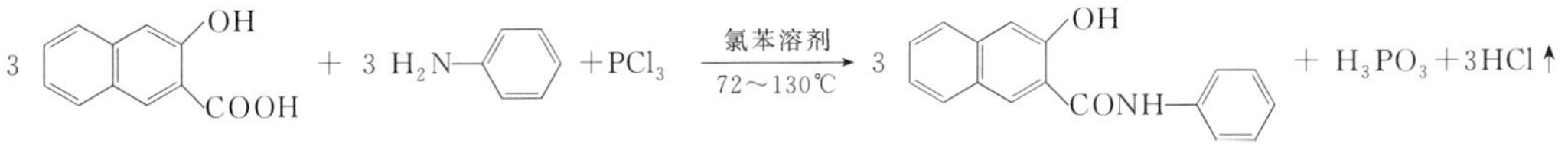

$$(11\text{-}10)$$

当 2,3-酸：苯胺：三氯化磷的摩尔比为 1：1.16：0.375 时，按 2,3-酸计，色酚 AS 的收率大于 96%。

(2) 钠盐酰化法

将 2,3-酸和无水碳酸钠加入氯苯中，加热成盐，在 134～135℃脱水，直至蒸出的氯苯透明无水为止，然后加入邻甲苯胺，在 65～70℃滴加三氯化磷-氯苯混合液，并在 118～120℃保温 2h，然后中和、后处理，即得色酚 AS-D。反应式可简单表示如下。

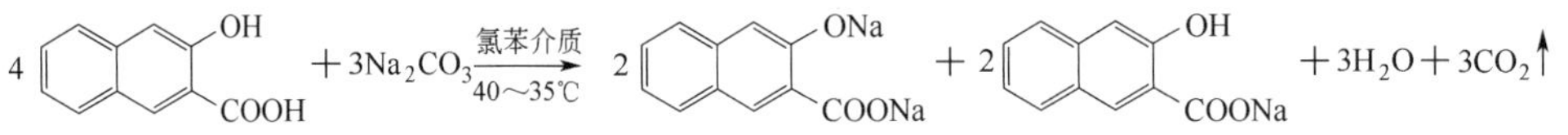

$$(11\text{-}11)$$

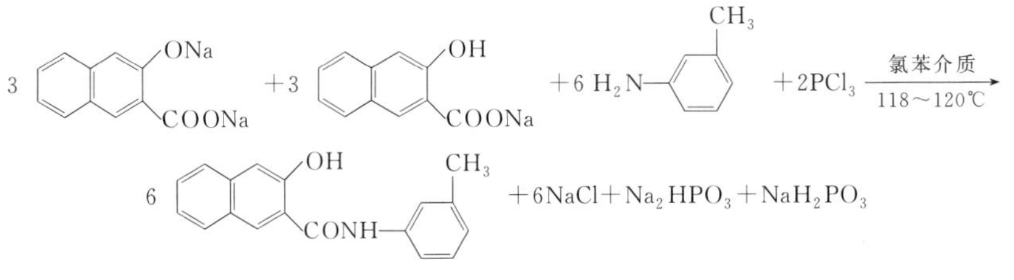

$$(11\text{-}12)$$

当 2,3-酸：Na_2CO_3：邻甲苯胺：PCl_3 的摩尔比为 1：0.78：1.17：0.50 时，按 2,3-酸计，色酚 AS-D 的收率约为 95%。成盐时也可以用氢氧化钠水溶液代替无水碳酸钠，两者各有利弊。

对于大多数色酚来说，采用酸式酰化法或钠盐酰化法，产品质量和收率都相差不大，但有些色酚则必须采用酸式酰化法。钠盐酰化法可不用耐酸设备，但消耗碱，废液多。酸式酰化法必须用搪瓷反应器、石墨冷凝器和氯化氢吸收设备，但废液少。

如果芳胺价廉、容易随水蒸气和氯苯一起蒸出，回收使用，可用过量的芳胺。如果芳胺价格较贵，或不易随水蒸气蒸出，就需要使用理论量或不足量的芳胺。

所用三氯化磷很易水解，因此所用原料和设备都应干燥无水。三氯化磷的用量，按羧酸计一般要超过理论量的 10%～50%。

反应介质一般采用氯苯，在常压下回流。也可根据反应温度选用其他惰性有机溶剂。

最近又提出了不用三氯化磷。将芳胺和 2,3-酸在有机溶剂中，在配位催化剂存在下共沸脱水的 N-酰化法，据称效果优于三氯化磷法且绿色环保。

11.2.4.3　用芳磺酰氯的 N-酰化

最常用的芳磺酰氯是苯磺酰氯，有时也用到苯环上有取代基的苯磺酰氯。芳磺酰氯不易水解，N-酰化反应一般可以在水介质中进行。

芳磺酰氯与氨反应时是在过量的氨水中进行的。

芳磺酰氯与脂胺、芳胺或杂环氨基化合物反应时，可根据原料的价格和性质，使用稍过量的芳胺或稍过量的芳磺酰氯。水介质的 pH 值可控制在弱酸性（用氢氧化钙或碳酸钙加乙酸钠）或弱碱性（用碳酸钠或氢氧化钠）。

例如，在水中加入乙酸钠和苯胺，在室温慢慢加入 2-甲基-5-硝基苯磺酰氯，在加料过程中应始终保持介质的酸性，如对刚果红呈酸性，应补加适量碳酸钠，苯胺与酰氯的摩尔比为 1.067∶1，当反应液中苯胺残余量约为总量的 8％时，加入碳酸钠调至弱碱性，升温至 70℃，使酰氯反应完全。再用盐酸将反应物调至强酸性，过滤，水洗就得到 2-甲基-5-硝基苯磺酰基苯胺。

$$\text{(11-13)}$$

11.2.4.4　用三聚氰酰氯的 N-酰化

三聚氰酰氯本身相当活泼，一酰化要在 0℃左右进行，在三嗪环上引入一个供电性的氨基后，另外两个氯原子的反应活性下降，所以选择合适的反应温度和水介质的 pH 值，可以制得一酰化物、二酰化物或三酰化物。

例如，将水用少量盐酸调成酸性，加入碎冰和表面活性剂，然后加入三聚氰酰氯在 0℃打浆冰磨 1h，然后依次与 4,4′-二氨基-二苯乙烯-2,2′-二磺酸二钠盐、苯胺和乙醇胺进行一酰化、二酰化和三酰化，即得到荧光增白剂 VBL。三次酰化的温度和 pH 值依次提高，如下式所示。

$$\text{(11-14)}$$

荧光增白剂 VBL

如果要在酰化产物中保留一个或两个活性氯原子，可使产品具有所需要的性能。例如：

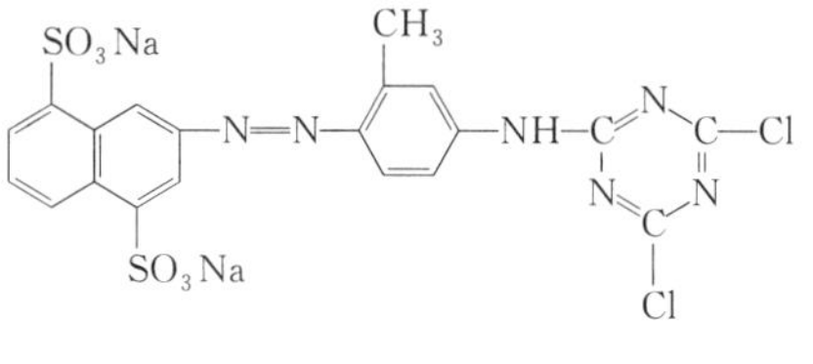

染料活性黄 X-R 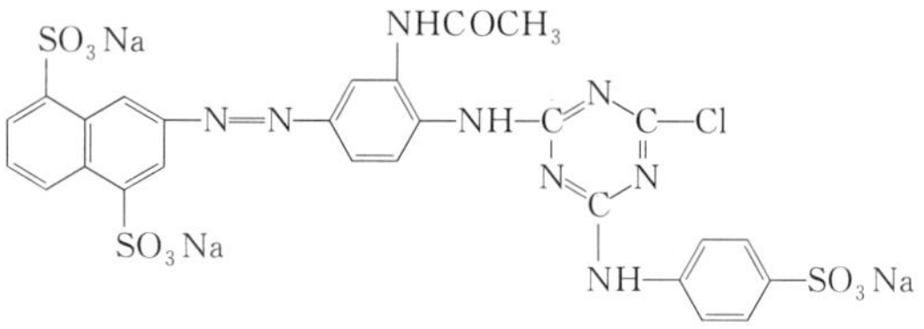 　　　　　　　　　　　　染料活性黄 KRN

11.2.4.5 用光气的 N-酰化

光气是碳酸的二酰氯，它是非常活泼的酰化剂。用光气的 N-酰化可以制得三种类型的化合物。

(1) 氨基甲酰氯衍生物的制备

氨基甲酰氯衍生物是光气分子中的一个氯与胺反应而生成的产物。这类产物的制法有两种。

一种是气相法。例如将无水的甲胺气体和稍过量的光气分别预热后，进入文氏管中，在 $280\sim300℃$ 即快速反应生成气态甲氨基甲酰氯，将它冷却至 $35\sim40℃$ 以下，即得到液态产品，或者将气态氨基甲酰氯用四氯化碳或氯苯在 $0\sim20℃$ 循环吸收，就得到质量分数 $10\%\sim20\%$ 的溶液。产品是重要的农药中间体，需要量很大。

$$CH_3NH_2+COCl_2\longrightarrow CH_3NHCOCl+HCl \tag{11-15}$$

另一种是液相法。例如，将光气在 $0℃$ 左右溶解于甲苯中，通入稍过量的无水二甲胺气体，然后过滤除去副产的二甲胺盐酸盐，将滤液减压精馏，先蒸出甲苯，再蒸出产品二甲氨基甲酰氯。它是医药中间体。

用上述方法制得的氨基甲酰氯衍生物溶液一般用于进一步与醇或酚反应制备氨基甲酸酯衍生物。

(2) 异氰酸酯的制备

将用上述方法制得的甲氨基甲酰氯四氯化碳溶液加热至沸腾，即蒸出异氰酸甲酯。它是重要的有机中间体。

$$\underset{\underset{H\quad Cl}{|\quad|}}{CH_3-N-C=O} \xrightarrow{加热} CH_3-N=C=O+HCl\uparrow \tag{11-16}$$

为了避免低温操作，可以先将胺类溶解于甲苯、氯苯等溶剂中（或再通入干燥的氯化氢或二氧化碳使成铵盐），然后在 $40\sim160℃$ 通入光气，直接制得异氰酸酯。$4,4'$-二苯基甲烷二异氰酸酯（简称 MDI）和甲苯二异氰酸酯（简称 TDI）都是重要的高分子助剂，最初它们是由 $4,4'$-二氨基二苯甲烷与 2,4-二氨基甲苯和 2,6-二氨基甲苯分别经光气两步法来生产，但光气法有毒性大、环境保护和生产流程长等问题，后来又开发了硝基苯和二硝基甲苯的一氧化碳羰基合成-热分解法，此法的专利很多，已经工业化的是两步法。例如将二硝基甲苯溶于乙醇中，以 SeO_2 为催化剂，添加氢氧化锂和乙酸，与一氧化碳在 $175\sim180℃$ 和 $7.07MPa$ 反应 30min，二硝基甲苯转化率 100%，甲苯二氨基甲酸乙酯收率 95%。

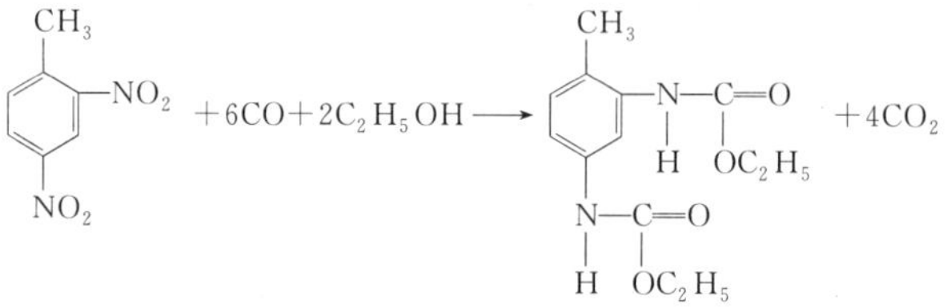

$$\tag{11-17}$$

然后将生成的酯在十六烷中在 $Mo(CO)_4$ 存在下，进行催化热分解，就得到甲苯二异氰酸酯，热解率 100%，TDI 收率 94%。此法流程短，一套 50kt/a 的装置的建设投资只有光气法的 40%，生产成本可降低 25%～30%。

$$
\text{（结构式，式 11-18）} \qquad (11-18)
$$

另外，对于 MDI 的生产还开发了苯胺与碳酸二甲酯的甲氧羰基化-甲醛缩合-热分解法，其反应式如下：

$$
\text{（反应式）} \qquad (11-19)
$$

我国上海与德国、美国合作，共同投资 10 亿元，建设全球最大的异氰酸酯一体化装置，用最先进的工艺，年产 MDI 24 万吨、TDI 16 万吨，配套生产硝酸 24.5 万吨、硝基苯 24 万吨、苯胺 16 万吨、2,4-二硝基甲苯和 2,6-二硝基甲苯 24 万吨。

(3) 脲衍生物的制备

将芳胺在水介质中或水-有机溶剂中，在碳酸钠、碳酸氢钠等缚酸剂的存在下，在 20～70℃左右，通入光气，可制得对称二芳基脲。例如将碳酸钠溶于水中，在 80℃加入 2-氨基-5-萘酚-7-磺酸（J 酸），使生成 J 酸钠盐和碳酸氢钠，然后在 40℃和 pH 7.2～7.5 通入光气，然后加入精盐进行盐析、过滤、干燥就得到猩红酸。

$$
2\ NaO_3S \cdots NH_2 + COCl_2 + 2NaHCO_3 \longrightarrow
$$

$$
NaO_3S \cdots NH-\overset{O}{\underset{\parallel}{C}}-NH \cdots SO_3Na + 2NaCl + 2H_2O + 2CO_2\uparrow \qquad (11-20)
$$

猩红酸（染料中间体）

为了避免使用光气，巴斯夫公司又提出了尿素法，有公司还提出了二(三氯甲基)碳酸酯法（三光气法）。

如果将前述的芳基异氰酸酯溶液与另一种胺反应，可制得不对称脲。例如：

$$
Cl \cdots N{=}C{=}O + HN(CH_3)_2 \xrightarrow[\text{加热}]{\text{有机溶剂}} Cl \cdots \overset{}{N}-\overset{O}{\underset{\parallel}{C}}-N(CH_3)_2 \qquad (11-21)
$$

敌草隆（除草剂）

光气是剧毒的气体，沸点 8.3℃，它是由一氧化碳和氯气在 200℃左右通过活性炭催化剂而制得的。

$$
CO + Cl_2 \longrightarrow COCl_2 \qquad (11-22)
$$

反应生成的光气体积分数约 $60\%\sim80\%$（其余为 CO 和 CO_2），可直接使用，也可冷冻液化后在本厂内使用，而很少装入钢瓶供外厂使用。在使用光气时，应特别注意安全防护。例如，隔离操作、严防泄漏、良好通风等。反应后的尾气应该用无水高沸点有机溶剂吸收残余的光气，或用碱液处理，将残余的光气全部水解掉。

为了避免使用光气，提出的代用酰化剂有尿素、碳酸二甲酯、氯甲酸三氯甲酯（又名双光气，液体，沸点 128℃）、二(三氯甲基)碳酸酯（又名三光气，白色固体，熔点 79℃）。

11.2.5　用酰胺的 N-酰化

(1) 用尿素的 N-酰化

尿素价廉易得，可用来代替光气，生产许多单取代脲和双取代脲。例如，将苯胺、尿素、盐酸和水按一定比例，在 $100\sim104$℃ 回流 1h，主要生成单苯基脲，并副产少量 N,N'-二苯基脲。如果改变原料配比，在 $104\sim106$℃，长时间回流，则主要生成 N,N'-二苯基脲，收率良好。

$$
\text{—NH}_2 + \text{H}_2\text{N—C—NH}_2 + \text{HCl} \longrightarrow \text{—NH—C—NH}_2 + \text{NH}_4\text{Cl} \tag{11-23}
$$

$$
\text{—NH—C—NH}_2 + \text{H}_2\text{N—} + \text{HCl} \longrightarrow \text{—NH—C—NH—} + \text{NH}_4\text{Cl} \tag{11-24}
$$

又如，将 J 酸钠盐和尿素按 2:1 的摩尔比在水中，在 120℃ 和 0.35MPa 反应 4h，生成猩红酸，将反应物稀释，用盐酸酸化至 pH 值 1.5，使未反应的 J 酸析出，滤液中和至 pH 值 6.5，加精盐使猩红酸析出。

尿素还用于制备许多脂肪族的单取代脲和双取代脲，例如：

$$
\text{H}_2\text{N—C—NHC}_2\text{H}_5 \text{ ; } \text{H}_2\text{N—C—NHC(CH}_3)_3 \text{ ; } \text{H}_2\text{N—C—NHCH}_2\text{CH=CH}_2 \text{ ; }
$$

$$
\text{H}_2\text{N—C—NHCH}_2\text{CH}_2\text{OH ; } \begin{array}{c}\text{CH}_2\text{NH}\\ \text{C=O}\\ \text{CH}_2\text{NH}\end{array} \text{ ; } \text{CH}_3\text{NH—C—NHCH}_3 \text{ ; }
$$

$$
\text{(CH}_3)_2\text{CHNH—C—NHCH(CH}_3)_2
$$

(2) 用甲酰胺的 N-酰化

N-甲酰化剂可以是甲酸、甲乙酐或甲酰胺。其中最常用的是甲酸，但要在有机溶剂中用共沸精馏法蒸出反应生成的水，操作复杂。甲乙酐虽然活泼，操作简便，但价格贵。甲酰胺在 N-甲酰化时生成氨，操作简便。例如，将苯胺、甲酰胺和甲酸按 1:1.023:0.06 的摩尔比，在氮气保护下在 145℃ 加热 3h，N-甲酰苯胺（熔点 $46\sim47$℃）收率 98%。在某些情况下，甲酰胺既是 N-甲酰化剂，又是溶剂，有其特殊的效果。

$$
\text{—NH}_2 + \text{H}_2\text{N—C—H} \longrightarrow \text{—NHC—H} + \text{NH}_3\uparrow \tag{11-25}
$$

11.2.6　用羧酸酯的 N-酰化

碳酸二甲酯的生产最初采用甲醇-光气法，后来又开发成功碳酸乙二醇酯（或丙二醇酯）与甲醇的酯交换法和甲醇与一氧化碳的氧化羰基化法。碳酸二甲酯生产成本低，沸点

90.2℃，使用方便。可用作代替光气的 N-酰化剂制备氨基甲酸酯、异氰酸酯或对称 N,N'-二取代脲。其反应通式可表示如下。

$$R—NH_2 + CH_3O—\overset{O}{\underset{|}{C}}—OCH_3 \xrightarrow{N\text{-甲氧羰基化}} R—NH—\overset{O}{\underset{|}{C}}—OCH_3 + CH_3OH \tag{11-26}$$

$$R—NH—\overset{O}{\underset{|}{C}}—OCH_3 \xrightarrow{热分解} R—N=C=O + CH_3OH \tag{11-27}$$

$$2\ R—NH_2 + CH_3O—\overset{O}{\underset{|}{C}}—OCH_3 \xrightarrow{N\text{-甲氧羰基化}} R—NH—\overset{O}{\underset{|}{C}}—NH—R + 2CH_3OH \tag{11-28}$$

氯甲酸三氯甲酯（双光气）是先由一氧化碳和氢气合成甲醇和甲酸甲酯，然后将甲酸甲酯用氯气氯化而得，或是由甲醇先与光气反应生成氯甲酸甲酯，然后再用氯气氯化而得。

双光气是液体，使用方便，可替代光气作 N-酰化剂。例如，将 3,4-二氯苯胺和双光气按 1∶0.65 的摩尔比在甲苯中回流，就得到 3,4-二氯苯异氰酸酯。

$$2\ Cl{-}\!\!\underset{Cl}{\overset{}{\bigcirc}}\!\!{-}NH_2 + Cl—\overset{O}{\underset{|}{C}}—O—\overset{Cl}{\underset{Cl}{\overset{|}{\underset{|}{C}}}}—Cl \longrightarrow 2\ Cl{-}\!\!\underset{Cl}{\overset{}{\bigcirc}}\!\!{-}N=C=O + 4HCl \tag{11-29}$$

虽然双光气的成本比光气高，但使用方便，特别适用于小批量、高附加值的精细化学品的生产。

二(三氯甲基)碳酸酯（三光气）是由碳酸二甲酯用氯气氯化而得。三光气是白色粉末，使用方便，也可代替光气作 N-酰化剂。例如，将 J 酸钠盐水溶液调 pH 7.0，在 40～60℃缓慢加入稍过量的粉状三光气，同时不断加入氢氧化钠水溶液，保持 pH 7.0 直到反应完全，然后盐析，即得到猩红酸。

$$6\ \text{（结构式）} + Cl_3C—O—\overset{O}{\underset{|}{C}}—O—CCl_3 + 6NaOH \longrightarrow$$

$$3\ \text{（结构式）} + 6NaCl + 6H_2O \tag{11-30}$$

常用的羧酸酯有甲酸甲酯、甲酸乙酯、丙二酸二乙酯、丙烯酸甲酯、氯乙酸乙酯、氰乙酸乙酯和乙酰乙酸乙酯等，它们的特点是比相应的羧酸、酸酐或酰氯较易制得，或使用方便。其 N-酰化的反应通式如下。

$$R—\overset{}{\underset{O}{\overset{|}{C}}}—OR' + H_2N—R'' \longrightarrow R—\overset{}{\underset{O}{\overset{|}{C}}}—\overset{}{\underset{H}{\overset{|}{N}}}—R'' + HO—R' \tag{11-31}$$

式中，R 是氢或各种烷基；R′是甲基或乙基；R″是氢、烷基或芳基。

羧酸酯的结构对它的反应活性有重要影响，如果 R 有位阻，则 N-酰化速率慢，反应要在较高的温度或在一定压力下进行。如果 R 无位阻，并且有吸电基（例如羧基、氯基和氰基等），则 N-酰化反应较易进行。

乙酰乙酸乙酯曾经是制备 N-乙酰乙酰基苯胺的酰化剂，但现在已被双乙烯酮所代替，因为现在乙酰乙酸乙酯也是由双乙烯酮（与无水乙醇反应）制得的。

11.2.7 用双乙烯酮的 N-酰化

双乙烯酮是由乙酸先催化热解得乙烯酮，然后低温二聚而得到的。

$$CH_3-\underset{\underset{OH}{|}}{C}=O \xrightarrow[(700\pm20)℃]{磷酸三乙酯催化} CH_2=C=O+H_2O \qquad (11\text{-}32)$$

$$CH_2=\underset{\underset{O}{||}}{C} + \underset{\underset{O}{||}}{CH_2} \xrightarrow[15\sim25℃]{二聚} \underset{\underset{O-C=O}{|\quad\quad|}}{CH_2=C-CH_2} \qquad (11\text{-}33)$$

双乙烯酮可以看作是乙酰乙酸的酸酐，它相当活泼，与胺类的 N-酰化反应可在较低的温度下，在水、甲苯、乙醇或丙酮等介质中进行。例如，将邻甲苯胺和双乙烯酮按 1：(1.05～1.04) 的摩尔比同时滴入水中保持 10～15℃，搅拌 1h，过滤，即得到 N-乙酰乙酰邻甲苯胺，收率 90.5%。

$$\underset{\underset{O\quad\quad|}{|\quad\quad|}}{CH_2=C-CH_2}+H_2N-\overset{CH_3}{\bigcirc} \xrightarrow{加成\ N\text{-}酰化} CH_3-\underset{\underset{O}{||}}{C}-CH_2-\underset{\underset{O}{||}}{C}-NH-\overset{CH_3}{\bigcirc} \qquad (11\text{-}34)$$

用类似的方法可以制得一系列 N-乙酰乙酰基苯胺，它们都是染料中间体。

将双乙烯酮和氨水滴加到水中，保持 pH 值 9.3 以上，反应温度 40℃，最后调至 pH 值为 7，就得到质量分数 20% 的乙酰乙酰胺水溶液，它也可以用作引入乙酰乙酰基的 N-酰化剂。

$$\underset{\underset{O\quad\quad|}{|\quad\quad|}}{CH_2=C-CH_2}+NH_3 \longrightarrow CH_3-\underset{\underset{O}{||}}{C}-CH_2-\underset{\underset{O}{||}}{C}-NH_2 \qquad (11\text{-}35)$$

应该指出双乙烯酮沸点 127.4℃，但必须在 0～5℃ 的低温贮存于不锈钢或铝制容器中，如果温度升高，会发生自身聚合反应。另外，双乙烯酮具有很强的组织黏膜刺激性和催泪性，使用时应注意安全。

11.2.8 过渡性 N-酰化和酰氨基的水解

过渡性 N-酰化指的是先将氨基转化为酰氨基，以利于某些化学反应（例如硝化、卤化、氯磺化、O-烷化和氧化等）的顺利进行，在完成目的反应后再将酰氨基水解成氨基。

在过渡性 N-酰化时，酰化剂的选择需要考虑的主要因素是：该酰氨基对于下一步反应有良好的效果、酰化剂的价格低、酰化反应容易进行、酰化产物收率高质量好。酰氨基较易水解、收率高。其重要实例如下。

(1) 过渡性 N-乙酰化法

过渡性 N-乙酰化法的优点是乙酸价格低，乙酐酰化法工艺简单、收率高，乙酰氨基容易水解。将 N-乙酰芳胺在稍过量的稀氢氧化钠水溶液中在 70～100℃ 共热，或在稀盐酸或稀硫酸中加热，均可使乙酰氨基水解。

乙酰化法的应用很广，其重要应用实例有：对甲苯胺的乙酰化、硝化、乙酰氨基水解制邻硝基对甲苯胺；苯胺的乙酰化、氯磺化、氨化、乙酰氨基水解制对氨基苯磺酰胺和间甲苯胺的乙酰化、硝化、氧化、乙酰氨基水解制 5-氨基-2-硝基苯甲酸等。

(2) 过渡性 N-碳酰化法

其重要实例可以举出：苯胺与尿素反应先制成二苯脲，然后将二苯脲磺化、氯化、水解脱碳酰基、再水解脱磺酸基制 2,6-二氯苯胺。

当对称二苯脲的苯环上有磺酸基时，脱碳酰基反应可在稀硫酸中在 60～120℃ 进行。但是苯环上没有磺酸基时，则碳酰氨基较难水解。

(3) 过渡性 *N*-苯磺酰化法

苯磺酰氨基的特点是对于碱的作用相当稳定，在稀无机酸中仍很稳定，在质量分数 75% 以上的硫酸中则容易水解。苯磺酰化法曾用于从对甲苯胺制红色基 GL，但现在已被 *N*-乙酰化法所代替。苯磺酰氯价格贵，水解时硫酸废液多，限制了它的应用范围。其应用实例列举如下。

$$(11\text{-}36)$$

第①步苯磺酰化是在水介质中，在碳酸钙存在下在 65℃ 加入过量 5% 的苯磺酰氯而完成的。第②步乙酰氨基水解反应是在质量分数 4% 的氢氧化钠水溶液中，在沸腾温度下进行的。第③步苯甲酰化是向调成弱碱性的水解液中，在 55～60℃ 加入对硝基苯甲酰氯-氯苯溶液而完成的。第④步脱苯磺酰基反应是在质量分数 90%～94% 硫酸中，在 35℃ 进行的，第④步反应收率 87% 以上，最后将产品制成盐酸盐总收率 72%。

11.2.9　N-酰化反应发展趋势

通过羧酸、酰氯、羧酸酯等的 *N*-酰化是酰胺的传统合成方法，但存在偶合试剂价格昂贵、环境污染等致命问题，所以近年来对高效催化剂的开发、反应条件的优化、反应机理的探讨等方面进行了大量的研究工作。

人们一直在寻找高效、高选择性的 *N*-酰化催化剂，成功开发了如钯、铜、银等金属催化剂，广泛应用于 *N*-酰化反应中，其中包括交叉偶联反应和直接 *N*-酰化反应。此外，有机催化剂和小分子催化剂也被用于特定条件下的 *N*-酰化反应。为了更好地理解 *N*-酰化反应的机理和改善催化剂的性能，研究人员还开展了大量的催化剂设计和反应机理研究工作。通过理论计算、催化剂表征和实验验证，揭示了不同催化剂的作用机制，为合理设计高效催化剂提供了指导。

N-酰化在药物和精细化学品的合成领域有着广泛的应用，通过对已知化合物进行分子结构修饰，可大幅提高药物的耐药性，改善母体的毒副作用、生物利用度、渗透性、代谢动力学等药物重要特性。基于 *N*-酰化反应，研究者们已开发出新型、低毒、更安全的药物，提高了药物的治疗效果。此外，近几年又成功建立了通过醛或醇氧化酰胺化合成酰胺化合物等的新方法，在药物、天然化合物及精细化学品的合成中具有重要的意义。

11.3　O-酰化（酯化）

O-酰化指的是醇或酚分子中的羟基氢原子被酰基取代的反应，生成的产物是酯，因此又称酯化。几乎所有用于 *N*-酰化的酰化剂都可用于酯化。另外，本节还兼述不用醇或酚的其他生成酯的反应。

11.3.1 用羧酸的酯化

羧酸价廉易得，是最常用的酯化剂。但羧酸是弱酯化剂，它只能用于醇的酯化，而不能用于酚的酯化。

11.3.1.1 酯化的热力学和动力学

羧酸与醇的反应历程在有机化学教材中已经叙述过了，即羧酸首先质子化成为亲电试剂，然后与醇反应，脱水、脱质子而生成酯。总的反应可简单表示如下。

$$\underset{\substack{\| \\ O}}{R-C-OH}+HO-R' \overset{K}{\rightleftharpoons} \underset{\substack{\| \\ O}}{R-C-O-R'}+H_2O \tag{11-37}$$

羧酸与醇的酯化是可逆反应，其平衡常数 K 可表示如下：

$$K=\frac{c_{酯}\,c_{水}}{c_{羧酸}\,c_{醇}} \tag{11-38}$$

上述酯化反应的热效应很小，因此酯化温度对 K 值的影响很小，但是羧酸的结构和醇的结构则对酯化速率和 K 值有很大影响。

(1) 羧酸结构的影响

将等摩尔比的羧酸与醇（或酚）在一定温度下反应至组成恒定，分析反应物中酸的含量，就可以算出平衡常数 K。异丁醇与各种羧酸的酯化反应参数见表 11-1。

表 11-1 异丁醇与各种羧酸的酯化相对速率、转化率和 K 值

（等摩尔比混合，155℃）

羧酸	转化率/%		平衡常数 K	羧酸	转化率/%		平衡常数 K
	1h 后[①]	平衡极限			1h 后[①]	平衡极限	
甲酸	61.69	64.23	3.22	苯基乙酸	48.82	73.87	7.99
乙酸	44.36	67.38	4.27	苯基丙酸	40.26	72.02	6.63
丙酸	41.18	68.70	4.82	苯基丙烯酸	11.55	74.61	8.63
丁酸	33.25	69.52	5.20	苯甲酸	8.62	72.57	7.00
异丁酸(2-甲基丙酸)	29.03	69.51	5.20	对甲基苯甲酸	6.64	76.52	10.62

① 1h 后的转化率可表示相对酯化速率。

由表 11-1 可以看出，甲酸比其他直链羧酸的酯化速率快得多。例如，醇在过量甲酸中的酯化速率比在乙酸中快几千倍。随着羧酸碳链的增长，酯化速率明显下降。靠近羧基有支链时（例如 2-甲基丙酸），对酯化有减速作用。在碳链上有苯基时（例如苯基乙酸和苯基丙酸），对酯化并无减速作用。但是苯基丙烯酸则与苯基丙酸不同，前者的双键与苯环共轭，对酯化有较大的减速作用。苯环与羧基相连时（例如苯甲酸），则减速作用更大。在苯甲酸的邻位有取代基时，其空间位阻对酯化有很大的减速作用。高位阻的 2,6-二取代苯甲酸，用通常方法酯化时，速率非常慢，但是将它先溶于浓硫酸中（使其充分质子化），然后倒入醇中，则酯化速率很快。

应该指出，苯甲酸等虽然酯化速率很慢，但是平衡常数 K 很高，它们一旦酯化就不易水解。

(2) 醇或酚结构的影响

从表 11-2 可以看出，伯醇的酯化速率最快，平衡常数 K 也较大。烯丙醇尽管也是伯醇，但其结构独特，所以它的酯化速率比相应的饱和醇（即丙醇）慢一些，K 值也小一些。

苯甲醇由于苯环的影响，其酯化速率和 K 值比乙醇低。一般地，醇分子中有空间位阻时，其酯化速率和 K 值降低，即仲醇（例如二甲基甲醇）的酯化速率和 K 值比相应的伯醇（即正丙醇）低一些。而叔醇（例如三甲基甲醇）的酯化速率和 K 值都相当低。苯酚由于苯环对羟基的共轭效应，其酯化速率和 K 值也都相当低。所以在制备叔丁基酯时，不用叔丁醇而改用异丁烯；在制备酚酯时，不用羧酸而改用酸酐或羧酰氯作酯化剂。

表 11-2　乙酸与各种醇或酚的酯化相对反应速率、转化率和 K 值
（等摩尔比混合，155℃）

醇 或 酚	转化率/%		平衡常数	醇 或 酚	转化率/%		平衡常数
	1h 后[①]	平衡极限	K		1h 后[①]	平衡极限	K
甲醇	55.59	69.59	5.24	苯甲醇	38.64	60.75	2.39
乙醇	46.95	66.57	3.96	二甲基甲醇（异丙醇）	26.53	60.52	2.35
丙醇	46.92	66.85	4.07	三甲基甲醇（叔丁醇）	1.43	6.59	0.0049
丁醇	46.85	67.30	4.24	苯酚	1.45	8.64	0.0089
烯丙醇	35.72	59.4	2.18				

① 1h 后的转化率可表示相对酯化速率。

11.3.1.2　酯化催化剂

对于许多酯化反应，温度每升高 10℃，酯化速率增加一倍。因此，加热可以增加酯化速率。但是，有一些实例，只靠加热并不能有效地加速酯化。特别是高沸点醇（例如甘油）和高沸点酸（例如硬脂酸），不加入酯化催化剂，只在常压下加热到高温并不能有效地酯化。

已经发现强质子酸可以有效地加速酯化。工业上常用的酯化催化剂有氯化氢、浓硫酸、对甲苯磺酸、强酸性阳离子交换树脂等。

在乙酸甲酯中加入不同的质子酸，在一定温度下，保温一定时间，测定乙酸的相对生成量，就可以算出加入不同质子酸时酯水解的相对速率，它同样也表示乙酸和甲醇反应时的相对酯化速率。如表 11-3 所示。但是应该指出，质子酸只能加速酯化，但不能影响平衡常数。

表 11-3　某些质子酸作催化剂时乙酸甲酯的相对水解速率

质 子 酸	氢氯酸	苯磺酸	硫酸氢乙酯	氢溴酸	硫 酸	甲 酸	乙 酸
相对水解速率/%	100	99.0	98.7	89.3	54.7	1.31	0.345

由表 11-3 可以看出，有机羧酸等弱酸的催化作用很小，因此在用羧酸进行酯化时，常加入强质子酸催化剂。

氯化氢的催化作用最强，但是它的腐蚀性很强，因此只用于制备氨基羧酸酯盐酸盐等。例如，将 1mol L-苯基丙氨酸溶于 6.19mol 甲醇中，通入氯化氢气体使饱和（全变成盐酸盐），然后回流 1h，减压蒸出过量的甲醇，将残余油状物在甲醇-乙醚中重结晶，即得到 L-苯基丙氨酸甲酯盐酸盐，收率 81%。

(11-39)

应该指出，在用不饱和酸（例如苯基丙烯酸）进行酯化时，氯化氢可能与烯双键发生加成副反应。

浓硫酸对于酯的水解的催化作用较弱，但是在羧酸与醇的酯化时，浓硫酸会与醇生成硫酸氢烷基酯（例如硫酸氢乙酯）而具有很好的催化作用。浓硫酸价廉、腐蚀性小，曾经是工

业上最常用的酯化催化剂。但是，在使用浓硫酸时，脱水温度不宜超过 160℃，否则由于醇受到质子的催化作用会发生副反应，例如脱水生成烯烃或醚，以及异构化、树脂化等。现在浓硫酸已逐渐被更好的催化剂所代替。

苯磺酸虽然催化作用很好，但它不易制成工业品，工业上使用的磺酸类催化剂是对甲苯磺酸，它虽然价格较贵，但是不会像硫酸那样引起副反应，已逐渐代替浓硫酸。

强酸性阳离子交换树脂，例如酚醛磺酸树脂和聚苯乙烯磺酸树脂等也有良好的催化作用，它们的特点是可以回收使用，特别适用于固定床连续酯化。

对于连续酯化还开发了钛酸四烃酯、氧化亚锡、草酸亚锡、氧化铝、氧化硅等非质子酸催化剂，它们的特点是无腐蚀作用、产品质量好、副反应少。近年来还开发了固体酸、固载超强酸、固载杂多酸和分子筛等新型催化剂。

11.3.1.3 用羧酸和醇的酯化方法

用羧酸的酯化是可逆反应，如表 11-1 和表 11-2 所示，酯化的平衡常数 K 都不大，当使用等摩尔比的羧酸和醇进行酯化时，达到平衡后，反应物中仍剩余相当数量的酸和醇。通常为了使羧酸尽可能完全反应，可采用以下 4 种方法。

(1) 用大过量低碳醇

例如，将 5-硝基-1,3-苯二甲酸 100g（0.474mol）、甲醇 705g（22.0mol）和浓硫酸 6g（0.06mol）回流 7h，然后冷却、析出结晶、过滤、水洗、干燥，得 5-硝基-1,3-苯二甲酸二甲酯，收率 90%。

$$O_2N\text{—}\begin{array}{c}COOH\\ \\COOH\end{array} + 2CH_3OH \xrightarrow{H_2SO_4} O_2N\text{—}\begin{array}{c}COOCH_3\\ \\COOCH_3\end{array} + 2H_2O \qquad (11\text{-}40)$$

如果生成的酯可溶于过量的醇，可在酯化后蒸出过量的醇，或者将酯化反应物倒入水中，用分层法或过滤法分离出生成的酯。

此法的优点是操作简便。但是醇的回收量太大，只适用于批量小、产值高的甲酯化和乙酯化过程，以生产医药中间体和香料等。

(2) 从酯化反应物中蒸出生成的酯

例如，将甲酸（沸点 100.8℃）与乙醇（沸点 78.4℃）按 1∶1.25 的摩尔比，在相当于甲酸质量分数 1% 的浓硫酸的催化作用下，在 64～70℃回流 2h，收集 64～100℃馏分，用饱和碳酸钠水溶液洗去未反应的甲酸、用无水硫酸钠干燥，精馏收集 53～55℃馏分，即得质量分数 98% 的甲酸乙酯（沸点 54.3℃），收率 96%（与水共沸点 52.6℃，含水 5%）。

此方法只适用于在酯化反应物中酯的沸点最低的情况，故只适用于制备甲酸乙酯、甲酸丙酯、甲酸异丙酯和乙酸甲酯等。甲酸甲酯的先进生产工艺是甲醇的气-固相接触催化脱氢法、甲醇的气-固相接触催化氧化脱氢法、甲醇羰基化法和合成气的一步羰基合成法。

$$2CH_3OH \xrightarrow[\text{常压；250～350℃}]{\text{Cu-Zr-Zn 催化剂}} HCOOCH_3 + H_2 \qquad (11\text{-}41)$$

$$2CH_3OH + O_2 \xrightarrow[\substack{\text{常压；160℃}\\\text{富氧空气}}]{\text{SnO}_2\text{-MoO}_3} HCOOCH_3 + H_2O \qquad (11\text{-}42)$$

$$CH_3OH + CO \xrightarrow[70～100℃；4～10MPa]{CH_3ONa \text{ 催化}} HCOOCH_3 \qquad (11\text{-}43)$$

$$2CO + 2H_2 \xrightarrow[50～150℃；0.68MPa]{\text{镍基催化剂}} HCOOCH_3 \qquad (11\text{-}44)$$

乙酸乙酯的先进生产方法是乙醛的液相催化缩合法和乙醇的气-固相接触催化脱氢法。前一方法国内已有万吨级装置，后一方法是清华大学开发成功的专利催化剂技术。

$$2CH_3CHO \xrightarrow[0\sim20℃，常压]{三乙氧基铝催化} CH_3COOC_2H_5 \qquad (11\text{-}45)$$

$$2C_2H_5OH \xrightarrow{脱氢催化剂} CH_3COOC_2H_5 + H_2 \qquad (11\text{-}46)$$

乙酸乙酯的另一种生产方法是乙酸和乙烯的加成酯化。采用气-固相接触催化法，所用催化剂是 $H_4[SiW_{12}O_{40}]/SiO_2$。

（3）从酯化反应物中直接蒸出水

此方法适用于所用的羧酸和醇以及生成的酯的沸点都比水的沸点高得多，而且不与水共沸的情况。例如，将甲基丙烯酸（沸点 160.5℃，溶于热水）和乙二醇（沸点 197.6℃，溶于水）在硫酸存在下加热酯化、减压蒸水，然后碱洗、水洗，除去未反应的甲基丙烯酸和乙二醇，最后减压蒸馏就得到甲基丙烯酸乙二醇酯，产品是高分子交联剂。

$$(11\text{-}47)$$

（4）共沸精馏蒸水法

在制备正丁酯时，正丁醇（沸点 117.7℃）与水形成共沸物（共沸点 92.7℃，水质量分数 42.5%）。但是，正丁醇与水的相互溶解度比较小，在 20℃时水在醇中溶解度是 20.07%（质量分数），醇在水中的溶解度是 7.8%（质量分数），因此，共沸物冷凝后分成两层。醇层可以返回酯化釜上的共沸精馏塔的中部，再带出水分。水层可在另外的共沸精馏塔中回收正丁醇。因此，对于正丁醇、各种戊醇、己醇等可用简单共沸精馏法从酯化反应物中分离出反应生成的水。

对于甲醇、乙醇、丙醇、异丙醇、烯丙醇、2-丁醇等低碳醇，虽然也可以和水形成共沸物，但是这些醇能与水完全互溶，或者相互溶解度比较大，共沸物冷凝后不能分成两层。这时可以加入合适的惰性有机溶剂，利用共沸精馏法蒸出水-醇-有机溶剂三元共沸物。对溶剂的要求是：共沸点低于 100℃，共沸物中含水量尽可能高一些，溶剂和水相互溶解度非常小、共沸物冷凝后可分成水层和有机层两相。可供选用的有机溶剂有苯、甲苯、环己烷、氯仿、四氯化碳、1,2-二氯乙烷等。

例如，将工业乙二酸二水合物、工业乙醇和苯按 1:4:2.5 的摩尔比，共沸精馏脱水、蒸出的三元共沸物冷凝后，苯层返回酯化釜，直到馏出液无水为止，然后升温蒸出苯-乙醇混合物，最后减压蒸出成品乙二酸二乙酯，含量＞98%，按乙二酸计，收率 96%。

乙醇-水-苯的共沸点是 64.84℃，共沸物冷凝分层后，苯层和水层的质量组成如表 11-4 所示。

上述酯化反应也可以用甲苯共沸脱水，共沸点 74.4℃，共沸物质量组成为：乙醇 37%、水 12%、甲苯 51%。其优点是共沸物含水多。

表 11-4　乙醇-水-苯三元混合物的组成

组　　成	乙　　醇	水	苯
共沸液	18.5%	7.4%	74.1%
共沸液水层	53.0%	36.0%	11.0%
共沸液苯层	14.5%	1.0%	84.5%

11.3.1.4 羧酸和不饱和烃的加成酯化

羧酸和不饱和烃在强酸存在下的加成酯化是通过正碳离子中间体而完成的。加成反应服从 Markovnikov 规则，所以生成的酯是叔酯或仲酯。

$$R'\text{—}CH\text{=}CH_2 + H^+ \rightleftharpoons R'\text{—}\overset{+}{C}H\text{—}CH_3 \tag{11-48}$$

$$\underset{\overset{\|}{O}}{R\text{—}C\text{—}OH} + \underset{\overset{|}{R'}}{\overset{+}{C}H\text{—}CH_3} \rightleftharpoons \underset{\overset{\|}{O}\ \overset{|}{H}\ \overset{|}{R'}}{R\text{—}C\text{—}\overset{+}{O}\text{—}CH\text{—}CH_3} \longrightarrow \underset{\overset{\|}{O}\quad \overset{|}{R'}}{R\text{—}C\text{—}O\text{—}CH\text{—}CH_3} + H^+ \tag{11-49}$$

乙烯不易加成，高碳烯烃，特别是萜烯类则容易加成。

在精细有机合成中，最有实用价值的简单烯烃是异丁烯。异丁烯沸点 $-6.8℃$，贮存不便，小批量使用时，可用叔丁醇脱水法随时生成异丁烯。

例如，将 L-丙氨酸溶于二氯甲烷中，在浓硫酸存在下，在室温慢慢通入异丁烯气体使饱和（约需 65h），然后碱洗、水洗，减压在 $65℃$ 蒸出二氯甲烷。将油状物用石油醚-乙醚在干冰-丙酮浴冷却下重结晶得 L-丙氨酸叔丁酯，收率 46.8％。

$$\underset{\overset{|}{CH_3}\ \overset{\|}{O}}{H_2N\text{—}CH\text{—}C\text{—}OH} + \underset{\overset{|}{CH_3}}{\overset{CH_3}{\overset{|}{C}}\text{=}CH_2} \longrightarrow \underset{\overset{|}{CH_3}\ \overset{\|}{O}\ \overset{|}{CH_3}}{H_2N\text{—}CH\text{—}C\text{—}O\text{—}\overset{\overset{CH_3}{|}}{C}\text{—}CH_3} \tag{11-50}$$

应该指出，使用异丁烯不方便，有时仍采用叔丁醇酯化法。例如，甲基丙烯酸叔丁酯是由叔丁醇与甲基丙烯酸反应而得；乙酸叔丁酯是由叔丁醇与乙酐反应而得。

另外，乙酸异丙酯的制备除了乙酸-异丙醇酯化法以外，将丙烯和乙酸蒸气在 $130℃$ 通过 NSE-01 催化剂也可制得乙酸异丙酯。

如果将丙烯、乙酸蒸气和氧在水蒸气存在下，$160\sim180℃$ 和 $0.5\sim1MPa$ 通过乙酸钯/硅胶催化剂，则选择性地生成乙酸烯丙酯。

$$\underset{\overset{\|}{O}}{CH_3\text{—}C\text{—}OH} + CH_2\text{=}CH\text{—}CH_3 + \tfrac{1}{2}O_2 \longrightarrow \underset{\overset{\|}{O}}{CH_3\text{—}C\text{—}O\text{—}CH_2\text{—}CH\text{=}CH_2} + H_2O \tag{11-51}$$

又如，将由松节油精馏而得到的蒎烯馏分与当量无水草酸在硼酐催化下，在 $32\sim50℃$ 异构化和加成酯化，即生成草酸龙脑酯，将它用质量分数 30％氢氧化钠水溶液在 $105℃$ 水解 $2\sim3h$，就得到 2-莰醇（龙脑）。

$$\text{(11-52)}$$

蒎烯   乙二酸二龙脑酯   2-莰醇

乙烯和乙酸的加成酯化生产乙酸乙酯最近已经工业化，所采用的新技术是以固载杂多酸 $H_4[SiW_{12}O_{40}]/SiO_2$ 为催化剂的气-固相接触催化酯化法。

11.3.1.5 羧酸与环氧烷的酯化

例如，在丙烯酸中加入少量三氯化钒等催化剂和少量对羟基苯甲醚等阻聚剂，在 $80℃$ 通入稍过量的环氧乙烷，进行加成酯化，然后将反应物减压除去过量的环氧乙烷、再精制即得丙烯酸-2-羟基乙酯。

$$\underset{\overset{\|}{O}}{CH_2\text{=}CH\text{—}C\text{—}OH} + \underset{\overset{\diagdown}{O}\diagup}{CH_2\text{—}CH_2} \xrightarrow{\text{加成酯化}} \underset{\overset{\|}{O}}{CH_2\text{=}CH\text{—}C\text{—}O\text{—}CH_2CH_2OH} \tag{11-53}$$

用同样的方法可制得丙烯酸-2-羟基丙酯、甲基丙烯酸的 2-羟基乙酯和 2-羟基丙酯。

11.3.1.6　羧酸盐与卤代烷的酯化

羧酸盐与卤代烷的酯化方法用于卤烷比相应的醇价廉易得，而且反应较易进行的情况。例如，将氯苄∶乙酸钠∶催化剂按 $1∶1.45∶0.025$ 的摩尔比，在适量水存在下，在 115℃ 回流 3～4h，冷却后，加水分层，有机层水洗后，减压精馏，即得到乙酸苄酯，收率 85%。此法比苄醇-乙酐法成本低、工艺简单，无废酸污染，但生成一定量的含盐废水可制得符合香料要求的产品。

$$CH_3-\underset{\underset{O}{\|}}{C}-ONa+ClCH_2-\bigcirc \longrightarrow CH_3-\underset{\underset{O}{\|}}{C}-O-CH_2-\bigcirc+NaCl \tag{11-54}$$

又如，将环氧氯丙烷、甲基丙烯酸和氢氧化钠水溶液按 $1∶1∶1.1$ 的摩尔比，在相转移催化剂和阻聚剂的存在下，在 80℃ 反应数小时，经后处理即得到甲基丙烯酸环氧丙酯，收率 93%。

$$CH_2=\underset{\underset{CH_3}{|}}{C}-\underset{\underset{O}{\|}}{C}-OH+Cl-CH_2-CH-CH_2+NaOH \longrightarrow$$

$$CH_2=\underset{\underset{CH_3}{|}}{C}-\underset{\underset{O}{\|}}{C}-O-CH_2-CH-CH_2+NaCl+H_2O \tag{11-55}$$

11.3.2　用酸酐的酯化

用酸酐酯化的方法主要用于酸酐较易获得的情况，例如乙酐、顺丁烯二酸酐、丁二酸酐和邻苯二甲酸酐等。

(1) 单酯的制备

酸酐是较强的酯化剂，只利用酸酐中的一个羧基制备单酯时，反应不生成水，是不可逆反应，酯化可在较温和的条件下进行。酯化时可以使用催化剂，也可以不使用催化剂。酸催化剂的作用是提供质子，使酸酐转变成酰化能力较强的酰基正离子。

$$R-\underset{\underset{O}{\|}}{C}-O-\underset{\underset{O}{\|}}{C}-R+H^+ \longrightarrow R-\underset{\underset{O}{\|}}{C}-OH+R-\underset{\underset{O}{\|}}{C}^+ \tag{11-56}$$

例如，将水杨酸甲酯和稍过量的乙酐，在浓硫酸存在下，在 60℃ 反应 1h，将反应物倒入水中，即析出乙酰基水杨酸甲酯，它是医药中间体。

$$\bigcirc\begin{matrix}OH\\C-OCH_3\\\|\\O\end{matrix}+(CH_3CO)_2O \longrightarrow \bigcirc\begin{matrix}O-C-CH_3\\\|\\O\\C-OCH_3\\\|\\O\end{matrix}+CH_3COOH \tag{11-57}$$

又如，将 1-萘酚溶解于氢氧化钠溶液中配成钠盐，冷却，滴加稍过量的乙酐，即析出乙酸-1-萘酯。

$$\bigcirc\!\!\!\bigcirc^{ONa}+(CH_3CO)_2O \longrightarrow \bigcirc\!\!\!\bigcirc^{O-C-CH_3}_{\underset{O}{\|}}+CH_3COONa \tag{11-58}$$

(2) 双酯的制备

用环状羧酸酐可以制得双酯。其中产量最大的是邻苯二甲酸二异辛酯，它是重要的增塑剂。

在制备双酯时，反应是分两步进行的，即先生成单酯，再生成双酯。

$$\text{(11-59)}$$

第一步生成单酯非常容易,将邻苯二甲酸酐溶于过量的辛醇中即可生成单酯。第二步由单酯生成双酯属于用羧酸的酯化,需要较高的酯化温度,而且要用催化剂。最初用硫酸催化剂,现在都已改用非酸性催化剂,例如钛酸四烃酯、氢氧化铝复合物、氧化亚锡、草酸亚锡、固载杂多酸、固载超强酸、分子筛等。

主要采用连续法。苯酐和异辛醇按 1 : (2.2~2.5) 的摩尔比连续地先进入单酯化器,温度 130~150℃,然后经过几个串联的双酯化釜,在强烈搅拌和催化剂存在下,依次在 180~230℃ 酯化并共沸脱水,然后减压闪蒸脱醇、碱洗、水洗、滤出催化剂,用 SiO_2 或 Al_2O_3 等吸附剂脱色,即得成品。

邻苯二甲酸的混合双酯具有良好的增塑性能。在制备丁-十四酯和辛-十三酯时,要将邻苯二甲酸酐先与等摩尔比的高碳醇进行单酯化,然后与过量的低碳醇进行双酯化。但是,在制备丁-异辛酯时,则是将邻苯二甲酸酐先与等摩尔比的丁醇进行单酯化,然后与过量的异辛醇进行双酯化。

二氧化碳是碳酸的酸酐,是很弱的酯化剂,CO_2 与链状脂肪醇的酯化转化率很低,但是 CO_2 与环氧乙烷的加成酯化制碳酸乙二醇酯(碳酸乙烯酯)已经工业化。

$$\text{(11-60)}$$

所用的催化剂类型很多,主要有固载的和非固载的无机卤化物、有机胺、有机磷和有机锡等。

用同样的方法可以从 CO_2 和 1,2-丙二醇生产碳酸丙二醇酯(碳酸丙烯酯)。

11.3.3 用酰氯的酯化

用酰氯的酯化(O-酰化)和用酰氯的 N-酰化的反应条件基本上相似。最常用的有机酰氯是长碳链脂酰氯、芳羧酰氯、芳磺酰氯、光气、氨基甲酰氯、氯甲酸酯和三聚氯氰等。常用的无机酸的酰氯有:三氯化磷用于制亚磷酸酯;三氯氧磷或三氯化磷加氯气用于制磷酸酯、三氯硫磷用于制硫代磷酸酯。

用酰氯进行酯化时,可以不加缚酸剂,释放出氯化氢气体。但有时为了加速反应、控制反应方向或抑制氯烷的生成,需要加入缚酸剂,常用的缚酸剂有氨气、液氨、无水碳酸钾、氢氧化钠水溶液、氢氧化钙乳状液、吡啶、三乙胺、N,N-二甲基苯胺等。由以下实例可以看到反应的一般情况。

(1) 用光气的酯化

① **氯甲酸间甲基苯酯** 在间甲酚中加入季铵盐催化剂,在 40~110℃,通入计量比的光气,滤出催化剂,就得到成品,含量 98.5%。收率 97.1%,产品是农药中间体。逸出的氯化氢气体用水吸收得副产盐酸。此法的优点是不用液碱和溶剂,产品不需水洗、脱溶剂等过程,工艺简单、成本低。

$$\text{(11-61)}$$

② **碳酸二苯酯** 将苯酚溶于稍过量的氢氧化钠水溶液中，在适量惰性有机溶剂和叔胺催化剂的存在下，在 $20 \sim 30 \, ℃$ 滴加液态光气，反应生成的碳酸二苯酯不断呈固态小颗粒析出，当 pH 值下降至 $6.5 \sim 7$ 时为终点。反应物经处理后，即得成品。

$$2\ C_6H_5OH + Cl-\underset{O}{\overset{}{C}}-Cl + 2\ NaOH \longrightarrow C_6H_5-O-\underset{O}{\overset{}{C}}-O-C_6H_5 + 2NaCl + 2H_2O \tag{11-62}$$

据报道，用氢氧化钙代替氢氧化钠，在 $25 \sim 40 \, ℃$ 反应，可降低苯酚和光气的单耗，并省去冷冻盐水，缩短反应时间。

为了避免使用光气，正在研究苯酚与碳酸二甲酯的酯交换法和乙二酸二苯酯的催化脱羧法。但两法都需要接近 100% 的选择性才有可能代替工艺非常简单的光气法。

(2) 用芳羧酰氯的酯化

① **苯甲酸苯酯** 苯酚溶于稍过量的氢氧化钠水溶液中，滴加稍过量的苯甲酰氯，在 $40 \sim 50 \, ℃$ 反应、过滤、水洗、重结晶即得成品。另外，也可以用苯酚-苯甲酸-三氯化磷法。

$$C_6H_5-ONa + Cl-\underset{O}{\overset{}{C}}-C_6H_5 \longrightarrow C_6H_5-O-\underset{O}{\overset{}{C}}-C_6H_5 + NaCl \tag{11-63}$$

② **水杨酸苯酯** 在熔融的苯酚中加入水杨酸，加热至 $130 \, ℃$，滴加三氯化磷，保温 4h，反应物经后处理就得到成品。其总的反应可简单表示如下：

$$3 \text{（水杨酸）} + 3\ HO-C_6H_5 + PCl_3 \longrightarrow 3 \text{（水杨酸苯酯）} + H_3PO_3 + 3\ HCl \tag{11-64}$$

(3) 用磷酰氯的酯化

① **磷酸三苯酯** 在 $40 \, ℃$ 向苯酚中滴加接近理论量的三氯化磷，升温至 $70 \, ℃$，通入接近理论量的氯气，然后在 $80 \, ℃$ 加水水解，经后处理即得成品。

$$3C_6H_5OH + PCl_3 \xrightarrow{40℃} (C_6H_5O)_3P + 3HCl\uparrow \tag{11-65}$$

$$(C_6H_5O)_3P + Cl_2 \xrightarrow{70℃} (C_6H_5O)_3PCl_2 \tag{11-66}$$

$$(C_6H_5O)_3PCl_2 + H_2O \xrightarrow{80℃} (C_6H_5O)_3PO + 2HCl \tag{11-67}$$

与三氯氧磷法相比，此方法的优点是不用溶剂和液碱，而三氯氧磷又是由三氯化磷氯化-水解制得的，成本高。

② **亚磷酸三甲酯** 最初采用亚磷酸三苯酯与甲醇的酯交换法，为了避免苯酚的污染问题，改用三氯化磷-甲醇直接酯化法，缚酸剂曾用氨基甲酸铵、叔胺-氨。安徽省化工研究院改用三乙胺为缚酸剂，液碱为中和剂，在溶剂中直接酯化，整个工艺可实现连续化。优点是副反应少、收率高。

$$3CH_3OH + PCl_3 + 3(C_2H_5)_3N \xrightarrow[\text{酯化}]{\text{溶剂}} (CH_3O)_3P + 3(C_2H_5)_3N \cdot HCl \tag{11-68}$$

$$(C_2H_5)_3N \cdot HCl + NaOH \xrightarrow{\text{中和}} (C_2H_5)_3N\uparrow + NaCl + H_2O \tag{11-69}$$

双乙烯酮可以看作是乙酰乙酸的酸酐，它与醇在浓硫酸或三乙胺等催化剂存在下发生加成酯化可制得乙酰乙酸酯。例如，无水乙醇在催化剂存在下，在 $78 \sim 130 \, ℃$ 滴加略低于理论量的双乙烯酮，然后减压精馏即得乙酰乙酸乙酯。

$$\begin{matrix} CH_2=C-O \\ \ \ \vdots \\ H_2C-C-O \end{matrix} + C_2H_5OH \longrightarrow CH_3COCH_2COOC_2H_5 \tag{11-70}$$

用类似的方法还可制得乙酰乙酸的甲酯、异丙酯、氯乙酯等。在制备异丁酯时，可以采用乙酰乙酸乙酯与异丁醇的酯交换法。

11.3.4　酯交换法

酯交换指的是将一种容易制得的酯与醇或与酸反应而制得所需要的酯。最常用的酯交换法是酯-醇交换法，其次是酯-酸交换法。

(1) 酯-醇交换法

将一种低碳醇的酯与一种高沸点的醇或酚在催化剂存在下加热，可以蒸出低碳醇，而得到高沸点醇（或酚）的酯。例如，间苯二甲酸二甲酯和苯酚按 $1:2.37$ 的摩尔比，在钛酸四丁酯的存在下，在 220℃ 反应 3h，同时蒸出甲醇，经后处理即得到间苯二甲酸二苯酯。

$$(11\text{-}71)$$

另外，将碳酸乙二醇酯（或碳酸丙二醇酯）与过量甲醇在甲酸钠的催化作用下，在 $80\sim130$℃ 和约 0.7MPa 进行酯交换反应，经后处理可以制得碳酸二甲酯和乙二醇（或 1,2-丙二醇）。

$$(11\text{-}72)$$

应该指出，上述酯交换反应是可逆的，早期曾经用碳酸二乙酯与乙二醇或 1,2-丙二醇进行酯交换生产碳酸乙二醇酯和碳酸丙二醇酯（常压回流，蒸出乙醇）。

(2) 酯-酸交换法

例如，制备磷酸三甲酯最经济的方法是：在碳酸钾的存在下，在 5℃ 下，向过量的无水甲醇中，滴加三氯氧磷，这时除了生成磷酸三甲酯以外，还生成等摩尔比的磷酸二甲酯钾盐。

$$2POCl_3 + 5CH_3OH + K_2CO_3 \longrightarrow (CH_3O)_3PO + (CH_3O)_2PO_2K + KCl + 5HCl\uparrow + CO_2\uparrow$$

$$(11\text{-}73)$$

这可以向反应液中在 pH 值 $7\sim8$，加入硫酸二甲酯，进行酯交换，将磷酸二甲酯钾盐转变为磷酸三甲酯，按三氯氧磷计，收率接近理论量。

$$(CH_3O)_2PO_2K + (CH_3O)_2SO_2 \longrightarrow (CH_3O)_3PO + CH_3O—SO_2—OK \qquad (11\text{-}74)$$

采用上述方法是因为硫酸二甲酯价廉易得、活泼，可在温和条件下进行酯交换。

11.3.5　O-酰化反应发展趋势

近年来，研究人员致力于发展高效、高选择性和环境友好的催化剂。传统的氢氟酸、硫酸、磷酸和对甲苯磺酸等均相催化剂，尽管成本低、活性高而得到了广泛的应用，但难以分离回收、易腐蚀设备、污染环境，依然是实际生产中难以解决的问题。非均相催化剂（如沸石、硫酸氧化锆、酸改性二氧化硅等）具有很高的热稳定性和机械稳定性，并且易于与反应介质分离，然而其催化活性较低，限制了进一步的应用。因此进一步提高固体酸催化剂的活性、回收套用性能及环境友好依然是目前的研究热点。此外，酶催化也是当前 O-酰基化研究的热点之一。

O-酰基化反应在精细有机合成中作为重要的合成方法学被广泛应用于药物、前药、抗氧剂、光稳定剂等精细化学品的生产中，也可用于天然产物和功能材料的合成。O-酰基化反应在生物学研究中也有很大的应用潜力。通过对生物分子中特定位点的 O-酰基化修饰，可以研究酶促反应、信号传导和疾病发生机制等生物过程。

11.4　C-酰化

C-酰化指的是碳原子上的氢被酰基取代的反应。C-酰化在精细有机合成中主要用于在芳环上引入酰基，以制备芳酮、芳醛和羟基芳酸。

11.4.1　C-酰化制芳酮

用羧酰氯、酸酐或羧酸在一定条件下可使酰基取代芳环上的氢，制得芳酮。

11.4.1.1　反应历程

此类反应属于 Friedel-Crafts 反应，是典型的芳香族亲电取代反应。

当用羧酰氯作酰化剂，用无水三氯化铝作催化剂时，以苯的 C-酰化为例，其反应历程如下。

首先是羧酰氯与无水三氯化铝作用生成正碳离子活性中间体(a)和(b)。

$$
\underset{\text{Cl}}{\overset{\text{O}}{R-C}} + AlCl_3 \rightleftharpoons \underset{\text{Cl}}{\overset{\overset{\delta^-}{O}:AlCl_3}{R-C^{\delta^+}}} \rightleftharpoons \overset{\text{O}}{R-C^+} + AlCl_4^- \tag{11-75}
$$

$$\text{(a)} \qquad \text{(b)}$$

然后中间体（a）和（b）与芳环作用生成芳酮与三氯化铝的配合物。

$$
\underset{\text{Cl}}{\overset{\overset{\delta^-}{O}:AlCl_3}{R-C^{\delta^+}}} + \bigcirc \rightleftharpoons \left[\bigcirc\overset{\text{O}:AlCl_3}{\underset{\text{Cl}}{C-R}}_H\right] \longrightarrow \bigcirc\overset{\text{O}:AlCl_3}{C-R} + HCl\uparrow \tag{11-76}
$$

$$\text{(a)}$$

$$
\overset{\text{O}}{R-C^+} + AlCl_4^- + \bigcirc \rightleftharpoons \left[\bigcirc\overset{\text{O}}{C-R}_H\right] AlCl_4^- \longrightarrow \bigcirc\overset{\text{O}:AlCl_3}{C-R} + HCl\uparrow \tag{11-77}
$$

$$\text{(b)}$$

芳酮与三氯化铝的配合物遇水即分解为芳酮。

$$
\bigcirc\overset{\text{O}:AlCl_3}{C-R} \xrightarrow{H_2O} \bigcirc\overset{\text{O}}{C-R} + AlCl_3 \text{（水溶液）} \tag{11-78}
$$

无论是哪一种反应历程，生成的芳酮总是和 $AlCl_3$ 形成 1:1 的配合物。因为配合物中的 $AlCl_3$ 不能再起催化作用，所以 1mol 酰氯理论上要消耗 1mol $AlCl_3$。实际上要过量 $10\% \sim 50\%$。

当用酸酐作酰化剂时，它首先与 $AlCl_3$ 作用生成酰氯，然后酰氯按上述历程参加反应。

$$
\begin{matrix} R-\overset{\text{O}}{C} \\ O \\ R-\overset{\text{O}}{C} \end{matrix} + AlCl_3 \rightleftharpoons \begin{matrix} R-\overset{\text{O}}{C} \\ O:AlCl_3 \\ R-\overset{\text{O}}{C} \end{matrix} \longrightarrow \underset{\text{Cl}}{\overset{\text{O}}{R-C}} + R-\overset{\text{O}}{C}-OAlCl_2 \tag{11-79}
$$

式中，$\underset{\substack{\| \\ O}}{R{-}C}{-}OAlCl_2$ 在 $AlCl_3$ 存在下也可以转变为酰氯，但是转化率不高，因此实际上总是只让酸酐中的一个酰基参加反应。

$$R{-}\underset{\substack{\| \\ O}}{C}{-}OAlCl_2 \xrightarrow{AlCl_3} R{-}\underset{\substack{\| \quad \ \ \\ O \quad Cl}}{C} + AlCl \tag{11-80}$$

当只让酸酐中的一个酰基参加反应时，1mol 酸酐至少需要 2mol $AlCl_3$。其总的反应式可简单表示如下：

$$\underset{\substack{R{-}C \\ \| \\ O}}{\overset{\substack{\| \\ O}}{}}\!\!\!\!O + 2AlCl_3 + \bigcirc \longrightarrow \bigcirc\!\!-\!\!\underset{\substack{\| \\ O : AlCl_3}}{C}{-}R + R{-}\underset{\substack{\| \\ O}}{C}{-}OAlCl_2 + HCl \tag{11-81}$$

11.4.1.2 被酰化物结构的影响

Friedel-Crafts 反应是亲电取代反应。当芳环上有强供电基（例如 —OH、—OCH$_3$、—OAc、—NH$_2$、—NHR、—NR$_2$、—NHAc）时，反应容易进行，可以不用无水三氯化铝，而用无水氯化锌、多聚磷酸等温和催化剂。因为酰基的空间位阻较大，所以酰基主要或完全地进入芳环上第一类取代基的对位。当对位被占据时，才进入邻位。

芳环上有吸电基（如 —Cl、—COOR 和 —COR）时，使 C-酰化难进行。因此，在芳环上引入一个酰基后，芳环被钝化，不易发生多酰化副反应，所以 C-酰化的收率可以很高。但是，对于 1,3,5-三甲苯和萘等活泼化合物，在一定条件下，也可以引入两个酰基。硝基使芳环强烈钝化，所以硝基苯不能被 C-酰化，有时还可以用作 C-酰化反应的溶剂。

在杂环化合物中，富 π 电子的杂环，例如呋喃、噻吩和吡咯，容易被 C-酰化。缺 π 电子的杂环，例如吡啶、嘧啶，则很难 C-酰化。酰基一般进入杂原子的 α 位，如果 α 位被占据，也可以进入 β 位。

11.4.1.3 C-酰化的催化剂

催化剂的作用是增强酰基上碳原子的正电性，从而增强进攻质点的亲电能力。由于芳环碳原子没有氨基氮和羟基氧原子的孤对电子，其亲核能力弱，所以 C-酰化通常要用强催化剂。

最常用的强催化剂是无水三氯化铝。它的优点是价廉易得、催化活性高、技术成熟。缺点是产生大量含铝盐废液，对于活泼的化合物在 C-酰化时容易引起副反应，这时应改用无水氯化锌、多聚磷酸和三氟化硼等温和催化剂。

用无水三氯化铝的 C-酰化一般可在不太高的温度下进行，温度高会引起副反应，甚至会生成结构不明的焦油物。三氯化铝的用量一般超过理论量的 $10\% \sim 50\%$，过量太多也会生成焦油物。

11.4.1.4 C-酰化的溶剂

在用无水三氯化铝作催化剂时，如果所生成的芳酮-AlCl$_3$ 配合物在反应温度下是液态的，可以不使用溶剂，如果芳酮-AlCl$_3$ 配合物在反应温度下是固态的，就需要使用过量的液态被酰化物，或者使用惰性有机溶剂。常用的溶剂有二氯甲烷、四氯化碳、1,2-二氯乙烷、二硫化碳、石油醚和硝基苯等。

11.4.1.5 重要实例

(1) 三氯化铝-无溶剂酰化法

例如，苯甲酰氯、邻二氯苯和无水三氯化铝按 1:1.01:2 的摩尔比，在搅拌下，在 130～135℃ 反应 4h，然后将反应液放入稀盐酸中，过滤出粗品 3,4-二氯二苯甲酮，水洗、在活性炭-乙醇-盐酸混合液中脱色、重结晶即得成品，收率 70%～72%。

$$(11\text{-}82)$$

$$(11\text{-}83)$$

(2) 三氯化铝-过量被酰化物酰化法

例如，邻苯二甲酸酐、苯和无水三氯化铝按 1:12:2.2 的摩尔比，在搅拌下，在 55～60℃ 反应 1h，然后将反应物放入稀硫酸中进行水解、用水蒸气蒸出过量的苯，冷却、过滤即得到邻苯甲酰基苯甲酸，收率 93%。

$$(11\text{-}84)$$

$$(11\text{-}85)$$

(3) 三氯化铝-溶剂酰化法

例如，将精萘、乙酐和无水三氯化铝按 1:1.15:2.587 的摩尔比在 1,2-二氯乙烷中，在 30℃ 反应 1h，然后将反应物放入水中，分出油层，先蒸出二氯乙烷，然后减压蒸出产品 α-萘乙酮，收率 90%。

$$(11\text{-}86)$$

$$(11\text{-}87)$$

如果改用硝基苯作溶剂在 65℃ 反应，则得到 β-萘乙酮。如果改用石油醚或二硫化碳作溶剂则得到 α-萘乙酮和 β-萘乙酮的混合物。

1,2-二氯乙烷不能溶解 $AlCl_3$，但是能溶解酰氯与 $AlCl_3$ 的配合物，是均相酰化反应。但应该注意在较高温度下，二氯乙烷可能发生 C-烃化副反应。对于低温 C-酰化反应，有时用二氯甲烷作溶剂，但沸点低，损耗大。

硝基苯能与 AlCl₃ 形成配合物，但配合物活性低，只用于对 AlCl₃ 作用敏感的 C-酰化反应。石油醚不能溶解 AlCl₃，但它相当稳定，不会引起副反应。二硫化碳不能溶解 AlCl₃，不稳定，而且常含有其他硫化物而有恶臭，只用于温和条件下的 C-酰化反应。

（4）芳胺的 C-酰化——无水氯化锌催化法

1mol 芳伯胺在 C-酰化时要用 2mol 以上的羧酰氯同时发生 C-酰化和 N-酰化反应，然后再将酰氨基水解。例如，对硝基苯胺、邻氯苯甲酰氯和无水氯化锌按 1∶2.50∶1.23 的摩尔比，在 220℃加热 1～2h，直到无 HCl 逸出，将反应物用水稀释，经酸性水解和精制后即得到 2-氨基-5-硝基-2′-氯-二苯甲酮，收率 60%。

$$(11-88)$$

$$(11-89)$$

应该指出，叔胺（例如 N,N-二甲基苯胺）在 C-酰化时并不同时发生 N-酰化反应。例如，N,N-二甲基苯胺与光气在无水氯化锌存在下，在 28～80℃反应，可得到 4,4′-双（二甲氨基）二苯甲酮（四甲基米氏酮）。N,N-二甲基苯胺、光气和无水氯化锌的摩尔比约为 4.09∶1∶0.25。作为缚酸剂所消耗的 N,N-二甲基苯胺可回收使用。按消耗的 N,N-二甲基苯胺计，四甲基米氏酮的收率可达 76.1%。

$$(11-90)$$

$$(11-91)$$

如果在第一步反应时就加入无水氯化锌或无水三氯化铝催化剂，将主要得到三芳甲烷染料碱性结晶紫。

（5）间苯二酚的 C-酰化

间苯二酚的特点是相当活泼，但是羟基并不容易酯化，酚酯在加热时可以重排成羟基芳酮。例如在制备 2,4-二羟基二苯甲酮时，如果用苯甲酰氯作 C-酰化剂，用无水三氯化铝作催化剂在氯苯溶剂中反应，虽然产品质量好，但收率只有 50%～60%。

$$(11-92)$$

$$(11-93)$$

如果改用更活泼的三氯苄作 C-酰化剂，反应可在水-乙醇介质中进行，收率可达 95%，但三氯苄价格贵，产品色深，需脱色提纯，工业上用此法。

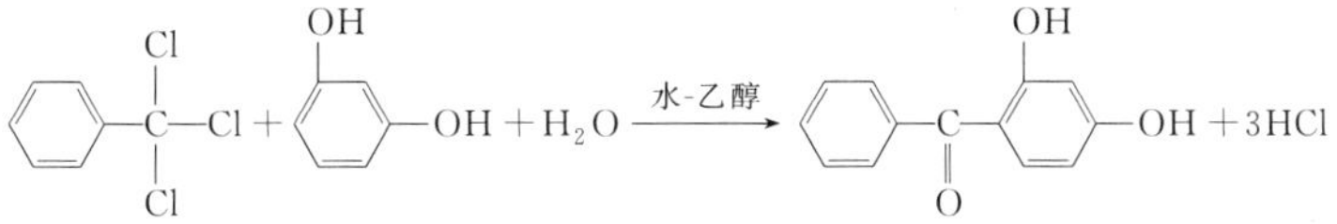

$$
\text{(11-94)}
$$

如果改用价廉易得的苯甲酸作酰化剂，需要将苯甲酸和间苯二酚在无水氯化锌存在下高温脱水，加入三氯化磷或磷酸可提高脱水速率，收率可达 90% 以上。此法的缺点是脱水时间长，苯甲酸易升华粘在反应器壁上，熔融物出料难，需妥善处理。

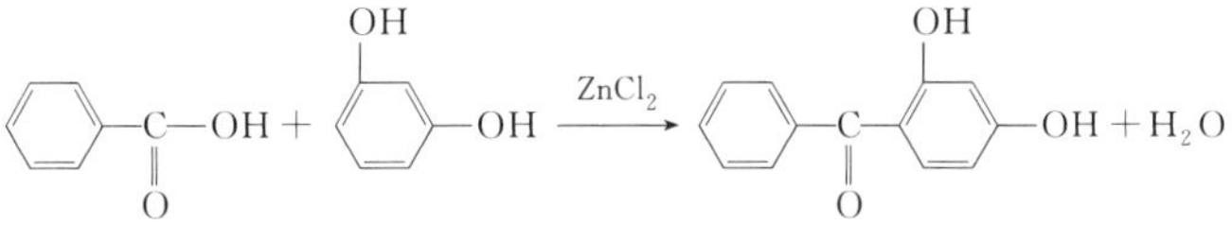

$$
\text{(11-95)}
$$

间苯二酚与脂肪酸的 C-酰化都使用无水氯化锌作催化剂。例如，间苯二酚、乙酸和无水氯化锌在 140℃ 反应 5h，然后将反应物倒入水中，即得到 2,4-二羟基苯乙酮，收率 91%～93%。

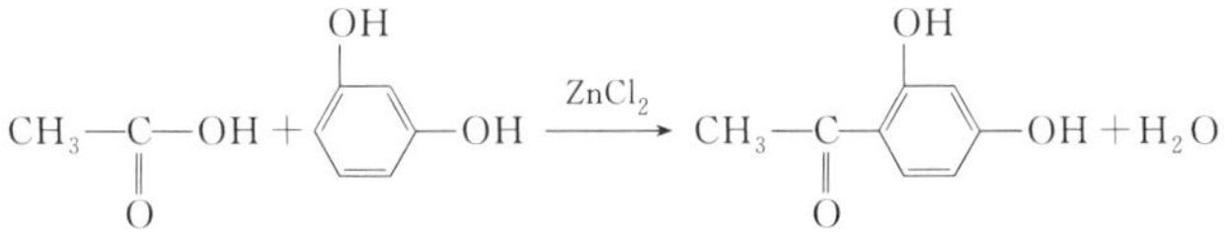

$$
\text{(11-96)}
$$

在由间苯二酚制备 2,4-二羟基苯基苄基甲酮时，可以不用苯乙酸，而用活泼、价廉的苯乙腈作酰化剂。例如，间苯二酚、苯乙腈和无水氯化锌按 1：1：1 的摩尔比，在乙醚中用无水氯化氢饱和，回流 4h，蒸出乙醚，将反应物在水中回流水解，即得到 2,4-二羟基苯基苄基甲酮，收率 64%。

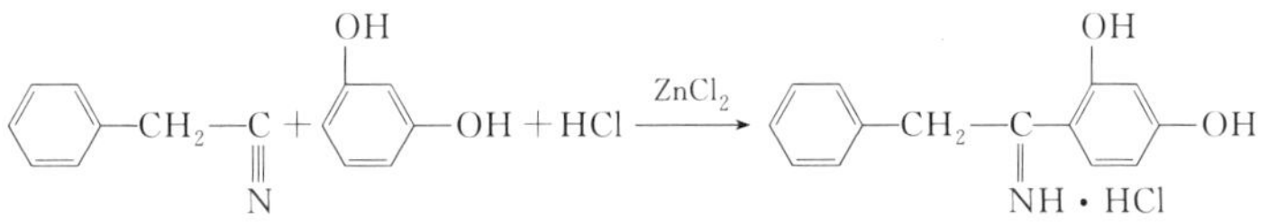

$$
\text{(11-97)}
$$

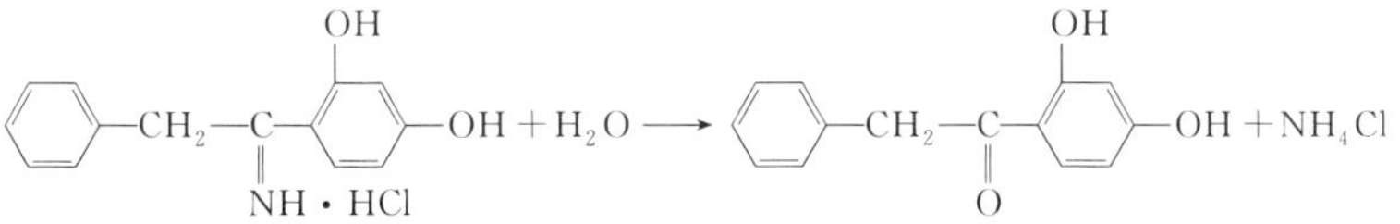

$$
\text{(11-98)}
$$

(6) 用三氯氧磷或磷酸作催化剂

对于活泼的被酰化物，在 C-酰化时也可以用三氯氧磷或磷酸作催化剂。

例如，将邻苯二酚、氯乙酸和三氯氧磷按 1：1.2：4 的摩尔比，在 60～80℃ 搅拌 0.5h，然后冷却，即析出产品 α-氯-3,4-二羟基苯乙酮，收率 65%。

$$
3\ \text{ClCH}_2\text{—C—OH} + \text{POCl}_3 \longrightarrow 3\ \text{ClCH}_2\text{—C—Cl} + \text{H}_3\text{PO}_4 \qquad \text{(11-99)}
$$

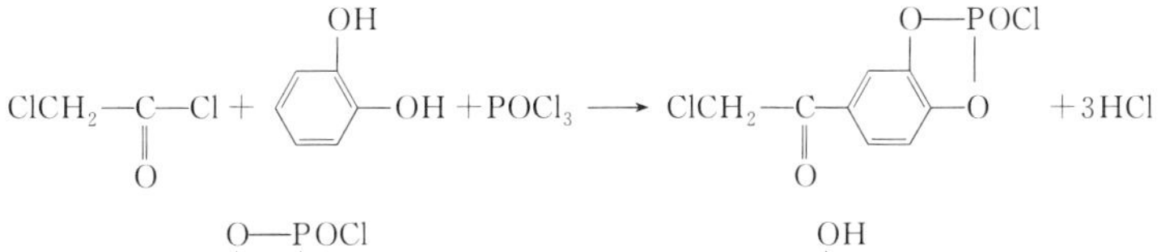

$$
\text{(11-100)}
$$

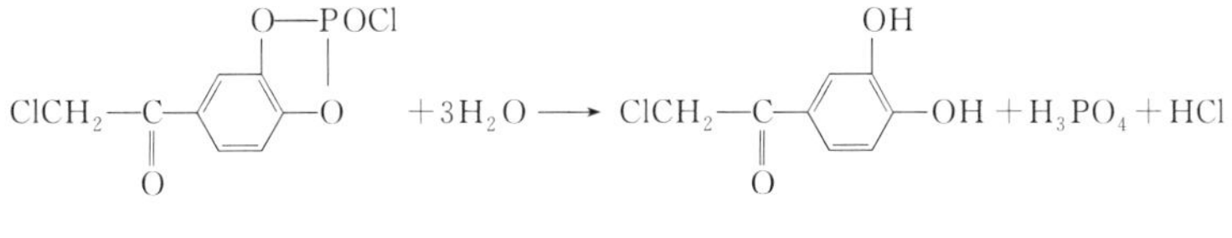

$$
\text{(11-101)}
$$

11.4.2 C-甲酰化制芳醛

可以设想，如果用甲酰氯作 C-酰化剂，将会在芳环上引入甲酰基，即醛基。但是，甲酰氯很不稳定，在室温就会分解为 CO 和 HCl。实际上使用的 C-甲酰化剂主要有一氧化碳、三氯甲烷、N,N-二甲基甲酰胺和乙醛酸等。它们都可以看作是甲酸的衍生物。

11.4.2.1 用一氧化碳的 C-甲酰化

按照 Gattermann-Koch 反应，将甲苯在无水三氯化铝-氯化亚铜存在下，用一氧化碳和氯化氢处理，可以得到对甲基苯甲醛，收率 46%～51%。

$$H_3C-\!\!\!\bigcirc\!\!\!-+CO \xrightarrow{AlCl_3/CuCl/HCl} H_3C-\!\!\!\bigcirc\!\!\!-CHO \tag{11-102}$$

但此法收率低，催化剂不能回收，有环境污染问题。后来又开发成功了在 HF-BF$_3$ 的催化作用下用一氧化碳的 C-甲酰化法。此法除了用于由甲苯生产对甲基苯甲醛（收率约 98%）以外，主要用于从间二甲苯生产 2,4-二甲基苯甲醛，其反应历程大致如下。

烃配合物（A）

醛配合物（B）

$$\tag{11-103}$$

将干燥的间二甲苯与循环的 HF 和 BF$_3$ 催化剂在低于 −20℃ 和 0.3MPa 形成烃配合物（A），然后在低于 0℃ 和 2.0MPa 与 CO 反应先生成醛配合物（B），反应在瞬间完成，并放出大量的热；然后在分解塔中在高于 100℃ 和 0.4MPa 进行分解，HF 和 BF$_3$ 从塔顶逸出，冷却后 HF 液化，BF$_3$ 仍呈气态，分别循环回合成反应器。粗醛精馏后即得成品 2,4-二甲基苯甲醛。当间二甲苯的转化率为 80% 时，目的产物的选择性 100%，收率 98% 以上。

在反应过程中 HF 和 BF$_3$ 都不消耗，HF 是良好的溶剂，可使反应在均相进行，并能连续化生产。但是 HF-BF$_3$ 对于烷基苯的异构化和歧化也有很强的催化作用，为了抑制这类副反应，必须严格控制操作条件。当使用粗品间二甲苯时，所含的邻二甲苯和对二甲苯也被甲酰化，生成 3,4-二甲基苯甲醛和 2,5-二甲基苯甲醛，但应严格控制反应条件，不让乙苯转变成对乙基苯甲醛，因为它与 2,4-二甲基苯甲醛的沸点很接近，难分离。

液体超强酸 HF-BF$_3$ 的缺点是：HF 沸点低、毒性大、腐蚀性强、需严格操作，需用耐腐蚀的特殊材料制造生产设备。因此又开发了固体超强酸催化剂，例如改性分子筛、SO$_4^{2-}$/ZrO$_2$、离子液体、稀土全氟烷基磺酸盐等。

11.4.2.2 用三氯甲烷的 C-甲酰化

将酚类在氢氧化钠水溶液中与三氯甲烷作用可在芳环上引入醛基生成羟基芳醛，此反应称作 Reimer-Tiemann 反应。以苯酚为例，这个反应的历程可能是三氯甲烷在碱的作用下先生成活泼的二氯卡宾（：CCl$_2$）。

$$CHCl_3 + NaOH \longrightarrow Na^+ + {}^-CCl_3 + H_2O \tag{11-104}$$

$$^-CCl_3 \rightleftharpoons :CCl_2 + Cl^- \tag{11-105}$$

然后二氯卡宾进攻酚负离子中芳环上电子云密度较高的邻位或对位，生成加成中间体（a），（a）再通过质子转移生成苯二氯甲烷衍生物（b），最后（b）水解生成邻羟基苯甲醛。

$$\tag{11-106}$$

$$\tag{11-107}$$

此法曾用于从苯酚和三氯甲烷制邻羟基苯甲醛（水杨醛）。据报道在反应时加入叔胺型相转移催化剂，收率可由 37% 提高到 70%。但是，如果在反应时加入 β-环糊精，则主要产物是对羟基苯甲醛。

由于邻羟基苯甲醛的重要性，又开发了许多新的合成路线。其中重要的有邻甲苯酚磷酸酯或碳酸酯的侧链二氯化-水解法和邻羟基苯甲酸（水杨酸）的电解还原法等。

关于对羟基苯甲醛的制备还开发了苯酚-甲醛法、对硝基甲苯法和对甲苯酚的空气氧化法等。

关于 2-羟基-1-萘甲醛主要采用三氯甲烷法的还原-氧化、重氮化-水解，例如，将 2-萘酚溶解于氢氧化钠的乙醇-水溶液中，在 75℃ 滴加接近理论量的三氯甲烷，在 78℃ 保温 2h，然后蒸出未反应的三氯甲烷和乙醇。将剩余物冷却、静置、过滤，除去不溶物，将滤液酸析，就得到 2-羟基-1-萘甲醛。

14.4.2.3 用 N,N-二甲基甲酰胺的 C-甲酰化

用 N,N-二甲基甲酰胺作 C-甲酰化剂的反应又称 Vilsmeier 反应。其反应通式可简单表示如下。

$$\tag{11-108}$$

$$\tag{11-109}$$

在上述反应中，首先是 N,N-二甲基甲酰胺与三氯氧磷生成配合物，它是放热过程，应严格控制反应温度，C-甲酰化是吸热反应，需要加热。

所用的 N,N-二甲基甲酰胺也可以改用 N-甲基-N-苯基甲酰胺，后者的优点是副产的 N-甲基苯胺易于回收。

所用三氯氧磷的作用是促进二甲胺的脱落并与之结合，三氯氧磷也可以用光气、亚硫酰氯、乙酐、草酰氯或无水氯化锌来代替。

Vilsmeier 反应只适用于芳环上或杂环上电子云密度较高的活泼化合物的 C-甲酰化制芳醛。例如，N,N-二烷基芳胺、酚类、酚醚、多环芳烃以及噻吩和吲哚衍生物的 C-甲酰化。

例如，将 1mol N-甲基-N-β-氰乙基苯胺和 3mol N,N-二甲基甲酰胺混合，在 20~25℃ 滴加 1.05mol 的三氯氧磷，在 45~50℃ 保温 2h，在 90~95℃ 保温 3h，然后冷却，放入水中，过滤、水洗，就得到对(N-甲基-N-β-氰乙基)氨基苯甲醛，收率 72%。这里使用过量 3

倍的 N,N-二甲基甲酰胺是作为溶剂。

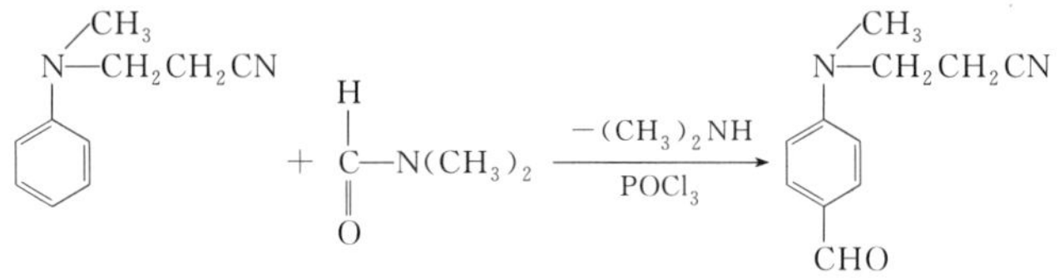

$$\text{(11-110)}$$

用这个方法还可以从有关原料制得以下产品：

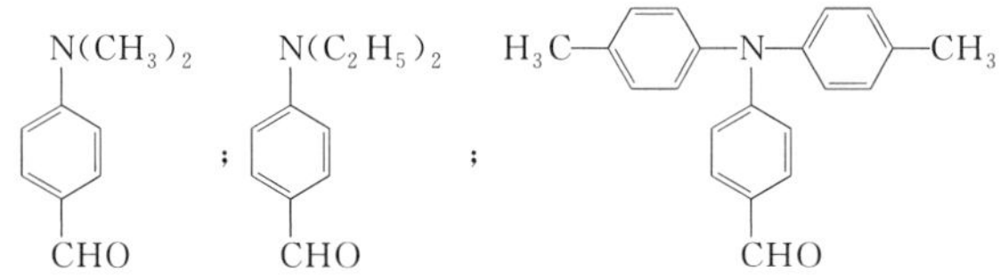

14.4.2.4 用乙醛酸的 C-甲酰化

乙醛酸的 C-甲酰化方法只适用于酚类和酚醚的 C-甲酰化，其反应通式可简单表示如下。

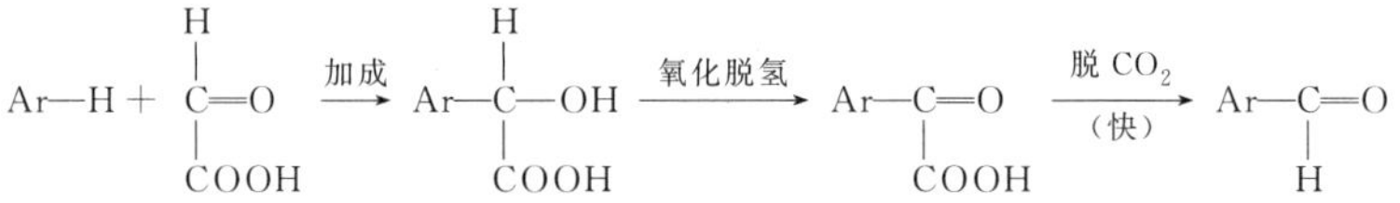

$$\text{(11-111)}$$

如果将邻苯二酚亚甲醚在低温和强酸介质中与乙醛酸反应可得到高收率的 3,4-二氧亚甲基苯乙醇酸，后者在温和条件下用稀硝酸氧化脱羧几乎定量地生成 3,4-二氧亚甲基苯甲醛（香料，商品名洋茉莉醛），总收率可达 80%，而用 N-甲基-N-苯基甲酰胺-光气的 C-甲酰化法，收率只有 76.8%。

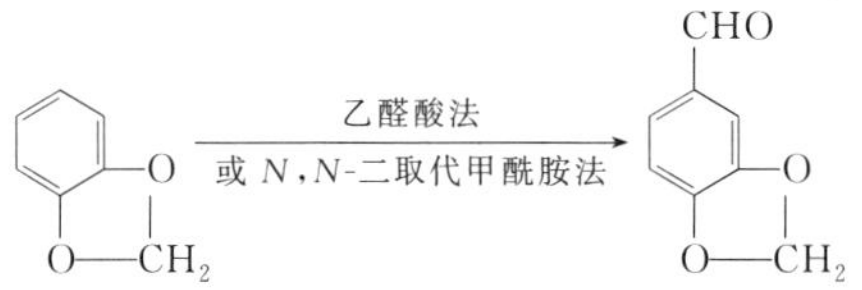

$$\text{(11-112)}$$

3-甲氧基-4-羟基苯甲醛（香料，商品名香兰素）的生产也采用乙醛酸法，但是反应条件与制备洋茉莉醛有很大差别。邻甲氧基苯酚与乙醛酸的加成是在氢氧化钠水溶液中，在氧化铝存在下进行的。氧化-脱羧反应是在催化剂存在下通入空气而完成的。

11.4.3 C-酰化制芳羧酸（C-羧化）

C-酰化制芳羧酸的方法只适用于酚类的羧化制羟基芳羧酸。例如，将粉状无水苯酚钠在常压和 150～200℃ 与二氧化碳反应，将生成水杨酸二钠盐和游离苯酚。

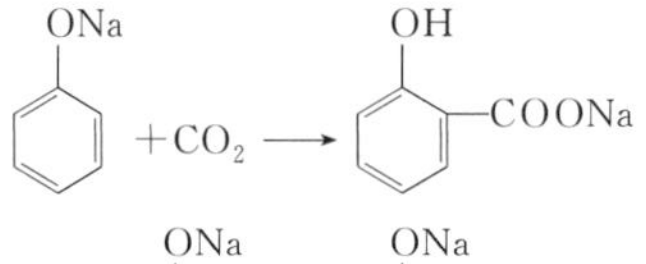

$$\text{(11-113)}$$

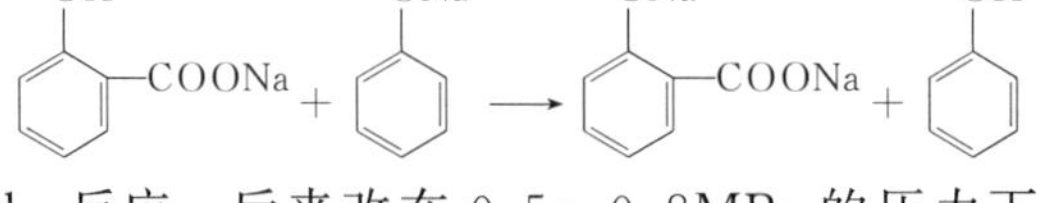

$$\text{(11-114)}$$

这个反应叫作 Kolbe 反应。后来改在 0.5～0.8MPa 的压力下通入二氧化碳进行羧化，可以防止生成水杨酸二钠盐，苯酚钠几乎完全参加羧化反应，水杨酸的收率可达 98% 以上，这个反应叫作 Kolbe-Schmitt 反应，是制备水杨酸的主要方法。为了使生产过程连续化，曾经提出过将粉状无水苯酚钠在加有高岭土、氧化铝或石墨等固体填充料的流动床反应器中与二氧化碳进行羧化或者将苯酚和等摩尔比的氢氧化钠浓溶液在惰性有机溶剂中共沸蒸水形成无水苯酚钠在有机溶剂中的悬浮体，然后通入二氧化碳进行羧化的方法。

应该指出，改变羧化条件，会影响羧基进入芳环的位置。例如，苯酚和等摩尔比的氢氧化钾浓溶液在减压下蒸水，形成蓬松的粉状无水苯酚钾，然后在 220℃和 0.4~0.5MPa 用二氧化碳进行羧化，此时将生成对羟基苯甲酸二钾盐和游离苯酚，游离苯酚的生成会使粉状物料发黏、表面积减少，这不仅影响吸收二氧化碳的速率，而且还增加了搅拌和粉碎的困难。为此，在羧化过程中要多次停止通二氧化碳改为减压蒸酚。上述羧化过程要用特殊结构的羧化锅，搅拌动力消耗大而且生产能力低。为了克服上述缺点，工业上又出现了溶剂羧化法，所用的溶剂可以是煤油、柴油，但更好的是异丙基甲苯或二异丙基甲苯等烷基芳烃，按投料苯酚计，对羟基苯甲酸的收率由 40%提高到 53%。

2-萘酚钠的羧化制 2-羟基-3-萘甲酸，最初也采用气-固相多次羧化法，后来又出现了溶剂羧化法，按投料 2-萘酚计，收率 44%，未反应的 2-萘酚回收率 93.84%，按消耗的 2-萘酚计，收率 87%。两种方法在工业上都有应用。

间苯二酚和间氨基苯酚都比较活泼，羧化反应可以在水介质中进行。例如，将间苯二酚、碳酸氢钠或碳酸氢钾溶于水中，在 93~95℃、0.25MPa 通入二氧化碳，得到 2,4-二羟基苯甲酸，收率 55%~60%，副产少量 2,6-二羟基苯甲酸。如果将间苯二酚和无水碳酸钾在乙醇中，在 140℃和 1.42MPa 通入二氧化碳进行羧化，则产物中 2,4-二羟基苯甲酸和 2,6-二羟基苯甲酸的含量改变为 36.9%和 63.1%。将反应物放入水中，加硫酸调 pH 值 6，蒸出乙醇，在 98~100℃回流，使 2,4-二羟基苯甲酸择优地脱羧成间苯二酚，再分离精制得 2,6-二羟基苯甲酸，单程收率 36%。

11.4.4　C-酰化反应发展趋势

芳香族的 C-酰化中传统催化剂诸如三氯化铝的 Lewis 酸或硫酸等质子酸，给产品的分离精制带来了很大的困难，并产生大量的三废，严重污染环境，所以人们一直致力于高效、绿色新型催化剂的发展，寻找更加环保和高效的反应工艺，发展新型绿色溶剂体系，从而减少废弃物的产生。近年来，研究工作在催化剂的设计和开发上取得了重大进展，大幅提高了反应的选择性，降低了三废的生成。

传统的 C-酰化反应的底物主要是芳烃或含有活性亚甲基的化合物，近年来，研究人员已经开发出了一些新的方法，可以选择性对更宽范围的底物的特定位点进行酰基化反应，包括烯烃、醇类和杂原子化合物的 C-酰化。

习　题

11-1　乙酐分别与苯胺、苯酚或甲苯相作用，可发生哪些类型的反应？可制得哪些产品？并列出其主要反应条件。

11-2　苯甲酰氯分别与苯胺、苯酚或氯苯相作用，可发生哪些类型的反应？可制得哪些产品？并列出其主要反应条件。

11-3　光气分别与苯胺、苯酚或 N,N-二乙基苯胺相作用，可发生哪些类型的反应？可制得哪些产品？并列出其主要反应条件。

11-4　为什么芳烃的酰基化是不可逆、不串联的芳香族亲电取代反应？

11-5　为什么酸、碱均能催化醇的酯化反应？

11-6　写出制备下述产品的合成路线和主要的工艺过程。

(1) C_6H_5Cl / $C_6H_5NH_2$ → 结构（苯环上 NH_2、$SO_2N(C_2H_5)C_6H_5$、NO_2）

(2) $C_6H_5CH_3$ / H_2NCH_2COOH → $C_6H_5CH_2\text{—}O\text{—}CO\text{—}NH\text{—}CH_2\text{—}CO\text{—}O\text{—}C(CH_3)_3$

(3) （邻氯苯胺 Cl、NH_2）→ （Cl、$SO_2N{=}C{=}O$）

(4) C_6H_5Cl → （OCH_3、NH_2、NO_2）

(5) C_6H_5Cl → （OCH_3、NH_2、O_2N）

(6) C_6H_5Cl → （OCH_3、NO_2、NH_2）

(7) C_6H_5Cl → （OCH_3、NO_2、NH_2）

(8) 邻苯二甲酸酐 → （$CO\text{—}O\text{—}C_4H_9$、$CO\text{—}O\text{—}CH_2C_6H_5$）

(9) （甲苯 CH_3）→ （$CO\text{—}O\text{—}CH_2$—苯基）

(10) （甲苯 CH_3）→ （$CH_2\text{—}CO\text{—}O\text{—}C_2H_5$，两个 Cl）

(11) 对苯二酚（两个 OH）→ （H_2N、OCH_3、$NH\text{—}CO$—苯基、OCH_3）

(12) （甲苯 CH_3）→ （$CH_2CH(CH_3)_2$、$COCH_3$）

(13) 苯酚 OH → （$O\text{—}CO\text{—}CH_3$、$CO\text{—}O\text{—}CH_3$）

(14) 苯酚 OH → （OH、$(CH_3)_3C$、$C(CH_3)_3$、$CH_2CH_2\text{—}CO\text{—}OC_{18}H_{35}$）

(15) $C_6H_5NH_2$ → $OCN\text{—}$苯基$\text{—}CH_2\text{—}$苯基$\text{—}NCO$

11-7 简述以苯、甲苯或氯苯为起始原料，制备 3,3′-二氨基-N-苯甲酰苯胺和 4,4′-二氨基-N-苯甲酰苯胺的合成路线和工艺过程。

11-8 一氯苄和苯甲酸在水介质中反应制苯甲酸苄酯时，如何使反应顺利进行？

11-9 分别写出由苯制备邻位、间位和对位苯乙酮的合成路线和工艺过程。

参 考 文 献

[1] 曹小丹，周雪琴，董庆敏，等. N,N-二（4-甲基苯基）-4-[2-（4-甲基苯基）乙烯基]苯胺的合成及光电导性能研究. 精细化工，2003，20（8）：452-454.

[2] 赵艳秋，张淑芬，杨锦宗. 烷基苯用 CO 甲酰化合成烷基苯甲醛的研究进展. 精细与专用化学品，2005，13 (16)：5-8，13.

[3] 赵颖，孙芳，孙利. 抗氧剂 168 合成技术进展. 精细与专用化学品，2004，12 (1)：7-9.

[4] 王胜平，马新宾，巩金龙. Zn(OAc)$_2$·2H$_2$O 催化草酸二苯酯脱羰基合成碳酸二苯酯反应的研究. 化学试剂，2004，26 (4)：197-200.

[5] 潘发通，王胜平，马新宾，等. 碳酸二甲酯与苯酚酯交换合成碳酸二苯酯研究. 化学工业与工程，2004，21 (3)：174-176，215.

[6] Mu M M，Chen L G，Liu Y L，et al. An efficient Fe$_2$O$_3$/HY catalyst for Friedel-Crafts acylation of *m*-xylene with benzoyl chloride. RSC Advances，2014，4：36951-36958.

[7] Mu M M，Chen L G，Wang S T. A comparative study on iron modified or unmodified tungstophosphoric acid supported on titania for Friedel-Crafts acylation. Journal of Porous Materials，2015，22 (5)：1137-1143.

[8] Mu M M，Fang W W，Liu Y L，et al. Iron (Ⅲ)-modified tungstophosphoric acid supported on titania catalyst：synthesis，characterization，and Friedel-Craft acylation of *m*-xylene. Industrial & Engineering Chemistry Research，2015，54 (36)：8893-8899.

[9] Ngo Q A，Tran T Y，Nguyen T H，et al. Stixilamides A and B，two new phenolic amides from the leaves of Stixis suaveolens. Natural Product Research，2021，35 (8)：1384-1387.

[10] Barak D S，Batra S. Direct access to amides from nitro-compounds via aminocarbonylation and amidation reactions：a minireview. The Chemical Record，2021，21 (12)：4059-4087.

[11] Lanigan R M，Sheppard T D. Recent developments in amide synthesis：direct amidation of carboxylic acids and transamidation reactions. European Journal of Organic Chemistry，2013，33：7453-7465.

[12] Mahesh S，Tang K C，Raj M. Amide bond activation of biological molecules. Molecules，2018，23 (10)：2615.

[13] Brown D G，Bostrom J. Analysis of past and present synthetic methodologies on medicinal chemistry：where have all the new reactions gone? Journal of Medicinal Chemistry，2016，59 (10)：4443-4458.

[14] Tachrim Z P，Wang L，Murai Y，et al. Trifluoromethanesulfonic acid as acylation catalyst：special feature for C- and/or O-acylation reactions. Catalysts，2017，7 (2)：40.

[15] Sturt N R M，Vieira S S，Moura F C C. Catalytic activity of sulfated niobium oxide for oleic acid esterification. Journal of Environmental Chemical Engineering，2019，7 (1)：102866.

[16] de Meneses A C，Almeida Sá A G，Lerin L A，et al. Benzyl butyrate esterification mediated by immobilized lipases：evaluation of batch and fed-batch reactors to overcome lipase-acid deactivation. Process Biochemistry，2019，78：50-57.

[17] Pereira G N，Holz J P，Giovannini P P，et al. Enzymatic esterification for the synthesis of butyl stearate and ethyl stearate. Biocatalysis and Agricultural Biotechnology，2018，16：373-377.

[18] Tachrim Z P，Wang L，Murai Y，et al. Trifluoromethanesulfonic acid as acylation catalyst：special feature for C- and/or O-acylation reactions. Catalysts，2017，7 (2)：40.

[19] Liu Y M，Meng G R，Liu R Z，et al. Sterically-controlled intermolecular Friedel-Crafts acylation with twisted amides via selective N—C cleavage under mild conditions. Chemical Communications，2016，52 (41)：6841-6844.

[20] Wang M，Zhang Z F，Zhang W B. Lewis base catalyzed asymmetric C-acylation. Scientia Sinica Chimica，2023，53 (3)：388-401.

[21] Birrell J A，Desrosiers J N，Jacobsen E N. Enantioselective acylation of silyl ketene acetals through fluoride anion-binding catalysis. Journal of the American Chemical Society，2011，133 (35)：13872-13875.

[22] 陈立功，冯亚青. 精细化工工艺学. 北京：科学出版社，2018.

第12章

水　解

• 本章学习要求 •

　　掌握的内容：卤素化合物的水解包括脂链上卤基及芳环卤基的水解，如卤苯的水解、硝基卤苯的水解；芳磺酸及其盐的水解，包括芳磺酸的酸性水解及碱性水解——芳磺酸的碱熔。

　　了解的内容：芳环上氨基水解、酯的水解、氰基的水解等。

　　水解指的是有机化合物 X—Y 与水的复分解反应。水中的一个氢进入一个产物，氢氧基则进入另一个产物。水解的通式可以简单表示如下：

$$X—Y+H_2O \longrightarrow H—X+Y—OH \tag{12-1}$$

水解的方法很多，包括卤素化合物的水解、芳磺酸及其盐类的水解、芳伯胺的水解、酯类的水解、氰基的水解等。在精细有机合成中应用最广的是卤素化合物的水解和芳磺酸盐的水解。

12.1　脂链上卤基的水解

　　脂链上的卤基比较活泼，它与氢氧化钠在较温和的条件下相作用即可生成相应的醇。

$$R—X+NaOH \longrightarrow R—OH+NaX \tag{12-2}$$

除了氢氧化钠外，也可以使用廉价的温和碱性剂，例如，碳酸钠和氢氧化钙（石灰乳）等。

　　脂链上的卤基水解反应历程属于亲核取代反应。

　　工业生产中，脂链上的卤基水解主要采用氯基水解法，只有在个别情况下才采用溴基水解法，因为，氯素化合物价廉易得，但溴基的水解比氯基容易。

　　脂链上的卤基水解主要用于制备环氧类及醇类化合物。烯烃的氯化水解制备环氧化合物的方法，大多数已被烯烃直接氧化法所取代，许多脂肪醇的生产已改用其他更经济的合成路线。

12.1.1　丙烯的氯化、水解制环氧丙烷

　　环氧丙烷是丙烯衍生物中仅次于聚丙烯、丙烯腈的第三重要化工产品。主要用于生产聚醚树脂、丙二醇表面活性剂。中国（大陆地区）是目前世界上最大的环氧丙烷生产国家。

环氧丙烷的工业合成法主要有以丙烯为原料的氯醇法、间接氧化法、异丙苯过氧化氢法和直接氧化法四种工艺路线。其中氯醇法约占 48%。

丙烯的氯醇法是目前采用的主要方法，它以丙烯为原料，经次氯酸加成氯化制得氯丙醇，再经碱皂化得环氧丙烷，其反应方程式可简单表示如下：

$$Cl_2 + H_2O \longrightarrow HClO + HCl \tag{12-3}$$

$$2\ CH_3-CH=CH_2 + HClO \xrightarrow{\text{加成氯化}} CH_3CHOH-CH_2-Cl + CH_3-CHCl-CH_2-OH \tag{12-4}$$

$$\xrightarrow{\text{水解脱氯化氢，环合}} 2\ CH_3-\underset{O}{CH-CH_2}$$

丙烯与含氯水溶液相作用时生成 α-氯丙醇和 β-氯丙醇，两者不经分离与过量的石灰乳相作用，即发生水解脱氯化氢环合反应而生成环氧丙烷。以氯丙醇计算收率约 95%，以丙烯计总收率约 87%～90%。

丙烯的氯醇法对丙烯纯度和石灰质量要求不高，工艺成熟，设备简单。此法的缺点是消耗大量的氯气和石灰，并副产大量氯化钙稀溶液，对环境污染严重，设备腐蚀大，原料利用率及产品纯度低等。国外已于 21 世纪初期基本淘汰了该工艺，国内也于 2011 年根据相关环保政策对氯醇法进行了产能控制。

环氧丙烷的另一个工业生产方法是丙烯的间接氧化法，已实现工业化生产。

12.1.2 丙烯的氯化、水解制 1,2,3-丙三醇（甘油）

甘油最初主要来自油脂的皂化水解制肥皂。在合成法中丙烯的氯化水解法约占 80%，是生产甘油的主要方法。从丙烯制甘油的传统工艺包括四步反应：①丙烯的高温取代氯化生成烯丙基氯；②烯丙基氯与次氯酸加成氯化生成二氯丙醇；③二氯丙醇的石灰乳水解脱氯化氢环合生成环氧氯丙烷；④环氧氯丙烷的水解生成甘油。

$$CH_2=CH-CH_3 + Cl_2 \xrightarrow{450\sim500℃} CH_2=CH-CH_2Cl \tag{12-5}$$

$$CH_2=CH-CH_2Cl + HClO \xrightarrow[\text{pH值}0.5\sim2.0]{25\sim30℃} \underset{OH\ \ \ Cl}{CH_2-CH-CH_2Cl} + \underset{Cl\ \ \ OH}{CH_2-CH-CH_2Cl} \tag{12-6}$$

$$\underset{Cl\ \ \ OH}{CH_2-CH-CH_2Cl} \xrightarrow[50\sim90℃]{Ca(OH)_2} \underset{O}{CH_2-CH-CH_2Cl} \tag{12-7}$$

$$\underset{O}{CH_2-CH-CH_2Cl} \xrightarrow{+H_2O} \underset{OH\ \ \ OH}{CH_2-CH-CH_2Cl} \xrightarrow{-HCl} \underset{OH}{CH_2-CH-CH_2} \tag{12-8}$$

$$\underset{OH\ \ \ O}{CH_2-CH-CH_2} \xrightarrow{+H_2O} \underset{OH\ \ \ OH\ \ \ OH}{CH_2-CH-CH_2} \tag{12-9}$$

近年来，对传统工艺进行了改进。将向水中通氯产生次氯酸改为向叔丁醇-氢氧化钠溶液中通氯，生成次氯酸叔丁酯，然后将后者水解成叔丁醇和次氯酸。

$$(CH_3)_3COH + Cl_2 + NaOH \xrightarrow{\text{成酯}} (CH_3)_3COCl + NaCl + H_2O \tag{12-10}$$

$$(CH_3)_3COCl + H_2O \xrightarrow{\text{水解}} (CH_3)_3COH + HOCl \tag{12-11}$$

生成的叔丁醇可循环利用，由于在加成氯化时没有游离氯，收率可提高 8%。生成的二氯丙醇的浓度可达 90%；而传统工艺的浓度只有 4%。

另外，二氯丙醇不经过环氧氯丙烷，改用 $NaOH + Na_2CO_3$ 混合碱直接水解成甘油（150～170℃，1MPa），可简化工艺，提高收率。

关于甘油的其他合成方法可参阅参考文献。

关于以淀粉质为原料的微生物发酵法生产甘油，我国已自己培养假丝酵母菌种，开发了好氧发酵技术，有多家工厂采用，并向美国特大型企业 ADM 公司转让了技术。

12.1.3 苯氯甲烷衍生物的水解

苯环侧链甲基上的氯也相当活泼，其水解反应可在弱碱性缚酸剂或酸性催化剂的存在下进行。通过这类水解反应可以制得一系列产品。

(1) 苯一氯甲烷(一氯苄)水解制苯甲醇

苯甲醇的工业生产方法主要是氯苄的碱性水解法，分为间歇法和连续法。

间歇法是将一氯苄与碳酸钠水溶液充分混合并在 $80 \sim 90 ℃$ 反应，水解产物经油水分离后得粗苯甲醇，再经减压分馏得到苯甲醇，收率约为 $70\% \sim 72\%$，主要副产物是二苄醚。

主反应

$$2 \quad \text{C}_6\text{H}_5\text{CH}_2\text{Cl} + \text{Na}_2\text{CO}_3 + \text{H}_2\text{O} \longrightarrow 2 \quad \text{C}_6\text{H}_5\text{CH}_2\text{OH} + 2\text{NaCl} + \text{CO}_2\uparrow \qquad (12\text{-}12)$$

副反应

$$2 \quad \text{C}_6\text{H}_5\text{CH}_2\text{OH} + 2 \quad \text{C}_6\text{H}_5\text{CH}_2\text{Cl} + \text{Na}_2\text{CO}_3 \longrightarrow 2 \quad \text{C}_6\text{H}_5\text{CH}_2\text{--O--CH}_2\text{C}_6\text{H}_5 + 2\text{NaCl} + \text{CO}_2\uparrow \qquad (12\text{-}13)$$

连续法是将氯化苄与碱的水溶液充分混合后在高温 $180 \sim 275 ℃$ 及加压 $1 \sim 6.8\text{MPa}$ 下通过反应区，反应只需要几分钟。采用塔式反应器，用质量分数 10% 的碳酸钠水溶液在 $145 ℃$ 及 1.8MPa 下进行水解可得到纯度为 98% 的苯甲醇，收率 98%。水解时加入相转移催化剂，有利于提高转化率和选择性。

另外，在甲苯的空气液相氧化制苯甲酸时采用选择性催化剂，可副产 $10\% \sim 15\%$ 苯甲醇、$20\% \sim 25\%$ 苯甲醛。此法对环境污染小。

(2) 苯二氯甲烷(二氯苄)水解制苯甲醛

二氯苄比一氯苄容易水解，一般都采用酸性-碱性联合水解法。

酸性水解

$$\text{C}_6\text{H}_5\text{CHCl}_2 + \text{H}_2\text{O} \longrightarrow \text{C}_6\text{H}_5\text{CHO} + 2\text{HCl}\uparrow \qquad (12\text{-}14)$$

碱性水解

$$\text{C}_6\text{H}_5\text{CHCl}_2 + \text{Na}_2\text{CO}_3 \longrightarrow \text{C}_6\text{H}_5\text{CHO} + 2\text{NaCl} + \text{CO}_2\uparrow \qquad (12\text{-}15)$$

酸性水解最初用浓硫酸作催化剂，废酸分层后循环使用。后来改用氧化锌-磷酸锌做催化剂，其用量只需二氯苄质量的 0.125%。将二氯苄在上述催化剂存在下加热至 $132 ℃$，然后慢慢滴入水，就会使一部分二氯苄水解成苯甲醛，并蒸出氯化氢。酸性水解后，再加入适量碳酸钠水溶液并回流一定时间，即可使剩余的二氯苄完全水解为苯甲醛。

据报道，二氯苄与水按 $1:2$ 的摩尔比，在新型醇胺型相转移催化剂和盐酸存在下，在 $100 ℃$ 水解，反应可快速完成，得高纯度苯甲醛，可代替锌盐催化剂。

用类似的方法可以从邻氯甲苯和对氯甲苯的侧链二氯化、水解法制得邻氯苯甲醛和对氯苯甲醛。

(3) 苯三氯甲烷(三氯苄)水解制苯甲酸

苯甲酸在工业上主要用甲苯的空气液相氧化法来制备。

由甲苯侧链二氯化制得的二氯苄中含有少量三氯苄，它在水解时转变为副产苯甲酸。

12.2 芳环上卤基的水解

(1) 氯苯水解制苯酚

氯苯分子中的氯很不活泼，它的水解需要极强的反应条件，在工业上曾经用氯苯水解法制苯酚。水解方法有两种：①碱性水解；②气-固相接触催化水解。现在，氯苯的水解制苯酚已经被异丙苯的氧化-酸解法所代替。

(2) 硝基卤代苯的水解

卤素的碱性水解是亲核取代反应，当苯环上氯基的邻位或对位有硝基时，由于硝基的吸电效应，使苯环上与氯相连的碳原子上电子云密度显著降低，使氯基的水解较易进行。因此，只需要用稍过量的氢氧化钠水溶液，在较温和的反应条件下即可进行水解制得相应的硝基苯酚。

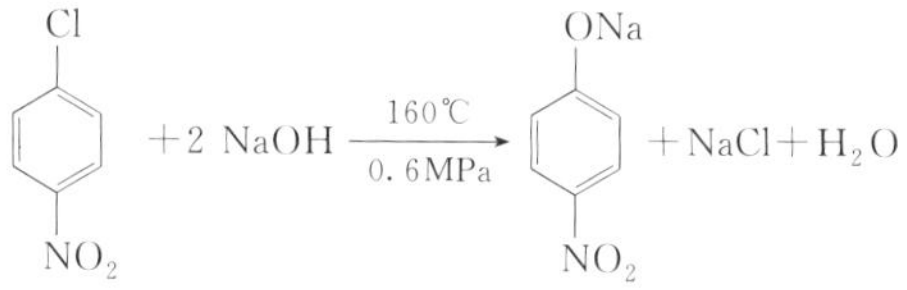

$$(12\text{-}16)$$

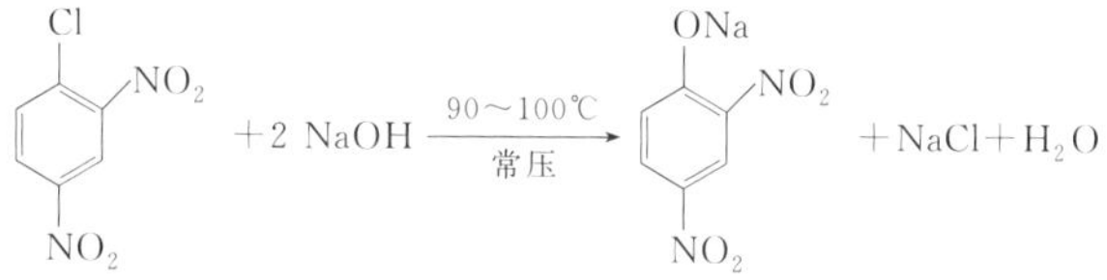

$$(12\text{-}17)$$

氯基水解是制备邻、对硝基酚类的重要方法，可以制得的硝基酚类还有 4-氯-邻硝基苯酚、4-羟基-3-硝基苯磺酸等，将这些硝基酚类还原可制得相应的氨基酚类，它们都是重要的精细化工中间体。

(3) 多氯苯的水解

多氯苯分子中的氯比硝基氯苯分子中的氯较难水解，一般要求较高的温度，并需要铜催化剂。多氯苯中的氯比二氯苯中的氯活泼一些。例如将六氯苯在 $160\sim170g/L$ 的 NaOH 溶液中，在 $230\sim240$℃，2.5MPa 下水解可得到五氯苯酚。$1,2,4,5$-四氯苯与 NaOH 的甲醇溶液在 $130\sim150$℃、$0.5\sim1.4$MPa 反应可得到 $2,4,5$-三氯苯酚。

(4) 蒽醌环上卤基的水解

蒽醌环上 α-位的氯基，特别是溴基比较活泼。例如，1-氨基-2,4-二溴蒽醌在浓硫酸中、在硼酸存在下，在 120℃进行酸性水解，可制得 1-氨基-2-溴-4-羟基蒽醌，是分散染料中间体。

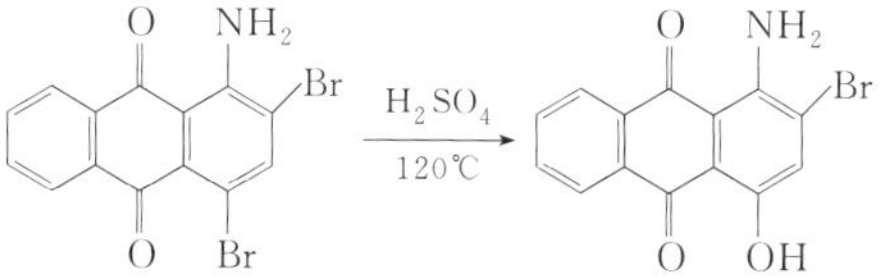

$$(12\text{-}18)$$

分散红 3B 的中间体

在这里，用浓硫酸水解法的原因，一方面是为了使反应物溶解，另一方面是因为碱性水解法会引起副反应。

用类似的反应条件还可以从 1-氨基-2,4-二氯蒽醌的水解制备 1-氨基-2-氯-4-羟基蒽醌。

12.3 芳磺酸及其盐类的水解

脂链的磺基非常稳定，不易水解，但芳环上的磺基比较容易水解，而且随着水解介质的不同，所得产品也不同。芳磺酸的水解包括酸性水解和碱性水解两类。

12.3.1 芳磺酸的酸性水解

芳磺酸的酸性水解是指芳磺酸在稀硫酸介质中磺基被氢原子置换的反应。

$$Ar—SO_3H + H_2O \longrightarrow Ar—H + H_2SO_4 \tag{12-19}$$

酸性水解是磺化反应的逆反应，是亲电取代反应历程。酸性水解可用来除去芳环上的磺基。其应用实例见 2,6-二氯苯胺的制备、2-萘磺酸钠的制备、J 酸的制备、4-氨基-4-硝基二苯胺和 4,4′-二氨基二苯胺的制备。

12.3.2 芳磺酸盐的碱性水解——碱熔

芳磺酸盐在高温下与苛性碱相作用，使磺酸基被羟基置换的水解反应叫碱熔。

$$Ar—SO_3H + 3NaOH \longrightarrow ArONa + Na_2SO_3 + 2H_2O \tag{12-20}$$

生成的酚钠盐用无机酸如 H_2SO_4 酸化，即转变为游离酚。

$$2Ar—ONa + H_2SO_4 \longrightarrow 2Ar—OH + Na_2SO_4 \tag{12-21}$$

另外，酸化时也可以不用硫酸而用以亚硫酸钠或碳酸钠中和磺化反应物时产生的 SO_2 或 CO_2，例如：

$$2Ar—SO_3H + Na_2SO_3 \longrightarrow 2Ar—SO_3Na + H_2O + SO_2 \uparrow \tag{12-22}$$

$$2Ar—ONa + SO_2 + H_2O \longrightarrow 2Ar—OH + Na_2SO_3 \tag{12-23}$$

芳磺酸盐的碱熔是工业上制备酚类的最早方法，也是工业上制造酚类的重要方法之一。其优点是工艺过程简单，对设备要求不高，适用于多种酚类的制备。缺点是需要使用大量的酸碱，三废多，工艺落后。对于大吨位酚类，已改用其他更加先进的生产方法。例如苯酚的生产已主要采用异丙苯的氧化酸解法；间甲酚的生产已改用间甲基异丙基苯的氧化酸解法；1-萘酚的大型生产已改用四氢萘的氧化脱氢法。

12.3.2.1 碱熔反应的影响因素

(1) 芳磺酸的结构

碱熔是亲核置换反应，因此芳环上有吸电基（如磺酸基、羧基）时，对磺酸基的碱熔起活化作用。硝基虽是很强的吸电基，但硝基磺酸不适宜碱熔，因为在碱性条件下硝基易发生氧化还原副反应；氯基磺酸也不适宜碱熔，因为氯基更易发生羟基置换副反应；氰基易水解成羧基，易发生脱羧副反应，也不适于碱熔。芳环上有供电基时，对碱熔起致钝作用。因此，多磺酸的碱熔时第一个磺基的碱熔比较容易，但转变成羟基磺酸后再碱熔就变得困难，需要提高反应条件才能进行多磺酸基的碱熔。所以在多磺酸的碱熔时，选择适当的反应条件，可以使分子中的几个磺酸基部分地或全部转变为羟基。

(2) 碱熔剂

最常用的碱熔剂是苛性钠，熔点是 327.6℃，其次是苛性钾，熔点是 410℃，苛性钾的活性大于苛性钠。但苛性钾的价格比苛性钠贵得多。为了减少苛性钾的用量，可使用苛性钠与苛性钾的混合碱。混合碱的另一个优点是熔点比单一碱低。例如等质量苛性钾与苛性钠的混合碱含质量分数 7％～8％的水和少量碳酸钠时，熔点只有 167～168℃。适用于要求较低温度的碱熔过程。混合碱是由氯化钠和氯化钾的水溶液电解制得的。

（3）无机盐的影响

芳磺酸盐中一般都含有无机盐（主要是硫酸钠或氯化钠）。这些无机盐在熔融的苛性碱中几乎不溶，在用熔融碱进行高温（300～340℃）碱熔时，如果芳磺酸盐中无机盐含量太多，会使反应物变得很黏稠甚至结块，降低了物料的流动性，造成局部过热甚至会导致反应物的焦化和燃烧。因此，在用熔融碱进行碱熔时，无机盐的含量要求控制在芳磺酸盐质量的 10％以下。使用碱溶液进行碱熔时，芳磺酸盐中无机盐的允许含量可以高一些。

（4）碱熔的温度与时间

碱熔的温度主要取决于芳磺酸的结构。不活泼的芳磺酸用熔融碱在 300～340℃进行常压碱熔，碱熔速度快，所需要时间短。比较活泼的芳磺酸可以在质量分数 70％～80％苛性钠水溶液中在 180～270℃进行常压碱熔。更活泼的芳磺酸如萘系多磺酸可在质量分数 20％～30％稀苛性钠水溶液中进行加压碱熔，反应时间较长，需要 10～20h。

（5）碱的用量

芳磺酸盐碱熔时，理论上 1mol 芳磺酸盐需要 2mol 苛性钠，但实际上必须过量。高温碱熔时，碱的过量较少，一般用 2.5mol 左右。中温碱熔时，碱过量较多，有时甚至达 6～8mol，即理论量的 3～4 倍或更多一些。

12.3.2.2　碱熔方法

碱熔的方法主要有用熔融碱的常压高温碱熔法、用碱溶液的中温碱熔法、用稀碱的加压碱熔法和蒽醌磺酸的碱熔。

（1）熔融碱的常压高温碱熔法

熔融碱的常压高温碱熔方法用于磺基不活泼的芳磺酸，并且可以使多磺酸中的磺基全部置换成羟基。用此法生产的主要精细有机中间体有：

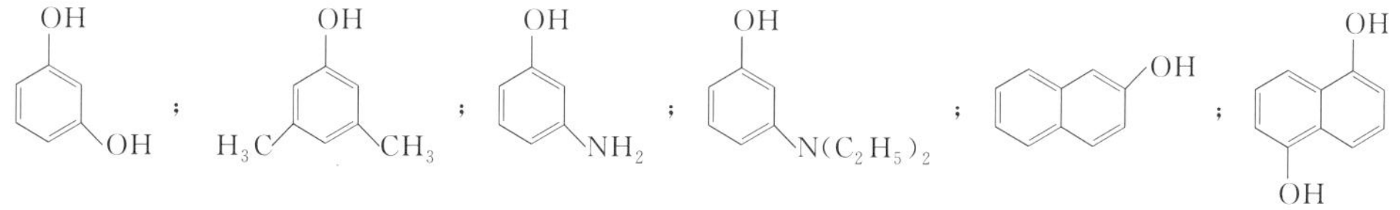

工业上用熔融碱的碱熔一般采用分批操作。碱熔温度在 320～340℃左右，为了保持一定的碱熔温度，芳磺酸盐的浓溶液或湿滤饼要用几个小时慢慢加到碱熔锅中，但加料完毕后，要快速升温，并保持十到几十分钟，使反应完全，并立即放料。碱的过量可以很少，为了保持熔融碱的流动性，一般含水质量分数为 5％～10％。

在常压碱熔时，由于生成的酚易被空气氧化，所以要用水蒸气加以保护，在碱熔初期由芳磺酸盐带入的水和反应生成的水能起保护作用，但在碱熔后期，则需要在碱熔物的表面上通适量的水蒸气。

① **间苯二酚的制备**　由苯的二磺化-碱熔生产间苯二酚的方法，1884 年用于工业生产。该法是将间苯二磺酸二钠慢慢加入装有熔融苛性钠的碱熔锅中，在 350℃进行碱熔反应。间苯二酚的特点是在碱熔物酸化后的无机盐水溶液中溶解度很大，要用二异丙醚将其萃取出来，然后再用蒸馏法精制。日本宇部兴产公司和三井东压公司开发成功了磺化碱熔法联产间苯二酚与苯酚的新工艺。此法的特点是：苯先用发烟硫酸进行液相磺化生成间苯二磺酸，然

后通入苯蒸气使过量的硫酸转变为苯磺酸,以充分利用硫酸。另外,在碱熔时由于苯磺酸钠和苯酚钠的稀释作用,可以降低碱的用量,可大大降低生产成本。最近有人又提出联产间苯二酚和对甲酚的方案。

间苯二酚的大规模工业生产采用间二异丙苯的氧化酸解法。

② **2-萘酚的制备** 萘的高温磺化-碱熔法仍是生产 2-萘酚的主要方法。它是在碱熔锅中加入熔融苛性钠,在 300~310℃加入 2-萘磺酸钠滤饼。在 320~330℃搅拌反应 3h 进行碱熔反应。然后将碱熔物放入盛有热水的稀释锅中进行稀释,最后进行酸析、精制,得收率为 73%~74%的工业品,质量含量为 99%。

③ **4-羟基联苯的制备** 4-羟基联苯可用于液晶材料、农药、染料、树脂和橡胶等的中间体。曾采用联苯 4-磺酸钠的氢氧化钠碱熔制得。向碱熔釜中加入固碱和水,在 280~310℃分次加入磺酸钠固体,并于 300℃左右保温。停止加热后经酸化、离心过滤、重结晶得最终产物。

④ **间氨基苯酚的制备** 它是由间氨基苯磺酸钠用氢氧化钠进行碱熔制得的。向碱熔釜中投入固碱和液碱,在 275℃逐步加入间氨基苯磺酸钠水溶液。该工艺收率 60%,该法是传统的生产方法,至今为国内外所采用。最近开发出来的新方法是间苯二酚的部分氨解法。

⑤ **N,N-二乙基间氨基苯酚(间羟基-N,N-二乙基苯胺)的制备** 它是由 N,N-二乙基间氨基苯磺酸的碱熔制得的。由于二乙氨基的供电性很强,磺基被强烈钝化,因此要用氢氧化钠和氢氧化钾的混合碱作碱熔剂,在 260~270℃碱熔。为防止物料过于黏稠,要小心地向碱熔物料中加入适量热水。将后处理得到的粗品物料进行减压蒸馏,收集 N,N-二乙基间氨基苯酚馏分。

⑥ **4-甲基-3-乙氨基苯酚的制备** 4-甲基-3-乙氨基苯酚是染料中间体,主要用于制备染料碱性玫瑰精 6GDN。它是由 4-甲基-3-乙氨基苯磺酸钠在碱熔锅中用氢氧化钠和氢氧化钾的混合熔融碱进行碱熔制得的。

(2) 碱溶液的中温碱熔法

此法主要用于将萘多磺酸、氨基或羟基萘多磺酸中的一个磺基置换成羟基,而其他的磺基或氨基仍然保持不变。由于第一个磺酸基比较活泼,故碱熔的温度可以低一些(180~270℃)。一般采用质量分数 70%~80%浓氢氧化钠水溶液,碱熔过程可在常压下进行。在用较稀的碱溶液时,为了保持溶液中碱的浓度和反应物的流动性,每个磺基的碱熔有时要用 6~8mol 的碱或更多一些。

萘系的多磺酸也可以用稀碱液(20%~30%)在 180~230℃进行碱熔。因为这时反应温度已超过了稀碱液在常压时的沸点,所以碱熔过程需要在高压釜中进行。加压碱熔时,反应温度和碱浓度都可以在一定范围内变化,以此来控制多磺酸中磺基被置换的数目或控制芳环上氨基是否被水解。

用此法生产的主要精细有机中间体有 γ 酸、J 酸、H 酸等。

① **γ 酸(2-氨基-8-萘酚-6-磺酸)的制备** γ 酸是重要的染料中间体,国内采用由 G 盐先碱熔后氨解的方法,该法是在碱熔锅中加入质量分数 45%的液碱和固碱,加热溶解后在 200~230℃逐步加入 G 盐溶液,再在常压下,245~250℃保温反应 4h。然后进行中和、氨解,得 γ 酸。氨解所需压力低为 0.7MPa。

$$\text{G 盐} \xrightarrow[245\sim250℃]{65\%\sim80\%NaOH} \cdots \xrightarrow[H^+]{\text{氨解、酸化}} \text{γ 酸}$$

(12-24)

② **J 酸(2-氨基-5-萘酚-7-磺酸)的制备** J 酸也是重要的染料中间体，它是由吐氏酸经磺化、酸性水解、碱熔而制得。该法是在碱熔锅中加入 45% 的液碱和固碱，加入氨基 J 酸钠盐，在 190～200℃ 和 0.3～0.4MPa，保温反应 6h，再进行中和、酸析得 J 酸。

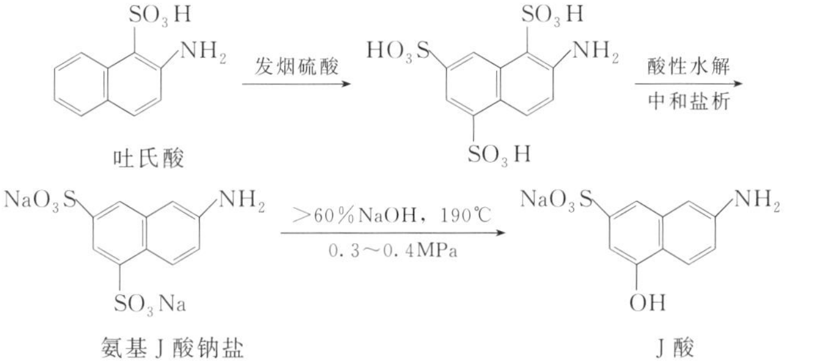

$$(12-25)$$

③ **H 酸(1-氨基-8-萘酚-3,6-二磺酸)的制备** H 酸也是染料中间体，它是由萘三磺化、硝化、还原制成 1-氨基萘-3,6,8-三磺酸的酸性铵钠盐，然后用稀的碱溶液在 178～182℃ 进行加压碱熔而制得。

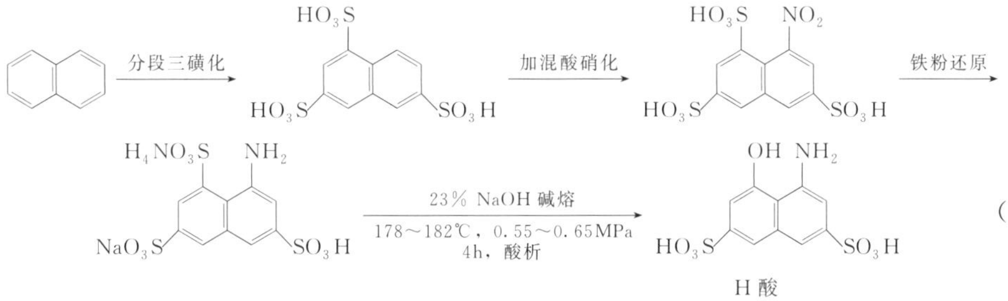

$$(12-26)$$

据报道在碱熔时加入醇，特别是甲醇，可得到高纯度，高收率的 H 酸。

(3) 蒽醌磺酸的碱熔

蒽醌-2-磺酸用质量分数 40%～50% 氢氧化钠水溶液在温和氧化剂硝酸钠的存在下，在 180～200℃ 和 1.0MPa 进行氧化碱熔可得到 1,2-二羟基蒽醌，它是染料中间体，俗名茜素。

蒽醌磺酸在氢氧化钙水悬浮液中进行碱熔时，不会在芳环上引入另外的羟基。用石灰碱熔法可以从相应的蒽醌磺酸制得 1,5-二羟基蒽醌和 1,8-二羟基蒽醌，反应在高压釜中进行。值得指出的是在从蒽醌磺化制备 1,5-蒽醌二磺酸和 1,8-蒽醌二磺酸时，需要用汞作定位剂，废水应严格处理以防止汞害。现在工厂生产 1,5-二羟基蒽醌和 1,8-二羟基蒽醌已改用 1,5-二硝基蒽醌和 1,8-二硝基蒽醌石灰碱熔法、甲氧基化-水解法或苯氧基化-水解法。

12.4 芳环上氨基的水解

(1) 氨基的酸性水解

氨基的酸性水解用于 H 酸的清洁生产工艺，即双胺法合成 H 酸。该工艺是一种全新工艺技术。与碱熔法制备 H 酸不同，该工艺中，萘首先经浓硫酸二磺化得到 2,7-萘二磺酸和 2,6-萘二磺酸，接下来 2,6-萘二磺酸通过异构化反应转换成为 2,7-萘二磺酸；混酸低温下双硝化制得 1,8-二硝基-3,6-萘二磺酸，再经还原得 1,8-二氨基-3,6-萘二磺酸，最后在酸性条件下水解得到 H 酸。

该工艺磺化条件较温和，不再使用发烟硫酸，同时避免了高压碱熔工序，通过采用连续硝化以及加氢还原方法，物耗、能耗以及三废排放都大大降低。

（2）氨基的碱性水解

在磺基碱熔时，如果提高碱熔温度，可以使萘环上 α-位的磺基和 α-位的氨基同时被羟基所置换。此法只用于变色酸的制备。

$$\tag{12-27}$$

（3）氨基用亚硫酸氢钠水解

某些萘系芳伯胺，在亚硫酸氢钠水溶液中，常压沸腾回流（100～104℃），然后再加碱处理，即可完成氨基被羟基置换的反应。此反应也称为"Bucherer"反应。一般认为它是萘酚转变为萘胺的逆反应。用于容易互变异构的亚胺式，并且容易和亚硫酸氢钠形成加合物的芳胺的水解。但是在1-位氨基的邻位、间位和迫位有磺基时，对"Bucherer"反应有阻碍作用，限制了此法的应用范围。

$$\tag{12-28}$$

12.5 酯类的水解

酯的水解是酯化的逆反应，此法用于羧酸酯比相应的羧酸或醇价廉易得的情况。

12.5.1 天然油脂的水解制高碳脂肪酸和甘油

天然油脂是各种高碳脂肪酸的甘油三酯。天然油脂的水解可制得各种高碳脂肪酸（盐），并副产甘油。

$$\tag{12-29}$$

天然油脂的水解主要有三种方法：碱性水解（皂化）、水蒸气水解和酶催化水解。

(1) 碱性水解法（皂化法）

皂化指的是天然油脂与氢氧化钠水溶液反应生成高碳脂肪酸钠盐（肥皂）的过程。最初间歇皂化用质量分数 32%～36% 的氢氧化钠水溶液在煮沸情况下进行，为了使油脂和碱液乳化，在反应器中留有少量上一批的皂化液。皂化结束后，加入食盐水使生成的高碳脂肪酸钠盐（油层）形成皂粒与废液分离。废液中含有 6%～12% 甘油，可浓缩回收。

近年来皂化工艺有很大改进，例如采用胶体磨、加压连续皂化，自控、高速离心分离等。

另外，肥皂和金属皂的生产也可以采用脂肪酸中和法和脂肪酸甲酯的皂化法。

(2) 水蒸气水解法

随着合成洗涤剂的发展，肥皂的需要量日益减少，而甘油和高碳脂肪酸的需要量日益增加，又出现了天然油脂的水蒸气水解法。最初采用常压水解法，此法的缺点是要采用水解催化剂，反应时间长、水解率低、蒸气用量大。后来又发展为中压水解法（230～240℃，2.5～4MPa），其优点是不用水解催化剂，不足之处是反应物乳化效果差，反应时间长，连续操作时要用双塔或三塔串联。现在采用高压水解法（250～260℃，5～5.5MPa）优点是：在高温高压状态下，增加了水在油脂中的溶解度，成为高度混溶状态，大大提高了水解速率，可以单塔逆流连续操作。油脂经预热、减压脱除空气后（避免氧化副反应）在塔的中下部通过多孔环均匀地喷入反应区，与同时喷入的高压水蒸气和塔顶喷入的水进行水解反应，水解后密度较大的甘油水（甘油质量分数 10%～15%）向下流动，由塔底排出，密度较小的粗品脂肪酸向上流动，由塔顶流出。水解时间 2～3h，水解率 98%～99%。

中国上海制皂厂有年处理油脂 20000t 连续水解装置，用计算机控制，技术经济指标达到世界先进水平。

(3) 酶催化水解法

水蒸气高压水解法的不足之处是消耗大量热能，高温时会发生副反应，为此又开发了在常温常压进行的酶催化水解法。此法的关键是高活性和高酯链位置专一性脂肪水解酶制剂的筛选和制备。目前日本一些工厂已采用圆柱形假丝酵母脂肪酶水解亚麻油，年产量达数千吨。我国自己培养了菌种，开发了好氧发酵技术，已有多家工厂采用。

酶催化水解还用于含羟基脂肪酸的油脂的水解，其水解产物用于医药品、化妆品和保健食品等。

12.5.2 甲酸甲酯的水解制甲酸

甲酸的传统生产方法是一氧化碳先与氢氧化钠反应制得甲酸钠，然后用稀硫酸处理，得到甲酸。

$$CO + NaOH \xrightarrow[1.4\sim1.6MPa]{160\sim200℃} HCOONa \qquad\qquad (12\text{-}30)$$

$$2\ HCOONa + H_2SO_4 \longrightarrow 2HCOOH + Na_2SO_4 \qquad\qquad (12\text{-}31)$$

此法消耗大量酸碱，而且三废量大，其发展受到限制。近年来随着甲醇羰基化法和甲醇脱氢法生产甲酸甲酯的工艺日益成熟，现在甲酸的生产基本上均采用甲酸甲酯的水解法。水解主要采用甲酸自催化法，在反应精馏塔中在 90～140℃ 和 0.5～1.8MPa 进行水解，甲酸甲酯和水蒸气进入塔的中部，水解生成的甲醇由塔顶排出，去甲醇回收塔，水解塔底的排出物，送甲酸成品塔制成 85% 甲酸。

12.5.3 乙二酸酯的水解制乙二酸

乙二酸（草酸）的工业生产方法很多。1978 年日本建成一氧化碳与醇的氧化偶联法生产乙二酸二丁酯的工业装置，实现了乙二酸二丁酯水解制乙二酸的工业化。

$$2CO+2C_4H_9OH+1/2O_2 \xrightarrow[\text{稀硝酸催化}]{Pd/C} +(COOC_4H_9)_2 + H_2O \qquad (12-32)$$

$$+(COOC_4H_9)_2 \xrightarrow[70\sim80℃,\text{常压}]{H_2O} (COOH)_2 + 2\ C_4H_9OH \qquad (12-33)$$

我国已完成一氧化碳氧化偶联法合成乙二酸二甲酯和水解制乙二酸的实验，优点是在 $50\sim80℃$ 可快速水解，甲醇沸点低，易分离。2010 年 5 月，国内首套 10 万吨/年煤制乙二酸装置试车成功，该套装置采用煤制气产生一氧化碳然后通过偶联法制备乙二酸。

12.6 氰基的水解

12.6.1 氰基水解成羧基

苯乙腈在 70% 硫酸中在 100℃ 水解可制得苯乙酸，但此法要用氯苄和剧毒的氰化钠为原料，成本高、不安全，而且有含硫酸废水需要治理，现已改用氯苄的羰基合成法。

$$\text{（结构式）} +CO+H_2O \xrightarrow{\text{催化剂}} \text{（结构式）} + HCl \qquad (12-34)$$

现在邻氯苯乙酸的生产仍采用氰基水解法。

$$\text{（反应式）} \qquad (12-35)$$

水解反应在体积比为 1∶1∶1 的 85% 乙酸∶浓硫酸∶水介质中在 120℃ 回流 1.5h，收率 84.8%。水解时如果只用浓硫酸，会使反应物焦化、缩合，加入乙酸可增加氰化物在介质中的溶解度，提高产品的收率。

工业上还用于从烟腈生成烟酸（碱性水解），烟腈由 3-甲基吡啶的氨氧化而得。

丙烯酸和甲基丙烯酸的生产都曾采用过氰基水解法，但现在都已改用其他合成路线。

12.6.2 氰基水解（水合）成酰氨基

在较温和的条件下，氰基可以与水结合只发生 C≡N 中两个 C—N 键的断裂而转变成氨羰基（酰氨基）。

(1) 丙烯腈的水解制丙烯酰胺

丙烯腈的水解制丙烯酰胺最初采用硫酸水解法，因消耗定额高，有大量含硫酸废液，已被淘汰。现在采用的方法是催化水解法和酶催化水解法。

催化水解法以铜-铬合金或骨架铜铝合金为催化剂，将 15%～30% 丙烯腈水溶液经过四个串联的装有催化剂的固定床反应器，在 70～120℃ 和 0.8～2.4MPa 进行水解，控制单程转化率 45%～70%，选择性可达 99% 以上。铜-铬催化剂寿命为 6 个月，骨架铜催化剂易粉碎，寿命短。

酶催化水解法的关键是高水解选择性、高活性菌种的筛选、培育和固定化。此法已经工业化，与催化水解法相比，其主要优点是：①采用固定床反应器可在常温常压连续生产；②丙烯腈单程转化率可达 99.9% 以上，无副产物，纯度高、后处理简单；③产品不含 Cu^{2+}，不需要脱铜工艺。

但甲基丙烯腈的水合制甲基丙烯酰胺，目前仍采用硫酸水合法。

(2) 其他实例

烟腈的碱性水解（NaOH 或 NH_4OH），选择合适的条件，控制水解深度可得到烟酰胺或烟酸。另外，烟腈的水解制烟酰胺和烟酸也已能采用酶催化法。

另一个实例是 2,6-二氟苯腈的水解制 2,6-二氟苯甲酰胺，反应在 90% 硫酸中在 70℃ 进行。

$$\text{(12-36)}$$

12.7 水解反应发展趋势

水解反应制备酚或醇，尤其是碱熔工艺需要消耗大量的高浓度酸碱，通常是高能耗、高污染的化工过程，以 H 酸为例，国内外多家企业因为环保问题停止该产品的生产，致使该产品的市场供应不足；而我国的环保状况仍十分不乐观，因此在绿色低碳环保的紧迫要求下，在降低成本提高经济效益的同时，通过路线改变以及分离提纯新的工艺开发结合"三废"的强有力治理是当前的发展趋势。

习 题

12-1 写出由丙烯制环氧丙烷的几种工业生产方法及其要点。

12-2 苯酚的工业生产曾用过哪些合成路线？并指出其优缺点。

12-3 间苯二磺酸的碱熔为何只能用于生产间苯二酚，而不能用于生产间羟基苯磺酸？

12-4 为什么萘-1,5-二磺酸的碱熔可用于生产 1-羟基萘-5-磺酸和 1,5-二羟基萘两个产品？

12-5 对以下制备间硝基苯酚的合成路线进行评论。

12-6 从基本原料出发，制备以下化合物，写出其工业上可行的合成路线、各步反应的名称和主要反应条件。

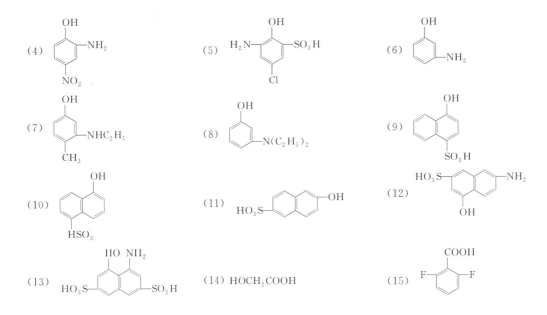

(16)　$CH_2=CH-CH_2OH$

12-7　在将 2,5-二氯硝基苯用氢氧化钠水溶液进行氯基水解制 2-硝基-4-氯苯酚时，试评论加入季铵盐相转移催化剂起何作用？

12-8　列举出在芳环上形成或引入醛基的主要方法。

参 考 文 献

[1]　夏兵. 环氧丙烷生产工艺及市场分析. 山东化工，2021，50（3）：94-98.

[2]　崔小明. 过氧化氢直接氧化法制备环氧丙烷技术进展. 化学推进剂与高分子材料，2017，15（2）：22-26.

[3]　王喜兵. 国内环氧丙烷市场分析及技术进展探讨. 石化技术，2020，27（8）：261，263.

[4]　沈伟. 甘油的生产应用现状及技术开发新进展. 广州化工，2009，37（6）：62-67.

[5]　胡乐晓，郝胜. 苯甲醛合成工艺研究进展. 精细石油化工进展，2011，12（9）：42-47.

[6]　王毅，乔旭. 由氯化苄制备苯甲醛工艺的研究. 精细与专用化学品，2004，12（23）：22-24.

[7]　傅颖，李姣，刘彦华. 对氯苯甲醛的合成. 兰州文理学院学报（自然科学版），2010，24（3）：52-54.

[8]　孙春福，陆书来，宋振彪. ABS 树脂现状与发展趋势. 塑料工业，2018（2）：1-5.

[9]　陈星，王小丽，陈书鸿，等. 邻硝基氯苯水解制备邻硝基苯酚的工艺研究. 应用化工，2016，45（3）：470-471.

[10]　冉华文. 分散红 3B 合成方法的改进. 染料与染色，2004，42（6）：44.

[11]　沈立平. 间氨基酚的产业现状及发展动态. 精细与专用化学品，2007，15（12）：24-26.

[12]　卢庆顺. 二异丙苯法生产间苯二酚精制工艺综述. 石化技术，2019，26（12）：344-345.

[13]　胡定强，龙林林，郭劲松. 双胺法 H 酸生产工艺研究. 染料与染色，2021，58（1）：28-30.

[14]　崔海涛，迟同瑞，李玉龙. 草酸二甲酯水解制草酸工艺工业化生产的探讨. 氮肥技术，2023，44（2）：39-42，51.

[15]　郜善军. 煤制乙二醇中间产物草酸二甲酯水解制草酸工艺研究. 聚酯工业，2022，35（2）：28-31.

[16]　曹新原，翟瑞国. 煤法草酸生产工艺及市场前景. 山东化工，2019，48（9）：112，115.

[17]　王立中，卞小琴. 邻氯苯乙酸的合成研究. 天津化工，2011，25（1）：49-50.

[18]　王鹏飞. 我国合成脂肪酸生产技术发展的历史考察. 日用化学工业，2020，50（5）：349-353.

[19]　宁忠培，戴志谦，李天文，等. 甲酸生产工艺技术及应用. 化学工程师，2009，163（4）：52-55.

第13章

缩　合

·本章学习要求·

掌握的内容：脂链中亚甲基和甲基上氢的酸性比较；羟醛缩合反应的反应历程、反应类型以及影响因素；羧酸及其衍生物的缩合，包括 Perkin 反应、Knoevenagel 反应以及 Claisen 缩合反应的条件及典型产品。

了解的内容：Stobbe 缩合及 Darzens 缩合反应；含亚甲基活泼氢化合物与卤烷的 C-烷化反应。

13.1　概述

缩合反应的含义很广，凡是两个分子互相作用失去一个小分子，生成一个较大分子的反应，以及两个分子通过加成作用生成一个较大分子的反应都可称作"缩合反应"。本章只讨论脂链中亚甲基和甲基上的酸性活泼氢被取代而形成新的碳-碳键的缩合反应。它既有 C-烃化反应，也有 C-酰化反应，但是有其共同的特点，因此单列一章。通过这类缩合反应可制得一系列精细化工产品。

(1) 脂链中亚甲基和甲基上氢的酸性

脂链中亚甲基和甲基上有较强的吸电基时，这个亚甲基或甲基上的氢一般都表现出一定的酸性，其酸性可以用 pK_a 值来表示，即酸性越强，pK_a 越小，如表 13-1 所示。

由表 13-1 可以看出，各种吸电基 Y 对 α-甲基上氢的活化能力的次序如下：

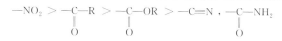

表 13-1　各种活泼甲基和活泼亚甲基化合物的酸性（以 pK_a 表示）

化合物类型 CH$_3$—Y	pK_a	化合物类型 CH$_3$—Y	pK_a	化合物类型 CH$_3$—Y	pK_a
CH$_3$—NO$_2$	10	CH$_3$—C(=O)—CH$_3$	20	CH$_3$—C≡N	约 25
CH$_3$—C(=O)—H	17				
CH$_3$—C(=O)—C$_6$H$_5$	19	CH$_3$—C(=O)—OC$_2$H$_5$	约 24	CH$_3$—C(=O)—NH$_2$	约 25

化合物类型 X—CH₂—Y	pKₐ	化合物类型 X—CH₂—Y	pKₐ
$N\equiv C-CH_2-\underset{O}{\overset{\|}{C}}-OC_2H_5$	9	$N\equiv C-CH_2-C\equiv N$	11
$CH_3-\underset{O}{\overset{\|}{C}}-CH_2-\underset{O}{\overset{\|}{C}}-CH_3$	9	$C_2H_5O-\underset{O}{\overset{\|}{C}}-CH_2-\underset{O}{\overset{\|}{C}}-OC_2H_5$	13
$CH_3-\underset{O}{\overset{\|}{C}}-CH_2-\underset{O}{\overset{\|}{C}}-OC_2H_5$	10.7		

在亚甲基上连有两个吸电基 X 和 Y 时，亚甲基上氢原子的酸性明显增加。

(2) 一般反应历程

在上述吸电基的 α 碳原子上的氢具有一定酸性，在碱（B）的催化作用下，可以脱质子而形成碳负离子。例如：

$$H\vdots CH_2-\underset{O}{\overset{\|}{C}}-H+B \underset{(快)}{\overset{脱质子}{\rightleftharpoons}} \left[^-CH_2-\underset{O}{\overset{\|}{C}}-H \rightleftharpoons CH_2=\underset{O^-}{\overset{\|}{C}}-H \right] +BH^+ \tag{13-1}$$

乙醛　　碱　　　　　　碳负离子　　氧负离子

$$\underset{\underset{O}{\overset{\|}{C}-OC_2H_5}}{\overset{\overset{O}{\overset{\|}{C}-OC_2H_5}}{H_2C}} + B \underset{(快)}{\overset{脱质子}{\rightleftharpoons}} \underset{\underset{O}{\overset{\|}{C}-OC_2H_5}}{\overset{\overset{O}{\overset{\|}{C}-OC_2H_5}}{HC^-}} +BH^+ \tag{13-2}$$

丙二酸二乙酯　　　碱　　　　碳负离子

这类碳负离子可以与醛、酮、羧酸酯、羧酸酐以及烯键和炔键发生亲核加成反应或者与卤烷发生亲核取代反应，形成新的碳-碳键而得到多种类型的产物。对于不同的缩合反应需要使用不同的碱催化剂，而很少采用酸催化剂，这将在以后分别叙述。

13.2　羟醛缩合反应

含有活泼 α 氢的醛或酮在碱或酸的催化作用下生成 β-羟基醛或 β-羟基酮的反应统称为 Aldol 缩合反应，中文译名为羟醛缩合反应。它包括醛醛缩合、酮酮缩合和醛酮交叉缩合三种反应类型。

13.2.1　催化剂

羟醛缩合反应一般都采用碱催化法。最常用的碱催化剂是氢氧化钠水溶液，有时也用到碳酸钠、碳酸氢钠、氢氧化钾、碳酸钾、氢氧化钡、氢氧化钙、醇钠和有机叔胺，例如三乙胺等。

13.2.2　一般反应历程

以乙醛的自身缩合为例，它在碱的作用下先脱质子生成碳负离子，后者再与另一分子乙醛中的羰基碳原子发生亲核加成反应而生成 3-羟基丁醛（英文名 Acealdol，简称 Aldol）。

$$H \overset{\vdots}{-} CH_2-\underset{O}{\overset{\|}{C}}-H+OH^- \xrightleftharpoons[\text{脱质子}]{\text{(快)}} {}^-CH_2-\underset{O}{\overset{\|}{C}}-H+H_2O \qquad (13\text{-}3)$$

乙醛　　　　　　　　　　碳负离子

$$\underset{\underset{\delta^-}{\overset{\delta^+}{\underset{O}{C}}H-H}}{CH_3}+{}^-CH_2-\underset{O}{\overset{\|}{C}}-H \xrightleftharpoons[\text{亲核加成}]{\text{(慢)}} CH_3-\underset{O^-}{\overset{|}{C}}H-CH_2-\underset{O}{\overset{\|}{C}}-H \qquad (13\text{-}4)$$

乙醛　　　　　碳负离子　　　　　　　氧负离子

$$CH_3-\underset{O^-}{\overset{|}{C}}H-CH_2-\underset{O}{\overset{\|}{C}}-H+H_2O \xrightleftharpoons{\text{加质子}} CH_3-\underset{OH}{\overset{|}{C}}H-CH_2-\underset{O}{\overset{\|}{C}}-H+OH^- \qquad (13\text{-}5)$$

氧负离子　　　　　　　　　　　　3-羟基丁醛

式（13-3）、式（13-4）和式（13-5）都是可逆的，其中决定反应速率的最慢步骤是亲核加成反应。

如果醛分子中有两个以上活泼 α-氢，而且缩合时反应温度较高和催化剂的碱性较强，则 β-羟基醛可以进一步发生消除反应，脱去一分子水而生成不饱和醛。例如：

$$CH_3-\underset{OH}{\overset{|}{C}}H-CH_2-\underset{O}{\overset{\|}{C}}-H \xrightarrow[\text{消除脱水}]{\text{加热或酸催化}} CH_3-CH{=}CH-\underset{O}{\overset{\|}{C}}-H+H_2O \qquad (13\text{-}6)$$

3-羟基丁醛　　　　　　　　　　　　α,β-丁烯醛

为了保证各步反应的收率，消除脱水反应也可另外在酸性催化剂（例如稀硫酸，乙酸等）存在下完成。

上述生成 α,β-不饱和醛和 α,β-不饱和酮的反应也叫羟醛缩合。

13.2.3　醛醛缩合

醛醛缩合可分为同分子醛的自身缩合和异分子醛之间的交叉缩合两大类。它们在工业生产上都有重要用途。

（1）异分子醛的交叉缩合

异分子醛交叉缩合时可能生成 4 种羟基醛：

$$R-CH_2-\underset{OH}{\overset{|}{C}}H-\underset{R'}{\overset{|}{C}}H-\underset{O}{\overset{\|}{C}}-H \quad ; \quad R'-CH_2-\underset{OH}{\overset{|}{C}}H-\underset{R}{\overset{|}{C}}H-\underset{O}{\overset{\|}{C}}-H$$

$$R-CH_2-\underset{OH}{\overset{|}{C}}H-\underset{R}{\overset{|}{C}}H-\underset{O}{\overset{\|}{C}}-H \quad ; \quad R'-CH_2-\underset{OH}{\overset{|}{C}}H-\underset{R'}{\overset{|}{C}}H-\underset{O}{\overset{\|}{C}}-H$$

如果进一步消除脱水，则产物更多。但是实际上，根据原料醛的结构和反应条件的不同，所得产物仍有主次之分，甚至因可逆平衡过程而主要给出一种产物。

异分子醛在碱催化下交叉缩合时，一般是 α-碳原子上含活性氢较少（即含取代基较多）的醛生成碳负离子，然后与 α-碳原子上含氢较多的醛的羰基碳原子发生亲核加成反应。例如，丁醛和乙醛通过交叉缩合、消除脱水、加氢还原主要得到 2-乙基丁醛（异己醛）。产品是有机合成原料。

$$\text{CH}_3\text{—C—H} + {}^{-}\text{CH—C—H} \xrightarrow[\text{碱催化}]{\text{亲核加成}\atop\text{加质子+H}^+} \text{CH}_3\text{—CH—CH—C—H}$$

乙醛　　丁醛碳负离子

$$\xrightarrow[-\text{H}_2\text{O}]{\text{消除脱水}} \text{CH}_3\text{—CH—C—C—H} \xrightarrow[+\text{H}_2]{\text{催化加氢}} \text{CH}_3\text{—CH}_2\text{—CH—C—H} \tag{13-7}$$

（2）芳醛与脂醛的交叉缩合

芳醛没有羰基 α-氢，不能生成碳负离子，它不能自身缩合，但是芳醛分子中的羰基可以同含有活泼 α-氢的脂醛所生成的碳负离子发生交叉缩合、消除脱水生成 β-苯基-α,β-不饱和醛。这个反应又称 Claisen-Schimidt 反应。例如，苯甲醛：乙醛：质量分数 1%～1.25% 氢氧化钠水溶液按 1∶1.38∶(0.09～0.11) 的摩尔比，在溶剂苯中，在 20℃ 反应 5h，苯层精馏，回收苯和苯甲醛，最后蒸出产品苯丙烯醛（肉桂醛）。按投料的苯甲醛计，收率 38.2%～41.7%；按消耗的苯甲醛计，收率约为 96%。

$$\text{C}_6\text{H}_5\text{—C—H} + \text{CH}_3\text{—C—H} \xrightarrow[\text{OH}^-\text{催化}]{\text{交叉缩合}} \left[\text{—CH—CH}_2\text{—C—H} \right]$$

$$\xrightarrow{\text{消除脱水}} \text{—CH=CH—C—H} + \text{H}_2\text{O} \tag{13-8}$$

（3）醛的歧化（Cannizzaro 反应）

在有机化学中已经讲过，苯甲醛在氢氧化钾强碱的存在下可以发生歧化反应，生成等摩尔比的苯甲醇和苯甲酸。这个反应叫做 Cannizzaro 反应，其反应历程是：一分子苯甲醛作为氢供给体，自身被氧化成苯甲酸，另一分子苯甲醛则作为氢接受体，自身被还原成苯甲醇。

$$\text{C}_6\text{H}_5\text{—C—H} + \text{OH}^- \xrightarrow{\text{亲核加成}} \text{C}_6\text{H}_5\text{—C—H} \tag{13-9}$$

苯甲醛　　　　　　　　　　　　　氧负离子

$$\text{C}_6\text{H}_5\text{—C⊖H} + \text{C}_6\text{H}_5\text{—C—H} \xrightarrow[\text{(慢)}]{\text{氢转移，亲核加成}} \text{C}_6\text{H}_5\text{—C} + \text{C}_6\text{H}_5\text{—C—H} \underset{\text{(快)}}{\rightleftharpoons} \text{C}_6\text{H}_5\text{—C} + \text{C}_6\text{H}_5\text{—C—H}$$

氧负离子　　　苯甲醛　　　　　　苯甲酸　　苯甲醇负离子　　　　苯甲酸负离子　　苯甲醇
（氢供给体）　（氢接受体）

$$\tag{13-10}$$

Cannizzaro 反应既涉及醛与 OH⁻ 形成 C—O 键的亲核加成反应，又涉及醛与 H⁻ 形成 C—H 键的亲核加成反应。其他没有 α-氢的醛，例如甲醛、2,2-二甲基丙醛和呋喃醛等，虽然不能或不易发生自身缩合反应，但是在强碱的催化作用下，也可以发生歧化反应，生成等摩尔比的羧酸和醇。

Cannizzaro 反应也可以发生在两个不同的没有 α-氢的醛分子之间，它叫做交叉 Cannizzaro 反应，其中有实际意义的是用甲醛作氢供给体，自身被氧化成甲酸，并使另一种（没有 α-氢的）醛接受氢被还原成醇。

（4）甲醛与其他醛的交叉缩合

甲醛虽然没有 α-氢，但是甲醛在氢氧化钠水溶液中在 94℃ 连续地经过分子筛催化剂时，仍然可以生成乙醇醛，同时发生 Cannizzaro 副反应。

$$H-\overset{\displaystyle H}{\underset{\displaystyle O}{C}} + H-\overset{\displaystyle}{\underset{\displaystyle O}{C}}-H \xrightarrow{\text{自身缩合}} H_2C-\overset{\displaystyle}{\underset{\displaystyle O}{C}}-H \quad\quad (13\text{-}11)$$

但是甲醛分子中的羰基更容易同由含有活泼 α-氢的脂醛所生成的碳负离子发生交叉缩合反应，主要生成 β-羟甲基醛，利用甲醛向其他醛（或酮）分子中的羰基 α-碳原子上引入一个或多个羟甲基的反应叫做"羟甲基化"或 Tollens 缩合。利用这个反应可以制备一系列多羟基化合物。

例如，过量的甲醛在碱的催化作用下，与含有三个活泼 α-氢的乙醛进行交叉缩合可制得三羟甲基乙醛，它再被过量的甲醛还原而得到季戊四醇（四羟甲基甲烷）。

$$3H-\overset{\displaystyle H}{\underset{\displaystyle O}{C}} + H-\overset{\displaystyle H}{\underset{\displaystyle O}{C}}-H \xrightarrow[\text{碱催化}]{\text{交叉缩合}} (HOCH_2)_3C-\overset{\displaystyle}{\underset{\displaystyle O}{C}}-H \quad\quad (13\text{-}12)$$

$$(HOCH_2)_3C-\overset{\displaystyle}{\underset{\displaystyle O}{C}}-H + H-\overset{\displaystyle}{\underset{\displaystyle O}{C}}-H + NaOH \xrightarrow{\text{交叉 Cannizzaro 反应}} (HOCH_2)_4C + HCOONa \quad\quad (13\text{-}13)$$

又如，异丁醛、甲醛和催化剂三乙胺按 $1:1.1:0.04$ 的摩尔比在 $90\sim95℃$ 和约 $0.4MPa$ 进行交叉缩合反应，得 2,2-二甲基-3-羟基丙醛（羟基新戊醛），然后用锰促进的铜系催化剂在 $160\sim170℃$ 和约 $3MPa$ 进行加氢还原即得到 2,2-二甲基-1,3-丙二醇（新戊二醇）。按异丁醛计，总收率可达 90.8%。

$$H-\overset{\displaystyle H}{\underset{\displaystyle O}{C}} + CH_3-\overset{\displaystyle CH_3}{\underset{\displaystyle CH_3}{C}}-\overset{\displaystyle}{\underset{\displaystyle O}{C}}-H \xrightarrow[\text{碱催化}]{\text{亲核加成}} H_2C-\overset{\displaystyle CH_3}{\underset{\displaystyle CH_3}{C}}-\overset{\displaystyle}{\underset{\displaystyle O}{C}}-H \xrightarrow{\text{催化加氢}} HO-CH_2-\overset{\displaystyle CH_3}{\underset{\displaystyle CH_3}{C}}-CH_2OH \quad (13\text{-}14)$$

缩合时用三乙胺催化剂的优点是副反应少、收率高，甲醛微过量，可连续操作。还原用加氢法的优点是不用甲醛，成本低，废水不含甲酸盐。加氢用铜系催化剂的优点是比用镍系催化剂操作压力低。

用类似的方法，可以从正丁醛、甲醛进行交叉缩合得 2,2-二羟甲基丁醛，再加氢还原得 1,1,1-三羟甲基丙烷，按正丁醛计，收率 90% 以上。

13.2.4 酮酮缩合

(1) 对称酮的自身缩合

含有 α-氢的对称酮自身缩合的产物比较单纯，只生成一种 β-羟基酮。例如，丙酮在碱性催化剂存在下自身缩合，即得到二丙酮醇（双丙酮醇，4-羟基-4-甲基-2-戊酮）。

$$CH_3-\overset{\displaystyle CH_3}{\underset{\displaystyle O}{C}} + H-CH_2-\overset{\displaystyle}{\underset{\displaystyle O}{C}}-CH_3 \xrightarrow[\text{碱催化}]{\text{自身缩合}} CH_3-\overset{\displaystyle CH_3}{\underset{\displaystyle OH}{C}}-CH_2-\overset{\displaystyle}{\underset{\displaystyle O}{C}}-CH_3 \quad (13\text{-}15)$$

工业上所用的碱催化剂是固体氢氧化钠、氢氧化钙或阴离子交换树脂。为了避免进一步交叉缩合或消除脱水等副反应，缩合温度一般为 $-10\sim20℃$。自缩是放热反应，在连续生产时，一般采用多层绝热固定床反应器。丙酮连续地通过催化剂层，停留一定时间后离开反应器，丙酮的转化率在 50% 以下，缩合液经中和、蒸出丙酮、减压蒸馏，就得到二丙酮醇，按消耗的丙酮计，收率约 80%。

二丙酮醇经酸催化脱水，得亚异丙基丙酮，再加氢还原得甲基异丁基甲酮。

$$(CH_3)_2C\text{—}CH_2\text{—}C\text{—}CH_3 \xrightarrow[\text{酸催化}]{-H_2O} (CH_3)_2C\text{=}CH\text{—}C\text{—}CH_3 \xrightarrow[\text{Pd 或 Cu 催化}]{+H_2} (CH_3)_2CH\text{—}CH_2\text{—}C\text{—}CH_3$$

(13-16)

上述丙酮三步法的优点是：每步反应都可作为产物，每步催化剂活性高、选择性好，反应条件温和，操作容易。缺点是流程长、投资大、成本高。为此又开发了多元复合催化剂丙酮一步法，已工业化，所用催化剂要求具有催化缩合、脱水、加氢三种功能，例如 Pd-KOH-Al$_2$O$_3$、Pd-MgO-SiO$_2$、Pd-Cr-ZSM-5、Pd-阴离子交换树脂等。一步法的优点是流程短、基本无三废、投资少，但是对催化剂要求高，操作压力高。

(2) 不对称酮的交叉缩合

含有 α-氢的不对称酮，特别两个不同结构的不对称酮在碱催化剂存在下，可以发生交叉缩合反应，它虽然可能生成四种产物，但是通过可逆平衡可以主要生成一种产物。例如，丙酮和甲乙酮交叉缩合时，主要生成 2-甲基-2-羟基-4-己酮，它再经消除脱水、催化加氢还原可制得 2-甲基-4-己酮（乙基异丁基甲酮）。

$$\text{丙酮} \quad \text{甲乙酮} \xrightarrow[\text{碱催化}]{\text{交叉缩合：亲核加成}} \quad \xrightarrow[-H_2O]{\text{消除脱水}}$$

$$\xrightarrow[+H_2]{\text{催化加氢}}$$

(13-17)

13.2.5 醛酮交叉缩合

醛酮交叉缩合既可以生成 β-羟基醛，又可以生成 β-羟基酮，不易得到单一产物，因此主产物的收率都不太高。例如，将异戊醛和丙酮按 1:(1.0～1.23) 的摩尔比放入水中，在 15～20℃慢慢滴入氢氧化钠水溶液，在 30℃左右保温 8～10h，经后处理得 6-甲基-3-庚烯-2-酮，按异戊醛计收率 60%，再催化加氢还原得 6-甲基-2-庚酮。

$$\xrightarrow[\text{碱催化}]{\text{交叉缩合：亲核加成}}$$

$$\xrightarrow[\text{碱催化}; -H_2O]{\text{消除脱水}} \quad \xrightarrow[\text{约 50℃；约 1.5MPa}]{\text{催化加氢；Pd/C}}$$

(13-18)

在碱催化时，醛酮交叉缩合是先按亲核加成的反应历程生成 β-羟基酮，然后再发生分子内消除脱水反应而生成 α,β-烯酮。但是有时醛酮交叉缩合也可以采用质子酸催化法，发生分子间脱水缩合直接生成 α,β-烯酮。例如，将无水丁酮冷却至 −5℃，通入无水氯化氢，使丁酮烯醇化，然后慢慢滴加等摩尔比的无水乙醛，搅拌 24h，经后处理得 3-甲基-3-戊烯-2-酮，收率 46.3%。它是香料中间体。

$$CH_3\text{—}CH_2\text{—}C\text{=}O \xrightarrow[\text{HCl 催化}]{\text{烯醇化}} CH_3\text{—}CH\text{=}C\text{—}OH$$

(13-19)

$$CH_3\text{—}CH\text{=}C\text{—}OH + H\text{—}C\text{—}CH_3 \xrightarrow[-H_2O]{\text{脱水缩合}} CH_3\text{—}CH\text{=}C\text{—}CH\text{—}CH_3$$

(13-20)

在丁醛与丙酮交叉缩合、脱水、催化加氢制 2-庚酮时，有人提出用 NaOH/CaO 固体碱作缩合催化剂能有效地减少副反应，提高主反应的选择性，丁醛转化率 78.7%，主反应转化率 73.7%，主反应选择性 58.0%。

13.3　羧酸及其衍生物的缩合

由表 13-1 可以看出，一个酯基 $\left(\begin{array}{c}-\overset{\|}{\underset{O}{C}}-OR\end{array}\right)$ 对 α-氢的活化作用比酮羰基 $\left(\begin{array}{c}-\overset{\|}{\underset{O}{C}}-R\end{array}\right)$ 和醛羰基 $\left(\begin{array}{c}-\overset{\|}{\underset{O}{C}}-H\end{array}\right)$ 对 α-氢的活化作用低。但是，在亚甲基上除了连有一个酯基以外，还连有另一个吸电基时，则亚甲基上的氢的酸性明显增加，这个 α-氢的活性比酮羰基、醛羰基的 α-氢高得多，较易脱质子形成碳负离子，然后与酮、醛、羧酸酯、羧酰胺、腈或卤烷等发生缩合反应。

简单的羧酸酯和酸酐在较强条件下也能脱质子形成碳负离子，然后发生缩合反应。

没有 α-氢的酯不能形成碳负离子，但是它们可以同由其他亚甲基化合物形成的碳负离子发生缩合反应，见酮酯 Claisen 缩合。

13.3.1　Perkin 反应

Perkin 反应指的是脂肪族的酸酐在相应的脂肪酸碱金属盐的催化作用下与芳醛（或不含 α-氢的脂醛）进行缩合生成 β-芳基丙烯酸类化合物的反应。它也是一个亲核加成反应，其反应历程可简单表示如下（R 表示烃基或氢）：

$$\underset{\substack{\text{羧酸盐（催化剂）}}}{\overset{\text{CH}_2-\overset{\|}{\underset{O}{C}}-\text{ONa}}{\underset{R}{|}}} \xrightleftharpoons{\text{离解}} \underset{\substack{\text{羧酸负离子}}}{\overset{\text{CH}_2-\overset{\|}{\underset{O}{C}}-\text{O}^-}{\underset{R}{|}}} + \text{Na}^+ \tag{13-21}$$

$$\underset{\substack{\text{羧酸负离子}}}{\overset{\text{CH}_2-\overset{\|}{\underset{O}{C}}-\text{O}^-}{\underset{R}{|}}} + \underset{\substack{\text{酸酐}}}{\overset{\text{H}\vdots\text{CH}-\overset{\|}{\underset{O}{C}}-\text{O}-\overset{\|}{\underset{O}{C}}-\text{CH}_2}{\underset{R}{|}\quad\underset{R}{|}}} \xrightarrow{\text{氢转移}} \underset{\substack{\text{羧酸}}}{\overset{\text{CH}_2-\overset{\|}{\underset{O}{C}}-\text{OH}}{\underset{R}{|}}} + \underset{\substack{\text{羧酸酐碳负离子}\\\text{（亲核试剂）}}}{\overset{^-\text{CH}-\overset{\|}{\underset{O}{C}}-\text{O}-\overset{\|}{\underset{O}{C}}-\text{CH}_2}{\underset{R}{|}\quad\underset{R}{|}}} \tag{13-22}$$

$$\underset{\substack{}}{\overset{\text{Ar}-\overset{\|}{\underset{O}{C}}+{}^-\text{C}-\overset{\|}{\underset{O}{C}}-\text{O}-\overset{\|}{\underset{O}{C}}-\text{CH}_2}{\underset{R}{|}\quad\underset{R}{|}}} \xrightarrow{\text{亲核加成}} \left[\overset{\text{Ar}-\overset{|}{\underset{O^-}{C}}-\overset{H}{\underset{R}{|}}\text{C}-\overset{\|}{\underset{O}{C}}-\text{O}-\overset{\|}{\underset{O}{C}}-\text{CH}_2}{} \right] \xrightarrow[\substack{+\text{H}^+;-\text{H}_2\text{O}}]{\text{消除脱水}}$$

$$\underset{\substack{\beta\text{-芳基-2-烃基丙烯酸-羧酸酐}}}{\overset{\text{Ar}-\text{CH}=\text{C}-\overset{\|}{\underset{O}{C}}-\text{O}-\overset{\|}{\underset{O}{C}}-\text{CH}_2}{\underset{R}{|}\quad\underset{R}{|}}} \xrightarrow[\substack{+\text{H}_2\text{O}}]{\text{水解}} \underset{\substack{\beta\text{-芳基-2-烃基丙烯酸}}}{\overset{\text{Ar}-\text{CH}=\text{C}-\overset{\|}{\underset{O}{C}}-\text{OH}}{\underset{R}{|}}} + \underset{\substack{\text{羧酸}}}{\overset{\text{R}-\text{CH}_2-\overset{\|}{\underset{O}{C}}-\text{OH}}{}} \tag{13-23}$$

羧酸酐是活性较弱的亚甲基化合物，而羧酸盐催化剂又是弱碱，所以要求较高的反应温度（150～200℃）。催化剂一般用无水碳酸钠，但有时钾盐的效果比钠盐好，反应速率快，收率也较高。

例如，苯甲醛、乙酐、无水乙酸钾按 1∶1.50∶0.60 的摩尔比，在 170～180℃反应 3h，经后处理，得 β-苯基丙烯酸（肉桂酸），按消耗的苯甲醛计，收率 62% 以上。

$$\underset{\underset{O}{\underset{\|}{H}}}{\overset{\overset{H}{\underset{\|}{C_6H_5-C-}}}{}} + \overset{\overset{H}{\underset{\|}{CH-C-O-C-CH_3}}}{\underset{\underset{O}{\underset{\|}{H}}}{}} \xrightarrow[\text{CH}_3\text{COOK 催化}]{\text{Perkin 反应}} \quad \text{CH}=\text{CHCOOH} + \text{CH}_3\text{COOH} \qquad (13\text{-}24)$$

为了提高收率，改用以下催化剂（PEG 表示聚乙二醇相转移催化剂）：K_2CO_3/PEG-400、KF/PEG-600 或 KF/Al_2O_3，收率分别提高到 65.3%、84.2% 和 85.4%。

Perkin 反应的收率与芳醛的环上取代基的性质有关，环上带有吸电基（例如硝基和卤基）时，亲核加成反应较易进行，收率较高。例如，由对氯苯甲醛、乙酐和乙酸钠在 180℃ 反应 3h，得对氯肉桂酸，收率约 80%。反之，芳环上有供电基时，亲核加成反应较难进行，副反应多，收率低。这时就需要改用下面所述的 Knoevenagel 反应和 Knoevenagel-Doebner 反应来制备芳环上有强供电基的肉桂酸衍生物。

前述肉桂酸的合成路线很多，其中已经可以代替 Perkin 反应的合成路线是苯乙烯/四氯化碳法，其反应式如下：

$$C_6H_5-CH=CH_2 + Cl-\underset{\underset{Cl}{\overset{\overset{Cl}{|}}{|}}}{C}-Cl \xrightarrow[\text{催化剂,加热}]{\text{加成 C-烷化}} C_6H_5-CHCl-CH_2CCl_3 \xrightarrow[\substack{\text{催化剂,加热}\\\text{乙酸介质}}]{\text{脱氯化氢-水解}} C_6H_5-CH=CH_2-COOH$$

$$(13\text{-}25)$$

13.3.2　Knoevenagel 反应

这个反应指的是含有强活泼亚甲基的化合物 X—CH_2—Y 在碱的催化作用下，脱质子以碳负离子亲核试剂的形式与醛或酮的羰基碳原子发生 Aldol 型亲核加成-消除脱水，生成 α,β-不饱和化合物的反应。其详细反应历程尚未取得肯定意见，这里只写出总的反应式。

$$\underset{R^2}{\overset{R^1}{}}C=O + \underset{H}{\overset{H}{}}C\underset{Y}{\overset{X}{}} \xrightarrow[\text{碱催化}]{\text{脱水缩合}} \underset{R^2}{\overset{R^1}{}}C=C\underset{Y}{\overset{X}{}} + H_2O \qquad (13\text{-}26)$$

式中，R^1 代表烷基或芳基；R^2 代表烷基、芳基或氢；X 和 Y 代表吸电基。

常用的活泼亚甲基化合物有氰乙酸酯、乙酰乙酸酯、丙二酸酯、丙二酸、氰乙酰胺、丙二酸单酯单酰胺和丙二腈等。

常用的催化剂有吡啶、哌啶、乙酸-哌啶、乙二胺等有机碱，以及氨和乙酸铵等。这类弱碱性催化剂的特点是它们只能使含有强活泼亚甲基的化合物脱质子转变为碳负离子，而对于亚甲基不够活泼的醛或酮，则不易使它们脱质子转变为碳负离子，因此可以避免羟醛缩合副反应。

为了除去反应生成的水，可以用苯、甲苯、环己烷等溶剂共沸蒸水。但有时可以不蒸出水，甚至可以不用碱催化剂，还有些实例可以在低温下用浓硫酸催化脱水缩合。

例如 2,3-二氯苯甲醛与等摩尔比的乙酰乙酸甲酯在苯中在少量乙酸-哌啶催化剂的存在下，回流 5h、分离，精制得 2,3-二氯苯亚甲基乙酰乙酸甲酯，收率 72.7%。

$$\underset{\underset{Cl\ Cl}{}}{\overset{\overset{H}{\underset{\|}{C}=O}}{}} + \underset{H}{\overset{H}{}}C\underset{COOCH_3}{\overset{\overset{O}{\|}{C-CH_3}}{}} \xrightarrow[\text{乙酸-哌啶催化}]{\text{脱水缩合}} \underset{\underset{Cl\ Cl}{}}{CH=C}\underset{COOCH_3}{\overset{\overset{O}{\|}{C-CH_3}}{}} + H_2O \qquad (13\text{-}27)$$

丙二酸在吡啶介质中在哌啶催化剂的存在下与醛脱水缩合时，还同时发生脱羧反应而生成 β-取代丙烯酸。例如，3,4-二甲氧基苯甲醛和丙二酸按 1：2 的摩尔比在吡啶中在少量哌啶的存在下回流 2h，冷却、倒入含盐酸的冰水中，即析出 3,4-二甲氧基肉桂酸，精制后收率 91.6%。

$$\tag{13-28}$$

这个反应称作 Knoevenagel-Doebner 反应。用这个反应从丙二酸制备 β-取代丙烯酸衍生物的优点是：可适用于与有各种取代基的芳醛、呋喃醛或脂醛的缩合，反应条件温和、时间短、收率高、产品质量好。但是丙二酸的价格比乙酐贵得多，在制备只含稳定基团的 β-芳基丙烯酸时，不如前述 Perkin 反应经济。

13.3.3　酯酯 Claisen 缩合

这个反应指的是酯的亚甲基活泼 α-氢在强碱性催化剂的作用下，脱质子形成碳负离子，然后与另一分子酯的羰基碳原子发生亲核加成，并进一步脱烷氧基而生成 β-酮酸酯的反应。

最简单的典型实例是两分子乙酸乙酯在无水乙醇钠的催化作用下缩合，生成乙酰乙酸乙酯。但是这个产品的生产已改用双乙烯酮法。

异酯交叉缩合时，如果两种酯都有活泼 α-氢，则可能生成四种不同的 β-酮酸酯，难以分离精制，没有实用价值。但是，也可以使用酰氯代替其中一个酯来让反应具有相对略高的选择性，从而实现商业化生产。即使如此，仍会有副反应发生，产品需通过精馏纯化。如果其中一种酯没有活泼 α-氢，那么在缩合时有可能生成单一的产物。常用的没有活泼 α-氢的酯主要有甲酸酯、苯甲酸酯、乙二酸酯和碳酸二酯等。例如，苯乙酸乙酯在无水乙醇钠的催化作用下与乙二酸二乙酯缩合、酸化、再热脱羧可制得苯基丙二酸二乙酯，收率 82%～84%，产品是医药中间体。

$$\tag{13-29}$$

$$\tag{13-30}$$

$$\tag{13-31}$$

为了促进酯的脱质子转变为碳负离子，需要使用强碱性催化剂。最常用的碱是乙醇钠的无水乙醇溶液，当乙醇钠的碱性不够强，不利于形成碳负离子，同时又不足以使产物 β-酮酸酯形成稳定钠盐时，就需要改用碱性更强的叔丁醇钾的无水叔丁醇溶液、金属钠、氨基钠、氢化钠或三苯基甲烷钠等。因为碱催化剂必须使 β-酮酸酯完全形成稳定钠盐或钾盐，所以催化剂的用量（物质的量）要多于所用原料酯。

为了避免酯的水解，缩合反应要在无水惰性有机溶剂中进行。当用醇钠作碱性剂时，可用相应的无水醇作溶剂。对于一些在醇中难于缩合的活泼亚甲基化合物，可改用苯、甲苯、二甲苯或煤油作溶剂，并用金属钠或氨基钠作碱性剂。也可以在煤油中加入甲醇钠的甲醇溶液，待活泼亚甲基化合物形成碳负离子后，再蒸出甲醇以避免发生可逆反应。

13.3.4 酮酯 Claisen 缩合

如果酯没有 α-氢，或者酯的 α-氢比酮的 α-氢的酸性低，则强碱性催化剂优先使酮脱质子形成碳负离子，然后与酯的羰基碳原子发生亲核加成反应和脱烷氧基负离子反应而生成 β-二羰基化合物。例如，丙酮、草酸二乙酯和甲醇钠的甲醇溶液按 $1:1:1$ 的摩尔比在甲苯中在 $40\,℃$ 搅拌 $2h$，酸化后得 2,4-二酮戊酸乙酯反应液，可直接用于下一步反应。

$$\underset{\underset{H}{|}}{\underset{O}{\|}}{CH_3\!-\!\overset{O}{\overset{\|}{C}}\!-\!CH_2} + C_2H_5O\!-\!\overset{O}{\overset{\|}{C}}\!-\!\overset{O}{\overset{\|}{C}}\!-\!OC_2H_5 \xrightarrow[\text{CH}_3\text{ONa 催化}]{\text{Claisen 缩合}} CH_3\!-\!\overset{O}{\overset{\|}{C}}\!-\!CH_2\!-\!\overset{O}{\overset{\|}{C}}\!-\!\overset{O}{\overset{\|}{C}}OC_2H_5 + C_2H_5OH \quad (13\text{-}32)$$

在上述反应中，酯的羰基碳原子是亲电试剂，如果它的亲电活性太低，则可能发生酮酮自身缩合的副反应。另外，如果酯 α-氢的酸性比酮 α-氢高，则可能发生酯酯自身缩合和 Knoevenagel 副反应。如果酯没有活泼 α-氢，则容易得到单一产物，如上例所示。

酮酯 Claisen 缩合的反应条件和酯酯 Claisen 缩合基本上相似。

13.3.5 Stobbe 缩合

Stobbe 缩合指的是醛或酮与丁二酸二酯在强碱性催化剂存在下缩合生成 α-亚烃基丁二酸单酯的反应，其总的反应式可简单表示如下：

$$\underset{R^2}{\overset{R^1}{\diagdown}}C\!=\!O + \underset{H}{\overset{H}{\diagdown}}\overset{COOC_2H_5}{\underset{|}{C}}\!-\!CH_2\!-\!CO\!-\!\overset{}{\underset{O}{\|}}C_2H_5 + R^3\!-\!O\!-\!Na \xrightarrow[\text{催化剂}]{\text{Stobbe 缩合}}{\text{脱乙醇}}$$

$$\underset{R^2}{\overset{R^1}{\diagdown}}C\!=\!\overset{COOC_2H_5}{\underset{|}{C}}\!-\!CH_2\!-\!\overset{O}{\overset{\|}{C}}\!-\!ONa + C_2H_5OH + R^3\!-\!O\!-\!H \quad (13\text{-}33)$$

式中，R^1、R^2 代表烷基、芳基或氢；R^3 代表烷基。

在 Stobbe 缩合反应中，首先是丁二酸二酯在强碱的催化作用下脱质子，形成碳负离子，然后亲核进攻醛或酮分子中的羰基碳原子。

Stobbe 缩合所用的碱性催化剂和反应条件与 Claisen 缩合基本上相似。

Stobbe 缩合主要用于酮化合物，如果对称酮分子中不含活泼 α-氢则只得到一种产物，收率很好，如果是不对称酮，则得到顺反异构体的混合。例如，3,4-二氯二苯甲酮、丁二酸二乙酯和叔丁醇钾按 $1:1.6:0.95$ 的摩尔比在叔丁醇中在氮气保护下，回流 $16h$，经酸化，后处理得 α-(3,4-二氯二苯基) 亚甲基丁二酸单乙酯粗品，收率 80%，作为医药中间体可直接用于下一步反应。

$$+ C_2H_5OH + (CH_3)_3C-OH \tag{13-34}$$

13.3.6 Darzens 缩合

Darzens 缩合反应指的是 α-卤代羧酸酯在强碱的作用下，活泼 α-氢脱质子生成碳负离子，然后与醛或酮的羰基碳原子进行亲核加成、再脱卤素负离子而生成 α,β-环氧羧酸酯的反应。其反应通式可简单表示如下。

$$R^4-ONa + H-\underset{X}{\overset{R^3}{C}}-\underset{O}{C}-OC_2H_5 \xrightleftharpoons[\text{碱催化}]{\text{脱质子}} R^4-OH + Na^+ \, \overset{R^3}{\underset{X}{C}}-\underset{O}{C}-OC_2H_5 \tag{13-35}$$

$$\left(\text{或} \overset{NaNH_2}{\underset{\text{催化剂}}{}}\right) \qquad (\text{或} NH_3)$$

$$\underset{R^2}{\overset{R^1}{C}}=O + Na^+ \overset{R^3}{\underset{X}{C}}-\underset{O}{C}-OC_2H_5 \xrightarrow{\text{亲核加成}} \underset{R^2}{\overset{R^1}{C}}-\underset{X}{\overset{R^3}{C}}-\underset{O}{C}-OC_2H_5$$
（带 O^-Na^+）

$$\xrightarrow{-X^-} \underset{R^2}{\overset{R^1}{C}}\underset{O}{\overset{R^3}{C}}-\underset{O}{C}-OC_2H_5 + NaX \tag{13-36}$$

所用的卤代羧酸酯一般都是氯代羧酸酯。另外，这个反应也可用于 α-卤代酮的缩合。

这个反应除用于脂醛收率不高外，用于芳醛、脂芳酮、脂环酮以及 α,β-不饱和酮时，都可得到良好结果。

当用氯乙酸酯时，由 Darzens 缩合制得的 α,β-环氧羧酸酯用碱性溶液使酯基水解，再酸化得游离羧酸，再加热脱羧和开环，可制得比原料酮（或醛）多一个碳原子的酮（或醛）。例如，苯乙酮、氯乙酸乙酯和氨基钠按 $1:1:1.2$ 的摩尔比在无水苯中在室温反应 2h，经后处理得 3-苯基-2,3-环氧丁酸乙酯，收率 $62\%\sim64\%$。将上述酯和乙醇钠按 $1:1.05$ 的摩尔比在无水乙醇中成盐，然后向其中慢慢加入水，进行水解。即析出 3-苯基-2,3-环氧丁酸钠盐，收率 $80\%\sim85\%$。最后，将上述钠盐放入稀盐酸中加热 1.5h，即脱羧而得到 2-苯基丙醛，收率 $65\%\sim70\%$。

$$\xrightarrow[-CO_2]{\text{脱羧；开环}} \tag{13-37}$$

13.4 缩合反应发展趋势

缩合反应未来发展的重点是新型高效多功能催化剂的开发，例如前述丙酮缩合、脱水及还原一步法制备甲基异丁基甲酮，可大大缩短工艺流程，减少项目投资；另一方面，无腐蚀、无环境污染且可重复使用的异相催化体系如多孔材料催化剂的开发，在降低生产成本的同时将有利于反应过程的绿色化，例如开发 Knoevenagel 缩合反应中固体碱催化体系。在反应设备上，通过微反应器设计进行过程强化，实现连续化操作，也将是缩合反应发展的重要方向。例如醛醛缩合以及 Cannizzaro 反应制备三羟甲基丙烷，通过开发微反应器新型工艺过程可以大幅缩短合成时间，提高过程效率和安全性，实现过程的连续化操作，具有较好的工业应用前景。

习 题

13-1 以下化合物通过缩合、消除脱水，以及加氢还原等反应，可以制得哪些产品？以反应式表示。

(1) 丙醛自缩；　　　(2) 乙醛与正丁醛缩合；　　　(3) 苯甲醛与正庚醛缩合；

(4) 异戊醛与丙酮缩合；　　　(5) 苯甲醛与丙酮缩合。

13-2 写出以下产品是由哪些原料通过缩合反应制得的？以反应式表示，并进行讨论。

(1) $CH_3CH_2CH_2CH_2-\overset{\underset{\textstyle |}{CH_3CH_2}}{CH}-\overset{\underset{\textstyle ||}{O}}{C}-H$

(2) $\overset{\underset{\textstyle |}{CH_3(CH_2)_4CH_2}}{CH}=CH-\overset{\underset{\textstyle ||}{O}}{C}-H$ （苯基）

(3) $CH_3-\overset{\underset{\textstyle |}{OH}}{CH}-CH_2-CH_2OH$

(4) $CH_3-\overset{\underset{\textstyle |}{CH_3}}{\underset{\underset{\textstyle |}{OH}}{C}}-CH_2-\overset{\underset{\textstyle |}{OH}}{CH}-CH_3$

(5) $CH_3-\overset{\underset{\textstyle |}{CH_3}}{CH}-CH_2-\overset{\underset{\textstyle ||}{O}}{C}-CH_3$

(6) $CH_3-\overset{\underset{\textstyle |}{CH_3}}{\underset{\underset{\textstyle |}{}}{C}}-\overset{\underset{\textstyle ||}{O}}{C}-CH_3$

(7) $CH_2=CH-\overset{\underset{\textstyle ||}{O}}{C}-CH_3$

13-3 写出制备以下氯代丁酮的合成路线，各步反应所用原料和反应的详细名称。

(1) $ClCH_2CH_2-\overset{\underset{\textstyle ||}{O}}{C}-CH_3$

(2) $CH_3CHCl-\overset{\underset{\textstyle ||}{O}}{C}-CH_3$

13-4 丙酮和丁酮两者，哪个分子中的哪个碳原子上的氢原子的酸性最强，pK 值最小？

13-5 以对硝基甲苯和有关脂肪族化合物为起始原料，中间通过缩合反应制备以下化合物，写出其合成路线和缩合反应的主要反应条件。

(1) （苯环，对位Cl）CH=CH—COOH

(2) （苯环，对位OH）CH=CH—COOH

13-6 以苯甲醛和有关脂肪族化合物为起始原料，中间通过缩合反应制备以下化合物，写出其合成路线和缩合反应的主要反应条件。

(1)

(2)

(3)

13-7 2,4-二氯-5-氟苯乙酮与碳酸二乙酯相作用，可制得什么产品？写出其总反应式和主要反应条件，以及两种原料的合成路线。

13-8 对以下反应的操作进行评论。

(1) 在制备 6-甲基-3-庚烯-2-酮时，在反应器中先加入氢氧化钠水溶液，冷却至 15℃，然后加入丙酮，最后加入异戊醛。

(2) 在制备 2,2-二甲基-2-羟甲基乙醛时，先在反应器中加入异丁醛，然后加入甲醇钠的无水甲醇溶液，最后加入甲醛水溶液。

(3) 在制备 2,4-二酮戊酸乙酯时，将丙酮、草酸二乙酯和吡啶在甲苯中反应。

13-9 甲醛和乙醛按 5∶1 的摩尔比制季戊四醇时，试计算甲醛的过量百分数。

13-10 写出由呋喃醛制备 5-硝基呋喃-2-丙烯酸的合成路线和各步反应的主要反应条件。

13-11 列表写出各种羟醛缩合反应所制得的产物的类型和所用催化剂的类型。

13-12 列表写出羧酸及其衍生物的各种缩合反应的名称、所用反应物、所制得产物和所用缩合催化剂的名称。

13-13 写出制备维生素 B_6 所用中间体甲氧基乙酰丙酮的合成路线、各步反应的名称和主要反应条件。

13-14 写出制备以下戊烯酸的合成路线、缩合反应的名称和主要反应条件。

(1) $CH_3-CH-CH=CH-COOH$
          $|$
          CH_3

(2) $CH_3-C=CH-CH_2COOH$
          $|$
          CH_3

参考文献

[1] 肖铭. 季戊四醇生产技术进展及市场分析. 精细与专用化学品，2020，28（12）：23-26.

[2] 关鹏. 浅述新戊二醇的发展. 天津化工，2022，36（2）：5-8.

[3] 张倩. 新戊二醇在聚酯合成中的应用. 精细与专用化学品，2013，21（7）：46-47.

[4] 姚立锋，夏红英，何海峰，等. 2,2-二羟甲基丁酸工艺技术的改进. 江西化工，2022，38（1）：79-84.

[5] 罗莎，蒋琳，金文斐，等. 2,2-二羟甲基丁酸的合成. 化学试剂，2020，42（4）：459-462.

[6] 邓登，刘波，张玉祥. 2,2-二甲基-3-羟基丙酸甲酯的合成研究. 应用化工，2003，32（3）：37-38.

[7] 贾卫斌，潘劲松，张晓谦. 三羟甲基丙烷合成工艺研究. 山东化工，2009，38（9）：1-2.

[8] 王克军，周峰，刘宏臣，等. 微反应器中三羟甲基丙烷的制备. 化学反应工程与工艺，2017，33（6）：481-486.

[9] 张桂华，魏馨荷. 国内甲基异丁基酮生产及市场情况分析. 化学工业，2021，39（2）：57-60＋65.

[10] 陆佳冬，郑金成，夏天昊，等. 丙酮合成甲基异丁基酮技术研究进展. 浙江化工，2020，51（6）：15-20.

[11] 向良玉，田保亮，唐国旗. MIBC 生产技术研究进展及应用前景. 合成树脂及塑料，2020，37（2）：81-84.

[12] 蒋平平，崇明本，王恒秀. 固体碱催化合成 2-庚酮研究. 精细石油化工进展，2004，5（1）：26-29.

[13] 程雅菊，李雪莲，吴秋艳. 肉桂酸的合成与应用研究. 中国石油和化工标准与质量，2017，37（18）：92-93.

[14] 李修刚，张玲钰，张鑫，等. 多孔有机框架固体碱催化合成反式肉桂酸. 精细石油化工，2021，38（4）：23-27.

[15] 蒋卫华，崔爱军. 肉桂酸合成方法研究进展. 精细石油化工进展，2013，14（20）：34-37.

[16] 邓映波. 以 Perkin 反应为机理的肉桂酸制备方法的研究. 长沙医学院学报，2013（2）：46-51.

[17] 陈平，高良军，汤涛. 合成肉桂酸催化剂研究进展. 化学工程与装备，2017，10：190-191.

[18] 贡志慧，胡炳成，余传明. 基于 5-氯-2-甲基噻吩的新型俘精酸酐的合成及其光致变色性能测定. 有机化学，2015，35：1152-1155.

[19] 周敏，何磊，冯良东，等. 甲基壬乙醛的合成改进. 山东化工，2016，45（6）：9-11.

[20] 刘长春，闻立新，刘承先. 2,8-二甲基壬二酸的合成及其电化学性能研究. 精细石油化工，2018，35（4）：53-57.

第14章

环 合

·本章学习要求·

掌握的内容：几种典型环合产品，如蒽醌及衍生物、吡啶及衍生物、吡啶酮及衍生物、喹啉及衍生物、吡唑酮、哌嗪、哌啶酮、氟氯嘧啶、苯并咪唑、三聚氯氰等的制备及工艺。

了解的内容：环合类型及机理；形成含一个氮原子和一个硫原子的杂环环合反应，如噻唑、苯并噻唑的合成；嘌呤及其衍生物的制备。

14.1 概述

环合反应是指在有机化合物分子中形成新的碳环或杂环的反应。有时也称闭环或"成环缩合"。在有机合成中环合反应的类型很多，也就是说形成新环可以有许多不同的形式，概括起来分为两大类，即分子间环合和分子内环合。其反应历程包括亲电环合、亲核环合、自由基环合及协同效应等历程。大多数环合反应在形成环状结构时，总是脱落某些简单的小分子。

① **分子内环合** 即在一个分子内部的适当位置发生环合反应。例如：

$$\text{(14-1)}$$

② **分子间多步环合** 即两个分子之间先在适当的位置发生反应，连接成一个分子，但还没有形成新环，这个分子不经分离接着发生分子内环合。例如：

$$\text{(14-2)}$$

③ **分子间一步环合（协同环合）** 两个分子之间在两个适当位置同时发生反应形成新环，例如：

$$\text{(14-3)}$$

环合反应的类型很多，而且所用的反应试剂也是多种多样的。因此，不能像其他单元反应那样，写出一个反应通式，也不能提出一般的反应历程和比较系统的一般规律。但是根据大量事实可以归纳出以下规律。

① 具有芳香性的六元环和五元环都比较稳定，而且也比较容易形成。

② 除了少数以双键加成方式形成环状结构外，大多数环合反应在形成环状结构时，总是脱落某些简单的小分子，例如水、氨、醇、卤化氢、氢分子等。

③ 为了促进上述小分子的脱落，常常需要使用环合促进剂。例如，脱水环合在浓硫酸介质中进行；脱氨和脱醇环合在酸或碱的催化作用下完成；脱卤化氢环合常常在缚酸剂的存在下进行等。

④ 为了形成杂环，起始反应物之一必须含有杂原子。

利用环合反应形成新环的关键是选择价廉易得的起始原料，能在适当的反应条件下形成新环，而且收率良好，产品易于分离精制。

同一种产品可选择不同的原料并采用不同的合成路线。将在以后应用实例中叙述。

在精细有机合成中，将遇到各种各样的环状化合物，如芳环、杂环、饱和碳环与非饱和碳环等。本章主要介绍一些典型的环状精细有机化工中间体和成品的制备，以及所涉及的环合反应，并未对环合反应给予系统介绍，需要相关知识请参见有关文献。

14.2 形成六元碳环的环合反应

14.2.1 蒽醌及其衍生物的制备

蒽醌是重要的化工原料和染料中间体。蒽醌最初以炼焦副产的精蒽为原料，经气-固相接触催化氧化法而得，但蒽的来源受到炼焦工业和钢铁工业发展的限制。因此在工业上又开发了许多利用环合反应合成蒽醌的方法。主要有苯酐法、苯乙烯法、萘醌法和羰基合成法等。我国主要采用蒽氧化法和苯酐法。

(1) 邻苯二甲酸酐法

邻苯二甲酸酐法（简称苯酐法）是以苯酐与苯为原料，先在无水 $AlCl_3$ 催化下生成邻苯甲酰基苯甲酸，再经硫酸或磷酸处理，脱水环合生成蒽醌，收率 95%，反应过程如下：

$$(14-4)$$

苯酐法除了用于合成蒽醌以外，还可以从苯酐和氯苯制备 2-氯蒽醌、从苯酐和甲苯制 2-甲基蒽醌。

对苯二酚比较活泼，只要将它与苯酐在浓硫酸中、在硼酸的保护下于 160℃反应，即可同时完成 C-酰化和脱水环合两步反应，而得到 1,4-二羟基蒽醌。按消耗的对苯二酚计，收率可达理论量的 75%～90%。国内都采用此法。

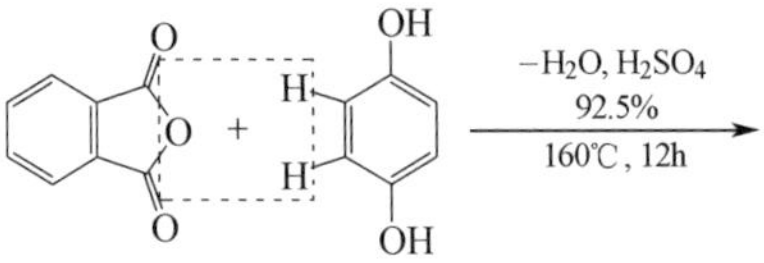

$$(14-5)$$

另外，从对氯苯酚与苯酐反应也可以一步直接得 1,4-二羟基蒽醌。例如，将苯酐、硼酸、硫酸混合，在一定温度下，加入对氯苯酚得 1,4-二羟基蒽醌的硼酸酯，经水解得 1,4-二羟基蒽醌。按对氯苯酚计，收率可达理论量的 90%。

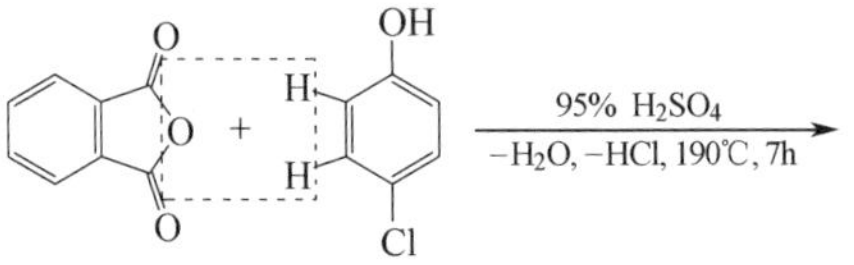

$$(14-6)$$

当苯甲酰基的苯环上有硝基时，脱水环合相当困难，因此，不能用苯酐的硝基衍生物来制备硝基蒽醌。

对二氯苯不够活泼，在制备 1,4-二氯蒽醌时改用苯酐法。

(2) 苯乙烯法

苯乙烯先进行二聚反应得 1-甲基-3-苯基茚满，进一步氧化成邻苯甲酰苯甲酸，再环合脱水成蒽醌，其主要化学反应如下：

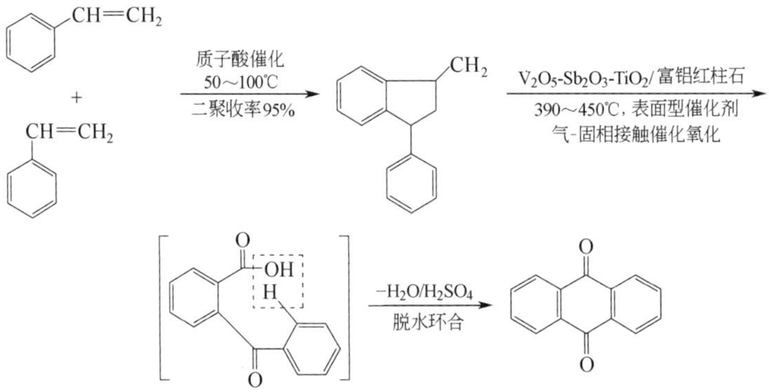

$$(14-7)$$

此法是德国 BASF 公司在 20 世纪 70 年代开发的。此法的优点是原料易得、三废少。但反应条件苛刻，技术复杂，设备要求高。国外已停用尚需改进工艺。

(3) 萘醌法

以萘和丁二烯为原料，包括三步反应。即萘氧化成萘醌，萘醌与丁二烯进行液相加成反应生成四氢蒽醌，最后经氧化得蒽醌，反应式如下：

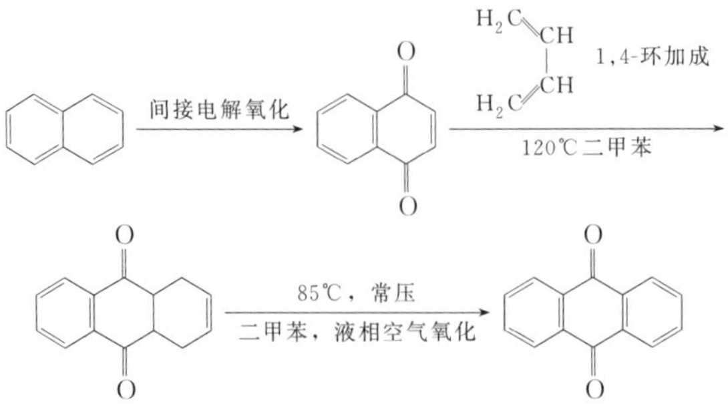

$$(14-8)$$

萘用间接电解氧化制得 1,4-萘醌，萘转化率为 94%，1,4-萘醌选择性为 50%，1,4-萘醌收率达 42%。

1,4-萘醌与丁二烯在摩尔比为 1∶3、120℃和 2MPa 下进行反应可制得四氢蒽醌，四氢蒽醌进行液相空气氧化脱氢可生成蒽醌（选择性接近100％），此法国内曾中试。

（4）羰基合成法

羰基合成法是以苯和CO为原料，通过催化剂如氯化铜、氯化亚铁或四氯化铂，于215～225℃、CO压力为100kPa下进行反应得蒽醌，收率80％。反应式如下：

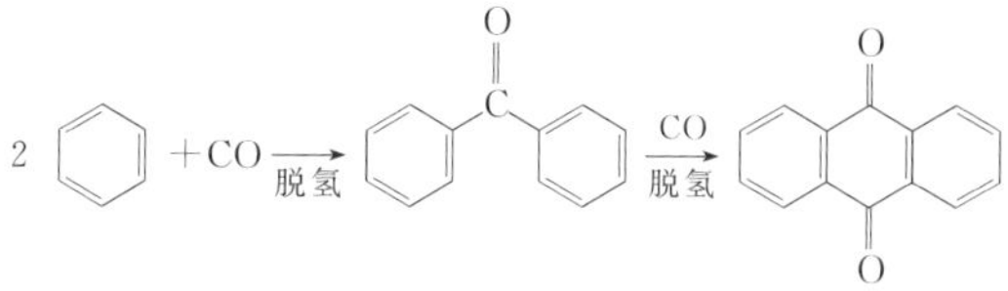

$$\text{(14-9)}$$

该法是美国氰胺公司开发的新方法。该法原料易得，无三废，但对催化剂要求高。目前只有日本川崎化成工业公司采用此法。

14.2.2 苯绕蒽酮的制备

苯绕蒽酮是以蒽醌和甘油为主要原料制备的，其反应历程一般包括三步：①甘油在浓硫酸作用下脱水生成丙烯醛；②蒽醌在浓硫酸中被锌粉或铁粉还原成蒽酮酚；③蒽酮酚和丙烯醛在浓硫酸中脱水，同时环合得苯绕蒽酮。反应式如下：

$$\text{CH}_2\text{OHCHOHCH}_2\text{OH} \xrightarrow[\text{脱水}]{\text{浓硫酸}} \text{CH}_2=\text{CH}-\text{CHO} + 2\text{H}_2\text{O}$$

丙烯醛

$$\text{(14-10)}$$

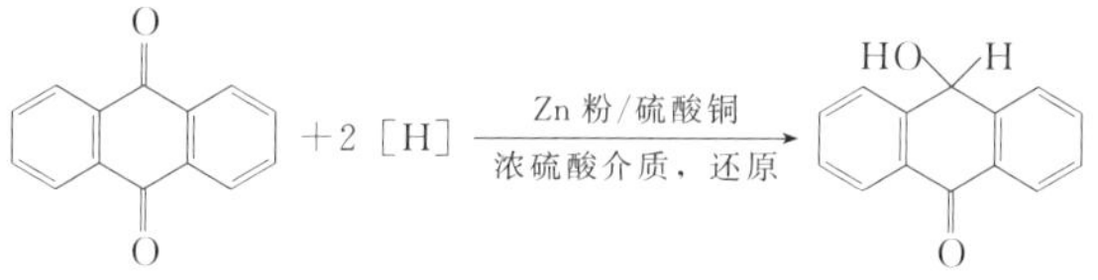

$$\text{(14-11)}$$

蒽醌   蒽酮酚

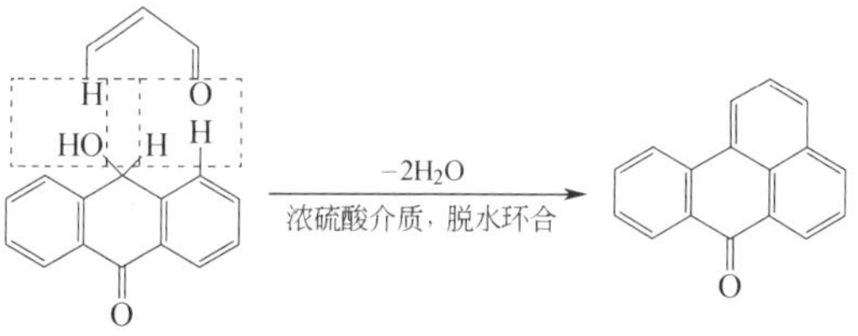

$$\text{(14-12)}$$

蒽酮酚   苯绕蒽酮

在实际生产中，上述反应是在同一个反应器内完成的。在闭环锅中将蒽醌溶解于98％的硫酸中，均匀地加入硫酸铜、甘油和水的混合物，再在120～125℃，于2h内加入锌粉、甘油配成的悬浮液，保温30min，在250～310℃升华提纯，得到的精品含量为99％～100％。升华收率几乎100％。合成过程中，用铁粉还原比锌粉更为经济。近年来工艺改进为用含硫（如二氧化硫）还原剂，在95～110℃下在硫酸中反应，然后加水将硫酸降低至55％～70％，再与氯苯混合，将有机相分离出来后，可在此相中离析出高纯度的苯绕蒽酮。效果好，而且硫酸、有机溶剂均可回收循环使用，同时还可改善操作条件。

14.3 形成含一个氧原子的杂环的环合反应

（1）香豆素的制备

香豆素又名邻羟基肉桂酸内酯，是一种重要的香料，广泛用于香水、香皂和化妆品等日化产品生产领域，同时也应用于电镀、制药等行业。香豆素的化学名称是 1,2-苯并吡喃酮，其化学结构为：。其经典合成方法主要是 Perkin 法。它是以邻羟基苯甲醛和乙酐在无水乙酸钠和碘催化剂存在下，在 180～190℃、保温 4h，经减压蒸馏得粗品，乙醇结晶得精品。

$$(14-13)$$

据报道，改用季铵盐或聚乙二醇-600 为相转移催化剂可提高收率。

邻羟基苯甲醛同丙酸酐反应可制得 3-甲基香豆素。而其他重要衍生物 6-甲基香豆素、4-羟基香豆素则不用 Perkin 法。

(2) 6-甲基香豆素的制备

6-甲基香豆素采用对甲酚和反丁烯二酸为原料的合成路线。将对甲酚与反丁烯二酸在 72%硫酸中，160～170℃加热 3～4h，在酚羟基的邻位发生双键加成反应，并脱甲酸生成 2-羟基-5-甲基肉桂酸，然后发生脱水 C—O 键环合而得到 6-甲基香豆素。在纯化前添加少量扩散剂使副产物分散纯化，可提高反应收率。

$$(14-14)$$

(3) 4-羟基香豆素的制备

4-羟基香豆素的合成路线很多，国内以水杨酸为原料，经甲酯化、乙酰化得乙酰水杨酸甲酯，然后将它在 180～200℃缩合反应 2h，得 4-羟基香豆素，收率 30%～31%。

$$(14-15)$$

(4) 7-羟基-4-甲基香豆素的制备

7-羟基-4-甲基香豆素，又名羟甲香豆素，是合成医药、香料及染料的重要中间体。传统的合成工艺中，使用浓硫酸作催化剂，通过间苯二酚与乙酰乙酸乙酯的 "一锅" Pechmann 缩合反应制备。将浓硫酸冷至 10℃以下，于搅拌下滴加间苯二酚和乙酰乙酸乙酯配成的溶液，静置 12h 经沉淀过滤及精制得到成品。但浓硫酸作为催化剂时，存在选择性差、收率低、严重腐蚀设备、污染环境等缺点，目前开发了以对 Lewis 酸、甲苯磺酸和固体超强酸等为酸性催化剂的绿色工艺路线。

$$(14\text{-}16)$$

14.4 形成含一个氮原子的杂环的环合反应

14.4.1 N-甲基-2-吡咯烷酮的制备

N-甲基-2-吡咯烷酮是吡咯的衍生物，化学结构为：

。

N-甲基-2-吡咯烷酮是重要的优良溶剂及有机中间体，从结构上看它是 N-甲基-γ-丁内酰胺。工业上生产 N-甲基-2-吡咯烷酮的方法是 γ-丁内酯与甲胺的氨解法。

1,4-丁二醇脱氢环合制得 γ-丁内酯，γ-丁内酯与甲胺按 1∶1.15 的摩尔比在 250℃ 和 6MPa 连续通过管式反应器，反应中无需催化剂，加入水有助于提高反应速率。反应转化率为 100％。以 1,4-丁二醇计算收率为 90％。以 γ-丁内酯计算收率为 93％～95％。

$$(14\text{-}17)$$

该方法是目前唯一的工业生产路线。各厂家生产工艺都大致相仿，主要不同的是 γ-丁内酯中间体的生产方法。用同样方法可得到 2-吡咯烷酮。它也是重要的中间体和溶剂。

14.4.2 吲哚及其衍生物的制备

(1) 吲哚的制备

吲哚又名苯并吡咯，化学结构为：。

吲哚是重要的有机中间体和香料。吲哚有强烈的粪便臭味，高度稀释的溶液可作香料。从结构上看是苯环和一个氮原子相连，因此，这类化合物一般是以苯系伯胺为主要起始原料而制得的。

吲哚的生产最初采用邻乙基苯胺在 550～600℃ 的催化脱氢法，收率很低。后来日本采用苯胺先用环氧乙烷 N-烷化，得 N-β-羟乙基苯胺，然后脱水环合的方法。此法一次性投资大，催化剂制作技术要求高。浙江普洛医药科技有限公司以邻甲苯胺为原料先用甲酰进行 N-甲酰化得 N-甲酰苯胺，然后在氢氧化钾存在下，用甲苯带水，制成甲酰化物的无水钾盐，最后在 300～304℃ 进行脱水环合，即得吲哚。

$$(14\text{-}18)$$

由于此法的工业化，使吲哚的市场价格由 20 万元/吨以上下降到 10 万元/吨以下，摆脱了依靠进口的局面，促进了以吲哚为原料的下游产品的开发。

(2) 3-羟基吲哚钠盐的制备

3-羟基吲哚钠盐是制备靛蓝的中间体。

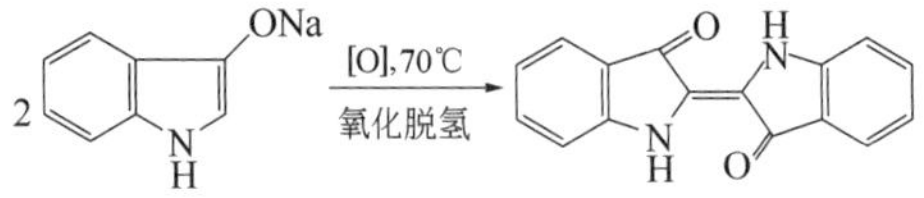

(14-19)

靛蓝

3-羟基吲哚盐钠的制备是以苯胺为原料，先与氯乙酸进行 N-烷化制成苯基氨基乙酸钠，然后在氨基钠-氢氧化钠-氢氧化钾的熔融物中在 225℃ 进行碱熔，即发生氧化脱氢、C—C 键环合反应而生成 3-羟基吲哚钠盐。3-羟基吲哚钠盐不经分离直接用于氧化脱氢制备靛蓝。

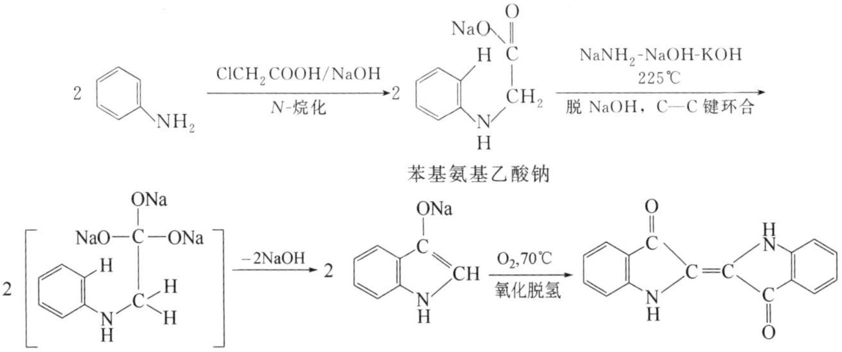

苯基氨基乙酸钠

(14-20)

苯基氨基乙酸三钠盐　　　3-羟基吲哚钠盐　　　靛蓝

(3) 烷基吲哚的制备

这类化合物的制备常采用以芳肼为原料的 Fischer 法。例如 2,3-甲基吲哚的制备是将苯胺重氮化并还原成肼，然后与稍过量的甲乙酮在 25％ 硫酸中、在 80～100℃ 先生成苯腙，接着发生互变异构、质子化、Cope 重排、互变异构、C—N 键环合、脱氨脱质子反应得到。

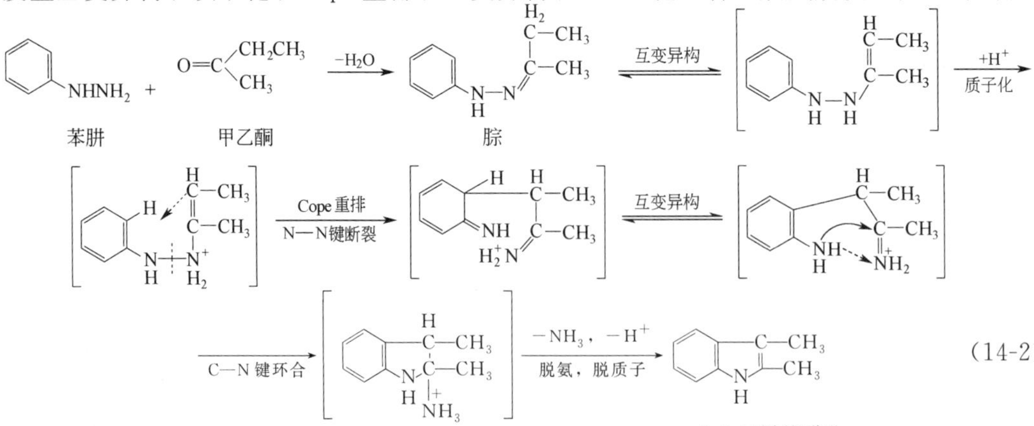

(14-21)

2,3-二甲基吲哚

这类反应所用的酸性催化剂可以是硫酸、乙酸、氯化氢的醇溶液或乙酸溶液、熔融无水氯化锌或在惰性溶剂（二甲苯、萘、甲基萘）中的无水氯化锌等。

用类似方法可制备 2-苯基吲哚。

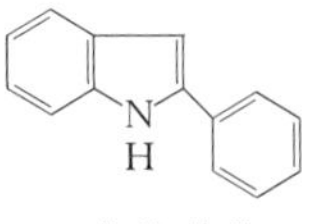

2-苯基吲哚

14.4.3 吡啶及 3-甲基吡啶的制备

(1) 吡啶的制备

吡啶又名氮杂苯，化学结构为：。

吡啶及烷基吡啶是重要的有机化工原料和溶剂。广泛用于医药、香料、农药等精细化学品的制备。吡啶最初从煤焦油分离而得，现在已改用合成法为主。工业上吡啶的合成方法是采用乙醛、甲醛与氨气相反应而得，其反应方程式如下：

$$2CH_3CHO + CH_2O + NH_3 \xrightarrow[\text{气-固相催化}]{370℃} \text{吡啶} + 3H_2O \qquad (14-22)$$

以乙醛、甲醛和氨在常压和 370℃ 左右通过装有催化剂的反应器，反应后的气体经萃取、精馏得到吡啶为 40%～50%，3-甲基吡啶为 20%～30%。二者的比例取决于甲醛、乙醛的比率。

(2) 3-甲基吡啶的制备

3-甲基吡啶是一种重要的有机合成中间体，用于合成维生素 B 族产品、烟酸和烟酰胺。其制备方法主要有以下几种。

① **以丙烯醛、丙醛和甲醛为原料**　以 $Al(OH)_3$-$Cr(OH)_3$-SiO_2 为催化剂，经固定床反应器，与氨混合反应，反应温度为 450℃，反应产物中吡啶为 4%，3-甲基吡啶为 57%，3,5-二甲基吡啶为 13%。

$$CH_2\!=\!CHCHO + CH_3CH_2CHO + HCHO + NH_3 \xrightarrow[450℃]{Al(OH)_3\text{-}Cr(OH)_3\text{-}SiO_2}$$

$$\qquad (14-23)$$

② **以三烯丙胺为原料**　以 ZnO/SiO_2 为催化剂，在 N_2 存在下经气-固相接触催化反应环加成、脱烯丙基制备 3-甲基吡啶，反应温度 425℃，原料转化率 100%，3-甲基吡啶收率为 74%。

$$\qquad (14-24)$$

③ **以 2-甲基戊二胺为原料**　γ-Al_2O_3 为催化剂，以氢气为载气，反应温度为 450～500℃，3-甲基吡啶收率为 70.7%。

$$\qquad (14-25)$$

④ **以 2-甲基戊二腈为原料**　两步反应制备 3-甲基吡啶。第一步是 2-甲基戊二腈的加氢脱氨环合生成 3-甲基哌啶，接着脱氢生成 3-甲基吡啶。

$$\qquad (14-26)$$

所用催化剂有 Pd/SiO_2、Pt/SiO_2、Pd/Al_2O_3 等，反应温度在 250～400℃，3-甲基吡

啶收率大于 70%。

(3) 吡啶酮衍生物的制备

某些 6-羟基（1H）吡啶-2-酮（以下简称吡啶酮）是重要的染料中间体。吡啶酮有三种互变异构体。

$$\text{烯醇式} \rightleftharpoons \text{酮式} \rightleftharpoons \text{2-戊烯二酸内酰亚胺} \tag{14-27}$$

吡啶酮本身很容易被氧化，但在 3-位或 4-位有取代基时则相当稳定，所以实际应用时均是吡啶酮的衍生物。有实际意义的制备方法是采用氰乙酰胺和 β-酮酸酯为起始原料，脱水、脱醇或两次脱水制得。

① 3-氰基-4-甲基-6-羟基（1H）吡啶-2-酮是重要的染料中间体。其制备方法是采用氰乙酰胺为原料，与乙酰乙酸乙酯在乙醇介质中，在碱性催化剂（NaOH、KOH、哌啶）的存在下加热，可得到 2-氰基-3-甲基-2-戊烯二酸内酰亚胺（Ⅰ）即 3-氰基-4-甲基-6-羟基（1H）吡啶-2-酮（Ⅱ）。收率 85%～95%。

$$\text{乙酰乙酸乙酯} + \text{氰乙酰胺} \xrightarrow[\text{亲核加成 C—C 键缩合}]{\text{碱催化} -H_2O, \text{脱水}} \text{2-氰基-3-甲基-2-戊烯二酸的单乙酯-单酰胺}$$

$$\xrightarrow[\text{脱醇, C—N 键环合}]{-C_2H_5OH} \quad \xrightleftharpoons{\text{互变异构}} \tag{14-28}$$

在这里选用氰乙酰胺作起始原料的目的是利用氰基的吸电子作用，使分子中氰基和羰基之间亚甲基上的两个氢活化，容易与乙酰乙酸乙酯分子中的羰基发生亲核加成、C—C 键缩合和脱水反应。

另外，乙酰乙酸乙酯可以用廉价的乙酰乙酰胺来代替。乙酰乙酰胺是由双乙烯酮与氨水反应而得（见 11.2.7），在上述反应中将氨水用甲胺、乙二胺或芳伯胺代替则可制备一系列在 1-位氮原子上有取代基的吡啶酮。

② 3-氰基-4-甲氧甲基-6-甲基（5H）吡啶-2-酮是制备维生素 B_6 的中间体。其制备方法是以氰乙酰胺和甲氧基乙酰丙酮（β-二羰基化合物）在稀碱中反应制备。

$$\text{甲氧基乙酰丙酮} + \text{氰乙酰胺} \xrightarrow[\text{亲核加成缩合脱水}]{\text{碱催化} -H_2O} \quad \xrightarrow[\text{脱水 C—N 键环合}]{-H_2O}$$

$$\xrightleftharpoons{\text{互变异构}} \tag{14-29}$$

3-氰基-4-甲氧甲基-6-甲基-(5H)-吡啶-2-酮

还应该指出，上述吡啶酮分子中的氰基可以在浓硫酸、中等浓度硫酸或碱性介质中，在适当温度下，水解成氨甲酰基、羧基或脱去羧基。

14.4.4 喹啉及其衍生物的制备

喹啉又名 1-氮杂萘，化学结构式为 （喹啉结构式）。喹啉是重要的医药原料，主要用作制造 8-羟基喹啉系和奎宁系二大类药物。喹啉、异喹啉、2-甲基喹啉、4-甲基喹啉可以从煤焦油分离而得。但是喹啉的许多衍生物则需要用合成法来制备。合成方法很多，最有意义的是 Skraup 法。

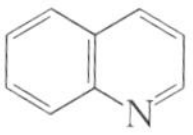

Skraup 法是以苯系伯胺和丙烯醛为起始原料，在浓硫酸介质中，在温和氧化剂存在下进行的，所用的丙烯醛也可由甘油在反应介质浓硫酸中脱水而生成。

例如先由甘油脱水生成丙烯醛，丙烯醛与苯胺反应生成 N-苯氨基丙醛，然后环合生成 1,2-二氢喹啉，再用硝基苯氧化即得喹啉，收率 85%。

$$\text{CH}_2\text{OH}-\text{CHOH}-\text{CH}_2\text{OH} \xrightarrow[\text{浓 H}_2\text{SO}_4 \text{ 介质}]{-2\text{H}_2\text{O}} \text{CHO}-\text{CH}=\text{CH}_2$$

丙烯醛

(14-30)

（苯胺与丙烯醛反应生成N-苯氨基丙醛的反应式）

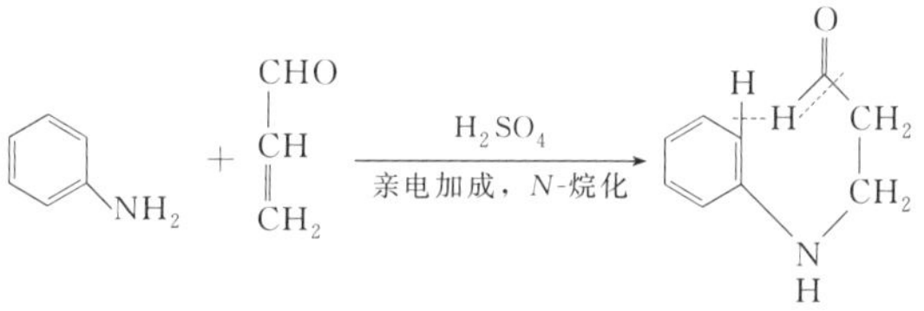

(14-31)

H₂SO₄
亲电加成，N-烷化

（脱水环合及氧化脱氢生成喹啉的反应式）

(14-32)

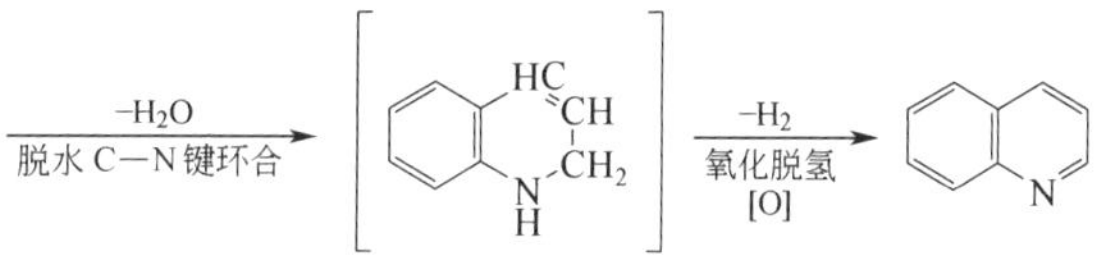

$-\text{H}_2\text{O}$
脱水 C—N 键环合

$-\text{H}_2$
氧化脱氢
[O]

用此方法可制备一系列喹啉衍生物，如

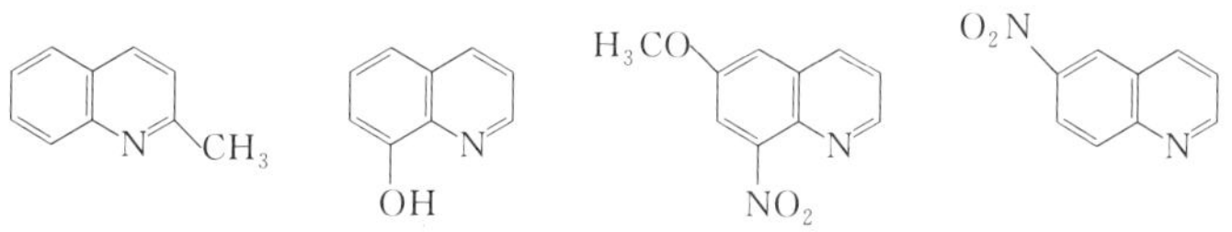

2-甲基喹啉   8-羟基喹啉   6-甲氧基-8-硝基喹啉   6-硝基喹啉

应该指出，苯环上含有对硫酸敏感或在高温易裂解的基团，如氰基、乙酰基时，则不宜采用 Skraup 反应。

14.5 形成含两个氮原子的杂环的环合反应

14.5.1 哌嗪的制备

哌嗪化学名称为 1,4-二氮杂环己烷，六氢吡嗪，化学结构式为 （哌嗪结构式）。哌嗪是一种重要

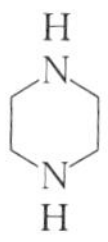

的医药中间体，长期以来该产品一直为少数发达国家所垄断，1998年天津大学陈立功和冯亚青成功开发了无水哌嗪的合成工艺，实现了该产品的国产化，使无水哌嗪的价格大幅降低。

哌嗪的合成路线有分子内环合和分子间环合两大类。根据分子类别不同可进行脱水、脱氨等环合反应生成哌嗪及其衍生物。

(1) 分子间环合

分子间环合是采用两个小分子两端经脱两分子水或脱氨环合而成。

① 乙二胺与乙二醇的环合　乙二胺与乙二醇在高温、高压、催化剂存在下，脱掉两分子的水环合得到哌嗪。

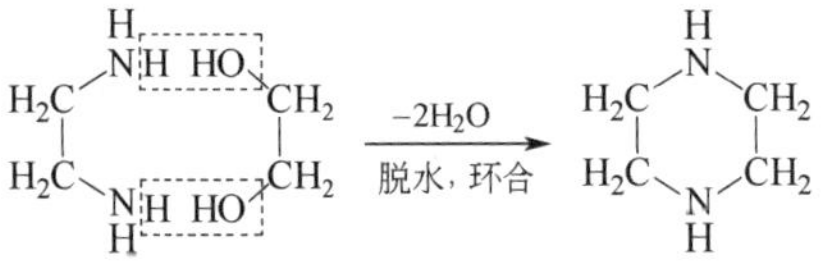

$$\text{(14-33)}$$

② 乙二胺与乙醇胺的环合　乙二胺与乙醇胺在高温、高压和催化剂存在下，脱掉一分子水和一分子氨 C—N 键环合得到哌嗪。

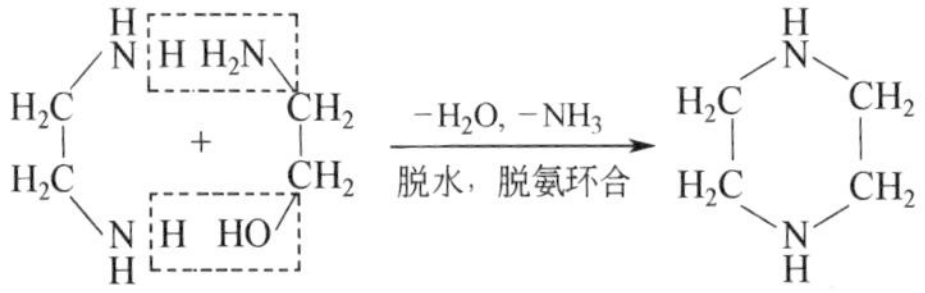

$$\text{(14-34)}$$

也可采用两分子乙醇胺脱水反应制备无水哌嗪，也需高温、高压条件。

分子间环合制备哌嗪收率都较低，为联产哌嗪法。

(2) 分子内环合

分子间环合制备哌嗪收率都较低，又开发了分子内环合法。

① N-β-羟乙基乙二胺环合　N-β-羟乙基乙二胺由乙二胺与环氧乙烷制备。N-β-羟乙基乙二胺在高温、高压和催化剂存在下，脱掉一分子水环合得到无水哌嗪。

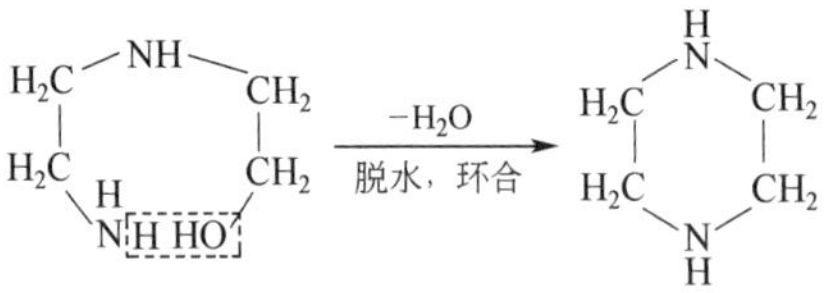

$$\text{(14-35)}$$

该反应可采用间歇釜式反应器，也可采用连续管式反应器，反应温度为 150～300℃，反应压力 6.8～40.0MPa，催化剂由镍、铜、铬、钴等附载在硅、铝氧化物上，在氢气和氨气气氛中进行，无水哌嗪收率为 90%。

② 二亚乙基三胺环合　一分子二亚乙基三胺在高温、高压、催化剂存在下，脱掉一分子的氨，环合得到无水哌嗪。

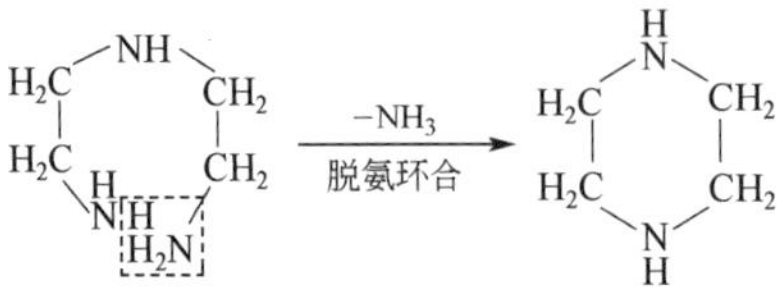

$$\text{(14-36)}$$

反应温度为 175～225℃，反应压力 20.4～34.0MPa，催化剂为镍时，无水哌嗪收率为 50%，采用 Ni-MgO 催化剂，无水哌嗪收率为 81%。

14.5.2 吡嗪及其衍生物的制备

吡嗪，化学名称为 1,4-二氮杂苯，化学结构式为 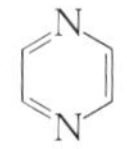 。吡嗪及其衍生物是医药、农药、香料的重要中间体。其衍生物 2-甲基吡嗪、2,5-二甲基吡嗪、2,3-二甲基吡嗪、2,3,5-三甲基吡嗪等是重要的食品香料和医药中间体。

其制备方法可由相应的哌嗪脱氢制备，但应用更多的是分子内环合和分子间环合两大类。根据分子类别不同可进行脱水、脱氨等环合反应生成吡嗪及其衍生物。

(1) 分子间环合

工业上合成方法有乙二胺与取代邻位二醇的反应。该反应脱掉两分子的水环合，然后脱氢生成取代吡嗪。

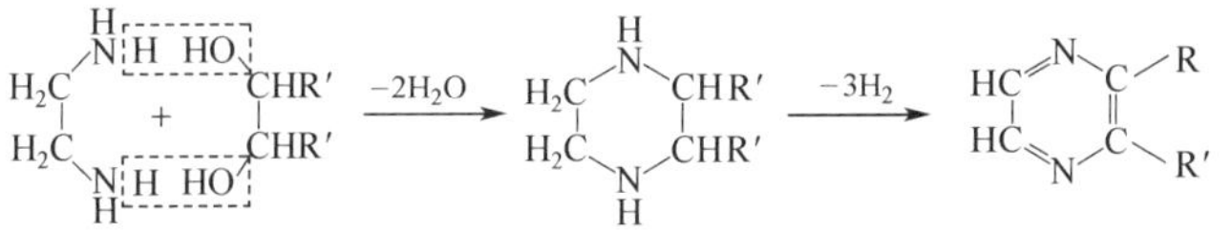

$$(14-37)$$

此类方法采用氧化型锌、铜、铬催化剂，在固定床反应器中经气-固相接触催化，300～500℃高温反应，可得到吡嗪及其衍生物，纯度在 90% 左右，收率 60%。如 1,2-丙二醇与乙二胺摩尔比 1:1，在氮气和氢气存在下，300～400℃，通过铜、铬、铁、锌等复合型催化剂，2-甲基吡嗪收率可达 75%。

2-甲基吡嗪也可由环氧丙烷与乙二胺经气-固相接触催化合成，收率大于 89%。

乙二胺与 2,3-丁二酮脱水环合、脱氢可制备 2,3-二甲基吡嗪，收率大于 80%。

(2) 分子内环合

以 N-烷羟乙基乙二胺为原料脱水环合，然后脱氢生成吡嗪及其衍生物。

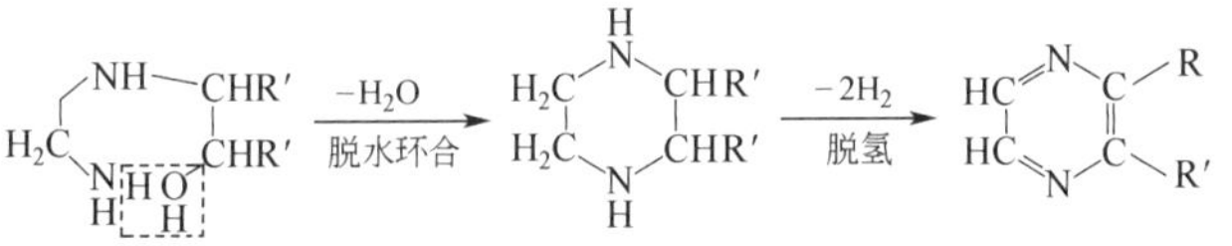

$$(14-38)$$

例如 N-(β-羟丙基)乙二胺在固定床反应器中，铜-铬催化剂的存在下在氮气和氢气条件下于 265～300℃经气-固相接触催化反应，可得到 2-甲基吡嗪，收率 78%～90%。

分子内反应的选择性通常较分子间反应高，但分子内反应所用的原料是由两个小分子反应生成，因而，反应步骤多，总成本高。

14.5.3 吡唑酮衍生物的制备

吡唑又名 1,2-二氮杂茂，化学结构式为 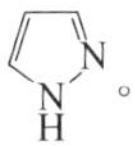 。吡唑的重要衍生物是 3-位上有取代基的 1-芳基-5-吡唑酮。它们是重要的染料、医药中间体，在结构上有三种互变异构体。

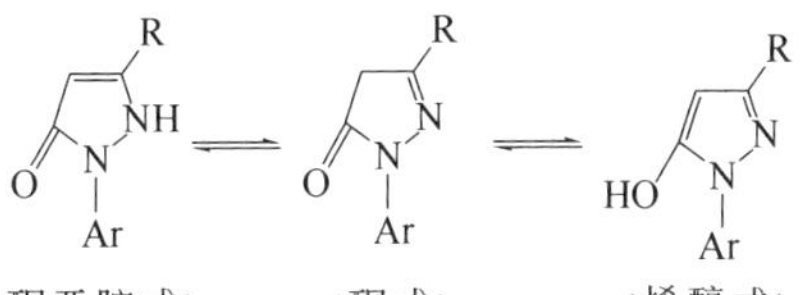

(酮亚胺式)　　(酮式)　　(烯醇式)

R：烷基、芳基、羧基、羧乙酯基；Ar：苯基、萘基及其衍生物吡唑酮的制备方法是采用芳肼为原料先与 β-二酮作用生成腙，接着发生内分子 C—N 键环合反应而生成 N-芳基-5-吡唑酮衍生物。例如，由苯肼和乙酰乙酰胺反应可制得 1-苯基-3-甲基-5-吡唑酮。

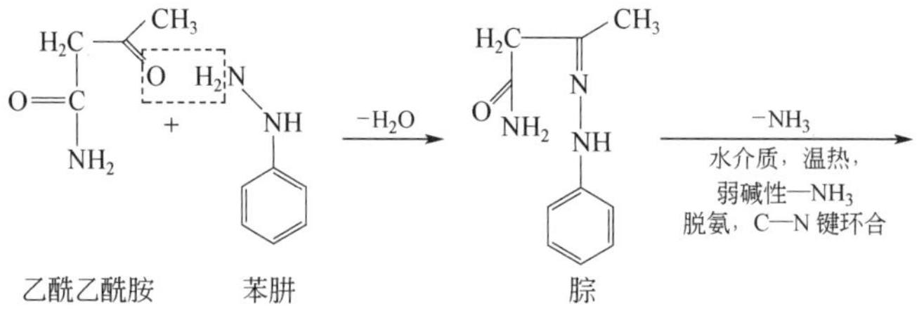

$$(14\text{-}39)$$

乙酰乙酰胺　　苯肼　　　　　　　　腙

同样方法，用乙酰乙酸乙酯、2-羰基丁二酸乙酯等代替乙酰乙酰胺与苯肼或取代苯肼作用，进行脱水脱醇环合可制备一系列吡唑酮衍生物。

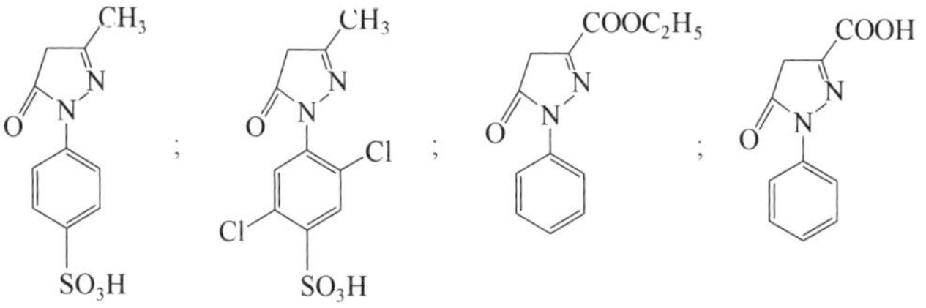

以甲基丙烯酸甲酯与苯肼在乙醇钠存在下进行环合反应，制备 4-甲基-1-苯基-3-吡唑酮，反应条件为苯肼与甲基丙烯酸甲酯摩尔比 1:1，85~90℃反应 6h，产品收率为 93.2%，纯度 99.5%。

14.5.4　咪唑、苯并咪唑及其衍生物的制备

14.5.4.1　咪唑及其衍生物的制备

咪唑又叫间二氮茂。化学结构式为 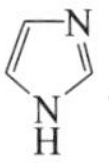 。咪唑及其衍生物的工业制备方法有乙二醛法和乙二胺法两种。

（1）乙二醛法

咪唑由乙二醛、草酸铵或碳酸铵与甲醛在水介质中环合而得。例如，在水与碳酸铵的溶液中滴加 40% 乙二醛和 37% 的甲醛，在 40~50℃ 反应 2~3h，减压蒸馏脱水，精馏得产品咪唑，收率 78%，纯度 99%。该工艺收率高、质量好、操作简单，目前咪唑及其衍生物的制备均采用此路线。

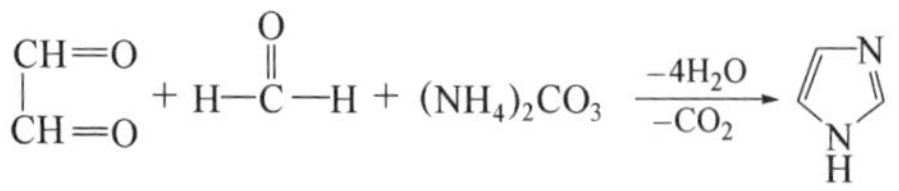

$$(14\text{-}40)$$

用氨水代替碳酸铵收率为 54%，而且氨水用量大。用硫酸铵收率为 60%，但生产中用氢氧化钙中和产生大量固体硫酸钙，只有少数厂家采用。

4-甲基咪唑由甲基乙二醛、草酸铵与甲醛在水介质中，在 40℃ 缩合而得，收率 86%。甲基乙二醛主要由 1,2-丙二醇的气-固相催化氧化法生产。

4-甲基咪唑也可采用丙酮醛法，由 1,2-丙二醇催化氧化脱氢制得丙醛酮，再由丙醛酮、甲醛、铵盐或氨经环合制得，收率 83.6%。国内主要用此法，所用丙醛酮由 1,2-丙二醇催化氧化脱氢而得。

(2) 乙二胺法

例如由乙二胺和乙腈在硫黄存在下环合，在活性镍催化下脱氢得到 2-甲基咪唑。

$$\text{(14-41)}$$

该反应采用乙二胺∶乙腈∶硫黄∶锌粉（摩尔比）为 1∶0.84∶0.267∶0.545。将乙二胺、乙腈（总量的 1/3）、硫黄粉先后投入干燥的反应器中，在搅拌下升温到 100℃，缓缓加入剩下的乙腈，在温度 150～160℃ 反应 1h，加入锌粉继续反应 2h，蒸馏，收集 190～206℃ 馏分，即为 2-甲基咪唑啉，收率 70%。脱氢反应以活性镍为催化剂，在 180℃ 搅拌下反应 8h，经减压精馏，收集 150～160℃（1.33kPa）馏分，即为 2-甲基咪唑，收率 70%～80%。

该法可用于生产 2-乙基-4-甲基咪唑等。

14.5.4.2 苯并咪唑及其衍生物的制备

苯并咪唑又叫间二氮茚。化学结构式为 。苯并咪唑及其衍生物是重要的医药、染料中间体。主要用作驱虫剂及杀菌剂，又可作铜等金属防蚀剂、光敏、无银照相、表面活性剂、荧光增白剂及光敏染料等。

(1) 苯并咪唑及烷基苯并咪唑的制备

苯并咪唑分子中在苯环上相邻的位置各连接一个氮原子，因此最常用的制备方法是以邻苯二胺及其在苯环上有取代基的衍生物作为主要起始原料。将邻苯二胺与甲酸在 95～98℃ 共热可制得苯并咪唑。

$$\text{(14-42)}$$

用脂肪一元羧酸代替甲酸可得到 2-位取代的苯并咪唑。例如将氯乙酸与邻苯二胺在稀盐酸中回流即得到 2-氯甲基苯并咪唑。

$$\text{(14-43)}$$

乙二酸和丙二酸比较特殊，它们与邻苯二胺反应时，并不生成双苯并咪唑，而分别生成了六元杂环的 2,3-二羟基苯并咪嗪和七元杂环的丙二酰邻苯二胺。

$$\text{(14-44)}$$

$$\text{(14-45)}$$

邻苯二胺与氨基氰先在稀盐酸中煮沸，然后加入氢氧化钠溶液煮沸，即发生脱氨环合反应生成 2-氨基苯并咪唑。

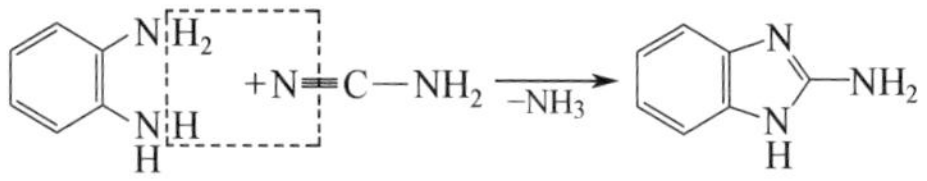

$$(14\text{-}46)$$

氨基腈（腈胺）是由尿素高温气-固相接触催化脱水而得。

（2）苯并咪唑酮的制备

苯并咪唑酮有两种互变异构体：

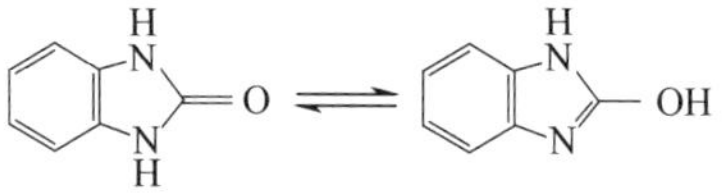

苯并咪唑-2-酮　　2-羟基苯并咪唑

苯并咪唑酮是重要的染料中间体。它的工业制备方法是以邻苯二胺为原料。

邻苯二胺与二氧化碳在水介质中、200℃和高压下反应，可得到（3H）苯并咪唑-2-酮。

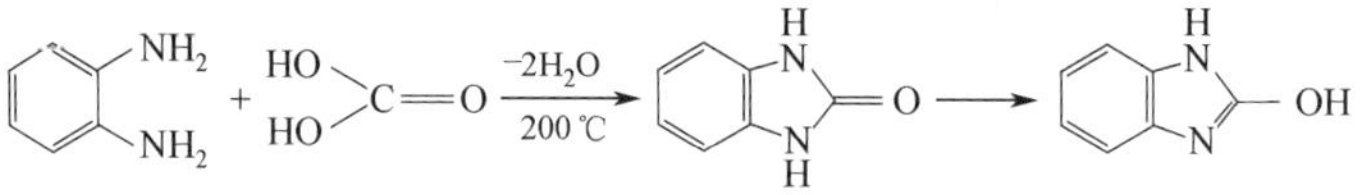

$$(14\text{-}47)$$

邻苯二胺也可与尿素反应，在固相球磨机型反应器中常压进行。

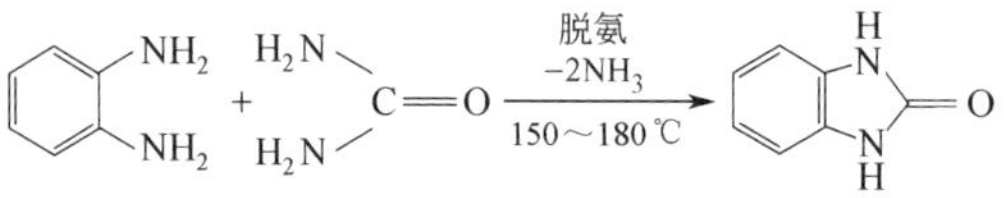

$$(14\text{-}48)$$

14.5.5　嘧啶及其衍生物的制备

嘧啶又名间二氮苯，化学结构式为 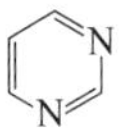 。嘧啶及含嘧啶环的衍生物是一类重要的医药中间体和染料中间体。

（1）巴比妥酸（2,4,6-三羟基嘧啶）**的制备**

巴比妥酸是重要的医药中间体。传统制备方法是用丙二酸二乙酯与尿素在乙醇钠的催化作用下进行脱醇 C—N 键环合。

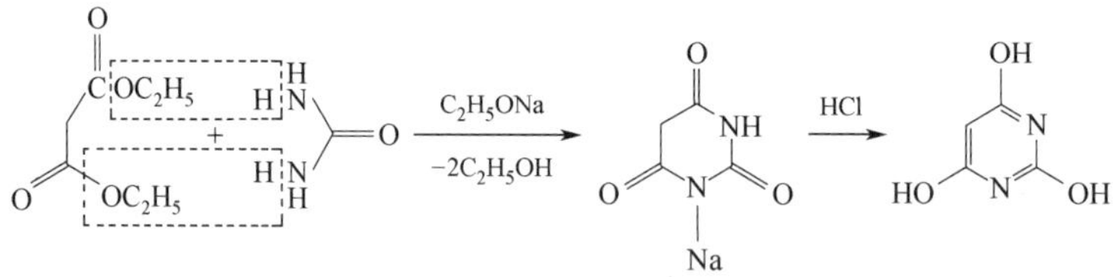

$$(14\text{-}49)$$

该方法收率低。20 世纪 70 年代出现了以氰乙酸钠与尿素相作用的新方法。采用氰乙酸钠与尿素在含水乙酸介质中，乙酐为脱水剂在 53～56℃进行 N-酰化，先生成氰乙酰脲。再在 40％苛性钠水溶液中，在 20～25℃进行水解-环合，得到 2,4-二羟基-6-氨基嘧啶。最后在 2mol 盐酸中回流使氨基水解，即得到巴比妥酸。总收率 82％～84％。

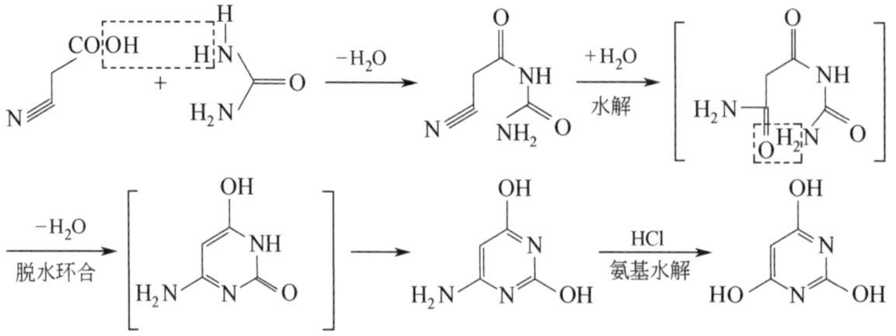

$$(14\text{-}50)$$

(2) 4-氨基-6-羟基-2-巯基嘧啶和 4,5-二氨基-6-羟基嘧啶的制备

将含乙醇钠的无水乙醇溶液加热至 76℃，加入硫脲，在回流下滴加氰乙酸乙酯，再回流 3h，然后酸化，即得到 4-氨基-6-羟基-2-巯基嘧啶。

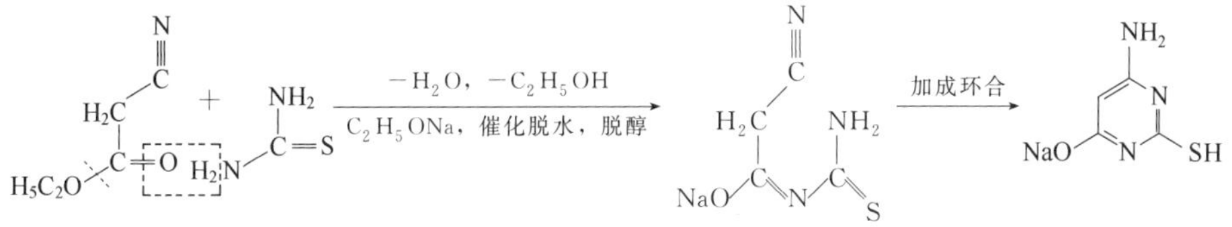

$$(14\text{-}51)$$

将 4-氨基-6-羟基-2-巯基嘧啶进行亚硝化、还原，得 4,5-二氨基-6-羟基-2-巯基嘧啶，将它溶于碳酸钠水溶液中，加入活性镍，在 98℃回流 4h，即脱去巯基而得到 4,5-二氨基-6-羟基嘧啶，它用于制备抗肿瘤药 6-巯基嘌呤等。

(3) 2,4,6-三氨基嘧啶的制备

将硝酸胍、丙二腈、乙醇钠依次投入干燥的反应锅内，搅拌、加热、回流 7h，冷至 15℃出料，过滤得 2,4,6-三氨基嘧啶。

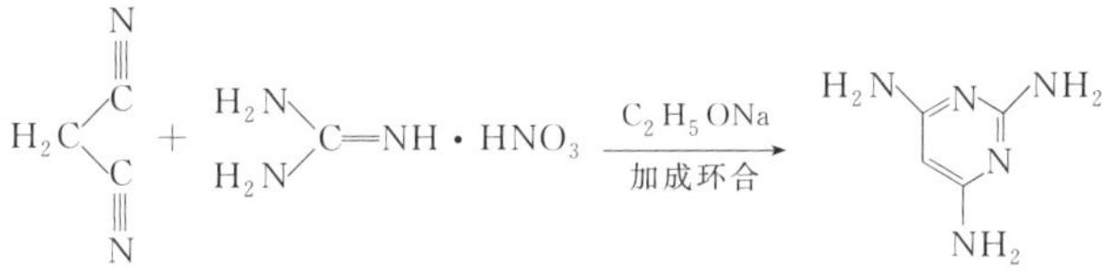

$$(14\text{-}52)$$

(4) 2-二乙基氨基-6-甲基-4-羟基嘧啶

2-二乙基氨基-6-甲基-4-羟基嘧啶是重要的农药中间体，用于制备嘧啶磷类农药。它是以二乙基胍硫酸盐为原料与乙酰乙酸乙酯反应而制得。

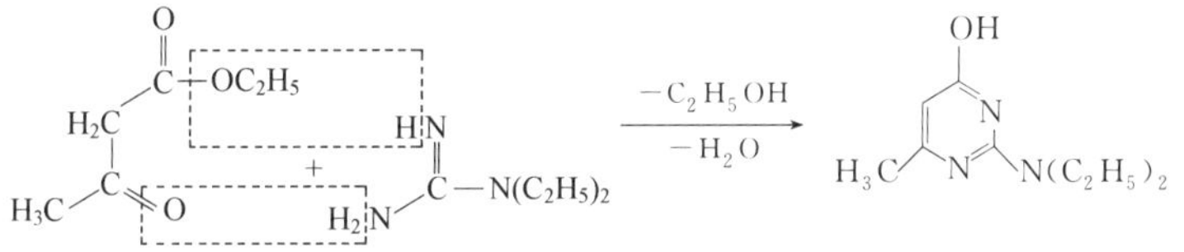

$$(14\text{-}53)$$

将 95% NaOH 和无水乙醇加到反应器内，在搅拌下加入二乙基胍硫酸盐，室温下反应，滴加乙酰乙酸乙酯后升温，蒸除低沸物，升温回流，反应结束后浓缩、结晶得产品，收率 93%。

另外，由丙脒盐酸盐与丙二酸二乙酯反应可制备 2-乙基-4,6-二羟基嘧啶。

14.6 形成含一个氮原子和一个硫原子的杂环的环合反应

14.6.1 噻唑衍生物的制备

噻唑又名 1,3-硫氮杂茂，化学结构式为 $\underset{S}{\overset{N}{\diagdown}}$ 。噻唑用途不大，主要是噻唑的衍生物。从结构上可以看出在噻唑的 2-位碳原子上连有一个硫原子和一个氮原子。因此，最简便的起始原料是硫脲、硫代乙酰胺或硫氰酸钠。

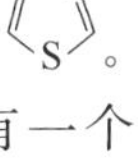

(1) 2-氨基噻唑的制备

2-氨基噻唑是制备磺胺噻唑药物的中间体。将硫脲与氯乙醛在热水中，回流反应 2h，即可发生脱水，脱氯化氢环合反应而生成 2-氨基噻唑的盐酸盐。用氢氧化钠中和析出 2-氨基噻唑的结晶，收率 80%。也可在乙醇中在 15～25℃ 先通入氯气生成氯乙醛，然后加入水和硫脲，在 75～80℃ 回流 2h。该工艺还用于合成 2-氨基-4-甲基噻唑。

$$（14\text{-}54）$$

(2) 2,4-二甲基噻唑的制备

硫代乙酰胺与氯代丙酮反应环合生成 2,4-二甲基噻唑。例如在无水苯中加入乙酰胺和五硫化二磷，加热回流，生成硫代乙酰胺，然后再加入一氯丙酮的苯溶液，加热回流，即发生脱水，脱氯化氢，C—S 键环合反应得到 2,4-二甲基噻唑。

$$（14\text{-}55）$$

(3) 2-氨基-5-甲基噻唑的制备

可由 N-(2-氯-2-丙烯基)硫脲在浓 H_2SO_4 作用下脱氯化氢 C—S 键环合得到，收率 83%。

$$（14\text{-}56）$$

所用 N-(2-氯-2-丙烯基)硫脲可以 1,2,3-三氯丙烷为原料，在 NaOH 存在下脱氯化氢，生成 2,3-二氯-1-丙烯，再与硫氰化钾反应并异构化生成 2-氯-2-丙烯基异硫氰酸酯，再与氨水反应制得，三步收率分别为 85%、78%、75%。

$$（14\text{-}57）$$

14.6.2 苯并噻唑衍生物的制备

苯并噻唑的化学结构式为 。从结构上可以看出，在苯环上的相邻位置有一个硫原子和一个氮原子，另外，2-位碳原子也和硫原子、氮原子相连。因此可以考虑用一个苯系伯胺和一个含硫的化合物作为起始原料。

(1) 2-氨基苯并噻唑的制备

2-氨基苯并噻唑是染料中间体。将苯胺、硫氰酸钠在氯仿介质中，在硫酸存在下，在 60～65℃ 反应先得到苯基硫脲。在反应器中加入氯化亚砜，升温到 60℃，加入苯基硫脲，

温度控制在 $60\sim65℃$，搅拌反应 5h，然后加入水，升温到 $75℃$继续搅拌 0.5h 过滤后，滤液用 25％氨水中和至 $pH＝8$，析出产品，收率为 90％。

$$Na—S—C≡N + H_2SO_4 \longrightarrow H—S—C≡N + NaHSO_4 \tag{14-58}$$

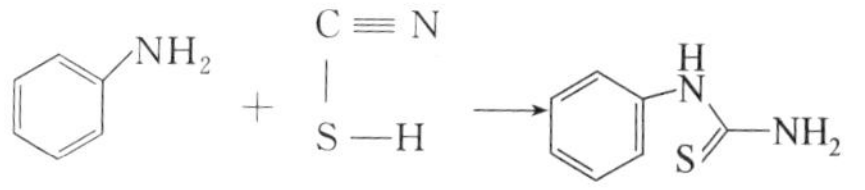

$$(14-59)$$

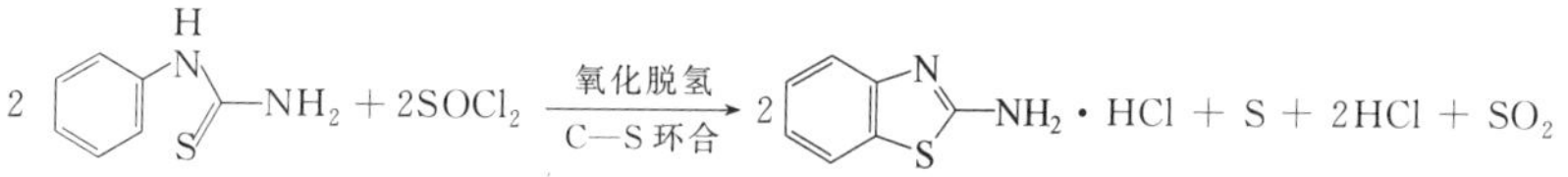

$$(14-60)$$

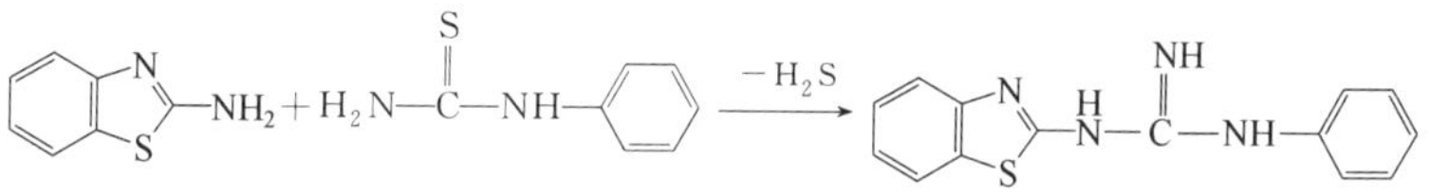

$$(14-61)$$

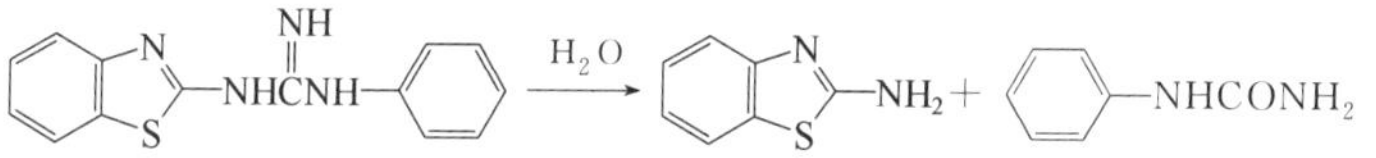

$$(14-62)$$

但该方法采用过量氯化亚砜，由于部分产物转化为胍，它在水的作用下可重新分解为原料［式(14-61)］。所以反应后使反应液再与一定量水进行充分反应是必要的。

类似的方法，从对甲氧基苯胺与硫氰酸钠可以制得 2-氨基-6-甲氧基苯并噻唑，也可用氯化亚砜法制备。

(2) 2-巯基苯并噻唑的制备

2-巯基苯并噻唑是通用型橡胶硫化促进剂，还是用途广泛的中间体。它的工业生产主要采用高压法。

高压法以苯胺和二硫化碳为起始原料，在氧化剂硫黄的存在下，在 $250℃$ 和 8MPa 进行氧化脱氢环合而得到目的产物，按苯胺计算收率 84.6％。此法虽然需要高压釜，但是成本低，每吨成品只消耗 659kg 苯胺。

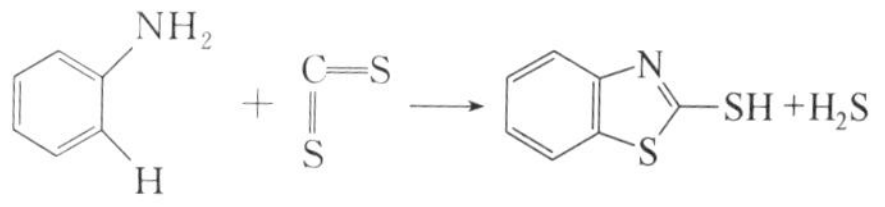

$$(14-63)$$

14.7 嘌呤及其衍生物的制备

嘌呤又名咪唑基-[4,5-d]-嘧啶。化学结构式为 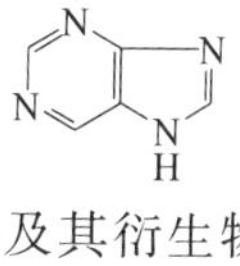 。嘌呤是重要的含氮双杂环化合物。是核酸和核苷酸中碱性基的组成部分。嘌呤及其衍生物已广泛用于医药。

嘌呤的合成方法主要有两种：一种是以嘧啶类衍生物为原料，另一种是以咪唑类衍生物为原料。

(1) 以嘧啶类衍生物为原料

从嘧啶类合成嘌呤类衍生物的方法中，最经常、最广泛使用的原料是 4,5-二氨基嘧啶或其衍生物。4,5-二氨基与一个碳原子环合即得咪唑环，所采用的环合剂都是只含有一个碳原子的甲酸和其衍生物，如甲酸、甲酰胺、原甲酸甲乙酯和二乙氧基甲基乙酸酯等。它们都能分别与 4,5-位的氨基脱水、脱醇、脱氨和脱去乙酰基而成环。其中以甲酸应用最多。例如，将 4,5-二氨基嘧啶在甲酸中加热，控制一定的 pH 值，首先生成甲酰化物，中间体不需要分离，直接在碱性中环合，即得嘌呤。

$$(14-64)$$

许多重要的嘌呤类化合物如咖啡因、乐疾宁、腺嘌呤核苷等都是采用此方法合成的。

(2) 以咪唑类衍生物为原料

1-甲基-4-氨基咪唑-5-甲酰胺与碳酸二乙酯共热，可制得 2,6-二羟基-7-甲基嘌呤。

$$(14-65)$$

以 5-氨基-4-咪唑甲酰胺盐酸盐为原料，经与苯甲酰异硫氰酸 N-酰化，用 K_2CO_3 脱苯甲酰基后，在乙酸铜和 NaOH 存在下环合得到鸟嘌呤。

$$(14-66)$$

鸟嘌呤

14.8　三聚氰酰氯的制备

三聚氰酰氯简称三聚氯氰，化学结构式为 。三聚氯氰目前世界年产 40 万吨，三分之二左右的三聚氯氰用于制造农药除草剂，三分之一用于制造染料及荧光增白剂，少量用于制造橡胶促进剂、抗紫外线剂、医药、聚合物及纺织品助剂等。

三聚氯氰的工业生产方法主要有氰化钠法和氢氰酸法。世界发达国家大多数采用氢氰酸工艺路线。它是采用氯化氰三聚加成环合法。所用原料氯化氰是由氢氰酸氯化得到。氢氰酸则由甲烷氨氧化或甲酰胺脱水制备或丙烯氨氧化的副产物。

$$HCN+Cl_2 \longrightarrow CNCl+HCl \qquad (14-67)$$

$$(14-68)$$

工业上有三种方法：液相法、气相法和高压法。其中最常用的是气-固相接触催化法。

将经过充分干燥的氢氰酸和氯气按比例混合，预热，进入固定床或流化床反应器，于380℃与催化剂接触进行三聚合。产生的熔融态的三聚氯氰在刮板冷却器中收集。产率为86%。

14.9 环合反应发展趋势

环合反应涉及碳环和杂环包括氧、氮以及硫杂环化合物的合成，作为中间体以及最终产品在高档染颜料、生物医药、农药以及合成材料领域具有重要的应用。环合反应往往以前述各章单元反应如烃化、酰化以及缩合等的产物为原料，经过多步最终成环得到具有较高附加值的目标产物。因此，该单元操作未来的发展趋势除了通过开发新的反应路径优化反应条件、减少三废排放外，更重要的是将各单元反应通过管道式或者微反应器技术实现连续化操作，提高生产效率以及各单元操作的安全性，大大降低生产及环保成本。

习 题

14-1 简述以苯、甲苯或二甲苯为起始原料，制备以下蒽醌衍生物的合成路线、各步反应的名称和主要反应条件。

（1） 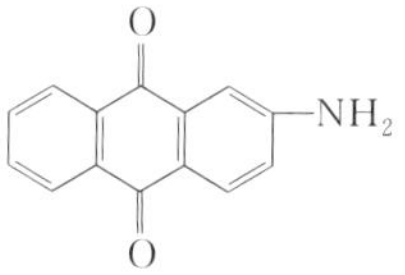　　　　　　　　　　（2） 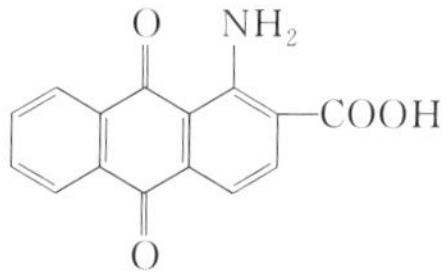　　　　　　　　　　（3）

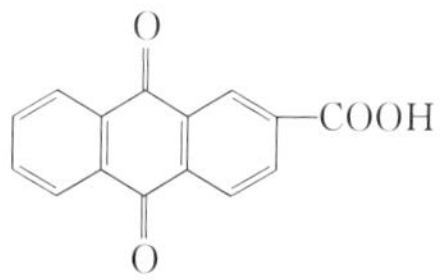

14-2 以蒽醌为主要原料，制备3,9-二溴苯绕蒽酮的合成路线，各步反应的名称和主要反应条件。

14-3 简述制备以下香豆素衍生物所用的主要原料、环合反应式和主要的反应条件。

（1） 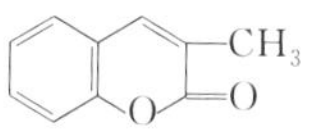　　　　　　　　　　（2） 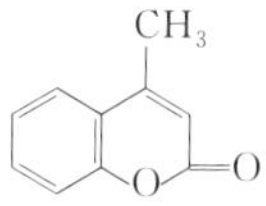　　　　　　　　　　（3）

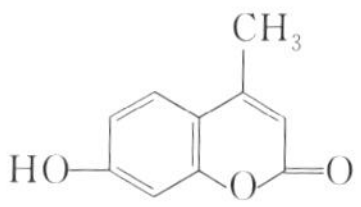

14-4 简述制备以下吲哚衍生物所用的主要原料、环合的总反应式和主要反应条件。

（1） 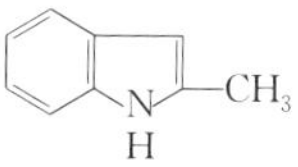　　　　　（2） 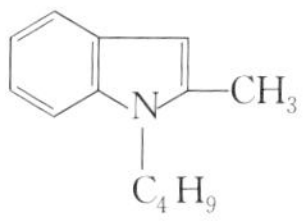　　　　　（3） 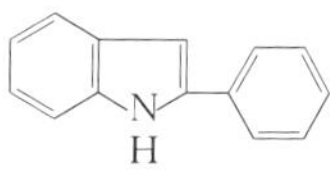　　　　　（4）

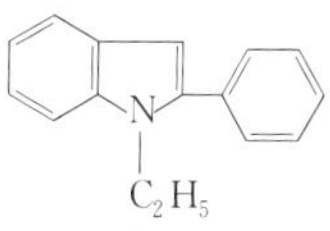

14-5 写出制备以下喹啉衍生物所用的起始原料、环合的总反应式和主要反应条件。

（1） 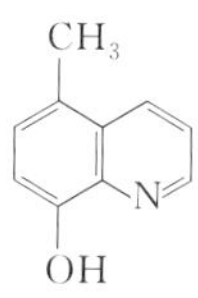　　　　　（2） 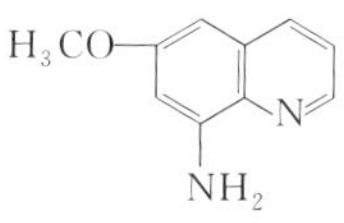　　　　　（3） 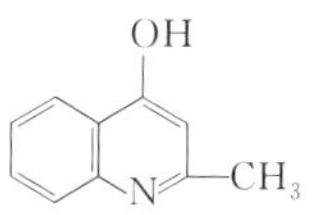　　　　　（4）

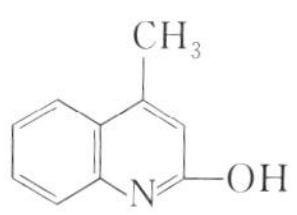

14-6 写出从基本原料出发，制备以下吡嗪衍生物的合成路线，环合的总反应式。

（1） 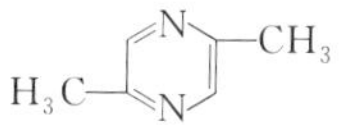　　　　　　　　　　（2）

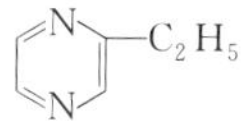

14-7 写出从基本原料出发，制备以上吡唑酮衍生物的合成路线，环合的总反应式，各步反应的名称和主要反应条件。

(1) (2) (3)

14-8 写出制备以下咪唑衍生物所用的起始原料、环合的总反应式、各步反应的名称和主要反应条件。

(1) (2)

14-9 写出制备以下苯并咪唑衍生物所用的起始原料、环合的总反应式、合成路线、各步反应的名称和主要反应条件。

(1) (2)

14-10 写出制备以下嘧啶衍生物所用的起始原料、环合的总反应式、合成路线、各步反应的名称和主要反应条件。

(1) (2) (3)

参 考 文 献

[1] 郝庆亮. 蒽醌生产技术现状及发展. 燃料与化工, 2017, 48 (2): 4-5, 8.
[2] 田华. 还原染料中间体苯绕蒽酮合成工艺优化. 精细化工中间体, 2012, 42 (1): 51-53.
[3] 吴绍艳, 李进, 周顺, 等. 香豆素及其衍生物的合成及应用研究. 广东化工, 2019, 46 (24): 127-128.
[4] 张丽霞, 史晨燕, 刘睿媛, 等. 多取代香豆素类化合物的合成及抗真菌活性. 化学研究与应用, 2020, 32 (7): 1214-1226.
[5] 李南锌, 朱小学, 叶秋云. 高温高压合成 N-甲基-2-吡咯烷酮工艺研究. 四川化工, 2012, 15 (5): 1-4.
[6] 张玉, 高盼. Fischer 吲哚合成研究探索. 山东化工, 2020, 49 (20): 55-60.
[7] 汪钢强, 孙绍发, 吴鸣虎, 等. 吲哚衍生物合成与应用的研究进展. 合成化学, 2016, 24 (11): 1005-1020.
[8] 姜秀增. 靛蓝染料清洁生产技术的研究进展. 轻纺工业与技术, 2018, 47 (7): 61-68.
[9] 齐轩, 冯亚青, 倪静. 3-甲基吡啶的合成. 化学工业与工程, 2004, 21 (1): 69-72.
[10] 刘敏, 刘健, 黄燕, 等. 吡啶和3-甲基吡啶的合成工艺研究. 安徽化工, 2022, 48 (1): 68-70.
[11] 曾涛, 陈立功, 白国义. 固定床法连续化合成哌嗪新工艺的研究. 精细石油化工, 2003, 7 (4): 4-6.
[12] 白国义, 董洁. 哌嗪及其 N-取代衍生物的合成与生产. 河北大学学报 (自然科学版), 2018, 38 (5): 472-479.
[13] 冯亚青, 吴鹏, 周立山, 等. 环氧丙烷与乙二胺合成 2-甲基吡嗪的研究. 化学工业与工程, 2003, 20 (5): 266-269.
[14] 江玉. 1,3-二甲基-5-吡唑酮合成研究. 科协论坛, 2008 (11): 47-48.
[15] 李路瑶, 徐鑫尧, 朱博, 等. 吡唑酮化合物在催化不对称反应中的应用. 化学进展, 2020, 32 (11): 1710-1728.
[16] 臧兴旺, 滕俊峰, 孙晓岩, 等. 咪唑及其衍生物的合成研究进展. 化学研究, 2022, 33 (1): 79-84.
[17] 何冠宁, 袁斌, 贾群坡, 等. 新型苯并咪唑衍生物的合成. 合成化学, 2020, 30 (2): 107-112.
[18] 张伟光, 马文辉. 2-乙基-4-甲氧基-6-羟基嘧啶的合成工艺研究. 化工时刊, 2004, 18 (9): 44-46.
[19] 李静, 左兰兰, 董浩浩, 等. 2-氨基-4,6-二甲氧基嘧啶合成工艺研究. 精细与专用化学品, 2020, 28 (12): 38-42.
[20] 刘学良, 杨运旭. 一种合成 6-苄氨基嘌呤的新方法. 农药, 2017, 56 (4): 246-249.
[21] 姜龙, 孙振民, 袁媛, 等. 两种三聚氯氰生产工艺的对比. 氯碱工业, 2021, 57 (6): 26-28.